West Virginia
1850 Agricultural Census

Volume 2

Transcribed and Compiled by
Linda L. Green

WILLOW BEND BOOKS
2007

WILLOW BEND BOOKS
AN IMPRINT OF HERITAGE BOOKS, INC.

Books, CDs, and more—Worldwide

For our listing of thousands of titles see our website
at
www.HeritageBooks.com

Published 2007 by
HERITAGE BOOKS, INC.
Publishing Division
65 East Main Street
Westminster, Maryland 21157-5026

Copyright © 2007 Linda L. Green

All rights reserved. No part of this book may be reproduced or transmitted in any form or by any means, electronic or mechanical, including photocopying, recording or by any information storage and retrieval system without written permission from the author, except for the inclusion of brief quotations in a review.

International Standard Book Number: 978-0-7884-4311-9

Introduction

This census names only the head of the household. Often times when an individual was missed on the regular U. S. Census, they would appear on this agricultural census. So you might try checking this census for your missing relatives. Unfortunately, many of the Agricultural Census records have not survived. But, they do yield unique information about how people lived. There are 48 columns of information. I chose to transcribe only six of the columns. The six are: Name of the Owner, Improved Acreage, Unimproved Acreage, Cash Value of the Farm, Value of Farm Implements and Machinery, and Value of Livestock. Below is a list of other types of information available on this census.

Linda L. Green
13950 Ruler Court
Woodbridge, VA 22193

Other Data Columns

Column/Title

6. Horses
7. Asses and Mules
8. Milch Cows
9. Working Oxen
10. Other Cattle
11. Sheep
12. Swine
14. Wheat, bushels of
15. Rye, bushels of
16. Indian Corn, bushels of
17. Oats, bushels of
18. Rice, lbs of
19. Tobacco, lbs of
20. Ginned cotton, bales of 400 lbs each
21. Wood, lbs of
22. Peas and beans, bushels of
23. Irish potatoes, bushels of
24. Sweet potatoes, bushels of
25. Barley, bushels of
26. Buckwheat, bushels of
27. Value of Orchard products in dollars
28. Wine, gallons of
29. Value of Products of Market Gardens
30. Butter, lbs of
31. Cheese, lbs of
32. Hay, tons of
33. Clover seed, bushels of
34. Other grass seeds, bushels of
35. Hops, lbs of
36. Dew Rotten Hemp, tons of
37. Water Rotted Hemp, tons of
38. Other Prepared Hemp
39. Flax, lbs of
40. Flaxseed, bushels of
41. Silk cocoons, lbs of
42. Maple sugar, lbs of
43. Cane Sugar, hunds of 1,000 lbs
44. Molasses, gallons of
45. Beeswax, lbs of
46. Honey, lbs of
47. Value of Home Made Manufactures
48. Value of Animals Slaughtered

Table of Contents

County	Page
Marion	1
Marshall	17
Mason	32
Mercer	43
Monongalia	52
Monroe	66
Morgan	83
Nicholas	90
Ohio	98
Pendleton	106
Pocahontas	118
Preston	127
Putnam	146
Raleigh	154
Randolph	158
Ritchie	166
Taylor	173
Tyler	184
Wayne	193
Wetzel	202
West	210
Wood	216
Wyoming	227
Index	231

Marion County, West Virginia
1850 Agricultural Census

The University of North Carolina at Chapel Hill filmed the 1850 agricultural census for Marion County from originals in the West Virginia Department of Archives under a grant from the National Science Foundation in 1963. This county along with several others have been separated from Virginia records as West Virginia was created in 1863 when it seceded from the state of Virginia

Columns 1, 2, 3, 4, 5, and 13 represent the following information on the census:
1. Name of Owner, Agent or Manager of Farm
2. Acres of Improved Land
3. Acres of Unimproved Land
4. Cash Value of the Farm
5. Value of Farming Implements and Machinery
13. Value of Livestock

James Cockrun, 40, 50, 1500, 20, 150
Jesse Miller, 130, 71, 4000, 100, 390
Isaac Courtney, 150, 108, 5000, 150, 550
William Brand, 30, 10, 300, 20, 146
Richard Thomas, 130, 100, 3500, 60, 586
Isaac Banes, 50, 40, 1600, 75, 294
Esther Knight, 20, 13, 500, 2, 75
William Mundell, 60, 60, 120, 20, 260
Samuel Linn, 200, 100, 3600, 100, 725
William Work, 150, 100, 3000, 40, 185
Isaiah Koontz, 125, 75, 2500, 60, 154
Charles S. Johnson, 60, 90, 2500, 75, 320
Abraham Barnes, 150, 75, 3000, 71, 365
John Wilson, 20, 75, 1000, 4, 36
William Steele, 40, 50, 1100, 10, 130
Asahel Hare, 55, 55, 1100, 55, 250
Merrick Hare, 40, 44, 900, 10, 170
John Parke, 25, 15, 400, 8, 107

Alpheus Springer, 14, 15, 100, 12, 100
Jacob Vincent, 40, 70, 900, 10, 150
William F. Carpenter, 40, 66, 1000, 23, 2
Job Springer, 40, 60, 1200, 90, 370
James Tharp, 55, 15, 800, 80, 290
Zadoc Nuzum, 20, 60, 800, 20, 95
Thornton Swearingen, 30, 60, 1000, 36, 220
William Hockings, 25, 35, 500, 12, 17
James Carpenter, 20, 10, 400, 3, 16
Elizabeth Hare, 30, 20, 300, 2, 135
Nims. Hare, 30, 20, 300, 2, 135
Phillip Patterson, 100, 150, 1500, -, 480
Ebenezer Vandegrifas, 45, 45, 900, 30, 175
Elijah Hockings, 15, 18, 280, 10, 55
Samuel Boice, 20, 15, 150, 35, 180
Dennis Springer, 40, 140, 2000, 20, 255
Phillip Irons, 45, 115, 1600, 160, 345
Charles Irons, 60, 60, 1000, 35, 180
David Burkes, 20, 40, 600, 65, 193
James Shriver, 20, 30, 200, 10, 100
Jacob Shriver, 100, 160, 2500, 70, 278

Joseph Thomas, 40, 48, 700, 30, 250
Levi Lee, 45, 8, 600, 15, 84
Stephen Constable, 75, 75, 2000, 20, 70
David Graham, 20, 12, 600, 6, 375
William M. Hughes, 150, 150, 3000, 82, 560
Michael McKinney, 50, 51, 1200, 90, 320
George M. Muzum, 70, 80, 1000, 10, 340
Amariah Patterson, 100, 138, 3000, 34, 300
Elizabeth Leonard, 15, 10, 200, 1, 95
George Nuzum, 150, 164, 4000, 35, 490
Jacob J. Davis, 30, 60, 400, 20, 180
Joseph Powell, 48, 52, 800, 30, 95
Margaret Powell, 25, 25, 365, 30, 55
Enoch Vincent, 60, 70, 800, 10, 40
John Vincent, 25, 25, 500, 10, 98
Bushrod Vincent, 6, 22, 200, 5, 20
William Swearingen, 10, 300, 5000, 80, 476
Michael Spicer, 60, 130, 1000, 36, 225
Eyer Weston, 30, 60, 500, 15, 40
James S. Nuzum, 30, 67, 900, 20, 190
George W. Mastin, 10, 11, 150, 15, 50
Edward T. Vincent, 30, 64, 800, 20, 160
Clement Tatterson (Patterson), 30, 93, 900, 10, 140
John Williams, 60, 85, 2200, 81, 155
Richard Nuzum, 40, 23, 1000, 25, 143
William Brown, 10, 40, 200, 6, 70
Caleb Reed, 40, 118, 700, 10, 107
Enoch Nuzum, 100, 80, 1500, 89, 400
Richard Kirk, 35, 12, 700, 10, 105
James M. Bower, 80, 100, 1000, 20, 130

Richard B. Nuzum, 100, 50, 2200, 153, 1000
Mary Shivers (Shriver), 30, 60, 400, 6, 90
Henry Reeves, 50, 227, 1600, 65, 200
Jacob Sigler, 20, 65, 600, 15, 35
William M. Hartley, 20, 16, 500, 15, 100
Mary A. Lee, 46, 100, 1000, 10, 153
John M. Fleming, 45, 52, 1000, 20, 86
Joseph Nuzum, 25, 36, 600, 13, 147
James Musgrave, 40, 45, 1000, 50, 313
Wm. H. Barnes, 85, 10, 1800, 70, 274
Benjamin Dodd, 30, 20, 1000, 70, 215
David L. Baker, 30, 20, 600, 10, 70
Calder Baker, 30, 50, 700, 10, 30
John Satterfield, 150, 73, 300, 100, 425
Elis R. Jolliffe, 75, 31, 1600, 121, 270
Henry Gallihue, 50, 100, 3000, 30, 245
David Carpenter, 160, 120, 5000, 100, 1064
Elisabeth Graham, 100, 100, 5000, 100, 55
Joseph Miller, 100, 60, 5000, 80, 232
Fletcher Miller, 17, 14, 500, 14, 100
Henry Ross, 80, 127, 3000, 120, 400
Rawley Merrifield, 50, 136, 2000, 30, 300
Jacob Morgan, 75, 125, 1800, 161, 450
Isaiah Hockings, 100, 114, 1800, 25, 400
John M. Jolliffe, 15, 25, 400, 18, 80
James Jenkins, 20, 30, 500, 16, 60
Nicholas C. Mason, 25, 25, 200, 8, 100
Lewis Herskill, 25, 25, 300, 10, 90
Jacob Hayhurst, 30, 160, 400, 5, 165

Enoch Vincent, 30, 110, 700, 20, 200
James Hayhurst, 20, 80, 200, 5, 120
Stephen Mahaffey, 25, 125, 700, 10, 100
James Miller, 30, 70, 400, 15, 175
Levi Wymer, 20, 90, 400, 15, 75
Carpenter Satterfield, 40, 110, 500, 25, 200
Joseph Boner, 40, 60, 500, 10, 90
Isaac Hill, 40, 120, 700, 40, 150
Caleb B. Stanley, 125, 50, 500, 70, 155
Uriah Carpenter, 25, 25, 150, 5, 100
Ashmael Carpenter, 40, 100, 1000, 30, 150
Jacob Jones, 25, 25, 250, 30, 140
Henry Fast, 20, 30, 300, 20, 100
Robert Mundell, 15, 35, 150, 7, 75
Henry Rudy(Reedy), 150, 200, 3000, 30, 400
Hugh Linn, 120, 120, 2000, 30, 370
Gibson Linn, 80, 25, 700, 45, 265
John Linn Sr., 70, 50, 1000, 30, 230
William Linn, 70, 100, 2000, 10, 268
William Linn Sr., 200, 400, 4000, 90, 800
John Linn Jr., 36, 100, 700, 20, 150
John Hall, 50, 263, 1100, 170, 175
Eli Lake, 80, 70, 1000, 35, 210
Zubulon Musgrave, 150, 400, 3000, 100, 600
William Lake, 20, 44, 350, 25, 150
Mary Lake, 125, 187, 2000, 50, 650
George Reece, 80, 60, 600, 20, 300
James Neal, 15, 45, 250, 5, 110
Jeremiah Neal, 40, 115, 600, 15, 100
Gibson Henderson, 30, 100, 700, 50, 195
William Robinson, 75, 275, 1200, 70, 330
John Knotts, 75, 90, 820, 50, 180
Stephen Poe, 80, 110, 900, 85, 370
Ezekiel Rogers, 40, 120, 1000, 45, 180
David Summers, 70, 330, 3100, 20, 600
Benjamin Mathews, 50, 300, 1100, 10, 500
Humphry Matthews, 30, 160, 300, 10, 70
Wiliam Carothers, 45, 200, 1000, 5, 34
Samuel Carothers, 50, 200, 1000, 20, 330
Joshua Snider, 25, 195, 700, 15, 160
Robert Luzader, 18, 30, 200, 10, 120
David Grimm, 15, 55, 250, 10, 65
Jacob Kerne, 26, 74, 500, 25, 80
David Fisher, 40, 230, 1300, 120, 150
William Gallagher, 40, 60, 800, 30, 175
Samuel G. Stevens, 30, 70, 700, 15, 107
John Stevens, 20, 130, 200, 10, 70
Robert Moran, 30, 300, 1000, 20, 200
Henry S. Price, 70, 200, 2000, 90, 400
Hezehiah Moran, 60, 110, 800, 90, 550
Joseph Pride, 50, 250, 600, 10, 100
John M. Robinson, 60, 400, 1800, 20, 320
Samuel Pride, 50, 50, 800, 20, 120
Henry Pride, 35, 90, 500, 15, 75
Silbey Sapp, 30, 230, 1000, 40, 340
Sias Jones, 40, 135, 800, 30, 60
Wesly Cundiff, 60, 100, 600, 15, 120
Moses Doolittle, 30, 120, 400, 15, 100
William Kincaid, 30, 100, 1000, 10, 130
Joseph Sapp, 20, 60, 230, 10, 95
Benjamin Sapp, 60, 407, 800, 15, 180
John W. Carothers, 80, 90, 1000, 70, 420
Enoch Ferrell, 30, 300, 300, 20, 100
James Morgan, 50, 70, 1000, 25, 255
Thomas Doolittle, 100, 68, 1800, 107, 300

David Kincaid, 100, 80, 1800, 50, 280
John B. Stevens, 30, 60, 800, 35, 200
Joseph Boner, 20, 100, 500, 20, 115
Jonathan Fast, 60, 230, 1000, 40, 335
John Mallot, 12, 30, 50, -, 20
William Kincaid, 15, 130, 150, 10, 60
Richard Fast, 25, 135, 800, 10, 165
John Kincaid, 35, 80, 600, 20, 180
Alpheus Kincaid, 40, 30, 700, 25, 270
Frederick Gilder, 70, 230, 1000, 35, 312
Stephen Morgan, 20, 173, 1000, 10, 113
Nancy Wilson, 20, 200, 500, 15, 70
John Morgan, 120, 150, 3000, 25, 425
David Hayhurst, 100, 200, 1500, 25, 539
David Morgan, 60, 70, 1000, 100, 350
Amos Boner, 60, 120, 600, 70, 145
Charles Boner, 205, 50, 300, 15, 45
John May, 20, 80, 400, 20, 120
Elijah Brain, 35, 115, 700, 30, 180
Joseph Swisher, 60, 80, 2000, 80, 300
Allen Swisher, 70, 70, 1000, 30, 260
Jacob Swisher Sr., 35, 25, 600, 25, 115
Alpheus Swisher, 18, 59, 600, 20, 95
Jacob Swisher Jr., 25, 60, 600, 100, 220
Henry Swisher, 31, 77, 800, 20, 170
James S. Hall, 30, 15, 1200, 30, 143
John P. Watson, 30, 64, 900, 65, 220
Andrew Ross, 52, 44, 1500, 70, 380
William Meredith, 75, 200, 2000, 75, 500
Aanson Merrifield, 40, 50, 1200, 15, 170
Martha Hill, 12, 100, 1000, 10, 88
Joseph Boner, 30, 100, 1200, 20, 300
Samuel Merrifield, 60, 30, 1500, 25, 200
Joshua Carter, 35, 105, 1300, 40, 440
Thomas Watson, 180, 400, 5500, 110, 1072
Peter Moran, 76, 50, 1000, 106, 425
Thomas J. Wilson, 30, 45, 600, 40, 223
William C. Wilson, 60, 40, 1000, 40, 187
Mary Wilson, 40, 26, 600, 15, 150
William Gilder, 85, 115, 3000, 100, 959
James Downey, 80, 275, 2000, 30, 206
Richard Moran, 20, 30, 500, 20, 116
Elbert Moran, 25, 25, 350, 30, 122
Thomas Reed, 100, 150, 2000, 190, 580
Joseph Kincaid, 50, 20, 700, 40, 264
Reese W. Morris, 50, 85, 1500, 55, 217
Barnabus Johnson, 120, 60, 1800, 80, 570
James Johnson, 50, 60, 1100, 33, 215
Joseph Kisner, 50, 12, 600, 34, 185
Elijah B. Ross, 50, 50, 100, 15, 225
Nelson Merrifield, 100, 175, 4000, 30, 350
Alpheus Bainbridge, 25, 75, 1000, 15, 115
Dorothy Clelland, 60, 140, 2000, 20, 298
Michael Boyles, 15, 5, 305, 10, 40
Levi Hann, 10, 60, 900, 5, 28
Frederic Kisner, 40, 60, 800, 50, 264
James Starr, 18, 7, 500, 8, 100
Archy Wilson, 40, 40, 500, 10, 40
Daniel Harris, 60, 70, 1600, 25, 140
Stephen Wilson, 75, 60, 700, 50, 100
Alexander Clelland, 50, 23, 1100, 67, 207
Nath. Summers, 50, 30, 1200, 15, 130
Paul Hann, 3, 10, 100, 5, 40

Jacob Swisher, 50, 100, 1500, 100, 235
Elisha Summers, 13, -, 250, 5, 115
Job Prickett, 50, 40, 1700, 75, 195
Samuel Harris, 15, 10, 375, 20, 120
Sarah Harris, 50, 48, 1500, 20, 310
Jefferson Gilpin, 40, 49, 1000, 25, 155
Horatio Hartley, 50, 68, 1500, 15, 155
Wilson Watson, 24, -, 300, 15, 190
Joseph Heartly, 50, 50, 1300, 43, 209
Joseph Vangilder, 30, 40, 400, 18, 175
Norval T. Barnes, 65, 45, 1500, 100, 412
John L. Prickett, 60, 40, 200, 75, 349
Richard Radcliffe, 40, 15, 1300, 40, 275
Richard Prickett, 100, 100, 5000, 20, 500
Isaiah Prickett, 60, 66, 3000, 80, 431
Joseph O. Hartley, 75, 115, 3500, 20, 540
John McKinney, 26, 5, 600, 15, 92
Jacob Prickett, 60, 45, 2000, 50, 372
James Prickett, 40, 60, 1500, 10, 210
Nath. Prickett, 50, 70, 2000, 150, 677
Joshua McElfresh, 60, 10, 1800, 80, 300
John G. Smith, 30, -, 400, 10, 180
Elijah Foult, 40, 10, 600, 10, 90
James Morgan, 50, 150, 800, 15, 230
John Foult, 25, -, 1000, 35, 265
Jonah Foult, 20, -, 1000, 15, 65
Samuel Zinn, 30, 10, 700, 75, 155
Isaac Gudeman, 100, 40, 3000, 55, 550
Presly N. Martin, 50, 30, 1400, 15, 145
Rhoda Hall, 65, 15, 1400, 20, 195
Susanna Hughes, 100, 80, 2700, 35, 150
George Armsey, 30, 60, 1100, 145, 340

Jared Evans, 40, -, 600, 80, 180
Hiram Haymond, 230, 30, 18000, 120, 565
Thomas S. Haymond, 300, 500, 15000, 100, 410
Marcus W. Haymond, 30, 60, 8000, 40, 645
Massa Brummage, 35, 17, 1200, -, 15
Joel Nuzum, 90, 51, 6000, 50, 528
John T. Hill, 8, -, 3000, 130, 225
John A. Gallihere, 20, 41, 1000, 25, 160
Nelson Brummage, 60, 31, 2000, 90, 187
John T. Prickett, 30, 46, 912, 38, 177
John S. Swearingen, 70, 77, 1500, 100, 313
Jacob Saddler, 30, 10, 400, 15, 115
John Haunsucker, 80, 80, 3000, 101, 489
James Louchnay (Louchray), 100, 100, 3000, 80, 338
Silas Barnes, 50, 68, 1500, 45, 148
Benjamin Hayhurst, 100, 107, 4000, 72, 463
John Franklinburg, 30, 15, 700, 15, 82
William Liper, 60, 28, 1056, 60, 252
Job Dragger, 15, 35, 600, 5, 25
Andrew Liper, 210, 60, 1000, 20, 100
William King, 24, 45, 700, 35, 100
Jesse T. Morgan, 50, 50, 1000, 15, 174
Joshua King, 40, 20, 800, 10, 120
James Watkins, 60, 45, 1500, 108, 289
Caleb Muzum, 40, 60, 1400, 80, 260
William D. Powell, 33, 6, 800, 7, 165
Hiram Cooper, 70, -, 1000, 90, 234
John Pyles, 25, 5, 600, 10, 100
Samuel Cooper, 35, 30, 500, 10, 219
Mathew Jones, 50, 50, 1200, 15, 283

Amos Hayhurst, 100, 100, 2000, 50, 560
Isaac Valentine, 30, -, 400, 20, 156
Benjamin J. Brice, 200, 400, 7000, 75, 992
John Fletcher, 60, 40, 1000, 40, 237
James Jackson, 30, -, 300, 15, 95
James Hardesty, 125, 75, 3000, 80, 725
Samuel Ogden, 40, 60, 1200, 15, 180
William Ogden, 60, 116, 3500, 95, 405
Elijah May, 44, 18, 1200, 5, 250
Peter B. Riter, 885, 280, 20000, 240, 5642
Thomas B. Smith, 35, 17, 800, 20, 275
Samuel Koon, 9, -, 2000, 150, 520
Andrew McIntire, 60, 56, 1800, 23, 354
John Holbert, 40, -, 400, 20, 148
Isaac Efall, 4, -, 150, 10, 60
Lewis Criss, 30, 20, 40 20, 200
John Shaver, 40, 52, 2000, 30, 406
Jesse Martin, 30, 12, 600, 49, 140
James Province, 40, -, 500, 20, 225
Anthony Tucker, 12, 20, 100, 15, 80
Amaziah Smith, 10, -, 100, 10, 65
Peyton Watkins, 20, 10, 200, 10, 115
Absalom Knotts, 125, 175, 7500, 90, 987
Azariah Cornell, 20, 10, 200, 15, 125
George S. Smith, 70, 30, 1500, 40, 410
John W. Clarke, 40, 24, 700, 15, 126
George Rhinehart, 20, 15, 300, 45,260
James T. Morris, 50, 50, 1500, 25, 367
Alpheus W. Smell, 40, -, 500, 25, 100
Jesse Martin, 250, 150, 9800, 127, 1300
Isaac Koon, 45, 50, 1300, 10, 175
Joseph Manoly, 25, -, 400, 10, 80

Robert Anderson, 80, 70, 3000, 20, 365
John Anderson, 25, 10, 400, 15, 80
Isaac Davis, 25, 15, 500, 10, 116
Felix Tonerey, 35, 20, 800, 30, 154
William R. Russell, 160, 105, 400, 75, 270
John Keller, 30, 3, 400, 3, 112
Benjamin Hill, 65, 35, 1500, 85, 304
William Shaver, 250, 100, 4200, 100, 775
Thomas Holbert, 100, 40, 1700, 60, 670
Leonard Lamb, 130, 70, 4000, 120, 619
Elisha Griffis, 30, 12, 800, 100, 234
Renear Hill, 200, 240, 8000, 300, 1000
David Trough, 60, 54, 2200, 65, 196
Samuel Nixon, 125, 160, 7000, 50, 727
John F. Boyce, 40, -, 800, 31, 211
Henry Martin, 225, 175, 12000, 120, 1170
Thomas Knotts, 170, 430, 11400, 93, 938
Thomas Rhea, 150, 250, 8000, 75, 610
Francis Boyers, 15, -, 100, 10, 60
Isaac Whiteman, 70, 36, 1400, 60, 164
Thomas Meredith, 150, 40, 4500, 150, 498
David Miller, 75, 53, 2300, 100, 380
John J. Whitsel, 15, 15, 300, 15, 130
David Bainbridge, -, -, -, -, 400
John Riley, 12, 3, 400, 40, 180
Thomas Wilson, 46, 26, 1000, 25, 212
Mordecai Dunham, 30, 8, 600, 15, 50
Michael Smell, 45, 25, 1100, 60, 310
David Province, 50, 32, 1600, 15, 192
Jacob Hughes, 45, 36, 1438, 30, 168

Cephas Lowe, 125, 100, 3500, 100, 635
William Bainbridge, 40, 15, 825, 75, 175
Asahel Nixon, 75, 45, 1950, 35, 108
James Lanham, 120, 12, 2500, 72, 479
Jesse J. Nixon, 125, 75, 3500, 25, 300
Jesse Nixon, 50, 50, 1600, 20, 134
John G. Nixon, 125, 75, 3000, 80, 439
David Foushire, 35, 40, 1000, 10, 185
Benjamin Linn, 60, 54, 1040, 25, 309
John Rutherford, 30, 40, 700, 30, 180
Levi Ashcraft, 20, 60, 1200, 15, 190
Samuel A. Tucker, 20, 80, 500, 15, 90
Thomas A. Little, 125, 79, 2780, 10, 288
Thomas Little, 30, 330, 2100, 40, 313
Edward Vincent, 100, 100, 3000, 30, 318
Samuel Holbert, 20, 25, 500, 15, 209
Amos Little, 98, 98, 3316, 20, 255
Isaac N. Pearce, 35, 40, 1400, 15, 214
William H. Dean, 36, 20, 700, 10, 238
Washington Rutherford, 30, -, 600, 10, 40
Alexander Boner, 30, 5, 600, 15, 120
John Tucker Jr., 40, 34, 1500, 30, 213
John Tucker Sr., 40, 40, 1200, 20, 177
William N. Hall (Hull), 100, 40, 3000, 150, 430
Elijah Yeates, 6, -, 200, 10, 100
William Vincent, 30, 47, 1000, 20, 100
Bailey Mundell, 25, 25, 500, 12, 92

Alexander McCallister, 55, 55, 1800, 40, 305
Adam Haymond, 75, 125, 5000, 75, 400
Andrew M. Arnett, 24, 13, 500, 25, 120
George Amos, 175, 56, 2500, 128, 525
Toler C. Michael, 40, 60, 100, 40, 325
John Amos, 31, 42, 500, 20, 118
Noah Natheney, 80, 57, 1700, -, 357
John Arnett, 20, 20, 400, 15, 123
Franklin W. Clayton, 75, 123, 200, 30, 270
John Price, 60, 40, 1200, 50, 292
Ira Dexter, 75, 65, 1500, 70, 152
Henry Valentine, 70, 30, 1000, 60, 256
John D. Parker, 95, 65, 2000, 20, 372
Samuel Grubb, 30, 45, 400, 15, 133
Sarah Eddy, 30, 45, 400, 4, 90
Elizabeth Furbee, 60, 53, 1200, 6, 40
Rawley Morris, 100, 130, 2500, 25, 412
James Davis, 50, 50, 1000, 20, 149
George W. Swisher, 50, 65, 1000, 100, 310
John Toothman, 80, 29, 1000, 30, 198
Frederic Swisher, 100, 50, 1500, 80, 590
Benjamin Shuman, 175, 200, 2000, 75, 625
John Swisher, 40, 35, 900, 65, 197
William Jones, 100, 200, 1500, 30, 391
Alfred Hood, 40, 35, 800, 50, 200
Margaret Boor, 50, 50, 500, 5, 36
Cynthia Davis, 100, 175, 2500, 15, 158
Samuel Hibbs, 143, 100, 2700, 100, 549
William Prichard, 100, 120, 2500, 75, 641
Elizabeth Mapp, 60, 45, 1200, 5, 170

Hiram Ballah, 65, 55, 1750, 110, 52
Enoch W. Ballah, 50, 87, 2000, 8, 167
Thomas Parker, 25, 15, 800, 10, 65
John Wilson, 200, 86, 2860, 100, 1745
Edward Wilson, 40, 122, 1458, 50, 335
Rachel Wilson, 90, 48, 1380, 50, 253
Andrew Rice, 40, 83, 738, 5, 55
Humphrey B. Wilson, 60, 75, 1000, 25, 234
John Mason, 100, 100, 2000, 60, 2117
Phillip Mason, 50, 50, 1000, 15, 207
Maria Amos, 75, 42, 1400, 3, 161
Peter Amos, 75, 139, 2000, 150, 450
Marion Wells, 100, 20, 2000, 25, 142
John Hibbs, 75, 39, 500, 70, 319
James Amos, 100, 60, 3000, 10, 369
Jonah D. Boor, 35, 10, 800, 15, 123
Mary Toothman, 80, 32, 1200, 10, 184
William Toothman, 75, 37, 2500, 75, 360
Thomas Hibbs, 75, 42, 1500, 50, 315
Robert Davis, 80, 60, 2000, 175, 511
Richard Wells, 65, 48, 1700, 70, 335
Thomas Wells Sr., 60, 60, 1500, 80, 217
William Hibbs, 100, 20, 1500, 40, 302
Nimrod G. Baker, 50, 120, 1500, 100, 217
James Wilson, 80, 75, 1200, 75, 260
John Lough, 75, 52, 1900, 75, 327
Mathew Lough, 65, 85, 1800, 25, 240
Benjamin L. Wilson, 80, 116, 1500, 75, 329
William Conaway, 130, 175, 3500, 75, 959
Jeremiah Conaway, 60, 140, 2500, 40, 345

James Wallace, 120, 130, 2500, 125, 552
Charles H. Conaway, 70, 30, 1200, 50, 345
Phillip S. Basnett, 30, 36, 600, 50, 300
Samuel Basnett, 75, 75, 2200, 25, 375
Jacob Rice, 50, 44, 1200, 15, 286
George W. Toothman, 60, 46, 1400, 50, 346
David L. Youst, 400, 361, 8000, 200, 1748
Benjamin Ammons, 40, 130, 700, 20, 140
John Whitsal, 100, 387, 3600, 70, 465
Thomas Wade, 100, 190, 2900, 25, 421
Michael Eddy, 45, 42, 700, 50, 190
Daniel Fluharty, 40, 60, 700, 55, 165
Joseph Fluharty, 30, 20, 300, 10, 156
Nicholas B. Youst, 200, 182, 1600, 100, 791
Joseph Alton, 100, 200, 1200, 125, 352
Aaron Youst, 80, 83, 1630, 100, 422
Aaron Hawkins, 600, 500, 14000, 150, 2565
Thornton Billingsley, 65, 31, 1100, 30, 298
Samuel Billingsley, 60, 187, 2500, 40, 341
Henry Boggess, 35, 15, 900, 110, 233
Reuben Hall, 80, 95, 2000, 30, 278
James Upton, 45, 75, 1500, 30, 170
Enoch Toothman, 100, 100, 2500, 110, 305
John Clayton, 70, 130, 2200, 150, 700
William Willey, 110, 86, 2000, 75, 300
Charles Burgoyne, 28, 10, 500, 125, 172

Jonathan J. Pitcher, 50, 80, 400, 250, 580
Thomas Hull, 80, 67, 3675, 120, 321
John Jones, 90, 30, 3200, 100, 428
John Hall (Hull), 100, 150, 5500, 175, 430
Harvey Merrifield, 35, 65, 800, 25, 128
Robert W. Cunningham, 35, 60, 800, 8, 81
Margaret Burns, 100, 60, 4000, 100, 652
Abraham Ice, 75, 53, 200, 150, 221
Felix Conaway, 60, 140, 2000, 75, 295
Jane Fetty, 30, 40, 350, 30, 318
Henry Hunter, 35, 88, 1200, 40, 225
Jacob Hockenberry, 40, 30, 1000, 50, 85
John Hockenberry, 85, 75, 1200, 30, 285
John M. Straight, 120, 24, 1704, 65, 346
Adam Ice, 40, 37, 1500, 40, 248
Andrew Conaway, 80, 32, 2016, 100, 284
John Robinson, 60, 79, 2085, 55, 390
David Cunningham Jr., 25, 36, 854, 20, 164
Joseph Fetty, 100, 68, 1680, 25, 282
Mary Satterfield, 40, 32, 720, 20, 172
Joseph Snodgrass, 20, 3, 230, 100, 379
Adam Rice, 25, 15, 1440, 50, 96
Eleanor Straight, 60, 38, 1176, 30, 271
William Straight, 100, 80, 2580, 50, 464
George Toothman, 60, 35, 1330, 75, 146
Wiliam Fetty, 75, 59, 2010, 100, 389
Thomas Cramer, 140, 70, 3200, 100, 589
Abraham J. Conaway, 60, 36, 1344, 50, 275
George Dawson, 120, 52, 2580, 25, 436
Henry Neptune, 60, 48, 1108, 20, 315
Thomas Prichard, 140, 70, 3080, 100, 784
Isaac Rice, 160, 50, 3000, 100, 493
Spicer Jimison, 25, 155, 2180, 10, 140
Enoch Amos, 70, 42, 1456 100, 272
Warren Billingsley, 60, 132, 1824, 25, 23
Henry Amos, 75, 150, 3375, 100, 350
Benjamin T. Snider, 140, 70, 3000, 125, 937
Henry Prickett, 75, 52, 1918, 100, 302
William Boor, 57, 50, 1280, 125, 358
Len Pricket, 100, 197, 4158, 100, 417
Benj. Draggoos, 65, 11, 912, 20, 256
Alexander Straight, 60, 43, 1236, 40, 322
Elisha G. Snider, 75, 150, 2500, 100, 406
John Amos, 100, 160, 3640, 100, 448
William Draggoos, 35, 20, 600, 15, 170
Asa Dudley, 80, 220, 4150, 200, 540
William Clayton, 75, 28, 1000, 25, 452
Andrew F. Ritchie, 60, 29, 1450, 35, 213
Davis Prichard, 70, 64, 1608, 20, 250
Michael Floyd, 50, 41, 1000, 100, 255
Eli Murray, 80, 180, 3072, 25, 310
John Michael, 60, 80, 1500, 35, 300
Jacob Snoderly, 80, 60, 1648, 100, 536
Elijah Bord, 30, 53, 500, 10, 410
George Snoderly, 70, 50, 2160, 50, 409

John Snoderly, 100, 143, 3630, 50, 298
John Ice, 10, 30, 1500, 25, 168
Isabel McCray, 40, 20, 900, 40, 170
William Conaway, 60, 140, 1500, 100, 300
Andrew McCray, 60, 58, 1735, 100, 423
Priscilla Clelland, 70, 30, 1500, 46, 145
James R. Clelland, 70, 80, 2250, 25, 227
Thomas W. D. Evans, 50, 30, 1500, 30, 343
Ulysses M. Arnett, 150, 135, 5325, 150, 510
Andrew Barnhouse, 40, 19, 885, 40, 202
Ezekiel Cunningham, 75, 65, 2175, 125, 400
Lindsay Boggess, 100, 50, 2400, 50, 383
Elias Dudley, 200, 150, 5600, 500, 2177
William B. Dudley, 30, 39, 897, 10, 57
Samuel Dudley, 60, 60, 1660, 20, 123
Enoch W. Dudley, 96, 209, 4270, 30, 190
John M. Dudley, 50, 70, 530, 20, 211
Merryman Price, 70, 50, 1560, 50, 415
John Prichard, 70, 147, 2500, 50, 481
Richard Pitzer, 75, 65, 1540, 100, 321
John Dawson, 40, 67, 100, 40, 224
John Veach, 75, 90, 2640, 100, 406
Elisha Youst, 60, 51, 777, 20, 101
Joel Pitzer, 100, 66, 1992, 25, 334
Anthony Pitzer, 50, 31, 1200, 40, 239
Eli Toothman, 70, 57, 524, 40, 308
John McDougal, 300, 100, 4800, 100, 2129
Leander S. Laidly, 300, 200, 10000, 150, 1221
Daniel Toothman, 40, 18, 638, 24, 210
William Toothman Jr., 65, 47, 1220, 25, 367
Dennis Brown, 30, 65, 1265, 25, 300
John Toothman, 51, 10, 1200, 25, 357
George B. Morgan, 40, 200, 2640, 25, 260
Amos H. Straight, 60, 145, 2255, 10, 64
Samuel Martin, 100, 128, 1400, 125, 300
Joseph W. Martin, 100, 80, 2160, 20, 287
George Robbins, 40, 60, 900, 12, 215
Elijah A. Athey, 40, 32, 720, 10, 91
George L. Fetty, 50, 80, 1300, 5, 114
Thomas H. Athey, 40, 85, 875, 10, 108
Jacob O. Athey, 60, 60, 1000, 15, 306
Christopher Toothman, 75, 46, 1600, 40, 475
John Raber, 20, 85, 500, 50, 236
John Hawkins, 75, 215, 2300, 25, 206
Frederic Cole, 200, 300, 8000, 100, 1024
Christopher Troy, 50, 133, 1504, 40, 281
David Billingsley, 60, 84, 720, 25, 175
Alexander Toothman, 40, 81, 968, 15, 172
Edmund Fluharty, 45, 55, 1000, 10, 120
Adam Toothman, 100, 350, 4300, 100, 442
Jeptha Jones, 145, 141, 2464, 25, 140
Isaac Talkington, 30, 200, 1500, 100, 590

Edward Parrish, 109, 219, 2106, 60, 795
Charles W. Batson, 40, 48, 1056, 20, 170
Abia (Abra.), P. Warmsley, 60, 603, 3785, 25, 193
Daniel D. Hawkins, 40, 38, 780, 55, 222
Elis Rix, 100, 188, 3000, 100, 400
Calder Hoult, 90, 119, 2308, 20, 343
Eugenia L. Boydston, 30, -, 2000, 75, 115
Henry Hawkins, 40, 32, 700, 20, 145
Clement Morgan, 100, 110, 2520, 150, 819
Henry F. Hamilton, 110, 100, 2520, 150, 746
John H. Martin, 120, 280, 4000, 150, 370
Elizabeth Jolliffe, 150, 150, 3000, 100, 460
Elizabeth Blackshire, 100, 100, 2000, 20, 355
James Downs, 200, 100, 3000, 75, 915
James Reese, 65, 35, 1000, 25, 150
Rezin Amos, 35, 25, 600, 15, 140
Jim Price, 50, 56, 1166, 40, 219
Abraham Talkington, 100, 260, 2831, 95, 568
Henry F. Johnston, 40, 60, 600, 15, 38
William Fluharty, 75, 190, 1000, 20, 380
Jeremiah Wilson, 25, 75, 400, 5, 42
Abraham Harris, 45, 205, 1000, 20, 262
Joseph Collins, 30, 70, 400, 15, 80
Joseph Thomas, 50, 150, 1200, 25, 256
Israel Thomas, 30, 130, 800, 50, 264
Mary Thomas, 30, 270, 1500, 15, 130
Mary G. Thomas, 60, 140, 800, 12, 120
Thomas D. Holbert, 40, 160, 800, 15, 85
Alexander Talkington, 100, 66, 2500, 25, 169
Isaac Campbell, 50, 130, 1080, 25, 143
Isaac Haines, 100, 272, 1769, 30, 381
John S. Metz, 50, 50, 600, 20, 130
Isaac Phillips, 90, 210, 1200, 40, 215
William K. Phillips, 50, 100, 600, 25, 45
Caleb Furbee, 40, 110, 500, 15, 225
Elijah Freeland, 40, 200, 1000, 10, 150
Samuel Glover, 65, 355, 2000, 20, 320
Leonard Glover, 80, 120, 1000, 10, 97
Aaron Wade, 40, 160, 1200, 15, 133
Jacob Youst, 50, 90, 500, 20, 158
Peter Youst, 30, 70, 400, 5, 85
Caleb Furbee, 75, 176, 1918, 30, 245
Aaron Youst, 40, 125, 1000, 20, 186
James McDufett, 45, 41, 700, 10, 160
Margaret Freeland, 40, 140, 1260, 10, 120
Sauier S. Martin, 50, 350, 1500, 20, 260
John Furbee, 50, 50, 500, 15, 125
Jacob Metz, 160, 210, 3561, 150, 340
Leonard Metz, 100, 200, 1500, 100, 400
William J. Willey, 360, 440, 9600, 350, 1805
George Downs, 110, 30, 2000, 50, 160
Elias Blackshire, 200, 1200, 7000, 100, 980
David Watson, 80, 30, 1080, 80, 310
George Watson, 35, 32, 600, 10, 160
George Watson Sr., 100, 103, 2000, 80, 336
Ralph Higginbottom, 40, 260, 1000, 10, 100

John Lovman, 30, 240, 1500, 10, 82
Enos Snodgrass, 35, 115, 750, 75, 110
James Furbee, 50, 10, 1800, 100, 375
John W. Davis, 33, 120, 1500, 30, 190
Alfred S. Sine, 75, 150, 1000, 40, 293
John Batton, 40, 40, 500, 75, 145
John W. Mason, 40, 105, 675, 40, 300
Isaac Hibbs, 60, 90, 800, 25, 200
James Batson, 42, 80, 600, 15, 250
James Walker, 100, 430, 1700, 100, 348
John Hibbs, 50, 50, 800, 50, 193
Nicholas Sharp, 100, 52, 2500, 60, 258
Oliver May, 75, 125, 1500, 100, 300
John Baker, 100, 137, 1000, 25, 300
Marcus Jones, 45, 60, 400, 15, 120
Julius Kendall, 40, 60, 600, 125, 130
Samuel Kendall, 80, 153, 1500, 40, 250
George Baker, 40, 130, 760, 83, 269
Samuel Kendall, 100, 200, 1400, 25, 385
Zebedee Kendall, 30, 140, 500, 10, 160
Dennis D. Campbell, 40, 26, 267, 25, 244
Thomas Campbell, 40, 310, 1400, 75, 246
James Michael, 45, 155, 750, 13, 233
John Campbell, 35, 165, 800, 12, 102
George Campbell, 100, 350, 2916, 40, 500
James White, 40, 150, 700, 140, 235
Daniel Davis, 40, 100, 500, 100, 200
Elizabeth White, 40, 260, 800, 75, 160
Jesse F. Snodgrass, 25, 115, 1000, 15, 153
John Conaway, 30, 120, 600, 20, 200
Jeremiah King, 25, 75, 400, 30, 158
Francis F. Snodgrass, 25, 88, 450, 20, 180
Elias Kendall, 40, 177, 700, 25, 380
John Snodgrass, 50, 300, 1400, 15, 235
James Shafer, 30, 70, 500, 10, 150
William B. Snodgrass, 80, 1320, 4200, 100, 450
Joseph Hayhurst, 30, 70, 700, 25, 275
Richard W. Smith, 40, 45, 680, 15, 160
David Cunningham, 55, 405, 2300, 30, 444
James Matheney, 30, 87, 900, 20, 168
Noah T. Matheney, 40, 108, 900, 40, 190
Stephen D. Gooch, 40, 48, 500, 30, 262
Simon Michael, 30, 349, 1076, 50, 130
Noah Baker, 25, 50, 500, 15, 120
David F. Underwood, 56, 94, 1050, 10, 155
James E. Dent, 40, 346, 1142, 50, 496
Jeremiah Beattee, 75, 440, 3572, 125, 607
Rawley Ice, 130, 1270, 6500, 110, 760
Nicholas Baker Sr., 65, 185, 1250, 40, 288
Andrew Ice, 75, 325, 2800, 100, 460
Abraham Hawkins, 180, 117, 4500, 125, 960
William B. Ice, 80, 20, 2500, 100, 450
John Conaway, 100, 95, 3000, 150, 430
William McDougal, 100, 135, 3540, 50, 300
Nicholas Haught (Hought), 40, 60, 1500, 10, 50
Isaac Brummage, 80, 45, 2250, 125, 475

James C. Hamilton, 65, 38, 1854, 100, 182
Eli Brummage, 80, 45, 2450, 30, 304
William McCray, 50, 50, 1500, 150, 465
Mathew Tucker, 35, 150, 1500, 35, 187
John Brummage, 50, 43, 1700, 20, 190
Henry Hays, 50, 37, 1200, 20, 180
Dudly Wells, 80, 108, 2820, 40, 500
John S. Smith, 175, 90, 4220, 250, 983
Ambrose Shackelford, 65, 72, 2740, 50, 231
Allen Hall, 100, 120, 5500, 80, 315
William B. Fleming, 50, 26, 1900, 50, 216
Sarah Miller, 70, 86, 3150, 100, 297
Reuben Fleming, 40, 40, 1240, 20, 220
Raymond R. McCrae, 60, 43, 2575, 50, 325
Isaac Fleming, 30, 21, 1275, 50, 325
William Vandervest, 80, 57, 3750, 150, 380
Archivall Fleming, 80, 20, 2500, 80, 456
William C. Fleming, 45, 8, 795, 20, 214
James Fleming, 90, 21, 1665, 75, 412
Benjamin F. Fleming, 60, 30, 1970, 25, 365
Benjamin Holden, 150, 150, 6000, 100, 1000
Daniel D. Tucker, 60, 160, 2000, 100, 406
Henry Fleming, 30, 20, 850, 65, 180
Joshua Jones, 50, 100, 1500, 40, 258
Lemuel Jones, 35, 50, 1200, 15, 140
Jesse Rix, 110, 60, 2040, 100, 294
Simeon H. Hawkins, 30, 47, 2614, 100, 360
Joseph Fletcher, 80, 40, 1795, 20, 200
Mary Welsh, 45, 45, 720, 25, 187
Benjamin Bowman, 55, 32, 870, 10, 180
Daniel Davis, 125, 100, 2800, 50, 490
Alpheus Davis, 70, 70, 1500, 50, 145
Caleb Davis, 40, 7, 1356, 25, 107
Rebecca Hobbs, 100, 150, 2500, 10, 185
Silas P. Morgan, 50, 100, 2400, 40, 350
Andrew J. Fleming, 50, 10, 1200, 15, 35
Franklin Davis, 50, 161, 1977, 50, 158
Lewis W. Wood, 75, 105, 1870, 15, 410
Richard Morgan, 50, 30, 1000, 12, 138
Sarah Bock, 40, 110, 500, 20, 157
Jacob Baker, 30, 20, 500, 10, 132
Jesse B. Martin, 150, 376, 5260, 100, 759
Thomas Ice, 50, 50, 700, 15, 160
Moses Criss, 45, 43, 700, 15, 140
John Downs, 100, 240, 4420, 100, 817
Charles P. Martin, 50, 100, 1500, 15, 505
Jesse Parrish, 25, 115, 900, 10, 141
John Michael, 70, 70, 1820, 100, 285
Rachel Billingsley, 55, 345, 2500, 10, 116
Booz F. Hamilton, 90, 225, 3150, 25, 512
Moses Looman (Lovman), 25, 35, 350, 8, 125
George Watson, 45, 140, 1110, 25, 194
William Hawker (Hawkes), 100, 148, 2900, 125, 595
James C. Beattie, 120, 330, 5000, 100, 1366
John J. Kerns, 40, 140, 800, 25, 285
Abraham Shreeves, 50, 450, 1500, 15, 200

Henry T, Floyd, 100, 200, 1500, 200, 380
Abraham Mellon, 30, 23, 600, 10, 160
Richard Clayton, 35, 135, 845, 20, 143
Andrew Baker, 30, 108, 1104, 20, 160
Edward J. Cunningham, 30, 650, 3250, 15, 60
Daniel Cunningham, 40, 310, 2840, 25, 510
Nathan Higgans, 40, 265, 1200, 10, 209
James Gump, 40, 69, 700, 6, 142
Elisha Clayton, 40, 85, 375, 5, 130
John Haddox, 40, 410, 1500, 10, 125
Charles Mason, 40, 660, 2500, 20, 51
John Cunningham, 150, 341, 894, 125, 2212
Elias Heldreth, 40, 335, 1885, 15, 326
John Mason, 35, 52, 320, 25, 197
Edmund A. Crimm, 40, 180, 950, 10, 246
Samuel Robinson, 40, 55, 575, 10, 200
John Crimm, 50, 150, 1000, 10, 150
Jeptha P. Moore, 80, 125, 1500, 20, 430
Daniel Heldreth, 30, 58, 704, 15, 250
Joseph Heldreth, 100, 106, 800, 25, 97
Michael Holbert, 40, 60, 800, 25, 97
Blakeley Martin, 30, 120, 1200, 20, 60
Joseph Martin, 40, 50, 725, 10, 75
James Hawkes, 100, 200, 4300, 80, 475
Charles Martin, 40, 130, 1900, 80, 205
Joshua Robinson, 60, 70, 1300, 25, 200
Solomon Brake, 65, 60, 1250, 25, 260
John Heldreth, 30, 30, 500, 15, 200
William Heldreth, 30, 90, 1000, 5, 147
Abraham Hess, 100, 166, 2128, 30, 438
William Martin, 75, 75, 1500, 20, 349
Henry Hess, 60, 180, 1820, 215, 270
John D. Davis, 100, 270, 1700, 25, 395
Sarah Sharp, 30, 70, 750, 10, 100
Jeremiah Hess Sr., 80, 20, 1000, 15, 195
Jeremiah Hess Jr., 80, 177, 2750, 20, 240
George W. Martin, 300, 776, 7908, 25, 375
John Glover, 100, 100, 2000, 20, 179
William H. Martin, 50, 50, 1200, 50, 170
David Martin, 30, 38, 544, 25, 171
John Ashcraft, 50, 50, 130, 50, 280
William Ashcraft, 30, 7, 600, 5, 85
Thomas Martin, 50, 66, 700, 15, 77
Jesse Boor, 30, 100, 1000, 50, 321
Benjamin Holbert, 50, 150, 1800, 25, 200
Armistead Martin, 30, 127, 1500, 40, 296
Richard Stuckpole, 50, 80, 1000, 25, 210
Michael Parrish, 75, 150, 2475, 200, 713
William S. Sandy, 60, 62, 1500, 25, 275
George Harter, 100, 20, 6000, 150, 940
George B. Sandy, 80, 160, 3120, 100, 320
Peter Hess, 65, 36, 2030, 50, 210
William Cunningham, 100, 31, 2620, 50, 492
Moses B. Harter, 35, 115, 3000, 15, 177
Christopher Tetrick, 60, 80, 2800, 15, 175

James Tetrick, 40, 30, 840, 15, 150
Enoch Cunningham, 65, 50, 1380, 100, 1580
Andrew Tetrick, 100, 117, 2770, 100, 250
Isaac Nay, 80, 113, 2322, 80, 500
Margaret Sturm, 100, 135, 3540, 50, 315
John Sturm Jr., 40, 20, 720, 20, 200
Charles Hess, 60, -, -, 25, 400
William Youst, 40, 135, 750, 15, 125
Hezekiah Robey, 100, 199, 3588, 40, 395
John Sandy, 40, 20, 750, 25, 225
Peter Tetrick, 60, 480, 4344, 25, 310
Jacob G. Martin, 200, 251, 6286, 100, 563
Daniel Sturm, 80, 71, 1812, 100, 242
Dickey Parrish, 200, 100, 3600, 100, 734
John Sturm, 60, 50, 1320, 50, 350
Nimrod Martin, 50, 50, 1200, 25, 185
Calder H. Parrish, 80, 56, 1632, 25, 340
Asa Davis, 60, 43, 1000, 100, 346
Nicholas Bock, 75, 25, 1200, 15, 390
Ellen Crow, 60, 30, 900, 12, -
Caleb Davis, 50, 50, 1000, 15, 200
Dawsey S. Martin, 50, 25, 1400, 25, 113
Rawley Martin, 70, 60, 1560, 10, 128
William Minnear, 60, 130, 560, 15, 101
Abraham Smith, 100, 108, 3000, 75, 360
William Cockran, 65, 195, 3795, 40, 368
Josiah Sandy, 60, 40, 150, 15, 135
Thomas Sharp, 40, 34, 1350, 100, 600
James Davis, 100, 158, 2392, 30, 501
Henry Michael, 50, 75, 1200, 5, 114
James Fletcher, 50, 76, 1512, 10, 137
Michael Bock, 60, 76, 1632, 100, 605
David Bock, 50, 37, 1200, 30, 96
Emory Downs, 80, 100, 2160, 100, 310
Martin M. Randall, 80, 120, 2250, 100, 520
Caleb H. Davis, 100, 100, 2400, 10, 175
Sias Billingsley, 104, 276, 3500, 40, 223
Daniel A. Rowand, 40, 40, 600, 10, 105
Nathaniel Cochran, 30, 110, 1400, 10, 160
Abel Crosley, 25, 25, 750, 15, 150
Aaron Morgan, 95, 48, 2575, 100, 508
Thomas Nichols, 100, 33, 1700, 100, 157
James W. Coon, 100, 50, 2700, 150, 810
Benjamin Coon, 100, 165, 2450, 125, 303
John Glasscock, 55, 175, 3080, 30, 222
Addis Bowman, 25, 5, 600, 65, 196
James Pettitt, 100, 100, 3500, 30, 290
John Cochran, 100, 100, 3600, 75, 300
Marcanus Davis, 50, 88, 2456, 20, 275
John W. Clayton, 60, 18, 780, 100, 250
John S. Fleming, 85, 10, 2850, 250, 785
Alfred Fleming, 100, 36, 4760, 150, 419
Joab Fleming, 60, 70, 2600, 15, 200
Richard Morris, 150, 100, 3024, 75, 280
John L. Floyd, 100, 30, 1300, 100, 436
James Kindall, 30, 30, 600, 30, 189

John E. Michael, 70, 52, 1220, 60, 417
William Hawkins, 100, 118, 2618, 50, 325
Thomas Dicken, 100, 94, 2500, 10, 481
John Shuman, 60, 95, 1860, 30, 231
Jacob Straight, 100, 100, 2610, 75, 728
William Arnett, 150, 120, 3240, 50, 655
Davis Jones, 75, 35, 1000, 75, 322
John Cunningham, 140, 90, 2760, 150, 665
John Donnelly, 70, 35, 1155, 25, 470
James H. Floyd, 40, 40, 1040, 30, 265
Seth Knight, 80, 30, 1500, 75, 425
Elisha Snodgrass, 90, 60, 3000, 50, 235
Joseph Cunningham, 40, 34, 1125, 100, 276
Sarah Hayhurst, 60, 60, 1800, 40, 260
John Musgrave, 60, 15, 1500, 100, 515
Simeon Donnelly, 13, 17, 450, 10, 138
Elijah Musgrave, 70, 30, 1500, 30, 309
Nicholas Baker, 21, 49, 1640, 40, 266
Charles Satterfield, 50, 11, 915, 75, 145
David Satterfield, 65, 10, 1125, 30, 227
William Rice, 50, 54, 1000, 20, 250
Adam Valentine, 60, 42, 1020, 20, 250
John Rice, 50, 40, 900, 20, 190
Riley Smith, 50, 50, 1100, 15, 200
John Smith, 40, 22, 682, 10, 75
Benjamin Coogle, 60, 130, 2400, 25, 435

Asa Hall, 70, 67, 1644, 100, 314
Henry Hall, 30, 20, 1000, 15, 70
Burr Merrill, 25, -, 500, 20, 199
Elizabeth Merrill, 23, 2, 500, 15, 225
Robert A. Johnson, 50, 37, 1700, 20, 125
Laban Radcliff, 115, 140, 2112, 30, 327
Stephen H. Morgan, 100, 50, 2500, 75, 335
Smallwood P. Morgan, 40, 50, 1000, 30, 202
John P. Morgan, 75, 75, 2400, 20, 331
Henry S. Morgan, 85, 188, 5000, 125, 697
Robert Morgan, 100, 50, 3000, 125, 300
Alpheus Hoult, 50, 31, 1458, 20, 215
Simeon West, 40, 100, 2800, 15, 100
Adam Heck, 150, 90, 3120, 100, 724
John Heck, 70, 37, 1284, 50, 255
Coonrod Rice, 60, 96, 2808, 15, 185
Thomas Collins, 40, 35, 1500, 15, 117
John Hoult, 50, 14, 1600, 25, 263
John S. Barnes, 100, 76, 1400, 200, 875
Uz. Barnes, 80, 40, 4200, 150, 309
James Hamilton, 80, 35, 14500, 200, 920
Jonathan Coogle, 200, 122, 6000, 100, 649
Little Clayton, 50, 60, 1140, 50, 480
Daniel Wade, 20, 25, 600, 200, 440
Ezekiel Clayton, 75, 75, 1500, 50, 220
John N. Floyd, 80, 25, 1500, 50, 405
William Hawkins, 90, 40, 1600, 100, 414
Jonathan Musgrave, 75, 75, 2300, 40, 412

Marshall County, West Virginia
1850 Agricultural Census

The University of North Carolina at Chapel Hill filmed the 1850 agricultural census for Marshall County from originals in the West Virginia Department of Archives under a grant from the National Science Foundation in 1963. This county along with several others have been separated from Virginia records as West Virginia was created in 1863 when it seceded from the state of Virginia

Columns 1, 2, 3, 4, 5, and 13 represent the following information on the census:
1. Name of Owner, Agent or Manager of Farm
2. Acres of Improved Land
3. Acres of Unimproved Land
4. Cash Value of the Farm
5. Value of Farming Implements and Machinery
13. Value of Livestock

James R. Bell, 215, 365, 6000, 200, 850
John Nixon, 100, 142, 3000, 150, 470
Argelin Price Sr., 92, 37, 1300, 100, 175
Samuel Riggs, 250, 350, 4000, 150, 635
Hiram Long, 80, 70, 3000, 200, 335
Else Luters, 40, 32, 1000, 150, 225
William Alexander, 65, 150, 5000, 100, 325
John Taylor, 60, 40, 1000, 75, 340
James C. Bonar, 140, 140, 2500, 1000, 840
Andrew Wayne, 30, 70, 1000, 50, 185
John Covey, 100, 200, 4000, 250, 500
Burnett Logsden, 70, 180, 2500, 50, 245
Alfred Tomlinson, 125 70, 5000, 150, 480
Amos Terrill, 75, 123, 1600, 80, 440
Charles Shepherd, 95, 225, 2500, 400, 335
Martin Bonar, 100, 150, 3000, 100, 365
Dennis Dorsey, 75, 57, 1500, 100, 227
Samuel Dorsey, 200, 150, 9000, 200, 960
Jefferson S. Martin, 60, 90, 2000, 3000, 375
George Dowler, 80, 70, 3000, 100, 412
Lawrence Logsdon, 150, 150, 3000, 75, 525
Jacob Ruth, 70, 30, 1000, 65, 240
Solomon Pearson, 7, -, 500, 20, 50
William W. Crawford, 30, 70, 500, 5, 40
Samuel Davis, 80, 7, 3000, 150, 370
John Cooper, 40, 66, 700, 35, 175
James Bohannen, 115, 270, 4000, 100, 415
William Nussy, 25, -, 250, 20, 90
John Gorrell, 55, 45, 1000, 60, 215
Thomas Desire, 30, 57, 500, 40, 150
William Pearce, 100, 204, 3000, 100, 245
Laban Riggs, 40, 50, 1000, 75, 175
Reubin Zink, 125, 75, 2500, 50, 400
David Roberts, 45, 60, 1000, 20, 180
Samuel Wayts, 60, 134, 1200, 80, 150

John Garlow, 150, 296, 6500, 125, 420
James P. Jones, 30, -, 450, 65, 200
Benjamin Shepherd, 100, 397, 5000, 100, 340
Nathan Blake, 10, 11, 140, 10, 80
William Mcfarland, 120, 158, 5000, 275, 25
John S. Riggs, 50, 30, 1000, 75, 175
John Calowell, 50, 17, 2000, 150, 265
Jacob Spoar, 45, 46, 1000, 10, 55
Jesse Gorby (Gorley), 75, 67, 2500, 70, 175
William Hull, 70, 60, 1800, 150, 220
Peter Rush, 20, 130, 1000, 50, 155
C. D. Gatts, 35, 37, 700, 50, 190
Eligah Anderson, 63, 37, 1000, 100, 355
Robert Dallas, 30, 47, 500, 80, 55
John B. West, 100, 250, 1000, 100, 645
Harrison Eisix, 50, 97, 1000, 75, 225
Abel Bonar, 60, 225, 1500, 100, 335
Hamilton Gosney, 40, 60, 1000, 40, 235
David Allen, 35, 28, 900, 65, 975
Daniel Jones, 55, 25, 1000, 70, 230
Darnel Holingshead, 60, 40, 1200, 60, 145
Henry Holmes, 80, 97, 2500 250, 480
Henry Crow, 35, 40, 700, 20, 100
Isaac Fish, 85, 115, 2000, 100, 390
Anger (Auger) Dobbs, 130, 135, 4500, 200, 500
Isaac Crow, 40, 60, 1200, 100, 210
Remembrance Snaw (Snow), 130, 85, 3800, 200, 590
Josiah Tolbott, 20, 15, 200,15, 60
Allen Lightner, 30, 20, 500, 75, 270
James Goodrich, 34, 5, 470, 60, 185
Silas Price, 70, 70, 1200, 50, 1330
Thomas Crawford, 25, 125, 1200, 15, 175
Joseph Hubbs, 60, 46, 2000, 50, 210
John Riley, 100, 228, 6000, 120, 460
Benj. Wayts, 35, 21, 560, 10, 15
Francis Helmes (Holmes), 35, 60, 1000, 125, 195
John Williams, 60, 40, 1000, 100, 165
Walter Evans, 100, 233, 3000, 90, 355
Lewis Wetzell, 50, 50, 2000, 100, 240
Isaac Blake, 60, 240, 900, 55, 150
Ezekial Gorly, 80, 120, 1600, 150, 370
George W. Low, 80, 55, 1300, 40, 260
Abraham Crow, 90, 65, 1500, 50, 125
Lewis Reynolds, 20, 12, 400, 55, 115
Abraham Dean, 235, 65, 6000, 125, 370
Jesse Mundle, 30, 34, 1600, 100, 300
George Harris, 55, 97, 900, 100, 230
William Wilson, 40, 25, 1000, 25, 190
William Kiser, 80, 56, 2000, 120, 305
Reason Ingram, 60, 105, 1650, 30, 245
William Beckett, 62, 62, 1500, 65, 190
Jacob Johnston, 50, 56, 1000, 35, 275
David Sullivan, 60, 80, 1000, 25, 265
Benjamin Martin, 40, 60, 800, 60, 120
John Ritchie, 40, 48, 700, 75, 175
Joseph Richardson, 35, 65, 700, 30, 184
Isaza Richmond, 60, 70, 1500, 20, 225
Samuel Hartley, 70, 70, 1200, 50, 215
Boyd Shephard, 65, 30, 1200, 30, 255

Jackson Oneal, 25, 115, 1200, 25, 140
Jesse Riggs, 40, 24, 800, 30, 210
John Welman, 40, 75, 1000, 35, 155
John Null (Nall), 100, 115, 1500, 140, 440
William Scott, 100, 100, 2000, 100, 330
Isaac Gordy (Gorly), 30, 81, 750, 30, 170
William McCuen, 30, 70, 800, 100, 223
Colbert Pelly, 73, 70, 1500, 70, 100
Isaac Cecil, 22, 58, 950, 25, 185
John Scandlin, 15, 83, 500, 10, 100
Ammanuel Francis, 50, 75, 1000, 75, 130
John J. Sprague, 70, 27, 1800, 100, 210
Morgan H. Harpool, 22, 64, 525, 100, 205
Phillip Crow, 100, 100, 2500, 100, 500
Samuel Hagennaur, 100, 104, 1800, 75, 220
John Herrington, 22, 136, 1000, 90, 185
Jane Echols, 63, 87, 1200, 60, 305
Samuel Jones, 70, 58, 2000, 40, 280
Richard Crizwell, 35, 105, 700, 15, 185
William Reynolds, 21, 19, 400, 12, 85
Harm Greathouse, 15, 17, 200, 35, 90
Jacob Shepherd, 35, 75, 1000, 50, 160
Alex. Calawell, 75, 115, 2000, 150, 425
John W. Lewis, 48, 72, 1000, 25, 210
John Fish, 50, 50, 1000, 85, 370
Arthur D. McGary, 120, 90, 2100, 100, 340
William Lutes, 60, 115, 1000, 50, 340

Edward Hogan, 80, 270, 4000, 54, 100
Francis Campbell, 60, 45, 900, 100, 230
Joseph Arnold, 120, 144, 2500, 1100, 368
Charles Bonar, 32, 168, 1200, 20, 160
Nathan Riggs, 60, 135, 1600, 20, 200
William Orem, 20, 134, 465, 75, 200
Eligha Griffith, 60, 52, 800, 80, 350
Thomas Parsons, 35, 55, 700, 50, 170
William Clauston, 100, 381, 4500, 150, 430
Robert Shumaker, 60, 270, 4500,125, 255
James Riggs, 60, 43, 1000, 50, 160
Washington Kelley, 170, 330, 8000, 110, 690
Stephen Freeland, 75, 71, 1500, 150, 380
James Low, 70, 280, 3000, 100, 160
Thomas Riggs, 70, 34, 2000, 145, 325
Jacob Flannigan, 15, 35, 500, 15, 140
Noah C. Billiter, 35, 65, 700, 75, 275
Samuel Shook, 50, 10, 1200, 65, 105
Isaac Hubbs, 40, 30, 500, 20, 200
John Davis, 65, 40, 1200, 60, 190
Sherman Terrill, 150, 150, 3600, 200, 410
Clement Leech, 100, 260, 4000, 100, 340
Samuel Venus, 85, 175, 3000, 150, 650
Henry Darrah, 10, 390, 400, 20, 120
Horatio J. McLane, 230, 120, 20000, 245, 830
Argelin Price Jr., 85, 70, 1200, 50, 370
Samuel Mundle, 15, 85, 600, 10, 170
George Blake, 30, 53, 700, 75, 105
Thomas Coe, 40, 31, 800, 40, 100
Ann Ramsey, 20, 400, 4000, 40, 250

Lot Enix, 60, 40, 1500, 75, 380
William L. Martin, 28, 32, 420, 40, 105
James Logsdon, 50, -, 1500, 60, 155
Michage Ryan, 8, 34, 150, 10, 125
James Moslander, 50, 200, 750, 25, 140
Thomas Smart, 75, 125, 2000, 1000, 425
Thomas Hartley, 65, 39, 1000, 100, 240
Joseph Duncan, 20, 30, 500, 10, 65
Jacob Crow, 70, 96, 1000, 25, 265
Robert Freeman, 30, 45, 600, 50, 110
Smith Richmond, 45, 124, 1500, 30, 150
Wilford Manning, 50, 120, 1800, 15, 165
Edmund Wilkerson, 30, 170, 1500, 10, 65
John McLure, 35, 85, 1000, 159 100
John Hornbrook, 75, 23, 4000, 200, 500
Henry Baker, 8, -, 100, 5, 60
Eli Connelly, 100, 132, 5000, 100, 315
William Gregg, 30, 120, 1000, 80, 180
James Ryan, 50, 90, 1500, 60, 245
Conrad Fair, 35, 65, 800, 20, 160
John Baker, 35, 125, 1100, 10, 175
Eligha Burge, 50, 52, 104, 10, 115
Joseph Wilson, 100, 50, 1500, 75, 280
Samuel Fish, 40, 60, 100, 40, 195
Joshua Alman, 12, 48, 300, 5, 80
Joseph Griffith, 60, 106, 1300, 35, 140
James Ritchie, 50, 116, 1000, 20, 115
Joshua Garner Sr., 130, 370, 4000, 100, 775
William Yoho, 30, 80, 300, 15, 110
Jacob Eddleman, 115, -, 275, 15, 180
Christian Gatts, 40, 123, 75, 75, 200
Hiram Hall, 25, 40, 300, 5, 80

David Majors, 30, 35, 1200, 100, 225
Thomas Williams, 30, 20, 600, 25, 150
Abraham Staniford, 80, 90, 2500, 100, 250
John Hagerman, 35, 75, 800, 60, 200
William Foster, 30, 45, 600, 40, 170
James Smith, 40, -, 400, 35, 195
Owen Riley, 30, 70, 500, 5, 30
George Coffield, 50, -, 1000, 100, 215
William Staniford, 10, 26, 750, 30, 160
John Pegg, 35, 175, 1000, 100, 130
Caleb Nice, 15, 55, 350, 30, 110
John Rogerson, 55, -, 4000, 125, 270
Robert J. Davis, 70, 70, 1000, 30, 245
William Graham, 50, 51, 1000, 80, 255
Adam Toler, 50, 151, 1500, 60, 250
James Mackie, 60, 67, 700, -, 20
John Jefferson, 30, 60, 1000, 80, 145
Daniel Gorly, 75, 74, 1200, 70, 195
Stephen Carver, 23, 84, 1000, 50, 90
John Jefferson, 65, 700, 1600, 150, 355
Benjamin Alman, 35, 50, 806, 80, 165
John Richmond, 65, 135, 200, 50, 210
Job Mason, 10, 40, 500, 10, 110
Henry Yoho, 65, 235, 2000, 50, 665
Andrew Miller, 40, 85, 500, 10, 150
David Lutes, 80, 100, 2000, 70, 265
Joseph Hammond, 30, 30, 1200, 100, 250
John Taylor, 50, 150, 1600, 20, 160
Henry Ward, 70, 23, 2000, 70, 175
Benedict McMillen, 90, 110, 2000, 100, 490
Samuel P. Baker, 50, 100, 3000, 50, 280
Joseph McLane, 310, 250, 16000, 250, 1430

Nicholas Wykert, 85, 100, 2000, 50, 340
Thomas Johnston, 55, 100, 2000, 50, 340
John Parker, 55, 80, 2000, 75, 225
Jesse Cane, 140, 210, 2800, 100, 500
Henry Svekman Jr., 30, 64, 550, 5, 145
Alexander Hicks, 24, 101, 1200, 75, 240
Isaac Coe, 170, 90, 1800, 150, 480
John Burley, 145, 215, 2500, 100, 660
Alexander Howard, 40, 135, 1000, 50, 105
Robert Covalt, 75, 225, 2540, 35, 280
David Wells, 40, 160, 1600, 50, 300
Fleming Stewart, 35, 37, 800, 50, 180
George Sampson, 140, 140, 2500, 100, 490
Able Pelley, 46, 34, 800, 100, 235
Colbert Pelley, 65, 35, 1000, 200, 550
Bazel Talbott, 20, 30, 400, 10, 75
William Evans, 20, -, 100, 5, 25
Enoch Greathouse, 40, 85, 575, 5, 180
James McElrory, 15, 35, 300, 10, 50
Robert Davis, 20, -, 200, 5, 25
George McGinnis, 40, 760, 2500, 10, 155
Absalom Teters, 144, 200, 2100, 50, 285
Anne Richmond, 60, 80, 800, 10, 135
Eligha Young, 80, 520, 3000, 20, 430
Robert Gilbert, 20, -, 100, 5, 90
Matthew Yates, 20, 50, 200, 10, 50
Ebenezer Gorly, 40, 20, 500, 150, 180
Jesse Gorly (Gorby), 25, 105, 500, 150, 180

Wellington Janney, 20, 154, 1000 50, 155
John Richmond, 80, 56, 1200, 160, 300
James Kelly, 30, -, 150, 10, 130
Thomas Chambers, 25, -, 150, 50, 85
Nimrod Bane, 60, 59, 1100, 50, 175
Joseph Marpool (Harpool), 20, -, 400, 40, 110
Nancy Sloak, 50, 33, 1600, 60, 185
Hugh Reece (Reed), 80, 40, 2400, 120, 140
Hugh Kirtland, 45, -, 500, 50, 213
William Conner, 15, -, 300, 10, 100
John Criswell, 80, 90, 2500, 50, 310
Michael Dowler, 60, 40, 2000, 50, 360
Robert McHenry, 60, 107, 1175, 30, 320
James Markie Jr., 50, 100, 1500, 30, 380
Mary McHenry, 80, 220, 4500, 40, 230
George Jones, 40, 60, 1500, 10, 110
Thomas Morgan, 30, 72, 1200, 20, 150
John Flanagan, 40, 50, 600, 75, 135
Peter Orem, 120, 180, 3000, 100, 215
Charles Kemple, 125, 80, 3600, 150, 515
William Downing, 50, 150, 1600, 20, 175
William Maxwell, 50, 110, 1000, 25, 130
James Brown, 65, 65, 2000, 75, 120
William Hood, 40, 32, 1400, 100, 253
John Gray, 25, 37, 600, 15, 95
William Hill, 90, 60, 3000, 100, 365
Richard Allen, 70, 100, 3500, 100, 440
Joseph White, 80, 70, 3000, 200, 340
Garret Snedeker, 90, 190, 7000, 150, 635

Jacob Keller, 130, 114, 6000, 200, 740
Wm. B. Buchannon, 1000, 1500, 30000, 300, 3775
Robt. S. Buchannon, 80, 100, 3600, 50, 325
Joshua Fry, 55, 60, 1500, 25, 160
John Hand, 70, 73, 2000, 73, 250
James Fisher, 40, 74, 1200, 50, 100
Oliver Gorrell, 30, 28, 600, 90, 310
William Roome, 100, -, 2000, 100, 365
William Ward, 100, 190, 2500, 250, 425
John Moore, 65, 69, 2000, 75, 120
Richard Whittingham, 100, 91, 3000, 150, 230
Samuel Mackey, 60, 126, 1500, 40, 160
Morrison Cecil, 50, 50, 800, 150, 245
Elisha Dorsey, 45, 25, 600, 50, 130
Argelin Price, 25, -, 250, 10, 190
Wm. W. Riggs, 60, 72, 1800, 75, 300
John Reed, 75, 25, 2500, 80, 165
Thomas Stewart, 100, 111, 4000, 100, 365
David Flock, 100, 115, 4300, 75, 225
Finley Lowry, 45, 61, 2000, 100, 245
James Whorry, 100, 110, 4000, 400, 231
Daniel Minter, 60, 4, 1200, 20, 115
Matthew Marsh, 40, 130, 1500, 80, 183
James Winters, 100, 100, 2500, 50, 371
John Ryan, 15, 55, 350, 20, !40
Richard Ruling, 60, 40, 1200, 80, 355
Jacob Jeho (Yoho), 80, 78, 1004, 35, 145
David Henderson, 45, 17, 1000, 25, 270
Henry Doherty, 33, 30, -, 600, 10, 125
Alexander Campbell, 65, 185, 2500, 30, -
Edward Supler, 75, 25, 1000, 60, 260
Robert Doherty, 30, 20, 600, 10, 100
William Doherty, 30, 20, 600, 10, 105
James Campbell, 75, 20, 1200, 100, 290
George Mcluskey, 80, -, 800, 50, 280
Jacob Grindstaff, 120, 180, 6000, 200, 510
Nath. W. Porter, 50, 52, 1000, 15, 155
Abraham W. Fry, 68, 60, 1400, 150, 330
James Doornie (Downie), 85, 133, 4500, 100, 440
Albert Davis, 104, 140, 5000, 250, 445
William Holiday, 130, 77, 4000, 100, 475
John Grindstaff, 40, -, 400, 35, 245
Isaac Shaw, 15, 5, 250, 10, 85
Stephen Morris, 12, 5, 250, 25, 90
Robert Kennedy, 20, 24, 675, 10, 85
Joseph Harris, 70, 110, 3000, 150, 275
Edward Campbell, 60, 40, 1500, 100, 300
Uriah Harris, 30, 70, 1000, 100, 210
John Lee, 50, 83, 1000, 35, 215
James Ritchie, 100, 100, 2500, 100, 340
James Jefferson, 100, 81, 2000, 200, 455
Samuel Arnold, 60, 153, 2500, 30, 495
Emory Morris, 10, 90, 1000, 50, 105
Silas Gallaher, 100, 111, 3000, 200, 200
Patterson Taylor, 150, 240, 000, 100, 420
Daniel Mooney, 60, 40, 1000, 140, 240
Phillip Jones, 30, 170, 2000, 100, 275

Edward Hatzell, 100, 120, 4000, 100, 355
George Arnold, 25, 200, 2000, 650, 235
Samuel Crow, 75, 90, 5000, 50, 405
Jonathan Marpool, 60, 340, 4000, 15, 100
James Garvin, 60, 40, 2000, 50, 175
James H. Monteeth, 90, 160, 3000, 60, 285
Francis Campbell, 30, 10, 2000, 15, 150
Alex. Cawthers, 14, -, 200, 70, 115
William Hartley, 50, -, 80, 75, 230
James Coffield, 40, 10, 800, 30, 150
John Conner, 55, -, 850, 60, 234
Samuel Shook, 100, -, 1500, 25, 305
Jacob Coffield, 70, 218, 3000, 100, 210
James Lightle, 100, 10, 1500, 40, 205
John McCombs, 100, 120, 4500, 150, 300
John White, 45, 75, 1000, 50, 200
William Luke, 80, 60, 1800, 35, 280
Ezekial Calowell, 75, 88, 3000, 80, 380
John Wetzel, 40, 60, 1000, 50, 260
Joseph Shepherd, 180, 164, 3500, 100, 465
George Jones, 80, 142, 2000, 50, 260
William Turner, 100, 186, 3000, 80, 270
William Warden, 58, 100, 1800, 50, 150
R. B. Gillaspie, 140, 51, 3000, 75, 285
Jacob Siverts, 52, -, 100, 50, 135
Robert Blake, 61, 50, 1500, 75, 200
Alex. McC. Dennison, 60, 77, 2000, 100, 300
Thomas Charsock (Charsuck), 157, -, 800, 80, 155
Job Steel, 140, 118, 3000, 75, 310
Jacob Earliwine, 30, 61, 1200, 50, 130
Abraham Marsh, 15, -, 320, 20, 140
Wm. B. Baisso (Baison), 35, 15, 800, 50, 145
John Winters, 100, 90, 2500, 50, 300
Jacob Long, 50, 50, 1500, 55, 235
John Keller, 70, 33, 2000, 75, 310
William Douglas, 80, 120, 2000, 50, 230
John Reed, 75, 25, 2000, 175, 485
William Ruth, 100, 100, 3000, 200, 265
Robt. Stewart Buchannon, 120, 197, 5000, 150, 740
William Riney (Roney), 90, 310, 5000, 50, 425
Joseph Elliott, 45, 50, 1500, 75, 185
Hiram Elliott, 65, 45, 1500, 65, 195
William Cummins, 80, 61, 2500, 60, 275
Robert Wallace, 90, 98, 300, 50, 305
James Jimeson, 80, 50, 1600, 50, 220
Samuel Simpson, 38, 75, 2000, 90, 250
William Wilson, 25, 18, 350, 15, 160
James Carroll, 60, 45, 1000, 50, 235
Anne Armstrong, 100, 58, 1520, 20, 245
Joseph Montgomery, 60, 70, 1500, 50, 150
Samuel Thompson, 30, 43, 800, 15, 200
James Thompson, 50, -, 600, 75, 200
John Miller, 30, 85, 1000,1 5, 175
Thomas Smith, 30, -, 350, 10, 130
William Abercrombie, 60, 60, 1000, 40, 180
John Buchannan, 80, 80, 3000, 150, 560
Joseph Chambers, 60, 26, 1000, 80, 360
Mordecai Amise, 45, 50, 900, 30, 160
William Ewing, 50, 51, 1200, 50, 330
Joseph Richmond, 50, 60, 1000, 50, 225

Jacob Crow, 100, 200, 3000, 20, 315
Henry Marsh, 65, 235, 3500, 75, 520
Henry Carcle, 40, 165, 2500, 250, 245
Joshua Blake, 20, 60, 400, 10, 100
William Shafe, 75, 70, 1000, 50, 220
William Yancy, 80, 70, 1200, 100, 300
George Manning, 60, 50, 1000, 50, 135
Samuel Wallace, 28, 182, 1200, 15, 115
John M. Baird, 30, 120, 1000, 100, 230
Hanson Davis, 55, 122, 1200, 100, 230
Stephen Carr, 30, 60, 500, 100, 80
James Marshall, 40, 33, 700, 10, 900
John McCrackin, 100, 140, 2500, 60, 355
James Chambers, 60, 70, 2500, 50, 350
Alex Powers (Rowers), 50, 56, 1200, 50, 80
James Smith, 60, 70, 1500, 30, 175
Samuel Chambers, 42, 11, 800, 12, 95
Samuel Martin, 45, 59, 1200, 15, 100
Joseph Hutchison, 60, 34, 1500, 50, 240
James Anderson, 60, 55, 1200, 50, 265
William Rodgers, 80, 140, 2500, 75, 355
Joseph Tanner, 30, 30, 600, 15, 125
George W. Burnes, 35, 85, 1500, 50, 220
Daniel Dague, 75, 25, 1500, 50, 300
Jacob Ritchie, 30, 79, 1000, 15, 120
George McCombs, 80, 40, 1200, 50, 425
J. & W. Tolan, 40, 20, 500, 15, 150
Ag. Holingshead, 100, 140, 3000, 50, 310
James Taylor, 60, 84, 2000, 100, 330

John McCreary, 45, 71, 2000, 50, 333
Mathew Snyder, 60, 40, 1600, 75, 340
William McCreary, 40, 60, 1200, 75, 185
Thomas McCreary, 100, 98, 2500, 75, 375
Samuel McCreary, 75, 800, 1500 130, 265
Thomas Murdock, 60, 90, 1500, 50, 210
Thomas Dorsey, 75, 100, 2500, 60, 300
John Kegle (Kyle), 45, 150, 100, 75, 34
James Staniford, 90, 110, 2000, 75, 450
Jos. W. McGary, 50, 50, 1000, 30, 185
Jeremiah Connaway, 40, 60, 1000, 20, 130
Joseph Biggs, 44, 6, 3000, 100, 565
James Alexander, 110, 146, 4000, 175, 315
Thompson M. Powel, 70, 41, 1200, 35, 180
John F. Earliwine, 15, 90, 700, 15, 140
William Marshall, 50, 10, 600, 75, 145
Joseph Knox, 100, 164, 3000, 100 360
David Hines, 60, 140, 2000, 100, 160
Charles Harris, 100, 200, 3000, 100, 400
Josiah Dodson, 60, -, 1000, 75, 305
Thomas LeMasters, 100, 119, 1000, 15, 135
Elisha Lindsey, 90, 250, 4000, 125, 390
Daniel McMechen, 150, 450, 15000, 125, 550
William McMechen, 90, 13, 15000, 100, 552

John Johnston, 75, 25, 2000, 75, 280
Joseph Logsdon, 95, 85, 1500, 70, 230
John Harvey, 100, 140, 3000, 80, 260
Mordecai Dane, 50, 44, 1000, 15, 150
Cornelius Dorsey, 60, 93, 1500, 30, 185
Eligha Hubbs, 50, 53, 1200, 75, 260
John Chambers, 80, 100, 2000, 100, 460
Thomas Burly, 35, 65, 1000, 25, 135
David A. Fletcher, 80, 40, 1000, 100, 160
Simeon Riggs, 75, 45, 1200, 30, 200
James Lake, 30 10, 400, 50, 115
Levi Cunningham, 150, 66, 2500, 50, 260
Thomas Clegg, 40, 10, 600, 30, 210
James F. Wilson, 80, 90, 2500, 120, 365
Thomas Stewart, 60, 84, 2000, 20, 150
Daniel Cunningham, 90, 110, 2500, 50, 440
John P. Smith, 80, 70, 1500, 30, 130
Thomas Fletcher, 235, 100, 5000, 100, 460
Irwin Stewart, 50, 50, 1200, 25, 215
Wylie Hurst, 45, 86, 1200, 15, 130
Robert McConahue, 17, 18, 500, 50, 100
Samuel Kettle, 45, 65, 600, 50, 200
Samuel Stewart, 35, 5, 500, 20, 120
John Carmichael, 60, 40, 1200, 75, 320
George Dodd, 60, 48, 1200, 20, 290
David Dodd, 30, 22, 600, 50, 185
Thomas Brown, 100, 180, 3000, 100, 265
Robert Rosenberger, 40, 20, 700, 75, 314
John Taylor, 140, 135, 1800, 35, 370
Charles Loudenslager, 25, 20, 400, 25, 130
Samuel Clegg, 90, -, 1000, 75, 230
John Loudenslager, 110, 60, 2000, 50, 195
John Moore, 60, 40, 1200, 75, 285
Frederick Bane, 125, 275, 4000, 100, 500
Robert Marshall, 150, 50, 2000, 100, 400
James Welman 40, 20, 600, 75, 250
Noah Barens (Barcus), 70, 26, 1000, 50, 150
John Martin, 65, 42, 1000, 85, 280
Lawrence O'harrow, 70, 46, 1000, 60, 250
Thomas Carroll, 120, 140, 2000, 100, 260
Isaiah Lucas, 25, 35, 600, 20, 140
James Lucas, 30, 118, 900, 50, 260
James Fitzsimmons, 140, 80, 1200, 30, 105
John Coffield, 50, 50, 1000, 10, 135
William Conner, 100, 28, 1200, 75, 180
James Knox, 100, 80, 2500, 100, 420
Peter Staniford, 30, 35, 1000, 20, 175
Peter Crow, 60, 45, 1200, 80, 275
Barnhart Earliwine, 60, 24, 900, 30, 280
John Cunningham, 65, 95, 1600, 75, 300
William Cunningham, 70, 67, 1500, 25, 130
Linville Null, 60, 10, 2000, 25, 320
Nathan Robinson, 30, 26, 600, 35, 250
Jeremiah Shepherd, 150, 277, 6000, 125, 320
Jacob Cox, 63, 100, 2000, 100, 235
John Grimes, 40, 60, 800, 50, 200
William Fish, 20, 28, 100, 15, 145
David Uley, 28, 43, 500, 30, 100
Washington Alman, 34, 60, 1000, 15, 160
John Cane, 60, 228, 500, 20, 165

Edward Gregg, 85, 35, 3000, 125, 285
William S. Taylor, 50, 76, 1000, 100, 250
Andrew Gatts, 40, 72, 1000, 50, 225
John Neeley, 100, 38, 1500, 40, 200
George Majors, 100, 100, 4000, 100, 425
Richard Wheeler, 40, 35, 1000, 10, 45
John Ward, 100, 155, 3500, 125, 475
John McMillen, 26, 124, 1000, 40, 115
Frederick Bane, 80, 37, 2000, 100, 230
Timothy Marshall, 35, 10, 500, 100, 260
John Roberts, 60, 40, 500, 80, 255
Jackson Bonar, 35, 15, 600, 145, 200
Abraham Richmond, 45, 90, 800, 40, 80
Isaac Hubbs Sr., 50, 71, 1200, 50, 90
William Colins, 165, 195, 4000, 100, 740
William Staniford, 75, 125, 2500, 100, 415
David Bonar, 75, 85, 1500, 80, 330
George Hill, 60, 100, 2000, 75, 300
Michael Coffman, 36, -, 600, 25, 140
Samuel Riley, 40, 60, 2000, 100, 200
Martha Brown, 100, 100, 4000, 100, 300
Thomas Todd, 50, 43, 1500, 75, 300
Christ. Messenulter, 20, -, 400, 30, 130
Elias Fritz, 35, -, 500, 50, 150
Alex Riggle, 25, -, 400, 5, 1310
George Hubbs, 70, 100, 2500, 100, 250
George Sharp, 25, 20, 1000, 60, 110
John Davidson, 100, 150, 5000, 100, 400
Sarah Harris, 85, 100, 3000, 100, 230
Thomas Jones, 15, 7, 400, 20, 110

Absalom Degarmine (Degarmore,), 75, -, 1200, 20, 130
Andrew T. Berry, 15, 31, 500, 30, 75
Edward Conner, 52, 24, 1200, 100, 235
Jeremiah Jones, 75, 70, 2500, 100, 440
George Pelley, 30, 30, 650, 25, 190
Arche Clendenning, 200, -, 2000, 100, 510
George Kemple, 30, 20, 1000, 60, 150
Seth Ingram, 80, 80, 3000, 100, 540
Abner Black, 50, 90, 2000, 120, 340
Samuel Allen, 80, 80, 3000, 100, 430
August Myers, 20, 55, 1000, 75, 140
Benjamin McMechen, 250, 50, 45000, 400, 1600
Snowden Fry, 30, 10, 600, 50, 175
William White, 50, 50, 1500, 100, 180
Benjamin Hill, 250, 290, 8000, 150, 1030
Apollo Whitney, 40, 10, 700, 40, 135
Jackson White, 30, 175, 1500, 60, 120
John G. Hartzell, 100, 120, 2200, 80, 400
Samuel Cox, 200, 100, 4000, 100, 920
Job Sampson, 40, 60, 1500, 40, 220
Abraham Cane, 50, 50, 1500, 50, 285
Henry Rodocker, 30 20, 1000, 25, 250
Jesse Bane, 55, 45, 1600, 100, 410
Darnel Bowers, 12, 13, 300, 15, 80
Eli Williams, 25, 25, 600, 40, 140
John H. Dickey, 200, 100, 3000, 100, 380
Thomas McKoonse, 50, 50, 1200, 40, 210
Alex Gilbert, 170, 720, 12000, 150, 530
John Ingram, 75, 25, 1500, 50, 800
Silas Ingram, 60, 240, 3600, 50, 610

William Harris, 30, 140, 2000, 50, 145
Francis Balsmin, 60, 140, 1200, 100, 180
John Howard, 100, 110, 2000, 90, 300
Mary Gray, 60, 140, 2500, 75, 170
James Allison, 85, 48, 2000, 30, 245
Joseph Powers, 20, 180, 1200, 31, 135
Thomas Strickland, 65, -, 800, 60, 300
George Nelson, 40, 10, 600, 75, 175
Abraham Ingram, 150, 150, 5000, 250, 520
Joseph M. Phillips, 35, 68, 2000, 60, 220
Joseph Russle, 60, 35, 1500, 75, 190
John Parkinson, 250, 300, 5000, 200, 1000
Adam Earliwine, 45, 55, 1500, 30, 260
Reese Winters, 30, 150, 2000, 50, 190
James Clauston, 100, 80, 1500, 75, 340
Alexr. Ogle, 35, 65, 800, 30, 125
Charles Keller, 75, 75, 1500, 75, 410
Joseph Kelse (Kelso), 70, 130, 2000, 75, 290
Zachariah White, 60, 40, 1000, 65, 260
William White, 130, 127, 2500, 125, 610
Joshua Burley, 150, 150, 3500, 50, 775
Reason Howard, 100, 150, 2500, 70, 395
Robert Anderson, 82, 100, 2000, 75, 435
Edward Strickland, 100, 69, 2800, 100, 500
James Howard, 70, 30, 1500, 50, 450
David McConahey, 120, 240, 4000, 75, 600
John Farr, 55, 75, 1500, 50, 275

Robert Hicks, 45, 70, 1000, 50, 205
Josiah Hicks, 40, 65, 1200, 50, 140
William McConahey, 80, 20, 1500, 175, 125
Joseph Loudenslager, 100, 225, 4000, 200, 500
Joseph Ross, 35, 65, 800, 25, 240
William Gasney, 60, 200, 2500, 75, 360
Benjamin Coe, 50, 40, 1000, 30, 175
George Moore, 34, 45, 1000, 10, 150
Joseph Cox, 100, 155, 3000, 100, 350
Reuben Mansing, 50, 80, 1500, 75, 220
William Bowen, 75, 180, 2000, 50, 335
William Isey, 45, 290, 1500, 40, 170
John Stewart, 50, 50, 1500, 80, 250
Jacob Riggle, 30, 70, 1500, 15, 80
Thomas Allen, 70, 46, 2000, 100, 320
Jams Foster, 60, 70, 2000, 80, 360
William Stewart, 80, 100, 2200, 75, 320
John McCardle, 50, 100, 120, 50, 255
John Custer, 30, 70, 1200, 30, 250
John Grindle, 45, 53, 900, 180, 310
James Best, 30, 58, 900, 20, 155
Dennis Whitney, 80, 68, 1600, 80, 275
Phillip Messeker, 80, 68, 2600, 100, 240
Mahlon Riggs, 45, 35, 1200, 100, 250
George W. Lewis. 30, 20, 600, 15, 175
Brice Blair, 70, 56, 1500, 50, 270
Richard Allen, 80, 100, 2500, 100, 310
Joathan Martin, 30, -, 600, 60, 300
Argelus Price Jr., 50, 55, 1200, 20, 140
William Dunlap, 50, 60, 1500, 170, 380

William Waymore (Wayman), 120, 42, 2000, 50, 140
John Hammond, 20, 120, 700, 75, 150
Samuel Harris, 35, 25, 1000, 75, 180
John Bonar, 50, 50, 2000, 50, 175
James Blakemore, 25, 30, 900, 25, 130
William Founds, 60, 113, 1500, 30, 200
Squire D. Martin, 135, 170, 4000, 120, 625
John L. Gibson, 80, 70, 2500, 100, 205
Adam Helms, 60, 36, 1500, 75, 165
Joseph Kearnes, 50, 70, 1000, 75, 165
William N. McDonald, 53, 110, 2500,75, 260
Henry Dobbs, 6, 70, 1200, 50, 150
Alfred Gaines, 26, 28, 1000, 60, 200
Rufus Bartlett, 100, 150, 3500, 75, 510
Sarah Nixon, 150, 100, 3000, 100, 200
Arthur D. Pearce, 75, 65, 2000, 100, 300
Andrew Pearce, 60, -, 3000, 20, 10
Charles Doherty, 23, 10, 400, 30, 70
Lerner Harris, 75, 75, 2500, 25, 120
Joseph Anderson, 60, 40, 120, 15, 110
William Lydeck, 50, 14, 1000, 50, 100
George Carmichael, 65, 80, 1200, 75, 185
Vuelier (Vuelice) Arnold, 65, 80, 1200, 65, 330
Bessie Harris, 55, 45, 1200, 50, 260
David Harris, 44, 60, 1200, 80, 280
Isaiah Arnold, 65, 80, 1800, 70, 286
Daniel Terrill, 80, 120, 2500, 100, 240
John Harris, 60, 90, 1500, 60, 300
Michael Williams, 60, 100, 2500, 40, 245
Lydia Miller, 28, 24, 600, 30, 60
Andrew Knap, 75, 55, 1500, 20, 110
Benjamin Manning, 22, 50, 700, 10, 100
Samuel Gay, 33, 10, 700, 30, 110
Samuel Cummins, 60, 40, 1200, 120, 180
Harman Williams, 20, 140, 500, 15, 125
Jacob Cass (Carr), 35, 175, 1000, 15, 150
Ephraim Erwin, 75, 400, 3000, 100, 550
Benjamin Miles, 60, 140, 1200, 10, 155
Edward Chambers, 100, 300, 3000, 150, 285
William Quigley, 40, -, 350, 15, 290
Jacob Mathews, 50, 155, 1000, 25, 160
Soverign Farr, 55, 45, 1000, 15, 165
John Chambers, 50, 350, 1200, 15, 300
William Mathews, 50, 80, 1000, 10, 220
Phillip Robinson, 40, 178, 800, 20, 800
William Welling, 25, 80, 400, 10, 165
Samuel Sampson, 45, 54, 500, 40, 120
Silas Mcluskie, 31, 90, 700, 20, 100
John M. Cowan, 35, 65, 700, 15, 145
George Trussell, 25, -, 250, 10, 86
John Bell, 300, 2150, 10000, 60, 840
Jacob Nuss, 40, 160, 1000, 50, 200
Simon Rhinehart, 50, 1000, 4000, 15, 900
David Lahugh, 30, 70, 400, 10, 150
Jesse Gorby, 60, 140, 1200, 15, 290
William Covanett, 50, 110, 1200, 85, 165
Samuel Reed, 50, 90, 1200, 50, 280
Asa Banning, 60, 140, 1500, 50, 230
Peter Lahugh, 80, 60, 700, 20, 155
John Criswell, 50, 50, 600, 40, 135

Enoch Criswell, 60, 300, 2000, 60, 480
Zadock Lewellen, 25, -, 300, 60, 220
William Cecil, 75, 50, 1200, 100, 260
James McMurry, 50, 120, 5000, 90, 205
John Farly, 60, 60, 2000, 100, 440
Richard Crisass (Casuss), 75, 250, 6500, 50, 320
John Harris, 75, 20, 4000, 30, 325
Rachel Cusass, 90, -, 4000, 100, 340
Peter Yoho, 40, 130, 2000, 20, 180
Chas. S. Whitaker, 75, -, 3000, 75, 300
Alex Whitaker, 65, -, 2500, 60, 200
Jeremiah Higgs, 31, 50, 1200, 30, 290
John Higgs, 31, 50, 1200, 75, 175
Samuel Smith, 50, 150, 3000, 100, 390
Andrew Smith, 40, 60, 1200, 50, 150
Nathaniel Wilson, 7, 3, 300, 15, 60
James Miller, 75, 25, 2000, 100, 225
Benjamin Smith, 20, 80, 1000, 15, 125
Samuel Brown, 10, 27, 1000, 50, 130
James Campbell, 90, 460, 7000, 125, 440
Thompson Syme, 50, -, 200, 100, 240
John Scott, 70, 50, 5000, 175, 400
Thomas Pollock, 60, 40, 5000, 200, 410
Edward Monteeth, 56, -, 2000, 75, 270
Rolla A. Wells, 200, 300, 7000, 500, 1040
Charles P. Wells, 250, 225, 12000, 300, 3000
Robert Lemmon, 30, 170, 1200, 10, 100
James Gibson, 20, 122, 800, 15, 60
George McHenry, 34, 70, 600, 75, 175
Thomas Reynolds, 80, 120, 3000, 75, 170
John McCulluch, 30, 10, 300, 15, 60
Jackson Syme, 20, 150, 1500, 80, 240
John Newland, 15, 85, 500, 75, 90
Frederick Smith, 40, 10, 800, 50, 150
William Travis, 30, 90, 700, 60, 180
Isaac Butler, 35, 65, 900, 15, 125
Richard T. Burch, 100, 91, 3000, 100, 300
Zepania Burch, 34, 90, 1200, 80, 290
John Lowry, 30, 90, 1000, 30, 175
Samuel Gatts, 35, 63, 1000, 30, 160
William Harris, 46, 65, 800, 25, 168
Edward Dowler, 35, 77, 800, 100, 230
Asel Poulston, 80, 15, 4500, 110, 310
William Paulston, 45, 55, 800, 20, 100
Frader & Baker, 30, 72, 1000, 15, 180
Lambert Clark, 70, 60, 1400, 20, 110
Martha Harbosar, 25, 28, 500, 15, 175
Spencer Biddle, 100, 285, 4000, 200, 675
Micagha Doty, 75, 125, 2500, 100, 310
Lazarus Ryan, 100, 300, 3500, 100, 340
Job Smith, 15, 42, 400, 5, 85
William Yoho, 50, 20, 500, 15, 250
J. F. Y. Kelly, 125, 275, 5000, 120, 375
William Montgomery, 35, 65, 1000, 20, 180
Peter Gatts, 40, 93, 2000, 40, 160
George Yoho, 35, 27, 700, 60, 260
John Burton, 20, 5, 200, 15, 100
David Burton, 50, 150, 1500, 100, 375
Phillip Ryan, 50, 100, 700, 25, 250
William Ryan, 15, 35, 300, 20, 145
James Frader, 24, 70, 600, 30, 170

Henry Miller, 60, 40, 2000, 100, 190
Margarett Lemmon, 40, 60, 800, 20, 160
William Williams, 40, 100, 1000, 50, 220
George Gatts, 30, 70, 800, 75, 150
Mary Ryan, 55, 75, 1000, 50, 230
Samuel McBride, 15, 109, 700, 15, 90
S. & D. Montgomery, 40, 60, 800, 15, 85
William Frader, 20, -, 200, 10, 150
James Ramsey, 40, 78, 800, 80, 200
Jesse Parson, 30, 70, 700, 15, 170
Thomas Ruckman, 30, 420, 1600, 50, 175
Elijah Workman, 40, 80, 1000, 75, 75
John McHenry, 25, 50, 800, 30, 35
James McHenry, 55, 45, 1500, 75, 130
Isaac Yoho, 40, 60, 1000, 55, 180
John Ruckman, 55, 45, 1000, 50, 150
William Riggs, 37, 80, 700, 40, 130
Stephen Workman, 16, 54, 700, 25, 165
Margarett Parson, 50, 150, 1200, 30, 175
Lewis Yoho, 65, 35, 700, 15, 290
Samuel Ruckman, 50, 150, 1200, 30, 310
Jacob Yoho, 40, 73, 700, 25, 360
William Craige, 30, 130, 500, 50, 100
Jacob Young, 40, 360, 2000, 25, 220
Wm. Carmichael, 40, 90, 650, 50, 225
Jacob Mason, 84, 200, 1200, 20, 240
David McDowel, 60, 240, 1500, 60, 330
William Henry, 15, 45, 300, 10, 140
Mathew Hennon, 50, 50, 600, 20, 50
Jacob Richmond, 30, 45, 600, 30, 100
Washington Snodgrass, 70, 46, 400, 25, 155
Richard Robinson, 40, 200, 1200, 30, 260
James Cane, 60, 116, 800, 30, 300
John P. Doherty, 40, 440, 1000, 10, 95
Joseph Reed, 30, 120, 600, 10, 110
John Piles, 20, 80, 500, 8, 120
Michael Piles, 25, 157, 600, 10, 180
John Banning, 50, 150, 800, 20, 80
Henry Soahman, 140, 860, 8000, 375, 460
Barnard Connelly, 36, 81, 1200, 20, 225
David Miller, 50, 70, 1400, 20, 150
John Shepherd, 35, 31, 600, 20, 110
Nathaniel Shepherd, 80, 170, 2500, 80, 390
Jerry Hagerman, 35, 25, 400, 40, 235
William McCardle, 35, 15, 300, 10, 170
Thomas T. Parriott, 35, 65, 1000, 30, 185
John Parriott, 50, 70, 1200, 125, 300
William White, 30, 50, 1000, 35, 180
Jonas Henry, 25, 75, 800, 10, 30
Daniel Fulk, 30, 50, 1000, 20, 150
John Porter, 25, 75, 800, 15, 85
Washington Evans, 30, 35, 500, 10, 800
Thomas Burges, 25, 70, 1000, 20, 190
Thomas Greathouse, 30, 30, 500, 36, 275
William Luster, 25, 70, 800, 40, 70
Davis Anguish, 60, 40, 1000, 400, 200
William Anguish, 35, 20, 600, 30, 800
George Siverts, 20, 80, 700, 15, 240
William Mansfield, 50, 48, 1000, 50, 140
William Allen, 40, 160, 1500, 100, 120
John Anderson, 30, 30, 400, 30, 185

Cynthia Masters, 70, 45, 1200, 10, 50
John Reese, 25, 175, 1600, 200, 80
Robert McClintick, 40, -, 600, 10, 250
Milligan Taylor, 50, 30, 1000, 10, 275
Jerry Fish, 80, 205, 4000, 15, 600
Rachel Frances, 30, 36, 800, 60, 130
William Hollingshead, 49, 100, 1500, 100, 250
Joshua Garlow (Garlon), 35, 35, 1000, 50, 160
Harman Greathouse, 40, 10, 1000, 50, 225
Josephus Roberts, 115, 125, 3000, 125, 325
Obediah Moore, 40, 80, 1200, 40, 160
Caleb S. Blakemore, 45, -, 4000, 150, 400
John W. Probusco, 56, -, 5000, 100, 300
Pearley Sharp, 18, -, 3000, 100, 35
Allison Moris, 6, -, 500, 50, 100
Joshua McGrath, 75, 30, 1200, 100, 300
Daniel Magors, 18, 20, 440, 6, 65
Jacob Nace, 6, -, 600, 75, 130
Thomas H. Bakewell, 146, 29, 8000, 100, 100
James Burley, 350, 225, 17000, 200, 1050
John McWhorter, 30, 200, 3500, 100, 275
William McMurry, 175, 125, 10000, 100, 240
Robt. J. Curtis, 100, 36, 7000, 100, 380
David Roberts, 100, 70, 8000, 150, 580
William T. Price, 30, 17, 1000, 35, 125
B. W. Price, 15, 20, 650, 100, 100
John Mount, 80, 30, 6000, 110, 210
Enoch Mosslander, 24, 230, 2000, 50, 160
Vincent Cockoyew, 190, 130, 10000, 150, 620
Lewis D. Purdey, 95, 5, 5000, 100, 330
Richard Mortin, 7, -, 700, 100, 200
John Nicholl, 50, 26, 3000, 75, 160
William Morris, 26, 54, 800, 30, 115
Patrick Farley, 35, 100, 1000, 30, 185
William Crow, 48, 98, 1200, 60, 250

Mason County, West Virginia
1850 Agricultural Census

The University of North Carolina at Chapel Hill filmed the 1850 agricultural census for Mason County from originals in the West Virginia Department of Archives under a grant from the National Science Foundation in 1963. This county along with several others have been separated from Virginia records as West Virginia was created in 1863 when it seceded from the state of Virginia

Columns 1, 2, 3, 4, 5, and 13 represent the following information on the census:
1. Name of Owner, Agent or Manager of Farm
2. Acres of Improved Land
3. Acres of Unimproved Land
4. Cash Value of the Farm
5. Value of Farming Implements and Machinery
13. Value of Livestock

This county had a piece of paper with the words "Agricultural W. Virginia" covering the first eighteen lines of the first page including parts of names and columns 2, 3, 4, 5, and part of 13. I've transcribed what was visible on this first page.

Henry J. Fis__, -, -, -, -, 214
Mary Starr, -, -, -, -, 55
William Rotten___, -, -, -, -, 113
James Barnes, -, -, -, -, 2225
William Barnes, -, -, -, -, 133
Jane Lece__, -, -, -, -, 126
Samuel Greer (Green), -, -, -, -, 206
John Greer (Green), -, -, -, -, 130
James L. Stephen(son), -, -, -, -, 200
Tobias Mattox, -, -, -, -, 130
Jacob Plants, -, -, -, -, 290
George Thornto(n), -, -, -, -, 130
Washington Wilson, -, -, -, -, 125
Eli M. Rollings, -, -, -, -, -
John Barnett, -, -, -, -, -
William Barnett, -, -, -, -, -
Charles Stephenson, 25, 188, -, -, 180
William Younger (Yanger), 70, 2009, 2630, -, 215
John Allen, 35, 194, 1000, 10, 360
Edward Greenlee, 25, 225, 1250, 25, 220
William N. Miller, 15, 235, 1000, 15, 115
Morgan Greenlee, 30, 220, 1000, 100, 270
Edmond Hill, 20, 320, 500, 30, 150
James Jeffreys, 60, 878, 1100, 60, 280
George W. McQuire(McGuire), 20, 590, 600, 10, 200
Charles Baker, 20, 424, 600, 20, 160
Isaac E. Smith, 45, 55 600, 55, 230
William Abbot, 20, 45, 200, 10, 90
Abram Baker, 10, 144, 200, 5, 80
Valentine McDermit, 60, 340, 1000, 10, 180
Samuel Smith, 70, 130, 800, 15, 260
Jacob Newel, 30, 32, 200, 10, 200
William Stewart, 35, 265, 500, 20, 165
Arthur Waugh, 40, 60, 600, 75, 190
Thomas McCoy, 15, 35, 200, 10, 80
Samuel Rhodes, 20, 60, 160, 8, 120
Cornelius King, 15, 135, 150, 10, 200
James Smith, 20, 80, 30, 5, 115

Enoch Sayre, 40, 560, 600, 90, 425
Jarret Hill, 40, 163, 1000, 70, 240
Elijah Little (tenant), 20, 138, 300, 10, 285
Laban Hill, 50, 100, 700, 30, 270
Robert Barnett, 100, 1008, 2000, 45, 475
Elizabeth Rayburn, 30, 53, 200, 10, 60
Alexix F. Parsons, 20, 85, 400, 10, 130
Reuben Hudson, 40, 360, 700, 60, 210
William Warner, 25, 400, 500, 10, 330
Bondrige Warner, 35, 369, 1000, 25, 205
Henry Wilson, 35, 255, 600, 20, 190
Thomas C. Hill, 75, 200, 1000, 10, 440
James Gray, 50, 250, 1000, 75, 285
George Gray (tenant), 20, 30, 200, 10, 75
Joel Cartright, 30, 180, 600, 40, 155
John B. Farrow, 8, 92, 200, 15, 120
Apollo Stevens, 100, 500, 3000, 70, 495
John W. Page, 50, 168, 700, 90, 366
Frances Knap, 15, 85, 300, 10, 110
William Knap, 60, 30, 1000, 10, 300
Lewis Wolf, 35, 24, 1000, 60, 190
Frank Greenlee, 25, 75, 200, 30, 125
Sarah Miller, 300, 50, 7000, 80, 850
Washington Sterrett, 250, 1481, 12775, 185, 880
Joseph Jourden, 20, 180, 400, 15, 250
Vinson Fetty, 25, 396, 600, 10, 95
Preston L. Love, 60, 142, 1000, 75, 175
Benjamin Day, 80, 460, 1350, 100, 835
George Holly, 25, 75, 200, 10, 175
Joseph McMillen, 10, 40, 250, 10, 40
Abram Vansacle, 80, 102, 1200, 25, 255
Hamilton Greenlee, 40, 360, 8000, 20, 265
Margaret Seibrell, 150, 101, 3900, 105, 500
James Smith, 50, 50, 300, 10, 107
John N. McMullen (tenant), 80, 27, 3700, 55, 220
John S. Wilson, 12, 18, 500, 10, 104
Jacob Gillaspie, 24, 71, 700, 10, 55
Jacob Midlicoff, 40, 40, 800, 80, 165
Charles C. Pullins, 20, 90, 400, 10, 85
Robert Downs, 25, 147, 860, 30, 80
William Stephenson, 75, 250, 2000, 70, 515
Hannah Cooper, 40, 10, 1900, -, 56
Hiram Cooper, 50, 69, 1900, 100, 85
George Cooper, 40, 10, 1600, 35, 260
James P. Pullins, 130, 740, 575, 100, 850
James Shealers, 15, 285, 1000, 10, 75
Nelson Brown, 25, 185, 600, 5, 130
Benjamin P. Byran, 60, 175, 5000, 10, 195
Samuel Greenlee, 30, 132, 1000, 15, 155
Neely Greenlee, 25, 90, 600, 10, 85
Robert Greenlee, 15, 35, 150, 10, 100
Samuel Finamore, 30, 70, 600, 15, 110
Jas. B. Smith, 30, 67, 300, 15, 250
Charles Greenlee, 70, 140, 2000, 25, 265
Morris Greenlee, 60, 290, 2000, 70, 305
David Kimberling, 40, 316, 2500, 50, 300
Elisha Kimberling, 50, 306, 2500, 50, 195
Elijah J. Rollings, 70, 1017, 1500, 35, 375
Richard Tilbes, 50, 40, 700, 15, 195

John Entsminger, 80, 720, 1600, 30, 290

Nathaniel Kimberling, 40, 366, 812, 10, 265

Armistead Embry (tenant), 35, 965, 5000, 45, 420

James K. Craig, 260, 3340, 20000, 225, 1280

Samuel Alexander, 200, 306, 1200, 300, 1045

Jeremiah Sulivan, 50, 162, 2000, 20, 275

William Sulivan, 50, 210, 1800, 15, 205

James Crookham, 100, 250, 2100, 125, 465

Elizabeth Jones, 150, 950, 3000, 150, 545

Clayburn A. Wright, 20, 50, 500, 15, 65

William McGee (tenant), 15, -, -, 25, 50

Charles C. Miller, 500, 1050, 15000, 250, 1500

John S. Lewis, 400, 411, 1300, 300, 440

William Mayfield, 50, 30, 650, 70, 265

Andrew Bryan, 400, 5100, 16500, 300, 1400

Mary Newman, 400, 400, 7300, 100, 150

David Middlicoff, 100, 222, 3220, 75, 435

Thomas Byba, 80, 73, 1200, 100, 220

Lemuel H. James 100, 160, 3000, 125, 500

William McDaniel, 45, 35, 640, 10, 205

Andrew K. Hesckar, 75, 165, 1680, 30, 140

Frederick Bruice (tenant), 20, -, -, 65, 165

Benjamin Lemaster, 85, 5, 920, 85, 320

Charles E. Lewis, 75, 332, 3250, 75, 295

Isaac Lemaster, 200, 298, 4600, 120, 675

William Sean (Seun) (tenant), 16, -, -, 15, 140

John Eckard, 70, 240, 1500, 50, 240

William Jones, 40, 92, 660, 45, 220

Abram Overshiew, 90, 110, 1850, 90, 215

James C. Minturn, 25, 515, 1080, 10, 115

Andrew Jones, 70, 152, 1250, 100, 274

Robert Calwell, 30, 340, 400, 20, 137

John Finmacal, 35, 235, 540, 50, 170

John McDermitt (tenant), 201, -, 160, 10, 165

Henry Love, 55, 155, 1680, 85, 214

William Love, 50, 150, 2000, 100, 450

James R. Rayburn, 40, 75, 1150, 80, 170

Adam Weaver, 23, 15, 300, 20, 167

Gilbert Rayburn, 56, 96, 1500, 90, 225

Samuel Roberts (tenant), 75, 77, 1800, 20, 155

Alexander Rayburn, 20, 59, 390, 20, 130

Samuel Lawson (tenant), 50, 54, 520, 10, 155

Benjamin Boggess, 90, 83, 1100, 70, 415

Adam Boggess, 120, 203, 2600, 75, 350

Robert Love, 100, 257, 2000, 20, 380

Michael Kouns, 200, 400, 5400, 110, 585

Samuel Vansickels, 60, 80, 1250, 65, 150

Joseph Yeager, 35, 75, 880, 7, 102

Jacob Riffle, 30, 70, 800, 10, 80

Jonathan Riffle, 70, 103, 700, 105, 360
Conrod Riffle, 46, 55, 800, 25, 247
Nathaniel Riffle (tenant), 40, 410, 900, 30, 190
Leonard Riffle, 40, 30, 420, 20, 125
Samuel Riffle, 60, 45, 800, 40, 260
George Eckard, 75, 35, 770, 55, 322
Henderson Watkins, 40, 60, 800, 45, 165
John Eades (tenant), 40, -, 320, 10, 90
Thomas Abston (Alston)(tenant), 32, -, 250, 10, 195
Thornton Edwards, 50, 84, 1000, 10, 225
Jonathan Hill, 50, 90, 2000, 20, 270
George Foglisong, 60, 107, 1600, 40, 185
Simon Grim (tenant), 12, -, 90, 60, 146
Andrew Pickens, 25, 82, 500, 45, 147
Barney J. Rollings, 30, 70, 1600, 20, 170
Larott Fargo, 50, 321, 1000, 65, 300
L. D. Wysock (tenant), 10, -, 80, 12, 138
Hugh Daigh, 50, 110, 960, 70, 185
Hiram Markley (tenant), 20, -, -, 75, 95
Calvin Somerville, 100, 274, 2600, 100, 330
John Amoss (tenant), 95, -, -, 150, 240
Charles R. Lewis (tenant), 45, -, -, 15, 293
Peter Barger, 10, 80, 225, 50, 165
Samuel Yeager, 75, 122, 2000, 80, 270
John Ailstock (tenant), 30, -, -, 5, 110
Elizabeth Roush, 80, 552, 4000, 60, 410
Peter H. Steinbergen, 700, 600, 23000, 400, 4000
Michael Blessing, 85, 98, 1210, 50, 270
Samuel P. Whitzel (tenant), 27, -, -, 85, 290
Benjamin Redmond, 140, 180, 3000, 100, 295
John W. Clark (tenant), 15, -, -, 5, 85
Thomas Doss (tenant), 12, -, -, 50, 180
John Yeager, 50, 100, 1000, 20, 286
James Capehart, 500, 177, 12020, 175, 1240
Hutchison McDaniel, 300, 165, 3300, 200, 620
John Wallis, 30, 70, 300, 15, 150
Wesley McDavid (tenant), 40, -, -, 80, 145
Samuel Windon, 130, 25, 1700, 80, 465
William S. Sterrett, 130, 176, 4620, 120, 543
John Burgiss (tenant), 15, -, -, 10, 90
Thomas Kincaid, 20, 20, 400, 65, 140
Andrew Kincaid, 35, 16, 500, 15, 145
Juliet Hawkins, 110, 243, 5000, 50, 205
Peter Fry (tenant), 50, 230, 2000, 150, 400
Thomas G. Hogg, 100, 57, 2350, 150, 540
Ezekiel Mulford (tenant), 20, -, -, 60, 90
Thomas M. Tucker, 15, -, 225, 5, 140
Frances Windon, 95, 50, 1700, 10, 115
John Somerville, 100, 82, 2640, 60, 285
James Hogg, 115, 145, 4000, 70, 300
Hogg Brown, 100, 200, 3000, 15, 290
William Stewart, 130, 70, 3000, 100, 510

Solomon Morgan (tenant), 20, -, -, 50, 140
John Hiatt, 350, 77, 7000, 200, 970
Andrew Clendenan, 100, 100, 20000, 30, 255
Thomas Fowler, 150, 44, 3250, 45, 367
David Johnson (tenant), 31, -, -, 20, 160
Catharine Long, 260, 156, 12500, 200, 770
Elizabeth Long, 400, 250, 12000, 265, 770
Samuel Edwards, 50, 90, 840, 15, 170
Smith Edwards (tenant), 15, -, -, 10, 155
Abney W. Hogg, 150, 60, 4800, 150, 510
William Clendenen (tenant), 35, -, -, 15, 130
James _. Clendenan (tenant), 60, -, -, 20, 102
Jesse Vanmeter, 45, 46, 4000, 20, 170
John Clendenan, 75, 125, 2000, 10, 150
James Sanders, 75, 103, 1000, 10, 207
Oliver H. P. Vanmeter, 75, 125, 3000, -, 145
B. Stephenson (tenant), 25, -, -, 10, 130
Sanford Russell, 20, 90, 1000, 115, 295
Richard Swan, 100, 92, 2800, 60, 250
John Mitchell, 120, 367, 28000, 130, 640
Reezen Bumgarner, 50, 150, 4000, 105, 470
Eli Johnson, 25, 54, 800, 20, 180
Francis Chamberlin, 20, 117, 400, 5, 75
George W. Gardner, 60, 40, 5000, 25, 190

Mark Vanmeter, 50, 25, 500, 80, 180
Paul Chamberlin, 20, 36, 2400, 10, 115
William Somerville, 50, 90, 1000, 55, 215
James Lewis, 100, 65, 1600, 70, 320
Thomas Somerville, 100, 600, 2000, 100, 540
Henry Fisher, 25, 325, 700, 10, 110
Joseph Fisher, 35, 315, 700, 20, 170
John McDermit, 40, 128, 800, 10, 110
James McDermit, 40, 120, 16560, 90, 220
Reezen Vanmeter, 10, 105, 3000, 50, 165
Ambrose Yeager (tenant), 27, -, -, 20, 255
Joseph Yeager, 110, 234, 2500, 140, 405
Michael Rosenberry, 50, 90, 1100, 50, 330
Jacob Knopp, 120, 130, 2500, 20, 315
Peter Knopp, 70, 130, 200, -, 50
George Riffle, 100, 38, 140, 80, 170
George Rifle Jr., 25, 28, 530, 15, 95
Joseph Riffle (tenant), 20, -, -, 15, 130
Asa Musgrave, 100, 200, 2400, 100, 480
George W. Daylong (tenant), 15, -, -, 10, 135
James Daylong (tenant), 25, -, -, 25, 240
George Bechtell, 100, 567, 1380, 50, 245
Christopher Berriage, 50, 250, 700, 10, 200
Isaiah Steel, 85, 47, 1020, 75, 445
James Rosenberry, 50, 581, 1260, 20, 150
John Thornton, 50, 75, 700, 120, 350
Samuel Durst, 23, 100, 300, 10, 130
Daniel Durst, 50, 120, 600, 15, 195

Henry Riffle (tenant), 12, 698, 200, 15, 115
Jonas Francis, 15, 60, 300, 30, 190
Zachariah Rollings, 40, 121, 1000, 10, 160
Jeremiah Rollings Jr., (tenant), 20, -, -, 40, 130
James Sayre, 15, 107, 300, 10, 85
Jane C. Slaughter (tenant), 18, -, -, 20, 133
Jacob E. Slaughter (tenant), 11, -, -, 10, 63
Robert F. Sayre, 25, 875, 1350, 20, 175
Absolom Q. Sayre, 50, 450, 1800 50, 355
Dorothy Roush, 17, 83, 1000, 10, 105
Henry Jones, 50, 46, 3000, 255, 210
Charles W. Sayre, 35, 15, 1100, 75, 160
Daniel Jones, 40, 56, 3000, 10, 155
William Sayre, 35, 15, 1100, 75, 160
Thomas Roush, 45, 46, 3000, 95, 2555
Ephraim Shurly, 50, 50, 3000, 90, 115
Abraham Roush, 45, 55, 3000, 55, 120
James Roush, 50, 66, 3000, 130, 260
John J. Weaver, 25, 375, 2800, 80, 340
Thomas Dunn (tenant), 15, -, -, 15, 125
David Pickens (tenant), 10, -, -, 10, 140
David Long (agt), 150, 585, 8000, 116, 305
John Rickart (tenant), 160, 240, 8000, 25, 330
Charles Long, 67, 133, 3000, 100, 320
Mounce Taylor (tenant), 10, -, -, 15, 55
George Yeager (tenant), 150, 350, 7700, 15, 275
Daniel Polsley, 350, 770, 22000, 200, 800
Enos Selby (tenant), 13, -, -, 50, 70
George W. Forester (tenant), 30, -, -, 20, 50
John Fry (tenant), 15, -, -, 10, 145
Thomas Sayre, 10, 110, 500, 50, 140
Samuel Roush Jr., 100, 262, 1600, 55, 280
George Roush, 30, 190, 1200, 15, 160
Michael Rickard, 50, 102, 900, 40, 235
Christian Hart, 80, 73, 1000, 50, 167
Jacob Hart (tenant), 30, 170, 600, 10, 85
John Caytor (Cayton)(tenant), 30, -, -, 20, 92
Jesse Hart, 25, 75, 500, 10, 160
Andrew Holper, 30, 70, 500, 10, 110
David Fisher, 100, 50, 1000, 110, 345
George Roush, 110, 40, 2000, 135, 755
Joseph A. Roush, 100, 100, 3000, 60, 295
Joseph Rickart, 80, 220, 1000, 62, 281
Peter Roush, 20, 10, 1000, 60, 90
Henry Zorcle, 120, 200, 2500, 70, 220
Washington Fisher, 70, 130, 1000, 90, 240
Samuel Roush, 100, 200, 2100, 20, 350
George Hart (tenant), 15, -, -, 7, 81
George P. Dortzel (Portzel), 50, 90, 800, 12, 126
Samuel Hoffman, 45, 81, 500, 25, 205
Anthony Roush, 50, 46, 500, 15, 175
Sampson Hoffman, 20, 27, 300, 10, 65
Mark Roush, 23, 154, 700, 20, 154
Levi Hays (agt), 50, 63, 450, 12, 164
Michael Roush, 50, 150, 800, 5, 230

Leonard Oliver 40, 60, 700, 8, 89
Enos Roush, 30, 96, 600, 60, 120
Joshua Stapleton (agt), 200, 595, 15000, 175, 367
Robert Grier, 175, 775, 19000, 140, 400
Nicholas _. Hock (tenant), 90, 110, 4000, 150, 312
Jacob Bunker (agt), 50, 150, 4000, 75, 230
Anthony Wilcoxon (tenant), 30, 170, 4500, 45, 162
Joseph Seigrist, 200, 200, 10000, 200, 450
John Seigrist, 130, 157, 3000, 100, 350
John Rousch, 35, 40, 2000, 60, 290
Philip Roush, 30, 290, 2500, 100, 35
Henry Capehart (agt), 70, 80, 3300, 70, 185
Mary Letwiller, 25, 15, 400, 85, 160
Nehemiah Roggers (agt), 25, 259, 2840, 90, 250
Emanuel Nease, 60, 40, 400, 45, 200
Henry Nease, 60, 165, 900, 95, 190
John Fry (tenant), 70, 40, 1000, 15, 114
Michael Roush (tenant), 30, -, -, 15, 66
Noah Zorcle, 60, 290, 1750, 90, 440
John Ohlinger (tenant), 30, 25, 250, 20, 85
Samuel Bumgarner, 112, 200, 1500, 100, 370
Levi Roush, 25, 175, 140, 65, 195
George Oliver, 40, 63, 600, 80, 170
James Peck, 90, 60, 1000, 83, 390
Samuel Zercle, 65, 199, 1210, 65, 258
Leonard Gibbs (Gebbs), 140, 207, 1600, 80, 300
Thomas Lewis, 20, 30, 200, 5, 115
Leonard Gibbs Jr. (tenant), 35, -, 105, 10, 80
David Somerville, 90, 160, 1500, 55, 320

Jacob Roach, 20, 44, 320, 46, 125
Joseph Windon, 120, 135, 750, 25, 420
John Williamson, 60, 40, 500, 60, 210
Joseph Bumgarner (tenant), 17, -, 51, 15, 180
Nimrod Pumphrey, 250, 950, 10000, 150, 600
John L. Sehon, 70, 330, 800, 42, 280
Valentine Horton, 30, 173, 4000, 15, 130
Hanson Wagner (tenant), 30, -, 90, 40, 275
Ann McDaniel, 250, 750, 2000, 100, 480
Luther Chamberlain (tenant), 15, -, 45, 10, 120
Samuel Hobbs (tenant), 15, -, 45, 12, 120
Jane Waggner (tenant), 10, -, 30, 15, 110
Robert Adams, 100, 233, 10000, 80, 170
William Brown (tenant), 20, -, 60, 15, 227
John Brown, 100, 227, 10000, 85, 695
Benjamin Frend (Freul)(tenant), 22, -, 66, 10, 90
Lewis Anderson, 200, 133, 13300, 100, 490
James F. Anderson, 45, 260, 18500, 20, 115
John Cooper (tenant), 50, 140, 800, 15, 15
Mary Peck, 100, 473, 13800, 45, 370
John McCulloch, 130, 135, 6000, 100, 550
James Johnson, 80, 165, 1500, 10, 133
George Lewis, 70, 190, 1500, 10, 133
John Johnson, 70, 330, 2400, 80, 245
Isaac Edwards (tenant), 16, -, 48, 10, 142

John E. Lewis, 100, 297, 2500, 45, 295

Benjamin Henkel, 25, 65, 500, 15, 145

Lewis Mason (tenant), 15, -, 120, 5, 70

Lusbey Lewis (tenant), 30, -, 90, 10, 90

George W. Lewis (tenant), 18, -, 54, 10, 55

Samuel J. Somerville, 54, 140, 1300, 25, 180

Samuel Somerville, 100, 229, 2600, 85, 365

George R. Knight, 80, 77, 1100, 68, 310

James Vanmeter (tenant), 15, -, 45, 10, 45

Zebulon Gebbs, 65, 68, 435, 30, 55

James Ball Jr. (tenant), 10, -, 30, 15, 120

Williamson Ball (tenant) 70, 1630, 3400, 95, 395

James Ball, 300, 1136, 5700, 185, 1446

William Fisher, 40, 104, 360, 45, 135

James Porter, 40, 260, 1200, 15, 130

Oliver H.P. Porter, 30, 110, 600, 40, 130

Robert Dabney (tenant), 50, 66, 9000, 70, 150

William Baker, (tenant), 14, -, 42, 10, 73

Joseph George (tenant), 130, 15, 7000, 60, 600

David Long, 255, 245, 12000, 225, 1740

John F. Williams (tenant), 70, 252, 3500, 115, 257

Philip Long, 400, 20, 10000, 105, 310

Albert G. Eastham, 300, 500, 10000, 170, 1190

Thomas J. Sanders, 75, 290, 730, 35, 170

Jacob E. Slack, 45, 588, 1000, 15, 135

Nicholas Henry (tenant), 20, -, 60, 10, 95

Jeremiah McDaniel (tenant), 10, 90, 200, 5, 95

Eliza Leonard, 700, 1468, 23000, 300, 3830

Calvin McDermitt (tenant), 35, -, 105, 70, 235

John Clagg (tenant), 18, -, 54, 10, 115

Augustus Lealereg, 75, 32, 4000, 70, 235

Nancy Long, 140, 485, 9600, 180, 520

Charles F. Beale, 1500, 1700, 42800, 500, 10800

Joseph Henry (tenant), 35, -, 105, 15, 155

George Moore, 800, 695, 25300, 400, 5456

John B. Stevens, 40, 10, 1500, 50, 320

Richard Madden (tenant), 30, -, 90, 25, 240

Samuel C. Hogsett, 70, 57, 3500, 75, 226

Henry Christe (tenant), 23, -, 69, 25, 185

Thomas Eades (tenant), 60, -, 180, 90, 215

William Williams (tenant), 20, - 60, 10, 135

William Doss, 30, 170, 400, 215, 255

Jeremiah Slack (tenant), 15, -, 45, 40, 195

Berryman Pearson, 20, 130, 500, 20, 200

Jane Dewett, 35, 105 500, 30, 140

John Faddy, 100, 116, 1000, 20, 125

John F. Grice, 5, 105, 250, 20, 10

Ann Coffman, 20, 158, 350, 15, 125

Benjamin S. Hays, 40, 273, 80, 50, 215

John Newell (tenant), 30, 384, 600, 10, 120
William Lockart (Tenant), 30, 470, 1000, 20, 90
William Woods (tenant), 80, 80, 1000, 15, 160
Rachal Wethers, 50, 50, 900, 80, 380
William Wethers, 50, 39, 600, 20, 190
Benjamin Swan (tenant), 8, -, 24, 35, 230
Sarah Wallis, 90, 70, 1600, 30, 360
Samuel Gregg, 18, 218, 900, 10, 95
Elizabeth Wiley, 75, 260, 1050, 60, 165
John Lockart, 50, 130, 900, 20, 320
William Bateman, 25, 55, 640, 15, 230
John Duncan (tenant), 12, -, 24, 10, 90
Lewis Wethers, 30, 50, 640, 20, 175
Jacob Wethers, 60, 100, 1280, 70, 405
William P. L. Neale, 300, 200, 6000, 135, 845
John Fout, 15, 85, 200, 20, 80
Morgan Moore, 325, 125, 10400, 100, 1320
Remase Mineager, 225, 375, 9000, 100, 930
Ruben Miller, 300, 137, 7500, 150, 840
Stephen Colwell, 150, 59, 3800, 75, 378
David Wallis (tenant), 250, 50, 7000, 70, 438
Lawson S. Brooks, 250, 50, 7000, 70, 435
John M. Hanly, 250, 250, 8000, 120, 625
Harrison McCollister (tenant), 60, 77, 5000, 100, 545
William Beale, 25, -, 75, 15, 185
William Beale, 75, 225, 5000, 100, 530

Daniel Couch, 112, 76, 5000, 150, 1520
Christopher Hughs, 19, -, 57, 5, 50
Isaac Wesson, 200, 124, 6280, 200, 515
Robert A. Hanford, 112, 27, 5000, 15, 155
Robert _. Hereford (Hanford), 100, 39, 5000, 60, 460
Thomas C. Bladen (tenant0, 30, -, 91, 50, 255
Robert M. Hereford (Hanford)(tenant), 10, -, 30, 20, 165
Andrew Vinegar (tenant), 21, -, 63, 50, 179
Edward S. Menager, 900, 1014, 3000, 200, 5185
Samuel Long (tenant), 25, -, 75, 50, 245
Esom Hanna, 60, 300, 3500, 190, 615
Thomas A. Hanna, 30, 310, 2550, 20, 155
Henry Camel, 30, 19, 1000, 15, 90
Jesse Hannon, 80, 1131, 5000, 130, 650
Jane Martin (tenant), 100, 400, 5000, 150, 620
Esom Rigg, 70, 140, 500, 40, 165
William Bryan, 50, 150, 800, 30, 340
Andre Cumeen, 45, 105, 400, 10, 135
Joshua Amoss, 15, 150, 50, 10, 155
Thomas Holly, 25, 285, 600, 10, 150
Greenville Holly, 20, 80, 300, 10, 140
Josiah Daniel, 25, 75, 500, 10, 55
George W. Holly, 30, 320, 525, 10, 200
Cornelius Holly, 20, 80, 200, 10, 140
Samuel Edmunds, 50, 152, 600, 25, 225
Henderson Cumeens, 25, 300, 500, 5, 140
Meridith Thomas, 30, 470, 1250, 20, 255

Gory Waugh, 30, 292, 800, 45, 195
Andrew Wallis, 75, 272, 1700, 25, 270
Stephen Hunter, 40, 360, 1600, 60, 340
Peter Hunter, 25, 258, 850, 30, 230
Creed T. Wry, 12, 506, 1550, 5, 125
William Meadows, 30, 470, 1000, 15, 230
William Meadows Jr., 20, 480, 500, 10, 110
James Taylor, 20, 80, 400, 10, 90
James Y. Jourden, 30, 100, 500, 10, 175
William N. Jourden, 100, 546, 1550, 75, 480
Wesly Ball, 50, 150, 900, 15, 148
Zachariah Ball, 40, 260, 1000, 15, 135
John Taylor, 30, 190, 500, 5, 120
James S. Jourden, 100, 517, 1350, 25, 295
Ranson Whitten, 75, 185, 1170, 40, 240
Monen Chapman, 50, 546, 500, 5, 75
James Burch, 40, 60, 300, 5, 110
James Smith, 30, 20, 150, 10, 135
Jonithan Jourden, 35, 352, 800, 10, 270
Rice C. Green, 30, 470, 1000, 60, 190
William G. Lock, 16, 105, 3000, 10, 125
Frederick Wallis (tenant), 20, -, 60, 15, 105
John M. Chapman (tenant), 12, -, 24, 10, 115
William Sturgeon, 50, 227, 1380, 10, 60
Robert Barnett (tenant), 16, -, 48, 5, 90
John Jourden, 50, 110, 800, 40, 365
Isaac M. Wallis, 25, 175, 1000, 10, 150
George Mays, 85, 215, 1300, 34, 220
James Wallis, 15, 185, 1000, 60, 185
Sinclare Casey, 30, 70, 300, 5, 115
Samuel Casel, 80, 20, 500, 20, 135
Charles Casel, 40, 170, 450, 15, 251
Bowling Hawthorn, 20, 120, 700, 10, 140
David Gage, 50, 212, 1310, 15, 250
Andrew J. Colus (tenant), 20, -, 60, 10, 105
Jacob Black, 24, 57, 250, 10, 115
William Elmore, 20, 5, 350, 10, 260
Solomon Waugh, 100, 170, 1620, 75, 505
James Warde, 45, 105, 500, 15, 215
Elizabeth Gusen (Guson), 40, 120, 800, 5, 110
William Casey, 40, 60, 250, 10, 230
William McCallister, 60, 40, 500, 20, 175
Jane McCallister, 100, 556, 3000, 30, 180
Eliot Hawkins, 20, 237, 500, 15, 170
Lewis McCoy (tenant), 15, -, 45, 10, 245
Joseph Knop (tenant), 14, -, 42, 10, 165
William McCoy, 90, 118, 800, 70, 550
Solomon Waugh, 90, 160, 1500, 50, 560
Reuben Hughs, 100, 1000, 21000, 50, 310
James A. Waugh (tenant), 45, 95, 3000, 20, 180
Thomas Crouch (tenant), 25, 169, 580, 15, 160
Samuel Couch, 220, 318, 9500, 150, 1200
Sarah Couch, 120, 184, 6000, 100, 615
Isaac Long, 150, 631, 6400, 100, 615
Thomas R. Fowler, 70, 370, 2000, 75, 300
Jacob H. Bagley, 8, -, 300, 10, 90
John G. Henderson, 80, 317, 600, 100, 590
Je__ Smith, 140, 113, 6500, 84, 530

William H. Blane, 20, 40, 150, 45, 162
Benjamin Hall, 50, 200, 400, 55, 220
Silas Forest, 10, 340, 525, 15, 125
Hosea Forest, 35, 315, 700, 40, 223
George Dabney (tenant), 20, -, 60, 10, 165
William George, 200, 190, 7800, 100, 745
Catharine Craig (tenant), 40, 400, 6600, 55, 260
Theodore Stephenson (tenant), 12, -, 36, 15, 190
James L. Newman (tenant), 16, -, 68, 60, 160
Henry Poffenbarger (tenant), 300, 333, 12660, 200, 700
William Whitehead, 30, 90, 300, 55, 110
Joseph S. Machir, 250, 50, 8000, 400, 2700
Griffith B. Thomas, 200, 200, 5000, 75, 365
Walter Newman (tenant), 45, -, 135, 20, 185
Jesse Hill, 25, 75, 1000, 80, 240
George Hill (tenant), 20, 310, 6600, 50, 115
Isaac Ruffner, 300, 300, 12000, 100, 845
William A. Hall (tenant), 140, 460, 12000, 65, 270
Robert Johnson (tenant), 15, -, 45, 40, 330
Reuben Coffman (tenant), 60, 490, 6600, 75, 305
George W. Martin (tenant), 25, -, 75, 15, 130
Morris Kimberling (tenant), 30, -, 90, 15, 185
George Long, 450, 489, 17200, 270, 1600
Nath. Long, 250, 932, 12600, 100, 1200
James Dabney (tenant), 40, 380, 2500, 20, 195
Leonard Cooper, 75, 75, 3750, 50, 360
John Seibrell(Seebull), 300, 450, 11250, 250, 1730
Noah Long (tenant), 80, 80, 4000, 50, 395
Samuel Hannah, 300, 2100, 15000, 225, 1190
Joseph B. Crane, 20, 180, 400, 80, 155
Charles Jones, 40, 460, 700, 30, 290
Mary Hopson, 30, 79, 25, 10, 130
William Amsbery, 36, 65, 400, 60, 150
Elizabeth Crouch (tenant), 40, 360, 400, 10, 135
Adam Beard, 25, 375, 300, 20, 200
John Coffman, 80, 420, 1500, 60, 480
James Coffman, 30, 450, 1200, 60, 380
Elmer Hays, 50, 536, 1500, 30, 155
Christopher Hayslett, 40, 200, 500, 15, 170
James Hill, 40, 100, 1000, 10, 215
Richard H. Neale (tenant), 100, 500, 12000, 150, 710
Thomas Lewis, 300, 596, 22400, 150, 1870
Samuel McCulloch, 275, 98, 10670, 130, 830
Charles B. Waggner (tenant), 130, 87, 5425, 100, 585

Mercer County, West Virginia
1850 Agricultural Census

The University of North Carolina at Chapel Hill filmed the 1850 agricultural census for Mercer County from originals in the West Virginia Department of Archives under a grant from the National Science Foundation in 1963. This county along with several others have been separated from Virginia records as West Virginia was created in 1863 when it seceded from the state of Virginia

Columns 1, 2, 3, 4, 5, and 13 represent the following information on the census:
1. Name of Owner, Agent or Manager of Farm
2. Acres of Improved Land
3. Acres of Unimproved Land
4. Cash Value of the Farm
5. Value of Farming Implements and Machinery
13. Value of Livestock

Wm. H. French, 200, 500, 8000, 125, 1593
Thompson Caperton, 25, 225, 450, 2, 117
Kinsey Tiller, 25, 50, 280, 4, 40
Harrison Robinson, 80, 200, 1000, 15, 275
Adam H. Caperton, 20, 242, 500, 6, 150
Wm. Ferguson, 45, 620, 200, 11, 442
John Massey, 25, 100, 500, 10, 107
John M. Brians, 60, 130, 1000, 20, 350
David Shutt, 25, 125, 225, 8, 90
Adam Johnston, 70, 155, 1000, 110, 450
Anderson Tiller, 10, 390, 500, 80, 200
Thomas Little Jr., 30, 170, 300, 10, 92
Elisha Stafford, 24, 171, 180, 10, 85
James Garretson, 9, 100, 190, 4, 57
George P. Brown, 16, 184, 200, 12, 120
Cornelius W. Cooper, 10, 150, 200, 5, 94
Audley (Andley) Maxwell, 15, 105, 200, 5, 44
Daniel H. Agee, 35, 834, 135, 15, 120
Wm. M. Byrnside, 60, 200, 130, 15, 75
James Holstine, 40, 250, 935, 15, 200
Granville Callaway, 25, 130, 420, 10, 70
James Houchins, 50, 533, 600, 125, 445
Hezekiah Mann, 52, 500, 800, 50, 250
Talev__ Meados (Meador), 60, 300, 800, 20, 400
Jesse Foster, 8, 100, 500, 5, 71
Anderson L. Barker, 40, 450, 715, 3, 90
Wm. Lilly Sr., 60, 550, 1000, 20, 500
Green N. Meador, 75, 1000, 975, 10, 500
Moses Lane, 50, 100, 6000, 100, 200
David Cook, 40, 175, 550, 40, 500
Rufus Clark, 14, -, 280, 15, 150
Berry Cawley, 30, 600, 15, 288
Moses Taylor, 25, 20, 500, 4, 100
James Vass, 50, 20, 2000, 50, 110
Goodall Garter, 120, 50, 3500, 65, 400

Isaac Campbell, 140, 350, 4500, 50, 275
Johnson Carner, 10, 20, 100, 3, 55
Archibald Pack, 100, 270, 5000, 200, 2500
Hendrick Sutfin, 30, -, 300, 6, 230
Wm. M. French, 30, 220, 1000, 5, 160
Alexander Pine, 50, 295, 800, 25, 300
James Pine, 35, -, 200, 15, 390
Green V. Pine, 50, 50, 1700, 20, 300
George W. Reid, 100, 55, 400, 6, 260
Green Gore, 100, 120, 600, 100, 1200
Sarah Phips, 4, 100, 100, 2, 75
Jabez Anderson, 13, 135, 150, 10, 140
Wm. Brown, 43, 56, 1000, 12, 475
Jubial Carner, 14, 80, 100, 6, 70
Bery Anderson, 7, 40, 100, 5, 75
Alex. Byrnside, 30, 100, 100, 5, 100
Elizabeth Anderson, 150, 30, 100, 4, 40
Samuel Hurt (Hart), 10, 100, 100, 5, 100
Wm. Phillips, 7, 93, 100, 3, 50
Ephraim Cook, 25, 100, 100, 6, 60
Drewey Farly, 75, 150, 160, 5, 100
Robert B. Hart, 15, 120, 100, 10, 100
Leroy Keaton, 15, 105, 100, 5, 70
Archibald Farley, 30, 20, 200, 10, 200
Larkin T. Ellison, 40, 190, 150, 12, 220
Andrew Farley Jr., 15, 100, 120, 5, 80
John Christian, 33, 100, 100, 10, 150
Gideon Farley, 75, 50, 200, 20, 130
Levi Farley, 25, 50, 125, 5, 85
John Cox, 15, 530, 150, 8, 165
Joel Farley, 35, 400, 250, 10, 150
Nelson Neely, 35, 465, 300, 5, 320
James Ellison, 30, 700, 125, 30, 255
David Martin, 25, 25, 200, 6, 125
Moore Petrey, 7, 100, 100, 5, 40
James Petrey, 30, 200, 250, 10, 157
Jacob Petrey, 20, 600, 150, 5, 84
Wm. Petrey, 25, 25, 125, 12, 180
Macajah Belcher, 15, 85, 100, 12, 125
Green B. Phillips, 30, 35, 325, 5, 35
Isaac Gore, 180, 300, 1700, 100, 963
James Thompson, 400, 700, 1000, 200, 500
Philip Thompson, 70, 100, 500, 5, 180
Henry Haldren, 35, 160, 125, 12, 250
Jacob Woodall, 45, 700, 100, 6, 85
Isaac St. Clair, 10, 100, 120, 2, 40
Cornelius Haldren, 30, 80, 200, 10, 120
Wm. M. French Sr., 20, 23, 100, 8, 85
John Caperton, 62, 150, 300, 12, 200
Philip Solesbery, 50, 200, 500, 30, 400
Wm. Miller, 25, 180, 550, 30, 167
Floyd Miller, 25, 500, 500, 5, 100
Jos. Pennington, 40, 150, 500, 8, 200
Asa Belcher, 25, 70, 125, 5, 100
Vincent Wiley, 18, 100, 200, 8, 180
Ballard Pine, 18, 120, 150, 7, 180
James Cook, 20, 100, 200, 10, 105
Fulden Williams, 12, 4, 150, 10, 125
Jonathan Hopkins, 40, 100, 200, 5, 150
Wm. E. Barker, 20, 140, 125, 10, 142
David Lilly, 75, 700, 800, 15, 340
Joseph Lilly, 60, 1800, 300, 15, 250
Green M. Swinney, 25, 315, 250, 10, 180
Jos. Higginbotham, 15, -, 100, 10, 285
Augustus W. J. Caperton, 40, 500, 800, 100, 200
Jas. R.Vermilion, 30, 700, 875, 10, 165
Robert. Hall, 130, 1200, 1300, 50, 600

Richard R. Jones, 9, 100, 100, 8, 80
Wm. Holstine, 10, 125, 125, 10, 160
Chris C. Dillion, 20, 130, 154, 8, 142
John Shrader, 35, 115, 200, 10, 200
Washington Brayles, 25, 28, 100, 8, 80
Henry Belcher, 30, 670, 250, 8, 230
Randolph Collins, 40, 100, 200, 4, 186
John D. Custard Sr., 30, 330, 800, 20, 200
Conrad Hale, 45, 300, 200, 8, 240
Elias Hale, 180, 820, 800, 150, 1350
Joseph Davidson, 150, 600, 400, 80, 725
Wm. Stephenson, 20, 50, 150, 16, 200
John B. Higginbotham, 25, 390, 150, 100, 600
James Calfee Jr., 100, 100, 300, 35, 550
Jonathan Bailey Sr., 150, 117, 800, 120, 1188
Thomas Waldren, 210, 4, 175, 10, 250
Christopher Abshear, 20, 150, 120, 5, 75
John Tuggle, 30, 170, 175, 10, 180
James M. Bailey, 60, 400, 300, 80, 357
Wm. R. Bailey, 60, 400, 150, -, 120
Elijah Bailey, 40, 900, 1500, 8, 112
Eli McComas, 150, 250, 150, 10, 100
Andrew Thompson, 33, 130, 850, 50, 200
Jos. C. Belcher, 20, 25, 150, 4, 75
Philip Bailey, 80, 120, 800, 75, 500
Syms Thompson, 110, 800, 500, 20, 538
Elizabeth Mullins, 18, 130, 100, 5, 106
Henry James, 35, 160, 120, 6, 130
Jo__ McComas, 20, -, 100, 5, 85
Archibald Bailey, 100, 432, 2400, 60, 558

Wilson C. Calfee, 65, 450, 2000, 15, 548
John Carr, 90, 220, 3000, 90, 1000
Wm. Cooper, 60, 1000, 6000, 5, 232
Joseph Keaton, 30, 130, 100, 5, 110
Joshua Lilly, 15, 150, 100, 2, 24
Silas Hatcher, 2, 450, 250, 3, 50
Thomas Sexton, 8, 50, 300, 3, 35
Joseph Rolison, 20, 130, 150, 10, 150
Meridith Wills, 40, 400, 475, 12, 135
Wm. Basham, 10, 100, 150, 9, 40
Silvester Meador, 6, 75, 150, 2, 35
Joab Meador, 20, 50, 150, 3, 113
Robert Lilly Sr., 100, 1000, 3000, 200, 450
John Cadle, 7, 125, 140, 5, 100
Wm. Cadle, 30, 300, 350, 8, 120
Martin Cadle, 20, 300, 300, 10, 160
John A. Phillips, 25, 115, 400, 10, 165
Jeremiah Meadows, 35, 80, 350, 20, 200
James Lilly, 40, 500, 600, 8, 160
Andrew Lilly, 29, 200, 500, 7, 180
Masinna C. Baker, 30, -, 400, 15, 300
Joseph Deeds, 35, 200, 600, 100, 331
James Sias, 16, 100, 100, 8, 155
John Hinton, 20, 250, 400, 8, 110
Meredith Upton, 20, 550, 600, 8, 160
Even Hinton, 50, 475, 2000, 10, 488
Wm. Davis, 35, 170, 300, 12, 250
Samuel Davis, 15, 395, 500, 8, 110
Isaac Farley, 7, 143, 300, 5, 106
Isaac Bennet, 13, 100, 150, 5, 90
John C. Maddy, 30, 450, 1000, 75, 280
Adam Halstead, 25, 205, 700, 30, 225
Anderson Vest (Vezt), 20, 115, 200, 8, 86
Isaac Ellison, 50, 400, 600, 65, 115
Andrew Lilly, 25, 356, 600, 7, 125
Tobison (Tolison) Lilly, 5, 350, 550, 4, 62

John Pack, 30, 500, 300, 30, 150
John Lilly Sr., 115, 2000, 1500, 75, 600
John Lilly Jr., 25, 300, 400, 3, 138
Hubboard Meador, 35, -, 200, 7, 72
John Stuart, 20, 176, 150, 7, 150
Michael Harvey, 30, 500, 200, 10, 112
John W. Harvey, 15, 110, 150, 5, 33
Jonathan W. Harvey, 30, 470, 600, 40, 140
George Keaton, 30, 270, 300, 28, 130
Edmund Lilly, 50, 250, 2500, 30, 270
James R. Ballard, 18, 50, 125, 5, 60
Alexander Dunbar, 30, 250, 400, 8, 130
Woodson Ellison, 20, 200, 250, 6, 110
Jonathan Brammer, 50, 450, 500, 10, 125
Jas. Brammer, 45, 460, 1200, 75, 150
James Gadd, 20, 1200, 500, 30, 200
Jesse Brammer, 12, 238, 500, 75, 125
Samuel G. Ellison, 20, 430, 1000, 10, 75
Germon Wood, 15, 180, 250, 3, 40
Bird Luster, 25, 225, 500, 5, 150
Martin Swinney, 40, 260, 2500, 20, 420
Wm. Lilly, 50, 700, 1500, 20, 245
Danl. R. Cox, 15, 135, 100, 10, 50
Jacob Mann, 15, 800, 500, 8, 110
Robeck Pack, 30, 590, 600, 10, 185
Wm. Lilly, 70, 2000, 800, 8, 400
Edmund Browning, 5, 100, 100, 6, 45
Austin Lilly, 11, 150, 150, 4, 75
Isaac N. Harvey, 15, 461, 150, 8, 55
John Cock, 70, 130, 550, 12, 565
Wilson Lilly, 40, 200, 700, 8, 300
Meador Basham, 30, 500, 1200, 10, 90
John L. Williams, 60, 440, 1000, 10, 12
George Stuart, 20, 230, 500, 15, 260
John Caldwell, 21, 72, 150, 8, 63
Edward Stafford, 23, 83, 150, 20, 150
Wm. Noble, 30, 770, 800, 35, 280
Wm. M. Meador, 60, 520, 1000, 120, 1400
Thomas Lilly Sr., 40, 500, 500, 15, 200
Thomas Lilly Jr., 7, 300, 100, 4, 35
Turner Lilly, 20, 160, 100, 3, 100
Thomas Meador, 10, 90, 100, 5, 100
Robert Lilly Jr., 55, 895, 1000, 12, 375
John Lilly, 70, 840, 600, 30, 240
Josiah Lilly, 60, 1058, 1500, 25, 300
Austin Cooper, 75, 325, 800, 10, 125
Turner Meador, 20, 80, 200, 10, 100
Andrew Farley Sr., 25, 200, 100, 5, 186
Anderson Pack, 120, 30, 4000, 500, 2000
James Farley, 15, 100, 100, 4, 120
John Williams, 10, 100, 500, 5, 30
James Medor, 30, -, 100, 2, 25
Daniel Lilly, 15, 500, 150, 5, 150
Sarah Barker, 50, 150, 350, 15, 155
Larkin Williams, 12, 20, 100, 8, 88
John Neely Jr., 15, 85, 300, 8, 156
James Phillips, 30, 100, 426, 8, 140
Robert Carr, 75, 125, 1500, 140, 686
John T. Carr, 40, 160, 500, -, 200
Samuel Scott, 75, 500, 5000, 25, 200
George Shumate, 35, 95, 400, 5, 150
George W. Martin, 17, 130, 400, 5, 140
Wm. Oliver, 30, 70, 800, 18, 200
Chapman Bane, 40, 850, 3000, 25, 200
Absalom Lusk, 65, 445, 1200, 100, 350
James M. Burgess, 30, 498, 1000, 10, 140

Albert G. Stovall, 50, 250, 300, 20, 80
John Armonstrout, 25, 75, 400, 2, 200
John Comer, 200, 200, 1400, 50, 300
George Bailey, 65, 200, 3000, 12, 400
Lewis Caperton, 50, 500, 300, 5, 120
Jesse Bowling, 15, 125, 100, 4, 60
Wm. Oney, 120, 1080, 3000, 100, 620
Charles _. Straily, 150, 800, 2500, 25, 1425
Pleasant Lilly, 30, 90, 300, 9, 400
Cornelius Ashworth, 55, 80, 200, 100, 300
Hugh Meador, 12, 60, 300, 25, 130
David Shrader, 20, 130, 600, 10, 100
Riley Hambrick, 25, 125, 400, 10, 100
Mandorville Jenks, 40, 210, 1100, 10, 150
John H. Bailey, 6, 400, 220, 20, 150
Macajah Bailey, 30, 70, 600, 28, 400
Charles C. Finch (French), 50, 100, 600, 10, 80
James Marshall, 30, 60, 800, 40, 75
James Rowland, 150, 1200, 3000, 100, 700
Clay Bailey, 30, 90, 300, 12, 150
Wm. Marshall, 12, 51, 400, 4, 70
Davis Calfee, 300, 2000, 2300, 250, 3500
Charles A. Dare, 25, 75, 450, 20, 285
Jacob C. Strailey, 60, 190, 1200, 20, 87
Thomas J. George, 200, 800, 7000, 75, 662
James Ahais, 50, 100, 1500, 50, 300
Theodore Smith, 40, 195, 600, 10, 200
Benj. B. Peck (Pack), 100, 250, 200, 150, 312
Anderson H. Belcher, 35, 10, 500, 2, 86

Josiah Ferguson 70, 70, 1000, 75, 394
John Ferguson Jr., 12, 300, 400, 5, 60
Allen Fleshman, 75, 1200, 2500, 10, 1455
John Ferguson Sr., 15, 116, 210, 6, 140
Daniel W. Ferguson, 9, 191, 200, 4, 100
Lewis Hatcher, 40, 921, 1000, 10, 150
Jackson Massey, 8, 382, 600, 2, 90
Elijah W. Ferguson, 12, 281, 120, 5, 100
Jas. Shrewsbery, 40, 500, 400, 10, 190
Wm. Shrewsbery, 30, 75, 200, 10, 180
Jeremiah Ferguson, 20, 163, 200, 8, 100
Joseph Prince, 30, 60, 300, 8, 175
Wm. Martin, 60, 175, 1000, 5, 200
Lorenzo D. Martin, 40, 100, 1000, 18, 140
Parkison Pennington, 12, 250, 800, 5, 125
Wm. White, 100, 200, 500, 100, 300
Andrew White, 40, 200, 200, 20, 150
Andrew Thompson, 60, 350, 1200, 10, 300
Augustus W. Cole, 60, 300, 1200, 100, 500
James Fletcher, 20, 125, 150, 5, 100
Thomas White, 70, 130, 800, 10, 273
Harmon White, 15, 175, 400, 4, 75
Paterson Perdue, 8, 117, 125, 3, 70
John Fannington, 25, 250, 400, 10, 160
Jordan Meadows, 20, 240, 300, 9, 68
Patten G. White, 18, 30, 200, 10, 100
Jacob Comer, 50, 50, 300, 20, 200
Jeremiah Meadors, 35, 70, 200, 12, 220
Linzey Davis Jr., 25, 75, 300, 5, 75

Stephen Blankinship, 13, 37, 250, 7, 70
Linsy Davis Sr., 35, 200, 800, 15, 100
Joshua Davis, 14, 275, 300, 12, 250
Jehu (John) E. French, 35, 80, 400, 5, 200
Russel G. French, 85, 75, 1500, 5, 50
Robert Clendenin, 30, 200, 400, 5, 100
Adam Madows, 15, 85, 250, 20, 180
Henly Tomas, 20, 119, 300, 7, 150
Henry Sarver (Sawer), 40, 460, 800, 15, 215
James Sarver, 35, 115, 400, 15, 200
Jesse Davis, 50, 250, 300, 8, 163
Roland Tracy, 75, 100, 1000, 100, 312
Jesse Thomas, 40, 350, 400, 2, 200
Hezekiah Mclain, 28, 190, 400, 5, 100
Hiram Tracy, 70, 1200, 2500, 15, 410
Abram Garretson, 10, 100, 100, 4, 88
Napoleon B. French, 250, 550, 5500, 250, 955
James Perdue, 5, 100, 150, 5, 150
James _. White, 30, 40, 200, 5, 200
Abram White, 15, 140, 100, 10, 105
Jane Calaway, 70, 210, 700, 200, 300
Ammon Hatcher, 30, 121, 400, 8, 117
Lewis Blankinship, 12, 60, 100, 5, 100
Arthur Blankinship, 25, 175, 480, 9, 78
John Smith, 25, 600, 750, 10, 100
Jamison Bailey Jr., 15, 130, 500, 3, 115
Elijah Reid, 28, 60, 100, 7, 150
John _. Hill, 40, 20, 500, 20, 400
Hiram Pennington, 40, 200, 1000, 20, 400
James Waddle, 25, 81, 268, 15, 110
Francis Scott, 20, 105, 100, 5, 98

James Carr, 35, 300, 2000, 40, 1300
Johnson Bane, 60, 450, 2400, 150, 855
Christian Peters, 45, 500, 1000, 5, 75
John Scott, 35, 61, 200, 10, 250
Peter Howard, 24, 114, 200, 5, 150
George P. Price, 30, 103, 1150, 5, 150
Elijah Peters, 50, 200, 500, 10, 300
Hiram Davidson, 40, 360, 1200, 20, 500
James Prince, 24, 200, 200, 10, 70
Samuel Thomas, 25, 175, 300, 5, 175
Zachariah Crawford, 30, 100, 400, 7, 140
Robert V. Clendenin, 18, 200, 300, 6, 125
Andrew J. Blankinship, 30, 40, 200, 12, 250
Joseph Reid, 50, 200, 200, 3, 120
James L. Bailey, 30, 400, 500, 40, 200
Moses E. Kerr, 50, 114, 1000, 20, 150
Joseph Summers, 90, 500, 2500, 125, 1063
Alexander Johnston, 28, 109, 1000, 10, 100
Joseph Stafford, 90, 160, 1400, 30, 500
John Martin, 100, 100, 2000, 50, 300
Achelaus Martin, 40, 70, 600, 10, 95
Adam Martin, 80, 125, 1500, 7, 100
Benjamin Fanon, 50, 150, 500, 6, 140
James Dillion, 20, 185, 700, 6, 80
John Garretson, 80, 120, 500, 15, 175
Chas. W. Calfee, 30, 6, 1400, 20, 1643
Henry Justice, 50, 100, 600, 15, 190
John Bruce, 9, 65, 1000, 75, 400
Levi G. Hearn, 38 90, 300, 10, 270
William G. Neely, 20, 100, 100, -, 180

Margaret Pawley, 15, 185, 150, 10, 85
Thomas Perdue, 17, 175, 700, 2, 70
Reuben Garretson, 10, 500, 200, 12, 160
Benjamin Smith, 50, 200, 1500, 20, 200
Thomas Little Sr., 25, 175, 600, 10, 150
Abram Garretson Sr., 50, 50, 400, 8, 200
Hiram Tiller, 23, 77, 300, 5, 150
John Garretson Jr., 70, 78, 200, 10, 150
William Garretson, 20, 50, 300, 7, 200
Wm. Tiller, 70, 185, 1400, 100, 300
John Strailey, 165, 235, 4000, 100, 700
Claudius Burdett, 25, -, 200, 15, 190
Ira Tiller, 30, 70, 400, 8, 150
Little Berry Belcher, 30, 170, 1200, 65, 200
George W. Jarrell, 150, 3000, 3000, 12, 350
Robert Stewart, 25, 25, 100, 12, 50
Alexander Makinsy, 25, 125, 300, 5, 125
Elias Stewart, 15, 41, 100, 4, 20
Samuel Mills, 30, 70, 200, 5, 120
John W. Davis, 20, 165, 450, 20, 210
Hiram Cassida, 13, 75, 350, 15, 100
Benjamin Mills, 40, 70, 400, 40, 365
Patten A. Mackinney, 30, 75, 350, 15, 100
John Mackinsey, 15, 50, 150, 6, 62
Wm. W. Smith, 42, 358, 1200, 20, 287
Daniel Martin, 24, 280, 1200, 8, 100
Harrison Neely, 30, 150, 300, -, 120
David Burgess, 25, 95, 700, 12, 40
John D. Godfry, 20, 980, 1000, 8, 180
George Garretson, 15, 100, 100, 5, 125
William Bowling, 38, 200, 500, 100, 250
Wm. P. Bowling, 15, 200, 200, 10, 12
Edwin Grant, 95, 1300, 3000, 130, 524
Mifflin Weekes, 30, -, 500, 18, 136
James Henderson, 46, 60, 700, 100, 329
John J. Ketherington, 40, 380, 1000, 15, 178
Thos. Bratton, 75, 100, 900, 20, 250
David Coburn, 35, 100, 400, 4, 70
Elizabeth Hager, 25, 40, 100, 5, 138
Russel Hager, 15, 50, 100, 4, 75
Zachariah W. Davidson, 30, 300, 1200, 14, 170
Henry Shrader, 50, 100, 500, 12, 137
John Nuckles, 50, 200, 1000, 8, 300
John G. Kerr, 45, 255, 1500, 30, 1150
John Coleman, 50, 300, 600, 15, 100
Wm. Shrader, 22, 200, 500, 8, 150
Wm. H. Witten, 200, 600, 6000, 150, 1500
James A. Godwin, 50, 200, 2000, 20, 322
Thos. G. Witten, 100, 2000, 5000, 150, 710
Isaac Bell, 40, 400, 600, 15, 347
Zachariah Perdien (Perdue), 25, 100, 200, 8, 100
Wm. Pane, 40, 400, 500, 15, 165
Obediah Belcher, 30, 370, 200, 10, 200
Chrispia Belcher, 18, 622, 400, 5, 100
Christian Belcher, 45, 460, 500, 15, 300
Burrell Bailey, 30, 120, 300, 15, 190
Thompson Minor, 40, 350, 1000, 10, 220
Council Walker, 30, 190, 525, 15, 140
Chrispianon Walker, 100, 50, 1300, 18, 450

Jesse Dillion, 40, 160, 700, 10, 200
George W. Surface, 50, 150, 800, 8, 150
John Dillion, 30, 135, 500, 10, 200
Samuel Bailey, 80, 1420, 1500, 20, 563
Dolly Bailey, 20, 50, 300, 12, 75
Sleigh Holestine, 65, 160, 2000, 10, 240
Eli Bailey, 40, 160, 2000, 10, 240
William Blankinship, 30, 200, 400, 10, 75
James S. Godfry, 70, 970, 600, 15, 150
Reece Lusk, 25, 75, 150, 10, 100
John L. Moony, 30, 119, 200, 80, 150
Thomas Maxwell, 50, 600, 2000, 20, 120
Chas. Walker, 100, 250, 5000, 70, 350
John Shrewsbery, 15, 200, 300, 8, 90
Floyd Bailey, 30, 150, 600, 12, 200
Jamison Bailey Sr., 50, 992, 1000, 20, 200
Austin Hatcher, 40, 60, 300, 50, 200
Lafayette Ferguson, 20, 20, 500, 10, 150
Joseph Wright, 20, 250, 800, 25, 178
Amos W. Bailey, 70, 1230, 1000, 40, 200
Madison Haines (Karnes), 150, 300, 4000, 100, 727
Samuel Mills Jr., 15, 235, 300, 18, 115
Jonathan Bailey Jr., 20, 100, 400, 12, 15
Thomas Madey, 20, 40, 300, 2, 80
John Bowling, 30, 190, 500, 13, 300
John Solesbery, 40, 100, 700, 15, 150
Henry Solesbery, 25, 100, 250, 10, 75
Josiah Maxey, 65, 20, 1000, 20, 400
Kinsy Roland, 60, 20, 1000, 30, 260
Chas. L. Pearis, 50, -, 5000, 65, 330
John Sarver (Sawer), 10, 200, 200, 10, 200
Wilson Farley, 25, 200, 150, 8, 100
Gorden Wiley, 25, 25, 500, 20, 320
Cornelius Cook, 70, -, 3000, 30, 728
Mathew Pack, 35, 100, 400, 5, 200
Samuel Pack, 20, 80, 200, 7, -
Booker Martin, 35, -, 1000, 20, 100
Wm. Ganoe, 25, 15, 150, 8, 100
John Bragg, 7, 20, 100, 5, 100
Andrew Williams, 20, 80, 100, 5, 100
Bennet Huchins, 30, 200, 300, 20, 150
John Meador, 100, 1500, 3000, 75, 600
Chas. Houchins, 20, 150, 150, 8, 100
Harman Keaton, 12, 137, 150, 4, 140
John McClaughrity, 80, 350, 2000, 15, 600
George W. Pearis, 33, 310, 7000, 85, 450
James Calfee, 85, 1200, 5000, 175, 1200
Jonathan Godfry, 30, 300, 250, 10, 125
_urlong, F. White, 25, 75, 300, 5, 100
__am Belcher, 60, 250, 1000, 50, 200
John D. Custard Jr., 100, 350, 5000, 5, 12
Wm. Wall, 100, 100, 800, 10, 200
Henry D. Wall, 18, 120, 800, 3, 100
Cornelius White, 90, 650, 1500, 100, 400
Wm. G. White, 50, 500, 1500, 50, 400
Samuel Dillion, 40, 1000, 1000, 40, 310
James Dillion Jr., 20, 130, 100, 6, 110
John S. Carr, 75, 325, 3000, 10, 450
David Bodell, 30, 120, 1000, 40, 130
__amel H. Martin, 30, 100, 300, 58, 136

Job Kealty, 20, 130, 500, 100, 350
John Neely Sr., 20, 100, 200, 15, 135
Josiah Meador, 75, 1500, 1500, 20, 450
Joseph Meador, 20, 125, 200, 7, 125
Creed Meador, 30, 300, 800, 10, 175
Washington Lilly, 30, 1500, 1000, 10, 170
Edmond Hatcher, 24, 230, 200, 5, 120
Jonathan Lilly, 50, 600, 1000, 15, 250
Wm. G. Ellison, 50, 100, 600, 15, 155
Wm. Houchins, 20, 1100, 900, 8, 150

Monongalia County, West Virginia
1850 Agricultural Census

The University of North Carolina at Chapel Hill filmed the 1850 agricultural census for Monongalia County from originals in the West Virginia Department of Archives under a grant from the National Science Foundation in 1963. This county along with several others have been separated from Virginia records as West Virginia was created in 1863 when it seceded from the state of Virginia

Columns 1, 2, 3, 4, 5, and 13 represent the following information on the census:
1. Name of Owner, Agent or Manager of Farm
2. Acres of Improved Land
3. Acres of Unimproved Land
4. Cash Value of the Farm
5. Value of Farming Implements and Machinery
13. Value of Livestock

Abraham Jones, 70, 30, 2000, 25, 275
James Clelland, 60, 58 ¾, 1781, 19, 231
James Rawlins, 12, 28, 120, 6, 92
Lewis Hildebrand, 18, 41, 472, 40, 170
Joseph Watton (Walton), 40, 28, 600, 70, 276
Jane Malone, 70, 25, 1200, 30, 294
Rebeckah Powell, 45, 51, 1000, 15, 22
Abraham Devault, 100, 166, 2400, 150, 250
Notley I. Carter, 63, 174, 1300, 80, 295
Henry Hildebrand, 32, 238, 1000, 25, 103
Joshua W. Hutcherson, 200, 130, 4950, 140, 615
Bushrod W. Powell, 38, 88, 1200, 30, 177
Henry Watson, 250, 200, 6000, 158, 1226
Mahlon Stevers (Stevens), 80, 81, 1800, 62, 379
John Bell, 40, 53, 800, 30, 217

Stephen Stansbury, 45, 42, 800, 38, 283
Jonathan Stansbury, 80, 70, 1200, 85, 292
Mary G. Watson, 80, 120, 2000, 30, 316
Ann Watson, 100, 100, 2000, 42, 153
John Hudson, 60, 20, 450, 44, 224
Jacob Powell, 45, 31, 1000, 10, 243
Samuel Shackleford, 35, 115, 1200, 7, 132
Isaac Riggs, 100, 48, 3000, 50, 875
Mary Travis, 200, 96, 2960, 116, 536
John Huffman, 140, 129 ½, 2000, 50, 224
Cena C. Griggs, 90, 78, 2000, 100, 385
Allen Holland, 60, 70 ½, 1000, 18, 179
Richard Holland, 120, 193, 2500, 25, 300
William Holland, 90, 70, 1600, 16, 349
Caleb Tarleton, 100, 150, 2000, 50, 400
William Evans, 60, 38 ½, 800, 10, 179

Joseph Mathes, 60, 42, 600, 20, 140
Lewis Williams, 75, 110, 1000, 5, 200
William May, 50, 70, 600, 7, 180
Silas Stevens, 40, 65, 700, 10, 121
Thomas Tarleton, 100, 100, 1600, 100, 200
Samuel Kisnet, 25, 112 ½, 300, 10, 131
James Robe Jr., 25, 98, 600, 15, 109
James Robe, 50, 100, 400, 25, 141
Jonathan Summer, 35, 15, 300, 10, 155
Elijah Jacobs, 70, 430, 1000, 20, 179
William Kincaid, 100, 480, 2250, 80, 425
Joseph Smith, 70, 391, 1600, 52, 317
James Watson, 35, 115, 900, 86, 243
Hugh Austin, 50, 150, 1400, 25, 225
Jacob Cartwright, 100, 245, 2500, 40, 410
John S. Martin, 20, 45, 400, 30, 145
Jonathan Brown, 30, 287, 900, 100, 171
Jabez Brown, 60, 268, 1600, 80, 433
John W. Cundiff, 75, 125, 500, 60, 90
William Miller, 100, 380, 2500, 75, 225
Freeman Kelly, 30, 292, 1000, 20, 141
Allen Trickett, 55, 290, 1500, 20, 118
Jacob Miller, 100, 215, 2500, 25, 423
Samuel Newman, 15, 75, 100, 5, 46
William Devault, 25, 85, 500, 25, 131
Oliver P. McCrae, 25, 93, 300, 10, 60
James Trickett, 40, 90, 600, 25, 106
Thomas Still, 25, 165, 700, 25, 135
James D. Watson, 300, 150, 4000, 200, 1216
Nathaniel Reed, 65, 35, 700, 45, 340
Isaac Reed Sr., 70, 70, 1000, 30, 230

Joseph Williams, 50, 68, 600, 25, 89
Moses Kincaid, 50, 150, 1000, 100, 591
Hadley Johnson, 125, 224, 500, 50, 490
Leonard Selby, 80, 90, 1000, 125, 429
James Kross Jr., 60, 28, 1000, 100, 200
John Jones, 100, 50, 3000, 150, 450
John R. Steel, 60, 40, 1000, 125, 214
Archibald Shuttlesworth, 75, 25, 1200, 20, 98
James Hutchison, 30, 32, 275, 8, 179
John Shuttlesworth, 70, 70, 1000, 46, 267
Samuel W. L. Roy (Ray), 65, 30, 800, 25, 175
Joseph Shuttlesworth, 130, 234, 1760, 88, 538
John W. Lanham, 150, 128, 1980, 119, 403
William Frun Sr., 70, 80, 2000, 30, 345
Samuel Frun, 40, 20, 600, 30, 150
Sampson Frun Jr., 40, 60, 1200, 50, 150
Alexander Summers, 50, 48, 800, 15, 114
Joseph Tichnor, 80, 237, 2000, 150, 404
John Kincaid, 80, 74, 1600, 50, 300
William Richardson, 60, 24, 1000, 60, 167
John Price, 40, 32, 900, 40, 60
Thomas Lanham, 60, 40, 1000, 35, 179
Franklin Chips, 60, 27, 1200, 20, 150
Eli Holland, 65, 131, 1850, 95, 454
Moses Steel, 75, 25, 1100, 20, 325
Nancy Steel, 50, 25, 800, 10, 150
Henry Steel, 100, 100, 1000, 25, 169
Samuel Bell, 45, 115, 800, 40, 337
Zadock T. McBee, 60, 48, 925, 70, 276

Bethieul Dorton, 40, 112, 600, 50, 250
Arthur Watkins, 95, -, 95, 7, 204
Jacob Smell, 12, 135, 400, 80, 125
John Darnell, 40, 250, 1500, 25, 140
Jessee Holland, 75, 57, 2500, 50, 453
Alexander Faulkner, 80, 120, 800, 18, 198
Zadock McBee, 135, 115, 2500, 250, 900
Peter Price, 30, 71, 500, 15, 150
Bazel Holland, 80, 20, 2000, 100, 226
Rezin Holland, 200, 100, 4500, 175, 573
Jacob Holland, 120, 50, 2500, 112, 382
Capel (Cassel) Holland, 100, 56, 2000, 75, 300
John Holland, 60, 45, 1500, 125, 750
John Robe Sr., 90, 56, 2500, 75, 564
John Howell, 27, 3, 700, 25, 200
John Barb, 25, 48, 1000, 70, 90
Joseph Austin, 40, 43, 1000, 30, 155
Benjamin Griffith, 25, 53 ½, 1000, 118, 218
William Wilson, 18, 9 ½, 325, 25, 50
William Austin, 50, 38, 900, 70, 149
Capel(Cassel) Howell, 100, 50, 2000, 150, 600
Levon Howell, 100, 130, 2700, 125, 655
Thomas McBee, 65, 61, 1500, 35, 280
John Jenkins, 20, 80, 500, 3, 196
Mary Howell, 40, 131, 1500, 20, 110
Henry Hamilton, 142, 120, 2550, 80, 450
Joseph Grubb, 150, 65, 2000, 200, 1000
William Gray, 70, 50, 1500, 60, 300
David Austin, 80, 23, 1030, 100, 380
Benjamin Jacobs, 80 109, 2000, 100, 394
Thomas Morgan, 150, 150, 3000, 82, 283
Rawley Holland, 60, 27, 2500, 120, 226
Amos Jolliffee, 40, 35, 1500, 83, 333
Samuel Johnson, 100, 200, 4000, 100, 974
John S. Dorsey, 130, 110, 4504, 100, 1675
George W. Dorsey, 300, 312, 12000 100, 1305
Caleb Bell, 220, 208, 5136, 100, 800
John Runner, 55, 73, 800, 15, 214
William Clark, 50, 115, 620, 65, 150
Joseph Dorton, 30, 500, 300, 2, 66
Levi Dorton, 50, 175, 500, 15, 183
Michael Smell, 70, 1330, 1400, 14, 180
John Foy, 80, 80, 2000, 60, 375
Joseph Henderson, 100, 248, 4500, 100, 399
James W. Gray, 50, 15, 1200, -, 103
James Smell, 120, 20, 1600, 50, 430
Samuel Rhoderick, 80, 20, 800, 50, 225
Thomas Faulkner, 20, 80, 350, 5, 120
Nancy Hawthorn, 80, 216, 2368, 12, 400
Michael Neese (Reese), 70, 178, 400, 12, 253
Daniel Kennedy, 35, 15, 350, 15, 240
Asa Hall, 50, 24, 500, 12, 216
Edwin Clare, 75, 125, 1000, 150, 557
Bela Davis, 50, 50, 500, 25, 201
Samson Friem (Frum), 137, 137, 3300, 75, 730
John Drabell, 100, 30, 1500, 50, 219
Henry Kennedy, 55, 20, 750, 15, 323
James Kerns, 60, 400, 2000, 14, 650
Robert Murray, 70, 380, 1600, 60, 200
Hezekiah Thomas, 30, 170, 300, 12, 58
William B. Weaver, 30, 55, 400, 35, 144

John Dunn, 40, 34, 500, 20, 161
James Dunn, 50, 100, 250, 20, 119
William Reed, 50, 30, 500, 100, 250
Thomas Dunn, 100, 144, 1952, 200, 800
William Boyles, 150, 98, 4960, 175, 544
John Pixler, 50, 50, 700, 24, 171
William Vandevort, 330, 220, 6000, 100, 1144
Lydia Reed, 45, 75, 1200, 45, 250
John Vandevort, 50, 15, 1125, 20, 225
Jonah Vandevort, 100, 85, 2500, 200, 732
John M. Corburn, 40, 44, 1344, 85, 200
George F. Hartman, 35, 25, 900, 20, 275
Thomas Lewellen, 225, 79, 4816, 135, 300
Peter L. Laishley, 60, 80, 2160, 60, 394
Thornton F. Conway, 65, 18, 1200, 10, 200
Peter Hess, 120, 191, 3000, 120, 102
James Henry Jr., 25, 17, 364, 35, 166
James Henry Sr., 40, 14, 600, 30, 100
Joseph Hartman, 9, 14, 500, 4, 200
Elizabeth Pixler, 80, 90, 2000, 50, 290
David Durr, 75, 125, 1400, 20, 167
Samuel Tibbs, 50, 84, 1600, 100, 335
James Beall, 135, 137, 3020, 80, 620
Joseph Smell, 65, 89, 1800, 100, 429
Lewis W. Runner, 80, 36, 1400, 100, 260
Alexander Henry, 65, 35, 1500, 70, 360
James Selby, 30, 38, 544, 20, 341
William Fleming, 100, 150, 4480, 90, 456
Philip W. Harner (Horner), 170, 111, 3000, 300, 1500

Aron Baird, 70, 80, 2800, 80, 283
Job Simons, 10, 40, 500, 4, 80
Elizabeth Wolf, 40, 80, 1200, 14, 187
Elisha Johnson, 15, 10, 400, 50, 150
William Pool, 50, 36, 1000, 50, 150
Archibald Runner (Bunner), 100, 30, 1500, 66, 160
William W. Nicholson, 55, 25, 1500, 20, 259
Asby Pool, 50, 30, 1500, 40, 310
Samuel Howell, 50, 50, 2500, 100, 93
Gideon Way, 200, 120, 7776, 100, 1165
Rezin Holland Jr., 90, 50, 2250, 40, -
John F. Dering, 42, 7, 1500, 60, 509
Benjamin Dorsey, 175, 50, 4000, 120, 750
William Hess, 40, 70, 600, 35, 220
Waitman T. Witly, 28, -, 5000, 75, 250
Elisha Stillwell, 24, -, 1800, 70, 740
Isaac Cooper, 30, 10, 1000, 75, 125
Charles McClane, 23, -, 1700, -, 258
John Rodgers, 350, 300, 20000, 200, 1000
Alexander Hays, 80, 57, 3300, 100, 300
William Darnell, 15, 40, 50, 8, 79
John Jenkins, 7, 3 ½, 1150, 10, 62
John Robison, 80, 66, 3500, 150, 495
John Ridgeway, 60, 53, 3000, 70, 361
James Davis, 130, 80, 1600, 100, 284
Joshua Mayfield, 5, 5, 300, 30, 69
William Addison, 12, 200, 4000, 50, 190
James Boyd, 15, 15, 1700, 50, 170
George Swisher, 20, 7, 945, 75, 225
Joseph D. Hill, 150, 50, 5000, 160, 725
John Costelo, 60, 50, 2400, 35, 245
Mary A. McVickers, 103, 7, 1500, 10, 200

James McVickers, 120, 280, 9200, 100, 408
Jacob Miller, 150, 103, 8000, 200, 670
Enock Ross, 130, 175, 8300, 200, 650
Amy Baker, 10, 14, 1000, -, 149
Jacob Newman, 80, 80, 4000, 50, 250
Thomas Prootyman, 50, -, 1000, 70, 363
Elihu Ridgeway, 40, 21, 1200, 20, 150
Joshua Jenkins, 35, 15, 750, 12, 255
John Hare, 180, 75, 5000, 50, 537
Enos Coburn, 63, 37, 1000, 60, 200
James Bowlby, 260, 45, 4050, 75, 90
James House, 80, 15, 1200, 100, 250
John Reed, 60, 40, 1000, 50, 200
John Weaver, 65, 35, 1000, 65, 400
Sarah Hawthorn, 35, 28, 200, -, 53
Paul Boyles, 20, 6, 600, 10, 60
William N. Jarrett, 18, 7, 600, 5, 100
Alexander Abercrombie, 30, 38, 700, 50, 70
Larkin Pairpoint, 150, 85, 4700, 100, 676
Jeremiah Stillwell, 80, 99, 1958, 125, 250
William S. Swindler, 75, 89, 2000, 65, 330
Jacob Franks, 70, 30, 1200, 120, 400
James S. Stafford, 40, 20, 1000, 30, 150
Agness Johns, 300, 300, 4360, 100, 300
Cornelius W. Shane, 80, 50, 1800, 120, 170
Catharine Stewart, 45, 31, 1140, 30, 350
Alpheus Stewart, 40, 30, 1200, 20, 170
Mary Stewart, 40, 30, 800, 55, 48
Norval Weaver, 60, 40, 1500, 25, 200
Jacob Conn, 80, 27, 1620, 17, 204

Owen John, 200, 160, 7200, 120, 1195
William Robison, 34, 27, 1200, 50, 250
Lanstat John, 110, 50, 3500, 100, 400
Thomas J. John, 100, 170, 3000, 20, 265
James Coburn, 200, 125, 5000, 200, 450
Rawley Evans, 45, 15, 1600, 80, 224
James Evans, 300, 100, 10000, 250, 1745
John Eckard, 120, 10, 2000, 20, 156
Adam Eckard, 150, 68, 5014, 200, 545
William Baldwin, 44, 9, 2500, 81, 245
James McLaughlin, 175, 125, 7800, 150, 1155
John Hansel, 100, 96, 4420, 80, 312
William F. Clark, 70, 46, 1856, 28, 293
Isaac L. Longacres, 150, 58, 6240, 150, 357
Curtis Mayes, 100, 100, 3800, 150, 274
Thornton Baker, 60, 45, 1200, 30, -
Stephen Merrill, 50, 23, 1200, 20, 189
Hannah Hilderbrand, 30, 23, 1000, 20, 82
Shepard Cornwell, 80, 20, 2000, 100, 200
John Sinclair, 100, 150, 4500, 100, 357
Robert Houston, 80, 23, 1800, 100, 350
Henry Baker, 70, 30, 2300, 75, 225
John Mills, 40, 10, 1400, 100, 275
George Henderson, 50, 9, 1000, 20, 160
John Joseph, 50, -, 1200, 50, 250
John Beals, 75, 85, 800, 20, 200
Pernell Houston, 45, 5, 1000, 150, 472

Enoch Evans, 200, 130, 6480, 100, 890

Mary Baker, 60, 40, 2000, 100, 175

Aaron Bright, 10, 100, 2100, 125, 169

John Porter, 19, 13, 500, 10, 137

Isaac Courtwright, 80, 165, 1800, 100, 390

Elizabeth Johnson, 140, 100, 4464, 100, 528

William Johnson, 400, 400, 10000, 150, 800

Charles W. Stewart, 33, 3, 590, -, 202

James Hord, 100, 284, 4000, 50, 695

William Stewart, 70, 110, 2300, 75, 250

Ferdilius Stewart, 60, 150, 2500, 100, 350

Lemuel N. Johns, 75, 25, 1800, 14, 200

David Bowers, 70, 30, 1300, 75, 185

Albert Dilliner(Dillmer), 50, 95, 2500, 100, 320

Alexander Stewart, 45, 50, 2500, 75, 200

Martin Bears, 45, 55, 2000, 100, 200

Robert Ross, 40, 20, 900, 10, 130

Francis Ross, 60, 40, 2000, 10, 140

Jacob Rumble, 55, 25, 1600, 200, 375

Levi Britt, 125, 65, 4510, 50, 412

Charles H. Burgess, 65, 35, 2000, 40, 350

Richard Sargent, 98, 48, 400, 200, -

Daniel Medsker, 50, 75, 2500, 75, 300

John Wettner, 128, 200, 8200, 200, 700

Asa Lewellen, 60, 30, 1000, 100, 150

Wilson Jenkins, 30, 55, 1360, 7, 75

John C. Fowler, 60, 57, 1404, 50, 350

George F. C. Conn, 50, 53, 1545, 80, 318

George Rumble, 40, 68, 1100, 40, 200

Henry Bannull (Bunnell), 20, 30, 1000, 80, 250

David W. Jones, 115, 115, 2100, 45, 399

Alphaus Holland, 45, 135, 900, 30, 200

Andrew Corothers, 75, 20, 1000, 33, 256

Elijah Tarleton, 285, 292, 5750, 175, 1500

John Bell, 35, 25, 500, 7, 60

John Pugh, 80, 79, 2500, 150, 387

Isaac Blaney, 25, 112, 1000, 75, 575

Thomas Jarrett, 80, 42, 2000, 100, 220

George Conn, 100, 30, 2000, 300, 400

John Lewellen, 15, 24, 300, 10, 91

James Lions, 50, 50, 700, 15, 110

John Beaty, 90, 60, 1500, 100, 285

James Frankleberry, 60, 40, 800, 12, 125

John Greatehouse, 40, 80, 1000, 7, 126

Francis Costelo, 175, 325, 7500, 200, 1040

Ruth Ruble, 50, 50, 1800, 75, 225

Michael Ferrell, 100, 125, 2600, 60, 250

Isaac Lowe, 50, 158, 2000, 60, 150

William Neighbours, 70, 37, 1070, 200, 200

James Warman, 65, 169, 1600, 15, 250

Robert Beaty, 30, 19, 500, 20, 217

William Lewellen, 70, 30, 1000, 15, 200

James Donelson, 65, 146, 2532, 100, 372

George Jarrett, 80, 21, 1600, 60, 610

William Robinson, 24, 1, 1250, 50, 190

David Tresler, 40, 22, 1500, 10, 50

John Rude (Reede), 45, 87, 1980, 10, 600
Seth Stafford, 75, 54, 2500, 150, 350
Wheeler Harvy, 23, 77, 700, 10, 100
Lloyd Roby, 40, 14, 400, 15, 430
Hezekiah Roby, 100, 50, 200, 50, 175
Charles Enuine, 49, 10, 100, 30, 504
William Dunn, 50, 40, 1000, 60, 286
Elenor Gooden, 125, 54, 3000 -, 50
Edward Burgess, 75, 25, 1800, 15, 150
Luranah Jarrett, 50, 20, 1050, -, 102
John B. Baker, 130, 57, 3500, 80, 715
Jacob Sheets, 10, -, 150, 80, 150
Tossey & Son, 500, 1100, 6500, 20, 100
Thomas Hastings, 60, 156, 2000, 60, 350
George Hight, 70, 20, 1880, 120, 337
Daniel Hall, 19, 5, 720, 60, 127
Isaac Powell, 60, 40, 1500, 50, 300
John Smith, 66, 34, 800, 105, 455
William Morriss, 160, 76, 4248, 75, 588
Thomas Meredith, 40, 36, 550, 20, 220
Latisier Hood, 50, 55, 2500, 60, 300
John S. Herrington, 30, 45, 1200, 106, 184
James Steel, 25, 15, 750, 20, 108
Phillip Low, 45, 47, 1600, 35, 120
Gustavus Lovan (Low), 25, 39, 1200, 60, 307
Joshua Low, 60, 40, 1800, 25, 150
Peter Woolf, 35, -, 500, 30, 100
Elisabeth Combs, 100, 130, 2500, 60, 775
James Brand, 60, 53, 1450, 15, 375
Elijah Waters, 115, 65, 3500, 100, 250
John N. Waters, 50, 40, 2200, 25, 218
Nathaniel Price, 50, 43, 1000, 20, 100
Solomon Exline, 35, 65, 500, 15, 80
John Poleston, 100, 167, 6000, 125, 730
Margaret O. Nea (O'Neal), 85, 88, 2000, 20, 115
O. P. Goodnight, 10, 40, 700, 170
John Evans, 90, 54, 2000, 20, 303
Wm. K. Hopkins, 100, 70, 2500, 50, 225
Jestinan P. Thorn, 80, 62, 2000, 35, 200
Jacob P. Combs, 60, 150, 1600, 100, 300
James Robison, 100, 95, 2000, 60, 300
James E. Brand, 14, 40, 648, 10, 107
Jacob H. Shafer, 150, 83, 4000, 150, 650
Thomas P. Pratt, 36, 8, 500, 14, 204
John Camp, 125, 275, 7200, 100, 458
Leroy P. Knox, 70, 38, 1600, 40, 280
James Gallager, 60, 31, 1300, 20, -
James Knox, 15, 20, 300, 50, 150
Moses Cox, 100, 100, 3500, 100, 253
James L. Hess, 100, 1110, 2500, 110, 500
Rawley Evans, 100, 90, 4200, 100, 565
Robert Tibbs, 100, 30, 2000, 100, 300
William Low, 80, 55, 2000, 100, 225
Isaac W. Crowel, 42, 10, 1425, 12, 179
Zackwell Pierpont, 40, 30, 1400, 100, 275
Daniel Low, 70, 23, 2000, 40, 200
Jacob Weaver, 40, 20, 1000, 15, 183
John Brand, 75, 105, 2000, 80, 350
John C. Riggs, 65, 45, 1200, 30, 175
Nathan Herring, 60, 20, 1500, 30, 322
John Brand, 100, 33, 2500, 30, 295
Amazea W. Brand, 35, 6, 300, 15, 145

Benjamin B. Hoover, 80, 26, 2600, 50, 345
Martha Brand, 75, 20, 1800, 80, 265
Evan S. Pindall(Tindall), 200, 190, 7500, 200, 1200
William M. Jones, 100, 105, 4000, 125, 700
Nimrod Ridgeway, 30, 10, 1050, 125, 200
Hugh D. Murphy, 40, 20, 2000, 150, 558
Joseph Phillips, 40, 4, 1500, 100, 200
Sanford B. Scott, 60, -, 1500, 75, 187
David Scott, 30, 25, 1000, 50, 200
John M. Patton, 85, 30, 2700, 150, 1000
Solomon Huffman, 55, 32, 1500, 85, 216
Adam Huffman, 35, -, 800, 15, 170
Wm. R. Walker, 40, 120, 2900, 100, 150
Isaac Dean, 75, 30, 3150, 150, 270
Wm. C_rihfield, 155, 130, 5000, 100, 757
Francis A. Snider, 35, 90, 1000, 10, 200
Resin Everly, 100, 20, 2000, 100, 466
Jesse Everly, 120, 20, 3100, 100, 500
John McFarland, 175, 49, 6200, 100, 800
Amos Gappin, 20, 5, 600, 15, 55
Alva Stone King, 75, 68, 1500, 10, 245
Thomas McElroy, 100, 100, 4000, 125, 450
Daniel Gappin, 110, 90, 4000, 150, 360
John B. Arnett, 120, 3500, 15, 40
Joseph Snider, 120, 30, 3500, 250, 445
Hugh Evans, 100, 36, 4000, 175, 785
Ephrim Garlow, 75, 65, 3000, 100, 150
Joseph Garlow, 150, 50, 6000, 100, 500
Joseph McClarnan, 50, 15, 1100, 7, 145
Thomas Lazzell, 600, 1040, 32800, 300, 3556
Bowen Davis, 85, 22, 1500, 30, 300
George W. Simkins, 75, 45, 1100, 75, 370
James Bodily, 30, 6, 600, 75, 250
James Lazzell, 100, 72, 3300, 100, 935
Mathew J. Clark, 100, 6, 1500, 75, 300
Waitman Davis, 30, 44, 1480, 50, 163
Thomas Davis, 75, 20, 2000, 50, 250
David White, 60, 30, 1400, 50, 250
Joshua Hunt, 85, 10, 2000, 150, 400
Hynson Smith, 200, 70, 5400, 150, 645
Michael White, 200, 60, 3000, 100, 600
Matthias W. Davis, 40, 11, 1200, 20, 150
Simeon Everly, 100, 50, 3500, 100, 1500
Phillip Rober, 20, 30, 1000, 30, 100
Samuel Rober, 7, 60, 2700, 50, 50
Noe Rober, 25, -, 300, 25, 230
John H. Bowlby, 150, 100, 8000, 125, 380
Robert Bowlby, 300, 150, 9000, 200, 1300
Joseph Wade, 40, -, 500, 10, 200
James Cunningham, 100, 100, 3000, 125, 510
Thomas P. Wade, 100, 75, 4075, 150, 400
George Wade, 50, 25, 1500, 20, 400
James Bowlby, 80, 50, 2500, 100, 220
Denune Wade, 50, 26, 1500, 150, 225
William McCormic, 100, 80, 3000, 100, 367

George Leming, 70, 30, 1500, 125, 360
Daniel Dusenberry, 125, 75, 4000, 150, 420
Zen Ramsey, 80, 70, 2000, 100, 1714
Oliver Ramsey, 90, 21, 1625, 80, 437
John Ramsey, 90, 147, 2844, 30, 425
Ira Ramsey, 80, 25, 1050, 60, 296
Joshua Davis, 50, 15, 100, 40, 150
John W. Courtney, 25, 13, 500, 10, 200
William Courtney, 100, 100, 3600, 150, 835
Thomas B. Fetty, 92, 24, 3600, 150, 623
Stephen G. Snider, 70, 25, 1900, 75, 173
Alfred C. Barker, 35, 12, 1125, 125, 400
Morgan L. Boyers, 5, 6, 1500, 20, 23
John Fortney, 40, 20, 1200, 100, 200
Hirianus J. Boyers, 65, 160, 6000, 100, 377
John H. Courtney, 120, 175, 5000, 100, 585
Henry Dusenberry, 180, 60, 2800, 100, 254
Elisha Thomas, 45, 30, 1000, 80, 226
David Camblin, 100, 120, 4000, 150, 62
George Alexander, 125, 60, 3500, 100, 380
Enock Brewer, 65, 45, 1200, 200, 210
Mary A. Anderson, 75, 45, 1200, 12, 200
Turner A. Martin, 60, 71, 1500, 20, 150
Thomas Lawlis, 45, 60, 700, 25, 200
William Cole, 70, 53, 2000, 25, 140
John Lawlis, 100, 45, 1800, 100, 260
Reuben Brown, 125, 47, 2800, -, 325
Coverdel Cole, 100, 163, 3000, 125, 272
Loven Fleming, 90, 49, 2000, 200, 315
Hynson Cole, 200, 100, 3000, 100, 700
Jacob Basnett (Barnett), 12, 13, 250, 10, 130
Robert Harvey, 70, 70, 1200, 200, 600
John Lemly, 100, 230, 4000, 250, 534
Forbes Chipps, 60, 60, 2000, 30, 272
Enoch Huffman, 65, 35, 2000, 50, 294
Owen Hawker, 70, 40, 1600, 155, 142
Elisabeth Brand, 83, 15, 2000, 125, 600
William Berkshore, 58, 2, 1200, 100, 150
Caleb Tanzey, 40, 42, 2800, 25, 265
James Brewer, 150, 30, 4000, 125, 800
John Gray, 75, 30, 2000, 75, 140
John Jamison, 160, 40, 4000, 60, 775
William Mercer, 45, 5, 1100, 40, 295
Benjamin Thompson, 75, 10, 1600, 100, 421
Robert Finnell, 75, 195, 2400, 75, 256
John Snider, 70, 57, 2540, 100, 566
Horatio Martin, 80, 100, 3000, 100, 450
James S. Tingle, 110, 47, 4000, 70, 413
William L. Bright, 150, 158, 7000, 300, 339
James W. Smith, 50, 43, 1600, 20, 215
Peter Fogle, 100, 150, 2500, 50, 488
Reuben Finnell, 50, 50, 2000, 75, 500
Mathew Lough, 50, 30, 1400, 50, 351
William Cordry, 130, 85, 2000, 100, 545

Joseph Lough, 200, 130, 5000, 30, 352
Andrew Lough, 60, 30, 1200, 40, 220
Robins Wade, 80, 21, 1000, 40, 270
John Neely, 190, 50, 3000, 100, 466
Samuel Neely, 100, 40, 2300, 40, 450
Jacob Lemly, 90, 64, 2000, 100, 372
Jacob Shively, 150, 86, 4680, 100, 700
Christopher Brewer, 120, 38, 2000, 200, 269
Lemuel Birtcher, 60, 55, 1000, 80, 193
Jonathan Taylor, 140, 70, 4000, 125, 626
John Ravenscroft, 18, 15, 700, 9, 100
Charles Toothman, 20, 10, 600, 75, 200
Abraham Cox, 35, 20, 1000, 15, 120
Isaac Cox, 180, 160, 7000, 250, 617
Levi Pindall, 80, 70, 3000, 30, 263
Abraham Wisman, 85, 74, 1908, 35, 233
Peter Fisher, 80, 57, 2600, 35, 469
Bolsor (Balsor) Shafer, 60, 37, 1300, 125, 350
William Fisher, 80, 40, 2200, 200, 388
Alpheus Fisher, 33, 10, 800, 150, 234
Abraham Shafer, 60, 48, 2500, 60, 233
Samuel Webb, 40, 31, 2000, 60, 200
James C. Snider, 75, 35, 2500, 100, 500
Peter Shafer, 50, 50, 2000, 30, 330
Jonathan Tichner, 70, 30, 1600, 30, 200
Peter Barb, 75, 20, 1800, 100, 240
Waitman Fleming, 50, 80, 2000, 250, 300
Caleb S. Hamilton, 35, 33, 1000, 15, 153
Draper Cole, 80, 50, 2500, 75, 200
Jeremiah Hoskins, 75, 61, 2000, 15, 225
Pernal Simpson, 65, 25, 1700, 200, 200
William Chesney, 90, 160, 2500, 100, 530
Barton Cove, 100, 116, 1300, 100, 252
William N. Evans, 120, 40, 2600, 100, 420
Elisabeth Cove, 200, 100, 3000, 15, 282
John Liming, 75, 30, 2000, 75, 277
John Barrickman, 125, 42, 4000, 100, 575
Joseph Sutton, 225, 135, 3500, 200, 817
William W. Paynter, 60, 60, 960, 20, 200
Resin Liming, 75, 25, 1500, 250, 370
Barton Pride, 100, 67, 2000, 100, 456
Jacob Barrickman, 120, 76, 1800, 100, 380
Alexander Evans, 120, 50, 2500, 200, 710
Otho Wade, 80, 20, 2000, 20, 412
Greenberry Wade, 120, 90, 4380, 50, 585
Joseph Ingrim, 25, 115, 1100, 10, 225
Samuel Lemly, 75, 165, 2500, 200, 839
James B. Dusenberry, 40, 36, 800, 20, 190
Asa Lemly, 55, 15, 1500, 100, 215
Solomon Bowers, 85, 115, 3000, 30, 644
Isaac Warden, 50, 100, 700, 20, 175
Elijah South, 300, 300, 6000, 100, 650
Abraham Brown, 400, 200, 15000, 150, 1505
Jeremiah Barb, 38, 1, 860, 10, 35
Dennis M. Thorn, 85, 65, 1800, 50, 235

Ezekiel Morris, 200, 55, 3000, 100, 687
Barton Morris, 96, 41, 2600, 60, 300
William Jamison, 100, 122, 2600, 50, 540
Noe Morris, 100, 400, 3000, 60, 458
David Myres, 125, 100, 4000, 100, 693
John Sutton, 100, 250, 1500, 150, 517
Asa Lemly, 175, 100, 6000, 100, 500
Peter Barrickman, 70, 30, 1000, 100, 362
John Shanks, 50, 25, 450, 25, 165
James Berry, 100, 23, 1100, 25, 240
Abraham C. Shriver, 95, 80, 1500, 25, 145
Benjamin Shrivers, 200, 52, 3000, 120, 657
Emanuel Bell, 65, 85, 1200, 40, 335
Shadrack Huggins, 55, 70, 500, 60, 135
Isaac Barrickman, 35, 68, 600, 10, 186
William Ammons, 35, 15, 500, 5, 100
John Wildman, 100, 100, 800, 100, 400
James W. Harvey, 30, 45, 800, 5, 100
David Henderson, 150, 250, 2500, 30, 313
Michael Cove, 350, 220, 6000, 10, 60
John Keener, 25, 400, 3000, 10, 60
William Price, 200, 204, 7000, 168, 689
Isaac Shriver, 100, 80, 3000, 125, 362
Jonathan Wright, 125, 147, 1400, 100, 377
John Cove, 150, 275, 2000, 100, 891
William Sine, 80, 38, 1000, 95, 300
Abraham J. Tenant, 75, 150, 1500, 40, 480

Richard B. Teannt, 100, 400, 6000, 125, 250
Joseph Devine, 25, 33, 500, 20, 200
Joseph Tenant, 125, 200, 4000, 50, 679
Frederick Husk, 25, 20, 350, 8, 90
James Eddy, 140, 220, 2500, 75, 616
Benjamin Haught, 70, 26, 600, 42, 197
Francis Mason, 30, 85, 700, 20, 105
David Eddy, 100, 120, 800, 100, 331
Benjamin McCurdy, 40, 60, 1000, 10, 175
Benjamin Wilson, 75, 50, 1500, 50, 339
Daniel Eddy, 70, 140, 1680, 5, 57
William Kennedy, 50, 76, 1000, 100, 225
Adam Fluharty, 50, 70, 1500, 100, 330
Jacob Statler, 45, 60, 600, 6, 100
Eli Youst, 50, 80, 800, 40, 200
Jacob Haught, 30, 70, 200, 50, 150
Jacob Haught, 10, 100, 1200, 6, 300
Ivey Tenant, 50, 100, 300, 12, 300
Tobias Haught, 50, 135, 500, 8, 200
Richard D. Tenant, 150, 310, 8000, 400, 467
Engenous Tenant, 35, 195, 1000, 25, 175
Lial Tenant, 30, -, 300, 5, 200
Nimrod Tenant, 100, 150, 2000, 100, 638
David Ammons, 75, 129, 900, 100, 350
George Lewis, 45, 110, 700, 20, 238
John McCord, 100, 225, 1500, 50, 675
Joseph Tenant, 30, 80, 400, 6, 120
John Ruck, 180, 220, 3000, 100, 586
John Shriver, 120, 178, 2000, 80, 312
Joseph Shriver, 100, 160, 1500, 50, 455
Jacob Moore, 50, 161, 1000, 30, 258

Asa Cove (Core), 60, 122, 1000, 20, 155
David Lemly, 70, 50, 1200, 50, 550
Peter Tenant, 40, 83, 600, 100, 255
William Park, 100, 20, 1000, 200, 329
Wesly Brock, 40, 60, 1000, 50, 220
Aaron W. Bell, 100, 80, 1500, 100, 288
Phillip Rogers, 40, 460, 1200, 50, 100
Emrod Tenant, 75, 55, 1200, 40, 287
John Divine, 120, 275, 3000, 150, 388
Abraham W. Tenant, 120, 40, 3000, 100, 504
Emanuel Brown, 200, -, 2500, 100, 375
Joseph Miner, 200, 50, 2000, 100, 541
John Moore, 80, 220, 900, 150, 400
Simeon Brock, 50, 50, 800, 15, 120
Joseph Dorrah, 150, 200, 2000, 200, 455
William Thomas, 150, 700, 6400, 150, 1805
Isaac Thralls, 200, 300, 5000, 200, 532
Alexander Yeager, 50, 48, 1000, 50, 210
Ellis Thomas, 40, -, 800, 50, 1580
Adam McFeters, 40, 100, 700, 5, 100
John Tuttle, 65, 45, 600, 18, 200
William Dorrah, 75, 58, 1200, 15, 310
Robert Dorrah, 50, 82, 500, 40, 272
Henry Dorrah, 50, 74, 300, 20, 300
Joseph Park, 50, 250, 1000, 25, 200
Richard Lewis, 75, 125, 500, 50, 200
Septemus Lamaster, 70, 95, 1000, 100, 450
William Thomas, 150, 325, 3000, 100, 660
John Anderson, 125, 300, 2000, 50, 572
Robert Anderson, 120, 310, 2000, 50, 688
Adam B. Tenant, 100, 400, 2000, 100, 394
Levi J. Straight, 50, 50, 1500, 15, 200
Timothy Smith, 100, 60, 3000, 200, 601
Alexander Eddy, 100, 300, 3700, 125, 745
John Harker (Hasker), 150, 150, 1800, 200, 1888
Rotwin Temple, 90, 54, 850, 100, 423
James L. Cross, 55, 185, 1600, 25, 535
Josephus Eakin, 100, 230, 2500, 45, 625
Noe Ammons, 50, 80, 600, 15, 180
William McHendry, 20, 16, 600, 20, 150
Peter Arnett, 35, 98, 700, 15, 100
Daniel Mason, 160, 140, 1800, 35, 350
Jacob Youst, 40, 60, 600, 20, 250
Daniel Conway, 150, 150, 1500, 20, 300
Jacob Tenant, 60, 290, 2000, 50, 262
William Varner, 40, 100, 500, 40, 326
Resin Lam (Lane), 30, 30, 500, 25, 622
Silas Wisman, 80, 31, 1500, 75, 420
Phillip Wisman, 60, 8, 2000, 100, 415
John M. Ralphsnider, 150, 175, 13000, 300, 1115
Aaron Barker, 100, 100, 4100, 20, 450
Benjamin H. Barker, 60, 53, 2000, 40, 250
Morris Newbraugh, 125, 70, 1500, 100, 300
Charles Boyls, 40, 39, 1600, 50, 257
John Pratt, 75, 37, 2800, 50, 633

George Snider, 75, 75, 2000, 100,755
Eliazer Arnett, 70, 38, 1500, 50, 325
Trever Richards, 50, 24, 1278, 20, 200
James Arnett, 75, 29, 1500, 20, 270
Martin P. Fox, 80, 30, 2000, 20, 455
James S. Wilson, 30, 20, 600, 20, 255
Jarred Linch, 95, 40, 2500, 15, 445
William Linch, 70, 55, 1500, 20, 60
John Fetty, 200, 100, 5000, 300, 1260
Gideon Barb, 60, 112, 1700, 75, 300
Alexander Wince, 31, 2, 550, 15, 230
Joseph W. Snider, 50, 50, 3000, 75, 350
David Snider, 100, 170, 5500, 100, 655
Elisha Snider, 80, 37, 3000, 100, 300
Price Snider, 45, 75, 1800, 35, 150
Samuel B. Snider, 70, 30, 3000, 150, 532
William M. Arnett, 40, 48, 1500, 300, 230
Solomon Arnett, 75, 53, 2500, 50, 366
James Arnett, 125, 50, 2100, 100, 446
Solomon Houge, 75, 95, 4100, 60, 373
James A. Houge, 50, 26, 1000, 20, 274
Polly Glascock, 60, 40, 1200, 25, 265
Andrew Arnett, 70, 30, 1500, 30, 305
William Barb, 50, 40, 500, 25, 151
Thomas Arnett, 50, 34, 1500, 25, 200
Davis M. Arnett, 22, 53, 600, 15, 210
John D. Snider, 40, 44, 1200, 35, 300
Curtis Cordry, 100, 50, 3000, 45, 275
William Stewart, 125, 75, 3500, 50, 970
Anne Michael, 100, 80, 2000, 45, 300
John Stewart, 140, 100, 6000, 150, 715
Darcus Riggs, 68, 108, 1500, 15, 365
Thomas Bell, 75, 70, 2000, 75, 375
John Hawkins, 75, 185, 2300, 100, 624
Elmer Fetty, 50, 100, 1200, 10, 140
Martin Fox, 100, 190, 3000, 100, 563
Henry Jones, 75, 75, 1800, 100, 305
John Musgrave, 100, 50, 2000, 40, 300
James Kennedy, 40, 60, 1500, 30, 250
Henry Haught, 400, 360, 1600, 15, 210
Evan Haught, 60, 260, 1000, 60, 1381
Theopholis Phillips, 100, 270, 900, 75, 300
John Santee, 30, 20, 300, 25, 330
Abraham Hexenbaugh, 64, 157, 1000, 75, 296
Aaron Ross, 85, 145, 1400, 35, 364
Alexander Hermon, 70, 100, 1500, 40, 350
Jeremiah Herman, 40, 100, 1200, 25, 240
William White, 150, 240, 2500, 40, 390
William Murphy, 50, 225, 2000, 20, 135
James Wise, 60, 67, 1000, 23, 235
William Colton (Cotton), 70, 240, 2500, 40, 400
Jus_ue Jarard, 40, 90, 800, 10, 156
George T. Cumbridge, 130, 27, 4000, 150, 877
Samuel Hinegardener, 72, 100, 2000, 100, 350
Elisabeth Hayhurst, 80, 13, 2000, 50, 311

Stephen M. West, 50, 30, 2000, 25, 200
Catharine Hayhurst, 60, 75, 3000, 100, 337
Elihue Low, 80, 55, 2500, 50, 620

Enoch Smith, 100, 55, 2000, 100, 527
Richard D. Price, 150, 100, 4000, 100, 535

Monroe County, West Virginia
1850 Agricultural Census

The University of North Carolina at Chapel Hill filmed the 1850 agricultural census for Monroe County from originals in the West Virginia Department of Archives under a grant from the National Science Foundation in 1963. This county along with several others have been separated from Virginia records as West Virginia was created in 1863 when it seceded from the state of Virginia

Columns 1, 2, 3, 4, 5, and 13 represent the following information on the census:
1. Name of Owner, Agent or Manager of Farm
2. Acres of Improved Land
3. Acres of Unimproved Land
4. Cash Value of the Farm
5. Value of Farming Implements and Machinery
13. Value of Livestock

First six pages of this county agricultural census have very faint names, the numbers were a little better.

Thompson Keaton, 50, 50, 600, 50, 160
Elisha Weater (Water), 70, 90, 1500, 30, 160
Shanklin D. Roberts, 50, 20, 500, 5, 170
Wm. K. Thompson, 130, 70, 1500, 150, 500
_. M. Canterbery, 63, 40, 600, 10, 200
Andrew Canterbery, 9, -, 54, 2, 50
Daniel (Samuel) B. Garver, 60, 61, 1200, 20, 273
John Smith, 50, 178, 1500, 25, 160
Jacob C. Humphreys, 50, 410, 600, 30, 173
_. G. Harney, 13, 3, 144, 5, 43
Robert Harney, 100, 710, 4500, 100, 630
Samuel Gwinn Jr., 150, 410, 2500, 20, 595

James Campbell, 100, 180, 2000, 10, 450
Robert Campbell, 30, 260, 600, -, 300
Charles B. Johnston, 40, 236, 700, 8, 103
Franklin F. Neal, 200, 1000, 5000, 125, 1111
Richard T. McKeer, 80, 140, 900, 10, 2155
Wm. Camp, 24, 76, 500, 55, 90
Madison Campbell, 35, 49, 250, 6, 166
Anderson McNeer, 100, 40, 3000, 80, 150
_. Richards, 100, 170, 5000, 100, 472
Zebedee Lewis, 25, 50, 300, 15, 160
John M. Heilebenson, 60, 80, 500, 10, 150
Absalom Shanklin, 20, 30, 250, 10, 111

Samuel W. Phillips, 60, 150, 1800, 150, 216
Mordecai Rales, 50, 880, 5120, 150, 1645
Richd. Thomas, 150, 225, 4000, 150, 737
A. D. Shanklin, 120, 145, 4000, 100, 455
Samuel Wowel (Nowel), 7, 127, 168, 5, 17
James Harvy, 110, 768, 6000, 150, 471
Wm. Campbell & Son, 110, 197, 2400, 100, 394
John Houchens, 40, 477, 1600, 80, 354
Robert L. Shanklin, 90, 40, 2730, 50, 318
John M. Mann, 25, 45, 200, 10, 60
Raleigh Cook, 100, 350, 4000, 75, 718
Lewis G. Cook, 90, 35, 2500, 25, 495
Wm. M. Levetig (Levilig), 80, 20, 1000, 20, 243
Richard J. Arnett, 75, 20, 1000, 20, 243
Madison Laurence, 50, 27, 800, 80, 164
Robert D. Humphreys, 70, 48, 2200, 173, 322
_. Waugh (?), 50, 250, 600, 10, 100
Abram Smith, 175, 300, 5700, 150, 503
Samuel Smith, 148, 148, 1300, 5, 131
_. A. Mann, 40, 20, 500, 5, 52
Wm. Alban, 75, 437, 1500, 100, 200
Harris Sively (Lively), 150, 100, 1700, 150, 600
_. Sively, 75, 700, 5000, 20, 250
Elisha Rains, 3, 40, 240, 10, 15
A. _. Hutchinson, 30, 20, 100, 5, 130
Lewis E. Jones, 30, 100, 250, 15, 125

Jacob C. Alen, 80, 562, 1500, 25, 350
Wm. Ballard, 30, 20, 466, 10, 134
John H. Dunn, 30, 170, 1000, 75, 204
Richard Kessinger, 40, 45, 3525, 5, 137
_. M. Kessinger, 40, 45, 520, 5, 94
_. _. Smith, 26, 81, 577, 15, 59
Joseph Ellis, 21, 2, 414, -, 374
__lon Cumbridge, 75, 45, 1000, 4, 72
Joseph Witshrul, 100, 50, 700, 15, 184
__. Riner, 9, 166, 240, 5, 111
Henry Karnes, 150, 150, 1600, 100, 310
John Rogers, 13, 87, 193, 5, 100
Martin Kerby, 9, -, 175, 5, 87
Isaac Mann, 130, 50, 3000, 5, 346
Wm. R. Wiseman, 25, 82, 450, 5, 153
Fred Baker, 100, 300, 2000, 85, 531
Jacob W. Bare (Bard), 40, 82, 48, 5, 103
Wm. Danalson, 100, 179, 1300, 125, 293
Henry Smith, 150, 238, 3781, 100, 428
Ralph Smith, (in above), -, 166
Joshua Canterberry, 100, 120, 1000, 100, 619
Ream Halstead, 50, 30, 800, 65, 141
__. Cottle, 60, 3, 157, 10, 107
Armstrong Woodram (Woodsam), 20, 10, 90, 10, 67
Isaac Ellison, 60, 140, 1000, 25, 232
Isaac Campbell, 30, 70, 460, 3, 127
David Keatting, 60, 200, 900, 100, 309
Samuel Thompson, 80, 160, 600, 115, 319
James Ballard Jr., 18, 223, 318, 5, 75
James Ballard Sr., 40, 75, 225, 20, 256

Wm. Smith, 225, 675, 3900, 100, 710
Jacob Harding, 53, 125, 375, 23, 55
Wm. Mann, 70, 65, 416, 10, 174
Baldwin Ballard, 175, 87, 2488, 150, 328
Madison Shanklin, 8, 119, 2500, 100, 668
Jos. Stephenson, 30, 50, 1600, 75, 480
James Mann, 100, 30, 1780, 70, 366
Isaac H. Mann, 20, -, 75, 10, 30
James Mann, 65, 510, 1163, 100, 275
Abram Mann, 200, 50, 2200, 100, 343
Moses Miller, 25, 60, 300, 10, 75
Harris Mann, 150, 140, 2500, 90, 331
Henry Miller, 50, 60, 769, 40, 166
Henry Pierce, 200, 326, 6500, 150, 850
Zachariah Shanklin, 90, 116, 2500, 70, 500
Jane Shanklin, 100, 160, 2500, 125, 510
Moses Pence, 173, 310, 7000, 150, 452
__l. _. Pence, 250, 515, 8000, 70, 785
Jonas Rains, 75, -, 75, 5, 100
Richd. Harding, 40, 205, 300, 6, 93
Jacob Smith, 150, 450, 2580, 110, 713
Robt. Clark, 100, 150, 1100, 50, 319
John Clark, 100, 100, 650, 50, 397
Archd. Bostic, 24, 76, 172, 5, 30
Edwin B. Wiseman, 73, 225, 980, 6, 140
Richard Mann, 20, 100, 700, 6, 60
Rebecca Rife, 50, 48, 1065, 5, 88
James Wiseman, 100, 327, 4750, 100, 1060
Ferrell Ramsey, 60, 56, 773, 50, 270
Richd Ramsey, 30, 34, 448, 10, 75
John Ramsey, 25, 25, 350, 3, 56

Joel Rife, 168, 141, 1422, 100, 3232
John McCormac, 20, 5, 300, 10, 200
Wm. M. Harvey, 30, 255, 550, 6, 186
James B. Mitchel, 100, 103, 1065, 20, 243
John Cummings, 40, 80, 669, 7, 125
James Harvey, 50, -, 200, 7, 86
Wm. Raines, 27, -, 216, 8, 72
Charles Cummings, 80, 100, 900, 40, 175
George Thompson, 100, 76, 550, 12, 231
_. Campbell, (land vacant with rough hills), 30
Rolins Call, 50, 36, 307, 6, 126
Morris Ballard, 50, 30, 400, 8, 75
Johnston Keaton, 150, 260, 2000, 102, 246
B___ Foster (Faster), 30, 5, 245, 8, 84
Wm. Mann, 15, 10, 225, 5, 117
Jesse Ellison, 150, 283, 1624, 120, 502
Jas. E. Faster (Foster), 50, -, 400, 8, 152
John McNees, 85, 18, 1720, 130, 364
Davis Stanton, 175, 199, 4250, 100, 633
Armistead Ross, 250, 225, 6000, 73, 1320
Rolley Maddig, 100, 54, 750, 50, 158
John _. Ross, 300, 43, 4300, 75, 1115
John Ruckland (Buckland), 25, 5, 280, 7, 148
John Copeland, 40, 56, 800, 7, 125
Minor Kerbey, 22, -, 220, 5, 18
Benj. Green, 100, 200, 1500, 20, 340
James A. Upton, 55, 175, 674, 20, 257
Sylvester Upton, 130, 70, 2500, 100, 538
__. Walters (valued above), -, -, 2, 38
Meredith Upton, 50, 325, 1200, 3, 60

Elijah Garten, (valued in another column), -, 5, 60
Phillip _. Wikle, 20, 80, 200, 10, 89
_. M. Wikle, 30, 290, 320, 15, 118
W. Broyles, 15, 287, 474, 5, 98
Thos. McCarley, 25, -, 150, 15, 116
Thos. M. Gibson, 25, 323, 609, 10, 174
Elihu Thomas, 65, 314, 1600, 10, 319
James W. McClure, 25, 150, 500, 5, 50
Joseph Himler, 50, 50, 900, 10, 281
Jacob Johnson, 973, 436, 16466, 150, 4527
John Stickler, 50, 41, 1500, 20, 100
Lewis Johnson, 50, 40, 1300, -, 75
John T. Fisher (Valued with B. Johnston), -, 138
Caleb Johnson, 250, 200, 7056, 125, 1095
Barnabas Johnston, 700, 700, 14850, 180, 4028
Wm. Johnston, 221, 50, 1600, 80, 1167
Wm. T. Johnston, 50, 85, 1320, 15, 240
Elijah Johnston, 100, 50, 2500, 25, 446
Samuel Tincher, (Valued with Hinchman), 10, 24
Thos. P. Morris (valued with Hinchman), 5, 285
Joseph Gwinn Jr., 75, 75, 1500, 12, 446
Joseph Gwinn, 245, 30, 1200, 40, 568
Benj. Flint, 40, 44, 150, 12, 92
Wm. _. Talbert, 14, 86, 150, 5, 30
John Bowyer, 40, 142, 300, 15, 70
John A. Skaggs, 34, -, 340, -, 51
Henry Miller, 25, 26, 300, 5, 17
Lloyd Ellis, 7, 100, 1000, 15, 139
Jesse Haynes, 80, 120, 7075, 3, 350
James Alford, 65, 105, 800, 10, 111
Evan Ellis, 100, 119, 1800, 12, 381

Wm. Dodd, 18, 50, 250, 3, 81
John Foster, 50, 70, 640, 70, 270
Jarrell Mackins, 80, 45, 1250, 170, 388
Thos. L. Alford, 70, 55, 1200, 25, 228
Jesse Legg, 100, 20, 1200, 20, 148
Saml. Argabright, (valued With Ferguson), 5, 30
Thos. Dunbar, (valued with Johnston), 20, 218
Thos. Skags, 50, 15, 1800, 15, 159
Samuel Johnston, 150, 36, 3000, 120, 833
Adam Bowyer, 14, 36, 200, 5, 56
Emanuel Beckner(Buckner), 90, 155, 1222, 130, 363
Wm. Ballard, 100 283, 2000, 100, 525
Madison Pine, 100, 196, 800, 15, 205
Anderson Brown, 100, 380, 1380, 125, 709
Leroy Ballard, 100, 204, 2600, 120, 565
St. Clair Humphreys, 40, -, 500, 15, 162
Thos. Beggs, 50, 186, 705, 15, 156
James Calaway, 65, 519, 1000, 30, 20
Thos. B. Burke, 100, 300, 7000, 130, 871
Jesse Mills, 25, 5, 215, 90, 140
___. Ellison Sr., 40, 65, 840, 30, 181
Silburn R. Phillips, 25, 14, 160, 5, 725
__. Baber, 65, 47, 1500, 20, 314
Hunton Baber, 10, 701, 700, 5, 37
Wm. Cox, 25, 75, 240, 5, 43
Giles Miller, 20, -, 150, 6, 80
Peter Hinton, 60, 186, 450, 10, 216
Michael Combes, 50, 10, 300, 5, 174
Wm. Arnett, 40, 140, 700, 10, 149
John Harford, 14, 141, 300, 5, 60
Henry Arnett, 200, 750, 3500, 120, 822

John Nolen, 80, 1920, 600, 30, 321
Anderson Smith, 130, 320, 1750, 150, 273
William Riner, 40, 200, 1500, 70, 352
Robert Thrasher, 300, 1300, 14000, 175, 828
Wm. Wikle, 50, 80, 950, 20, 283
___. Isaac, 85, 275, 2000, 40, 387
Thos. Isaac, 20, 14, 300, 15, 102
Ca__ Carden (Carder), 200, 1500, 6500, 150, 1043
Samuel Evans, 40, 110, 1500, 5, 136
Howard Thompson, 40, 110, 1500, 5, 34
Wm. Ford, 100, 369, 1000, 85, 350
Nathaniel Allen, 60, -, 300, 10, 130
Jacob Grimmet, 25, 125, 200, 5, 188
Jacob Fluke, 10, 1000, 2200, 150, 286
Allen Maddes, 100, 1000, 1500, 10, 340
Salley Cruzer, 10, 33, 165, 5, 105
James W. Rolinson, 60, 393, 950, 10, 238
John Morris, 86, 440, 3000, 75, 650
Meredith Fisher, 25, 80, 167, 75, 93
John Buckland, 75, 110, 400, 5, 222
Saml. Buckland, 45, 111, 400, 5, 125
Wm. Meadour, 50, 97, 580, 10, 244
__. Buckland, 156, 27, 300, 5, 60
Levi Krallenger (Ballenger), 45, 80, 1000, 20, 244
Mathew Kinkade, 50, 100, 1150, 10, 109
John Flint, 26, 50, 300, 10, 81
Jos. Buckland, 70, 100, 500, 10, 460
John Roach, 100, 457, 3000, 90, 240
Andrew A. Wheeler, 30, 70, 420, 10, 190
Joseph Grimmet, 85, 100, 1000, 10, 316
Mathew S. Kisbumger (Kislinger), 30, 80, 300, 10, 250
David Mathews, 30, 100, 850, 10, 90

Andrew Gwinn, 500, 500, 10000, 200, 1426
Thos. B. Gwinn, 8, 180, 150, 5, 70
Wm. Scott, 100, 100, 2000, 100, 291
James Meadows, 75, 175, 800, 20, 153
Wm. Adair, 700, 2000, 17000, 500, 160
Madison Vess, 20, -, 100, 40, 77
John Canterberry, 30, 140, 210, 6, 76
Zadock Canterberry, 30, 180, 210, 4, 76
__. Minner, 200, 300, 2500, 150, 887
Allen Green, 45, 105, 500, 8, 189
John Baker, 150, 500, 2000, 85, 372
___. Minner, 50, 450, 2000, 10, 20
Isaac Milburn, 150, 1915, 4500, 150, 816
Wm. Milchel (Walchel), (Valued with Maddy), 5, 84
Matthis Isaac, 80, 50, 800, 25, 288
Phillip Meadows, 35, 112, 504, 25, 163
Allen Garter(Garten), 17, 100, 225, 8, 104
Christopher Deboys, (Valued with G. Deboys), 5, 84
Chas. Meadows, 70, 57, 400, 15, 182
Peter Wyant Jr., 40, 100, 500, 15, 187
Elijah Wyant, 25, 210, 500, 10, 265
John Ross, 150, 185, 15000, 150, 584
___. Kinkade, 60, 224, 1500, 50, 227
Jas. R. Hill, 80, 107, 2000, 100, 330
Samuel McCorkle, (Valued with Haynes), 5, 149
David Keller, 200, 210, 3000, 150, 531
Geo. Keller, 130, 100, 3000, 150, 529
John Gwinn, (Valued with S. Gwinn), 10, 124
Thos. Johnston, 140, 160, 3500, 150, 604
Laban Himes, 50, -, 400, 4, 20

John Stickler, 60, -, 600, 10, 268
Wm. Molwine (Wolwine), 20, 89, 200, 10, 115
Samuel Ayres, 25, 84, 350, 15, 58
Henry Aulls, 30, 370, 500, 10, 245
Joseph Graham, 150, 2100, 2500, 100, 482
John R. Ballinger, 50, -, 400, 10, 116
Archd. Ballinger, 50, -, 400, 10, 168
Santy (Lanty) Graham, 50, -, 400, 60, 150
David Graham, 50, -, 400, 6, 130
Samuel Gwinn, 150, 887, 8000, 75, 1069
David Graham, 50, -, 400, 6, 103
James T. Hill, 30, 218, 500, 170, 391
Andrew Ellis, 55, 60, 1000, 140, 255
John Reynolds, 25, -, 100, 5, 82
Levi Alderson, 40, 41, 400, 10, 100
Chrst. Flint, 20, 30, 200, 10, 142
Enos Ellis, 50, 250, 1100, 15, 286
Samuel Wilson, 300, 100, 7000, 200, 1000
James Alderson, 60, 58, 900, 10, 138
John Alderson, 150, 750, 5000, 75, 488
James Stickler, 40, -, 300, -, 186
Geo. Perrey, 150, 79, 1200, 80, 260
James Jemison, 40, 156, 1000, 80, 113
Thos. Smitson, 50, 100, 700, 10, 74
Thos. M. Huffman, 20, 153, 256, 10, 136
Wm. Martin, 25, -, 250, 10, 80
Wm. S. Dempsey, 40, 400, 1000, 35, 150
Israel Painter, 94, 63, 150, 8, 56
Thos. Smitson Jr., 94, 63, 150, 8, 56
Chas. W. Johnston, 35, -, 300, 10, 158
Wm. Miller, 22, -, 100, 8, 168
Wm. Hines, 70, 136, 2300, 135, 326
Griffith Ellis, 50, 50, 1000, 125, 410
Jacob Ellis, 50, 46, 1000, -, 410
Wm. Ellis, 175, 311, 4000, 150, 878
Jonathan Swope, 350, 930, 4500, 80, 949
John Showen, 40, -, 300, 10, 253
Isaa Argabright, 90, 140, 2000, 25, 438
Joshua Ellis, 16, 53, 1000, 75, 200
Gibson Bobbet, 50, -, 500, 15, 193
___ Meredith, 25, 25, 150, 10, 83
John Ellis, 400, 600, 5000, 100, 502
Geo. Haynes, 25, -, 250, -, 57
Madison Hindes, 40, 23, 450, 12, 192
Arch. Burdett, 200, 100, 450, 25, 550
John Alderson Jr., 50, 150, 1500, 10, 211
Albert Alderson, 65, 110, 1500, 60, 126
Alex Burdett, 75, -, 600, 150, 565
Andrew Tincher, 40, -, 400, 80, 192
Augustus Gwinn, 75, 175, 2000, 40, 400
Wm. Ayres, 50, 450, 1000, 15, 180
Jonathan Newman, 100, 385, 2145, 50, 400
Jesse Beard, 170, 330, 6000, 130, 1100
James M. Haynes, 150, 300, 4000, 80, 84
James Gwinn, 75, 75, 1500, 150, 494
Augustus Gwinn, 75, 148, 1550, 45, 463
Wm. Hinchman, 300, 1800, 10000, 200, 1868
Adair & McCrerrey, 200, 500, 4500, 375, 1465
Wm. Lord Sr., 40, 82, 500, 6, 73
Holeman Saunders, 70, 130, 1000, 15, 315
Nancy Burke, 100, 50, 1700, 75, 379
Williamson Kealley, 70, 112, 1000, 15, 155
James Skaggs, 40, 74, 750, 10, 235
Wm. Vass (Voss), 100, 40, 600, 30, 627
Boswell (Baswell), Voss (Vass), 100, 40, 600, 30, 337

Robert Martin, 20, 140, 400, 10, 50
James Barton, 25, 105, 300, 5, 87
Chas. Garten, 60, 170, 400, 5, 175
Joshua Calaway, 50, 100, 900, 20, 133
Frank Colton (Cotton), 8, - 150, 5, 28
Wiley Noble, 20, 95, 200, 10, 190
James Barton, 15, 145, 200, 30, 142
Willis Barton, 25, 104, 200, 10, 182
Vincent Swinney, 45, 115, 1500, 40, 239
Joseph Gore, 50, 250, 1700, 15, 221
Andrew Barton, 25, -, 200, 2, 25
John Barton, 40, 32, 400, 8, 130
Isaac G. Young, 30, 346, 600, 10, 205
Hudson Martin, 40, 2, 300, 10, 125
James Meadows, 25, -, 250, 8, 119
G. C. Sandcraft (Jandercraft), 158, 1000, 2500, 75, 508
Wm. Allen, 40, 10, 300, 8, 145
Jubil Barton, 15, -, 120, 12, 121
Thompson Garten, 30, 50, 200, 10, 150
John Hinter, 50, 200, 1000, 10, 246
Eliz. Puck (Pack), 70, 471, 2000, 60, 655
John Woodsam, 165, 1642, 4000, 75, 900
Robert Carmac, 12, 38, 100, 3, 58
Anthony Meadows, 60, 100, 350, 10, 415
St. Clair Fisher, 24, 51, 300, 5, 95
Robt. Madous, 25, 85, 400, 15, 142
James Rales, 100, 120, 800, 20, 432
James W. Rolinson, 50, 350, 800, 10, 279
James Boon, 25, -, 125, 5, 137
Jacob Rales, 30, -, 150, 20, 218
Nathan Meadows, 20, 270, 500, 10, 120
James Ferrel, 100, 220, 1000, 15, 468
Harrison Woodsam, 40, 160, 1500, 15, 469
Jackson Garter, 40, -, 200, 10, 200
Bird Woodsam, 30, -, 150, 8, 138
Jas. E. Foster, 50, 86, 1000, 10, 125
Saml. Allen, 80, 100, 1000, 12, 311
Geo. W. McCay (McCag), 40, 100, 300, 8, 111
Isaac Larck (Larek), 40, 210, 500, 5, 90
Jacob Burgar, 130, 160, 750, 100, 452
Logan Burgar, 40, 170, 500, 10, 163
Solomon Saunders, 25, 151, 400, 10, 47
Robt. W. Saunders, 40, 100, 400, 10, 264
Warner Webb, 25, 115, 400, 5, 41
Geo. Wikle, 20, 184, 400, 5, 78
E. W. Woodson (Woodsam), 130, 285, 1666, 20, 415
John Vass, 75, 167, 1500, 12, 166
Beniah Hutchinson, 80, 70, 400, 15, 244
Leonard Turner, 25, 80, 300, 5, 103
Lewis Copeland, 25, 175, 300, 5, 104
Uriah Garter, 80, 138, 1500, 20, 218
Henry Taylor, 175, 225, 2750, 150, 823
Lander Smith, 35, 72, 400, 10, 147
Levi Liveley, 35, -, 175, 3, 270
Joseph Liveley, 200, 608, 5000, 120, 1540
Adam Mann, 125, 275, 1192, 55, 293
John Grass, 25, 75, 300, 5, 224
Thos. Crawford, 70, 58, 648, 20, 150
Henry Thompson, 25, -, 125, 5, 90
Wilson Liveley, 250, 850, 3200, 220, 121
Loami Pack, 150, 411, 2000, 150, 74
Anderson Pack, 300, 2828, 4960, 40, 804
John Buckland, 25, 25, 450, 140, 518
Geo. T. Deadmore, 67, 783, 2530, 10, 213
Bartlett Pack, 60, 100, 825, 75, 407

Daniel Shumate, -, 75, 450, 25, 465
John A. Spangler, 65, 35, 700, 135, 366
James Phillips, 150, 475, 2700, 10, 338
James Meadows, 20, -, 100, 5, 10
James Bassham, 25, 133, 250, 10, 232
Willis Ballard, 150, 64, 1000, 75, 2336
Harrison Ballard, 25, -, 150, 5, 120
Squire Mann, 25, 46, 211, 8, 145
Isaac Roach, 80, 188, 80, 160, 318
Wm. F. Shanklin, 118, 118, 3500, 160, 817
Robt. C. Skaggs, 150, 70, 1500, 30, 506
Fielding Heshman, 350, 404, 7500, 200, 2230
Geo. Allen, 120, 20, 1500, 40, 275
John Maddey (Maddig), 30, 250, 5900, 150, 2153
John Cummings, 40, 60, 800, 45, 124
Thompson Broyles, 30, 45, 300, 10, 98
Jefferson S. Mann, 80, 105, 1800, 100, 538
Joel McGhee, 50, 80, 350, 3, 147
James McGhee, 50, 80, 350, 4, 167
Andrew Broyles, 80, 80, 600, 76, 228
Solomon Broyles, 100, 100, 50, 20, 390
Green Broyles, 30, 30, 300, 5, 144
Thos. Long, 25, 135, 400, 5, 119
Andrew Hutchinson, 40, 80, 800, 6, 262
Jos. Evans, 50, 265, 800, 60, 284
Justin Cummings, 30, 110, 500, 20, 185
John Shoultz, 100, 300, 1030, 25, 475
Madison Dunn, 150, 500, 4266, 150, 851
Saml. Swinney, 40, -, 300, 6, 75
Geo. Thompson, 20, -, 150, 5, 204
Charles Maddy, 120, 50, 3400, 100, 1077
Frank Ellis, 50, 100, 900, 15, 112
James R. Ellis, 300, 350, 3200, 70, 366
Simeon Broyles, 50, 44, 680, 50, 288
Absolum Maddy, 40, 100, 600, 15, 246
Chas. Maddey (Maddig), 40, 116, 600, 10, 167
Joseph Maddig, 40, 440, 1000, 45, 347
Eber Maddig, 100, 975, 1500, 10, 467
Joseph Lively, 50, 1098, 4000, 10, 280
Conrad Deboys, 40, 190, 1000, 10, 134
John Hank, 300, 1000, 8000, 200, 1269
John Rice, 140, 146, 1800, 6, 345
John Ja_nug, 50, 1000, 2000, 50, 118
Geo. M. Mitchell, 55, 100, 1000, 10, 224
Wm. Broyles, 20, 80, 300, 2, 112
Isaac Copeland, 20, 80, 300, 6, 74
James Tanig, 40, 60, 500, 5, 160
John Thompson, 20, -, 200, 15, 229
Jesse Dickinson, 100, 600, 2000, 100, 777
James Chambers, 40, 150, 600, 5, 300
Thos. Evans, 6, 94, 100, 5, 90
John Martin, 170, 750, 4500, -, 210
Rebecca Peck, 200, 200, 5000, 200, 1208
James S. Ballard, 100, 900, 3000, 100, 825
Riley Ballard, 65, -, 390, 3, 70
L. D. Harvey, 50, 70, 360, 5, 137
John Swope, 300, 400, 4600, 175, 1246
Samuel Slodghill, 150, 100, 2500, 80, 651
Anustum Dellion, 50, -, 400, 10, 149
Wm. L. Peck, 30, 15, 600, 25, 69

Wm. Slodghill, 300, 650, 4000, 120, 1132
Robert Coalter, 300,180, 6000, 200, 165
Peter Rains, 25, 2, 225, 8,87
John Dillion, 10, -, 90, 5, 63
Thos. Fleshman, 60, 90, 850, 120, 217
Abram Fleshman, 40, 48, 700, 75, 333
Jacob Dickinson, 200, 500, 2369, 200, 714
Geo. B. Mann, 100, 60, 2000, 100, 389
John Fleshman, 40, 137, 359, 8, 237
Simeon Rains, 19, 3, 110, 5, 167
Jackson Rains, 20, 250, 200, 5, 63
Samuel J. Hutchinson, 70, 330, 1919, 200, 466
John Syms, 250, 550, 6000, 285, 2000
John McDaniel, 50, 200, 1500, 15, 313
John Chewning (Chewming), 1560, 63, 3370, 150, 647
Eligah Fleshman, 110, 242, 1666, 100, 149
Larken Tuggle, 120, 200, 1500, 100, 532
John Furgerson, 40, -, 200, 10, 114
Felix Williams, 250, 1150, 4426, 100, 422
Vincent Calaway, 50, 67, 1060, 50, 345
Henry J. Peck, 75, 415, 4000, -, -
James P. Peck, 150, 350, 4000, 110, 575
Elisha G. Peck, 150, 300, 4000, 100, 359
Chas. Spangler, 45, 140, 1000, 100, 425
John Peters, 100, 359, 2000, 175, 707
David Brown, 80, 71, 600, 110, 283
John Peters Jr., 100, -, 500, 20, 235

Chas. Spangler, 45, 140, 2000, 100, 389
Lorenzo D. Maren, 50, 250, 500, 40, 148
John Wills, 60, 220, 1052, 8, 132
Thos. Waren, 25, 75, 500, 40, 125
Clara Peters, 150, 335, 2526, 80, 416
_. H. Waren, 20, 125, 300, 10, 91
Samuel Becket, 45, 395, 600, 70, 179
James Cowley, 11, 289, 600, 5, 77
Addison Dunlap, 350, 350, 6500, 120, 1665
Joseph Ellison, 75, 65, 900, 100, 275
Delaney Swinney, 1500, 500, 12000, 650, 3188
David Swinney, 150, -, 1500, 120, 294
David Broyles, 18, 18, 150, 8, 150
Absolum Broyles, 50, 50, 450, 5, 357
Archd. Swinney, 100, 218, 3000, 270, 368
Hugh Tiffany, 300, 250, 6000, 75, 1959
John Thompson, 130, 119, 3000, 50, 398
Wm. G. Caperton, 600, 700, 13000, 415, 2520
John Tiffany, 300, 167, 7300, 100, 1773
John Homes, 200, 365, 5000, 200, 1188
John Dunn, 180, 66, 3000, 100, 548
James Dunn, 600, 700, 8000, 200, 1710
Joseph A. Dunn, 7, 67, 200, 5, 86
Mary Dunn, 100, 225, 1400, 25, 181
Alex Dunlap, 150, 150, 4000, -, 240
A. Dunlap & Co., 100, 1250, 50000, 400, 630
Geo. Allen Jr., 75, 125, 1000, 15, 168
James Crosier (owner), 15, 70, 500, 10, 130

Samuel Steel (tenant), 75, 975, 2000, 10, 50
Killian Dunbar (tenant), 40, 40, 200, 15, 75
George W. Bruffy (owner), 70, 500, 1000, 50, 170
William Crosier (owner), 35, 200, 1200, 75, 300
George H. Crosier (owner), 20, 60, 400, 10, 100
John S. Dodd (tenant), 15, 150, 500, 5, 350
John M. Crosier (owner), 25, 95, 600, 10, 200
Andrew Crosier (owner), 60, 120, 800, 30, 400
Robert Dunbar (owner), 30, 80, 330, 10, 120
John M. Steele (owner), 40, 60, 350, 15, 150
John A. Dunbar owner), 20, 68, 100, 10, 120
Thomas S. Fagget (owner), 40, 52, 270, 10, 200
David Hepler (tenant), 20, 20, 300, 5, 100
John Shepherd (tenant), 15, 85, 100, 10, 120
Thomas Crosier (owner), 20, 62, 400, 10, 200
William Beene (owner), 300, 1400, 7000, 220, 1100
Archibald Beene (owner), 15, 100, 400, 10, 120
Wm. Patton (owner), 75, 423, 1800, 20, 700
Charles Conner (tenant), 20, 43, 300, 7, 95
James Carpenter (owner), 10, 150, 1500, 50, 300
J__ Carpenter (owner), 20, 240, 1500, 50, 300
David G. Givens (owner), 170, 168, 3000, 150, 600
Charles L. Rowan (owner), 100, 275, 3000, 150, 700
William Rowan (owner), 40, 500, 1500, 40, 800
William Arthur (tenant), 20, 10, 150, 5, 120
Richd. N. Linton (owner), 45, 275, 1600, 10, 100
Field A. Jarvis (owner), 70, 436, 1500, 15, 250
John Jarvis (tenant), 30, 180, 800, 5, 150
Field W. Jarvis (owner), 10, 170, 300, 3, 150
Jackson Rose (owner), 15, 322, 600, 5, 100
Moses Arnold (owner), 50, 450, 1500, 20, 200
Abram Armontrout (owner), 35, 110, 400, 10, 120
George Cummins (tenant), 20, 50, 250, 5, 75
Hugh Cummins (owner), 120, 500, 1700, 75, 350
Thomas H. Dunahoo (owner), 36, 130, 400, 5, 100
Isaac E. Dunahoo (owner), 20, 153, 275, 5, 75
Lenard Helms (tenant), 50, 750, 1000, 5, 100
Albin D. Humphrys (tenant), 32, 65, 350, 5, 100
David Parker (owner), 20, 65, 350, 10, 200
John S. Kale (owner), 75, 98, 1000, 20, 400
Daniel Walker (owner), 30, 120, 600, 100, 150
John Helms (owner), 25, 191, 400, 10, 120
Joseph Bradford (owner), 40, 86, 300, 10, 200
Machel(Michael) Tingle(Tingler) (tenant), 30, 208, 700, 5, 50
Boston B. Kowan (owner), 150, 344, 5000, 120, 800
William Humphrys (owner), 25, 65, 500, 5, 200

James Wylie (owner), 30, 815 1500, 50, 300
Jackson Hull (tenant), 75, 59, 1200, 250, 930
Peter E. Lewis (tenant), 35, 115, 200, 50, 200
John Baber (owner), 65, 228, 450, 150, 450
Lewis Baker (tenant), 100, 125, 500, 15, 250
William Lewis (owner), 200, 436, 15000, 200, 700
John Drummond (tenant), 20, 260, 1500, 10, 75
George N. Baker(tenant), 50, 50, 1000, 10, 50
John Lewis (tenant), 300, 600, 70000, 300, 1050
George Moss(owner), 80, 92, 1200, 30, 200
John Wackline (tenant), 15, 30, 400, 10, 100
George Wackline (tenant), 175, 500, 4500,75, 500
Henry W. Moss (owner), 100, 327, 3000, 50, 600
John Stine (manager), 300, 350, 7000, 150, 500
Danl. Wackline (owner), 100, 94, 1200, 150, 850
Conrad Poler (tenant), 40, 137, 200, 50, 200
Mildred Smith (tenant), 10, 30, 200, 35, 75
Jacob Wackline (tenant), 25, 110, 400, 10, 50
Eligah Wackline (tenant), 60, 90, 750, 150, 250
Ervin Hull (tenant), 80, 70, 700, 250, 280
Joseph Nickell (owner), 40, 46, 610, 150, 250
Joseph Carson (owner), 50, 150, 800, 80, 350
John Wackline (owner), 75, 158, 1300, 100, 300

Susan Tygart (owner), 30, 30, 300, 10, 200
Jacob Wackline (owner), 300, 700, 5000, 150, 650
Andrew J. Wackline (tenant), 20, 50, 300, 15, 150
John McNutt (tenant), 200, 200, 4000, 100, 700
George Ha__l (Howard)(tenant), 30, 30, 300, 10, 75
Jacob Bowyer (owner), 220, 170, 2500, 20, 500
Benj. G. Dunlap (owner), 125, 5, 5500, 250, 500
Andrew Irons (owner), 80, 80, 700, 20, 300
William Erskin (owner), 1500, 400, 30000, 500, 2200
Richard Dickson (owner), 150, 100, 5000, 400, 600
Richard McDowell (owner), 55, 100, 500, 30, 130
Edwin F. Patton (owner), 60, 50, 1500, 75, 300
Robert Currie (tenant), 60, 69, 2500, 100, 400
James M. Nickell (owner), 750, 2300, 25000, 900, 3000
John Doland (owner), 100, 100, 3500, 50, 250
Alexr. Nickell (owner), 125, 100, 4000, 250, 2000
James Pritt (owner), 30, 40, 150, 20, 200
Tristram Patton (owner), 400, 125, 13000, 250, 1050
Thomas Nickell (owner), 120, 180, 6000, 150, 1100
Henry Hake (Hoke)(tenant), 50, 40, 800, 20, 175
Benj. H. Landers (tenant), 150, 96, 6000, 100, 400
Andrew Campbell (owner), 300, 200, 12000, 200, 1200
Jarvis Campbell (owner), 500, 230, 15000, 250, 1000

Mathew Campbell (owner), 300, 169, 4750, 20, 500

Caperton Campbell (owner), 350, 155, 16000, 300, 1000

Francis Jones(owner), 80, 10, 2500, 100, 300

Lewis Briant (tenant), 150, 98, 8000, 50, 250

William A. Nelson (tenant), 24, 98, 8000, 10, 135

James G. Keadle (tenant), 85, 85, 2000, 275, 275

Fanning(Fanny) Ewing (owner), 50, 29, 1000, 75, 175

Michael Young (tenant), 160, 35, 5000, 50, 170

Chambers B. Tenny (owner), 100, 113, 1050, 100, 200

Andrew R. Beamer (owner), 60, 173, 1100, 20, 175

Joseph Haynes (tenant), 150, 100, 2000, 50, 650

Cyrus B. Campbell (owner), 50, 100, 1000, 25, 250

John Brown (owner), 50, 116, 2000, 100, 250

Jacob Rales (owner), 75, 77, 500, 75, 250

Henry N. Payne (owner), 60, 136, 700, 10, 175

George Wikle (owner), 200, 42, 2000, 20, 200

Isaac Foster (owner), 50, 25, 1000, 20, 175

John Fuller (tenant), 20, 50, 1200, 5, 120

John Rains (owner), 30, 30, 500, 5, 100

John S. Smith (owner), 30, 30, 500, 5, 100

William Chambers (owner), 80, 30, 800, 130, 200

Thomas Clark (tenant), 40, 60, 1000, 15, 250

Joseph Wilson (tenant), 500, 150, 10000, 100, 2000

George Soudermilk (owner), 200, 275, 5500, 150, 700

Joseph Ramsey (tenant), 20, 10, 3000, 35, 200

John Johnson (owner), 250, 90, 4000, 100, 1000

James W. Ralston (owner), 150, 100, 4000, 100, 350

Pitman Boley (tenant), 45, 100, 900, 50, 200

James Clark (owner), 120, 40, 3000, 80, 600

Saml. Clark (owner), 225, 300, 10000, 200, 750

John Francis (owner), 45, 105, 1000, 10, 200

John Irons (owner), 175, 200, 2500, 225, 530

Wm. Leach (owner), 100, 138, 2000, 100, 500

Adam Crosier (owner), 60, 165, 1000, 75, 250

John Rebeson (tenant), 400, 404, 6000, 120, 500

Nathan Lowe(owner), 25, 34, 300, 10, 100

Oliver Scaggs (owner), 80, 86, 7000, 30, 250

David Evans (tenant), 170, 50, 1500, 10, 650

John Scaggs (owner), 130, 80, 2700, 75, 550

Andrew Scaggs (owner), 65, 5, 700, 15, 250

Levi Scaggs (tenant), 25, 25, 250, 10, 120

Andrew A. Foster (tenant), 23, 103, 500, 10, 75

James Taylor (owner), 9, 61, 300, 10, 75

John Taylor (tenant), 20, 61, 200, 10, 80

Robert Alford (owner), 200, 70, 2000, 120, 600

Lewis Miller (tenant), 40, 60, 6000, 10, 200

Peter Miller (owner), 200, 300, 4000, 25, 400
Thomas Alford (owner), 80, 46, 1000, 15, 300
George Haynes (owner), 200, 300, 7000, 100, 1100
George Swoap (owner), 80, 130, 3500, 250, 850
Isham Burditt (owner), 90, 72, 1500, 15, 400
Jackson Burditt (tenant), 46, 20, 600, 40, 200
Lewis Burditt (owner), 80, 117, 1400, 200, 250
William Massie (owner), 35, 69, 900, 5, 100
James K. Scott (tenant), 40, 30, 1200, 70, 200
Philip Bower (owner), 50, 50, 1000, 10, 180
William Marshall (tenant), 60, 50, 800, 10, 250
William Beckut (owner), 100, 280, 3500, 120, 520
Robt. Boyd (owner), 130, 128, 4000, 200, 500
James Donally (owner), 50, 96, 1000, 15, 400
James Erskin (tenant), 60, 37, 1000, 10, 250
Andrew Donally (owner), 50, 30, 1000, 40, 150
George Lemmon (owner), 60, 17, 900, 100, 250
James Lemmon (owner), 60, 17, 900, 15, 400
Andrew B. Boyd (tenant), 35, 35, 1500, 15,700
James Leach (owner), 50, 15, 1000, 15, 200
William N. Patton (owner), 180, 300, 4000, 150, 350
Robert Walker (owner), 30, 194, 2000, 75, 300
Bales B. Glover (tenant), 200, 200, 5000, 150, 300

Zxon Morgan (owner), 200, 235, 2000, 100, 400
Richard Sharls (tenant), 25, 5, 150, 7, 100
William Eads (owner), 140, 118, 2000, 70, 300
John Neel (owner), 25, 75, 1000, 50, 300
Joseph Wiseman (tenant), 20, 40, 700, 5, 130
Thomas Neel (owner), 200, 500, 5000, 100, 500
Clemens J. Campbell (owner), 350, 200, 4000, 200, 600
James Alexander (owner), 200, 70, 3000, 200, 1100
John Dickson (owner), 85, 71, 1800, 75, 295
John Hamilton (tenant), 25, 30, 250, 5, 100
John Herbert (owner), 55, 200, 1000, 15, 120
Lemuel Carter (tenant), 25, 240, 1000, 10, 180
Andrew Wylie (owner), 100, 2300, 3500, 20, 700
John B. Saml (Samuel) (owner), 20, 167, 1500, 10, 200
Joseph H. Sams (Samuel) (owner), 20, 55, 200, 10, 210
Thomas Wylie (owner), 100, 600, 1000, 100, 400
Robert Bostick (tenant), 40, 40, 400, 10, 275
James W. Johnston, (owner), 200, 150, 5000, 160, 1800
Archd. Handly (owner), 150, 127, 3000, 200, 700
Andrew Allen (owner), 150, 96, 5000, 50, 800
Joseph Beamer (owner), 20, 120, 2500, 50, 800
John Sherey (owner), 200, 200, 3000, 50, 350
George Sherey (owner), 25, 49, 1000, 65, 400

William Sherey (owner), 40, 47, 1500, 800, 600

John L. Barley (manager), 1400, 1000, 250000, 440, 6500

Elizabeth Byrnsale (owner), 1000, 230, 75000, 75, 400

William Lynch (owner), 150, 61, 4500, 150, 600

Isabel Parker (owner), 30, 20, 1000, 5, 130

Robert Balentine (owner), 120, 80, 2500, 10, 300

William Parker (owner), 70, 30, 1000, 10, 170

David Tomlinson Jr. (tenant), 20, 4, 1400, 15, 75

Archd. Burditt (owner), 75, 44, 1500, 100, 250

James Burditt (owner), 75, 44, 1500, 100, 250

George Lynch (owner), 200, 125, 3500, 100, 1000

Alexander Jackson (owner), 150, 300, 2500, 100, 900

James Young (owner), 100, 87, 2500, 150, 600

William Neson (owner), 400, 112, 7000, 100, 600

Charles S. Archie (tenant), 80, 18, 2000, 120, 380

George W. Nickell (owner), 200, 280, 5000, 125, 600

James Brown (owner), 150, 390, 3000, 200, 700

Samuel Dehart (owner), 90, 100, 1200, 30, 400

Daniel Neel (owner), 30, 90, 400, 20, 200

Charles Reaburn (owner), 130, 170, 4000, 300, 1000

James H. Beckett (owner), 180, 520, 3500, 100, 700

Griffith Evan (tenant), 25, -, 500, 15, 100

John Miller (owner), 60, 140, 600, 25, 200

Michael Keenan (owner), 250, 60, 4500, 300, 800

Joseph P. Charlton (owner), 120, 85, 1800, 200, 250

Oliver E. Charlton (owner), 60, 53, 1600, 200, 250

James H. Hoghead (owner), 150, 115, 3000, 60, 600

Thomas Charlton (owner), 75, 25, 1500, 200, 275

Isabell Hoghead (owner), 200, 130, 4500, 100, 520

Thomas F. Nickell (owner), 150, 90, 3500, 70, 300

William Eads (owner), 70, 690, 1500, 5, 200

Jacob Lemmons (owner), 35, 17, 600, 100, 400

Josiah Hoke (Hake) (owner), 50, 400, 200, 150, 300

Adam Vance (tenant), 40, 150, 500, 20, 100

Thomas Bostick (owner), 30, 40, 350, 30, 100

William Coonce (owner), 47, 70, 800, 50, 300

Machael Keenan (owner), 140, 60, 2500, 60, 600

John M. Jones (tenant), 100, 30, 2000, 100, 375

John Forehand (tenant), 18, 12, 300, 10, 100

George W. Reaburn (owner), 120, 100, 3000, 150, 400

Porterfield Boyd (owner), 100, 48, 2700, 500, 700

William Lemmon (owner), 50, 26, 650, 60, 400

Andrew Parker (owner), 70, 30, 200, 20, 175

Christopher Hoke (owner), 200, 300, 8000, 200, 1700

George W. Currie (owner), 100, 37, 5000, 100, 270

Robt. Campbell (owner), 120, 80, 4500, 150, 900

Jacob Woolivine (tenant), 200, 100, 4000, 120, 240

Merit Morgan (Magan) (owner), 15, 15, 300, 40, 150

Alexander Clark (owner), 600, 150, 8000, 200, 1500

Joseph Parker (owner), 100, 60, 3200, 212,600

John Clark (owner), 200, 100, 4000, 100, 1000

John D. Clark (tenant), 65, 30, 1800, 20, 300

William H. Shanklin (tenant0, 170, 60, 5000, 100, 400

John McMahan (owner), 80, 150, 900, 50, 200

William Hoke (owner), 85, 195, 300, 75, 200

Edmund Leach (owner), 100, 50, 2400, 100, 500

Robert Leach (owner), 50, 50, 1000, 100, 300

John Forehand (tenant), 80, 250, 1000, 10, 150

Thomas J. Jomson(Tomson) (owner), 200, 30, 2500, 200, 700

William Lowery (owner), 60, 50, 600, 70, 250

Henry F. Smith (tenant), 60, 40, 1400, 20, 100

Isaiah F. Bland (tenant), 25, 130, 600, 10, 125

Matthew Scott (owner), 20, 275, 7000, 50, 700

Calvin Bostick (tenant), 40, 40, 700, 15, 20

Thomas Miller (owner), 100, 130, 1500, 30, 400

Philip B. Crosier (owner), 18, 60, 300, 5, 200

James Crosier (owner), 30, 70, 400, 5, 100

Benj. Reed Sr. (owner), 250, 200, 35000, 150, 600

John Beamer (owner), 130, 270, 2500, 200, 600

George Beamer (tenant), 50, 50, 1150, 150, 250

Cornelius Vanctavern (owner), 25, 675, 600, 20, 200

Benj. Read Jr. (owner), 80, 20, 650, 100, 200

James Wikle (tenant), 6, 10, 100, 3, 20

Michael Beamer (owner), 250, 310, 5000, 150, 1000

Henry Woolwine (tenant), 50, 30, 1200, 200, 350

Alexander Bostick (tenant), 100, 100, 1000, 20, 300

Thomas Boyd (owner), 50, 10, 900, 25, 200

John Holsapple (owner), 100, 1000, 4000, 100, 450

Oliver Beirne (owner), 1400, 600, 60000, 500, 9000

Allen _. Caperton (owner), 300, 140, 20000, 200, 1000

Madison McDaniel (owner), 80, 27, 2000, 120, 700

Jane Vass (tenant), 120, 260, 4000, 15, 250

Jacob Osburn (tenant), 200, 300, 5000, 20, 900

Samuel Huffman (manager), 4000, 3000, 60000, 1500, 17470

George Moss (owner), 70, 53, 2000, 50, 550

Andrew Summer (owner), 100, 140, 10000, 200, 500

David H. Wackline (tenan), 50, 100, 500, 15, 200

Andrew Crosier (owner), 20, 60, 200, 8, 100

Walter Neel (owner), 100, 100, 800, 35, 200

Robt. Young (owner), 100, 113, 11000, 100, 300

John Hogshead (owner), 200, 100, 2000, 200, 400

John V. Perry (owner), 130, 87, 2500, 200, 500

James Steel (owner), 300, 100, 4000, 200, 900
Mathew Mann (owner), 175, 40, 3700, 40, 475
Robert Nickell (owner), 600, 200, 10000, 400, 2050
William Dunsmore (owner), 160, 90, 5000, 150, 700
Archd. M. Hawkins (owner), 100, 40, 3000, 100, 500
Edward J. Nickell (owner), 90, 60, 1600, 150, 320
James Miller (owner), 100, 100, 2000, 150, 725
James Synth (owner), 160, 133, 3500, 150, 1100
Job Madity (owner), 130, 70, 5000, 250, 1000
Adison Perry (owner), 150, 200, 3000, 150, 700
John Dunsmore (owner), 40, 20, 800, 20, 250
Joseph Charlton (owner), 30, 45, 1500, 15, 180
Humphrey Hogshead (owner), 150, 110, 3000, 150, 720
Alexr. Humphreys (owner), 450, 250, 10000, 100, 2800
George W. Daugherty (owner), 100, 379, 1000, 20, 420
John A. Nickell (owner), 250, 126, 6000, 100, 760
Philip Beamer (owner), 60, 57, 1600, 100, 350
William G. Young (owner), 200, 100, 6000, 50, 500
Saml. Hamilton (owner), 260, 150, 8500, 400, 1050
Robert Young (owner), 70, 30, 1000, 70, 220
Jane Young (owner), 66, 59, 1000, 75, 300
Joseph Dunsmore (owner), 50, 48, 2000, 150, 200
Thomas Patton (owner), 50, 42, 1200, 10, 300
Harrison Scott (tenant), 60, 60, 1500, 15, 220
Abram Lemmons (owner), 50, 15, 600, 100, 300
Thomas Bruce (owner), 100, 50, 2500, 150, 600
James Hawkins (owner), 36, 23, 780, 50, 250
Andrew Miller (owner), 100, 1600, 3000, 100, 700
John A. Parkin (owner), 30, 270, 900, 15, 150
John Finton (owner), 20, 30, 150, 7, 75
William Fenton (owner), 40, 60, 550, 5, 210
John Miller (tenant), 70, 230, 1000, 15, 310
John Ervin (owner), 80, 100, 4000, 350, 650
James Dunsmore (owner), 130, 90, 4000, 200, 700
Harriet J. Handly (owner), 100, 80, 4000, 50, 265
Philip Vance (owner), 70, 100, 500, 100, 220
Henry Holsapple (owner), 50, 150, 400, 50, 240
Thomas Pritt (owner), 82, 150, 950, 10, 200
Philip Holsapple (owner), 140, 423, 1300, 100, 250
Saml. Fulkineer (tenant), 40, 30, 600, 50, 80
Andrew E. Reed (tenant), 15, 15, 150, 10, 120
James E. Reed (tenant), 25, 10, 200, 15, 200
Charles Foster (owner), 50, 40, 700, 20, 160
Saml. Huffman (tenant), 60, -, 1500, -, 360
Benj. Morgan (owner), 20, 20, 360, 10, 125
George Wackline Jr. (owner), 15, 26, 200, 10, 110

Abram Bogan (owner), 240, 160, 3500, 120, 00

Jacob Miller (owner), 10, 100, 400, 10, 130

Thomas Christy (owner), 110, 40, 1500, 15, 310

James Christy (owner), 150, 210, 3000, 40, 485

Loyd Chrisman (owner), 100, 80, 1500, 100, 350

Joseph Hoffman (owner), 50, 50, 1000, 200, 220

Joseph Smith (owner), 70, 140, 500, 15, 230

Even Neel (owner), 400, 100, 5000, 100, 1000

Danl. S. Modeset (tenant), 100, 29, 4000, 100, 500

Abner Neel (owner), 450, 175, 5000, 200, 1310

Saml. Eddy (tenant), 200, 295, 4000, 100, 250

Danl. Vance (tenant), 14, 141, 200, 15, 150

William Neal (owner), 40, 88, 1500, 50, 930

Anderson A. Lewallen (owner), 300, 225, 4000, 100, 546

Joseph Myers (tenant), 150, 70, 1000, 15, 136

Rebecca Neel (owner), 60, 107, 1000, 20, 275

Samuel P. McVay (tenant), 30, 60, 600, 20, 530

Henry J. Kelly (owner), 150, 40, 4600, 150, 500

Madison Long (owner), 15, 30, 150, 20, 350

Wilson Kessinger (owner), 60, 140, 500, 15, 200

Henry Alexander (owner), 500, 300, 15000, 400, 3205

James Parker (owner), 70, 300, 1000, 40, 250

John R. Wiseman (owner), 90, 100, 1700, 70, 320

Catharine Shanklin (tenant), 100, 250, 2500, 10, 120

John E. Alexander (owner), 120, 200, 3000, 50, 450

Machael Alexander (owner), 150, 200, 7000, 150, 1900

Robert Fury (owner), 75, 25, 400, 10, 100

Jacob Grover (owner), 40, 210, 500, 50, 120

Andrew Beirne (tenant), 20, 100, 300, 15, 150

Saml. Parker (owner), 50, 35, 2200, 20, 250

James Francis (owner), 20, 30, 2000, 50, 400

C. J. Beirne (owner), 300, 240, 12000, 50, 2500

John Hutchison (owner), 100, 250, 3000, 150, 900

__. J. Steele (owner), 200, 150, 7000, 250, 100

__is E. Caperton (owner), 30, 30, 2000, 125, 350

Edw. Beirne (owner), 700, 800, 30000, -, 5400

Morgan County, West Virginia
1850 Agricultural Census

The University of North Carolina at Chapel Hill filmed the 1850 agricultural census for Morgan County from originals in the West Virginia Department of Archives under a grant from the National Science Foundation in 1963. This county along with several others have been separated from Virginia records as West Virginia was created in 1863 when it seceded from the state of Virginia

Columns 1, 2, 3, 4, 5, and 13 represent the following information on the census:
1. Name of Owner, Agent or Manager of Farm
2. Acres of Improved Land
3. Acres of Unimproved Land
4. Cash Value of the Farm
5. Value of Farming Implements and Machinery
13. Value of Livestock

James Jack, 100, 200, 2000, 60, 300
Thomas Trittespo, 30, 50, 500, 35, 500
George Henry, 90, 110, 500, 30, 150
Alexander Dyche, 20, 70, 800, 20, 100
Abner Butt, 80, 80, 500, 60, 250
John Johnson, 180, 150, 5000, 150, 500
James Boyles, 150, 800, 3000, 100, 700
Frederick Goshen, 50, 100, 500, 10, 75
Patrick Phillips, 200, 300, 2000, -, 300
David Wheitmeyer, 90, 110, 500, 10, 125
Henry Davis, 60, 60, 1000, 70, 204
Thomas Harrison, 20, 15, 400, 20, 150
Elijah Frenour, 100, 100, 1000, 60, 200
Jacob Cooper, 100, 240, 700, 75, 120
William Catlett, 50, 58, 1500, 90, 400
Heyronimus Hardy, 100, 200, 2500, 100, 400
Nicholas Ambrouse, 60, 150, 1000, 45, 250

Archibald Waugh, 70, 180, 1000, 10, 300
Henry Sparor, 150, 700, 4000, 200, 800
John Campton, 100, 129, 6000, 100, 275
Isaac Vannarsdale, 60, 70, 600, 20, 200
John Fisher, 40, 95, 400, 25, 200
Gregory Friedman, 25, 150, 200, 10, 150
William Whitmeyer, 100, 100, 1400, 60, 600
Asa Lewis, 200, 200, 800, 50, 150
Jacob Spealman, 200, 400, 3000, 100, 300
Jesse Rockwell, 55, 70, 1000, 30, 200
Jonathan Cumpton, 18, 50, 200, 50, 125
George Linauraven, 80, 80, 600, 50, 150
Peter Shurly, 100, 290, 1200, 75, 500
Jacob Wisner, 100, 300, 1800, 50, 250
John Young, 30, 170, 500, 150, 150
Samuel Michael, 60, 170, 500, 150, 150

John Michael, 175, 400, 2000, 70, 200
Peter Whisner, 75, 170, 1285, 40, 110
John Fernour, 75, 300, 1500, 75, 300
John Harman, 10, 15, 60, 10, 75
James Henry, 40, 360, 1000, 40, 200
Alexander Lee, 104, 200, 3500, 54, 400
Jacob Smith, 75, 94, 800, 50, 300
George S. Miller, 150, 150, 2000, 200, 800
Joseph Hoke, 75, 164, 1500, 100, 300
Zachariah McGee, 75, 40, 1200, 60, 175
Henry Stinecroach, 100, 500, 1500, 50, 300
Peter Henry, 25, 50, 500, 15, 150
Robert Kidwell, 50, 200, 800, 15, 45
James Wharton, 30, 157, 500, 30, 95
Henry Kearns, 75, 75, 1000, 75, 250
Joseph Fleece, 100, 60, 500, 12, 250
Samuel Merchant, 100, 500, 2000, 100, 300
John Leevy, 5, 216, 250, -, 20
James Waugh, 250, 250, 4000, 100, 200
Jacob Crouse, 30, 30, 300, 10, 60
Peter Whisner, 80, 60, 300, 100, 200
George Hauvremail, 90, 300, 1000, 58, 250
Jeremiah Baker, 20, 400, 1000, -, 95
Stephen Miller, 25, 125, 1000, 150, 150
Middleton Duckvatt, 90, 210, 2000, 100, 400
John Hines, 40, 12, 300, 100, 100
Daniel Haversmill, 30, 180, 1200, 40, 120
Aaron Faris, 13, 133, 300, 350, 48
Dennis Clover, 75, 50, 900, 60, 100
Peter Yost, 200, 160, 1800, 150, 400
Samuel Swain, 50, 50, 300, 75, 200
Benjamin Tyson, 35, 55, 400, 12, 200
Jacob Michael, 75, 50, 1000, 50, 120
Thomas Rankins, 40, 150, 800, 30, 150
Cornelius Spriggs, 30, 38, 300, 12, -
Elijah Stottler, 30, 20, 200, 50, 120
William Dermady, 40, 180, 1200, 100, 400
Samuel McBee, 30, 40, 500, 5, 50
Henry Ambrouse, 40, 120, 600, 5, 170
Daniel Fenner, 75, 25, 400, 35, 300
Christopher Yost, 40, 35, 500, 10, 175
John Cooper, 160, 103, 1800, 160, 572
James Graham, 35, 15, 150, 5, 46
Hurbert Homes, 80, 130, 1500, 40, 150
Nicholas Henry, 30, 400, 1600, 5, 100
Peter Stottler, 70, 183, 300, 50, 200
Joseph Wheitmeyer, 75, 50, 500, 10, 250
Edward Miller, 50, 50, 200, 15, 200
Daniel Michael, 100, 107, 900, 80, 400
Townsend McBee, 100, 92, 1000, 15, 200
John Michael, 50, 120, 800, 40, 300
Peter Cohlund , 25, 20, 300, 30, 150
John Everly, 80, 80, 1200, 100, 300
Frederick Weaver, 35, 115, 300, 60, 75
Jacob Gray, 170, 115, 800, 50, 330
Christian Miller, 100, 400, 2000, 100, 400
Andrew Michael, 140, 131, 1200, 125, 355
Jno. O'Ferrall, 40, 160, 1500, 75, 200
William Hunter, 30, 190, 1000, 40, 200
William Buzzard, 25, 150, 300, 40, 125
John J. Yost, 20, 60, 500, 5, 100

David Fernour, 75, 103, 870, 100, 300
Henry Dawson, 150, 750, 1500, 125, 300
Isom Prichard, 100, 100, 500, 150, 200
Reese Prichard, 200, 200, 2000, 75, 300
William Catlett, 200, 200, 1600, 25, 250
A__ Zilor, 100, 100, 2000, 25, 150
George Rizer, 160, 75, 1200, 150, 400
Syrus Dawson, 100, 100, 600, 100, 400
William Miller, 200, 85, 600, 25, 100
Archabald Bohannon, 190, 240, 2000, 100, 120
Elijah Havermail, 300, 400, 2700, 700, 500
Christian Havermail, 100, 166, 700, -, 75
William McIntire, 100, 50, 900, 100, 350
Harrison McIntire, 100, 250, 900, 25, 150
John Stottler, 175, 100, 1000, 75, 250
Peter Shade, 100, 75, 800, 75, 125
Ann Unger, 75, 120, 800, -, -
Nicholas Unger, 75, 120, 800, 5, 90
Jesse Crouse, 80, 55, 600, 5, 75
Thomas Dawson, 150, 150, 1800, 200, 600
Mayssey Bailey, 100, 106, 800, -, -
Ruth Whitmeyer, 80, 80, 1000, 75, 150
Elijah Shirly, 107, 100, 800, 8, 100
John Shirly, 70, 200, 1000, 50, 600
Martin Henry, 100, 75, 600, -, 70
Johnson Whitmeyer, 100, 106, 1000, 30, 300
Elijah Stottler, 75, 25, 350, 10, 200
William Hobday, 80, 25, 550, 5, 95
Moses Unger, 40, 20, 150, 8, 60
Elias Crouse, 35, 15, 150, -, 30
John Shockey, 140, 80, 2700, 45, 300
John Groves, 175, 175, 1000, 90, 80
Ann Thornbury, 60, 270, 750, 5, 110
John Merchant, 2, 141, 350, 10, 97
Elias Smith, 150, 220, 2960, 75, 300
Jacob Smith, 400, 3414, 9000, -, 125
Samuel Crane, 100, 120, 1000, 1000, 325
Lewis Lutman, 60, 132, 700, 10, 200
John Gannon, 40, 107, 500, 4, 75
Benjamin Yost, 12, 185, 600, 5, 60
John Catlett, 20, 40, 150, 3, 40
Samuel Abernathy, 150, 200, 1600, 50, 300
William Hunter, 30, 170, 1000, -, -
Philip Gray, 100, 96, 500, 30, 200
John Buck, 30, 98, 150, 5, 70
Andrew Michael, 310, 286, 4000, 250, 833
William Buck, 25, 50, 1000, 10, 25
Michael Michael, 100, 50, 1500, 100, 300
Mathias Ambrouse, 100, 17, 1800, 50, 275
John Yost, 60, 140, 2000, 150, 300
George Allebaugh, 150, 500, 2500, 50, 278
Samuel Baxley, 30, 570, 2000, 5, 70
Federick Havermill, 250, 550, 2500, 200, 650
Henry Fernous, 100, 279, 90, 65, 300
Jonathan Basker (Barker), 50, 80, 900, 25, 230
Abraham Bohrer, 50, 70, 600, 20, 20
Ann Whitmeyer, 5, 33, 80, -, 40
George Whitmeyer, 30, 30, 250, 5, 70
Lewis Shockey, 50, 40, 700, 35, 300
George Bohrer, 250, 150, 4000, 80, 554
John Stottler, 45, 55, 200, 10, 155
Peter Spealman, 15, 600, 1000, 60, 300

Austin Newbrough, 40, 100, 1000, 40, 249
Daryus Shockey, 60, 140, 500, 13, 164
Joseph Wilson, 100, 27, 250, 20, 152
John Shockey, 75, 75, 300, 15, 190
George Yost, 75, 38, 850, 55, 314
Samuel Rankin, 40, 160, 500, 30, 300
James Cain, 75, 125, 600, -, -
George Freshour, 100, 208, 1000, 100, 300
Simeon Courtney, 85, 82, 700, 20, 300
Elias Trotter, 22, 22, 500, 25, 150
Samuel Baskins, 100, 350, 1000, 100, 500
Talbert Rockwell, 60, 60, 600, 65, 267
Christopher Havermill, 80, 502, 2500, 75, 263
Thomas Thompson, 75, 450, 1500, 70, 180
Matthias Swain, 70, 228, 1000, 25, 150
Joseph Clark, 40, 200, 600, 15, -
Joshua Clark, 70, 65, 700, 50, 225
Michael Butoney, 40, 60, 500, 30, 125
John Lair, 8, 88, 150, -, 36
Thornton Roach, 100, 400, 2000, 200, 600
Isaac Clark, 60, 60, 500, 10, 200
Nicholas Cain, 90, 78, 1000, 60, 150
Robert Atkinson, 45, 255, 1500, 5, 35
Lemuel Vannarsdale, 40, 120, 500, 35, 220
Elias Barker (Basker), 100, 600, 3000, 60, 447
John Copler, 100, 100, 1000, 75, 250
Samuel Johnson, 75, 200, 2500, 75, 250
Lewis Alliman, 60, 173, 1165, 50, 231
William Neely, 40, 200, 900, 10, 130
John Dawson, 30, 30, 1000, 80, 656
Levy Yost, 5, 37, 380, 8, 16
Samuel Michael, 170, 100, 1200, 70, 355
Catharine Fernour, 200, 200, 1000, 80, 36
William Hurmes, 50, 50, 600, 7, 200
Adam Engle, 4, 4, 100, -, -
Washington Sherrard, 50, 95, 600, 80, 150
John W. Baxley, 200, 6, 1100, -, -
Peter Bohrer, 60, 140, 600, 30, 425
Samuel Hiles, 45, 355, 800, 5, 75
William Unger, 100, 200, 600, 10, 80
Thomas Lipscomb, 100, 125, 400, 10, 175
James Bishop, 60, 52, 168, 75, 170
Andrew Hiles, 100, 200, 700, 15, -
Christopher Palmer, 25, 125, 200, 3, 40
Samuel Webber, 75, 75, 500, 80, 209
Hyrum NaySmith (Naysmith), 80, 20, 120, 15, 60
William Litterell, 35, 80, 700, 125, 275
Isaac Bohrer, 50, 30, 1500, 10, 250
David Ambrouse, 80, 170, 1500, 50, 400
George Unger, 75, 175, 1500, 25, 300
John Barney, 45, 250, 1500, 10, 375
John Crouse, 75, 200, 600, 8, 75
Nathan Dawson, 50, 50, 600, 150, 35
Washington Unger, 25, 175, 2000, 20, 360
William Thompson, 100, 150, 1000, 100, 300
Peter Michael, 100, 147, 1220, 100, 200
Mathias Whitmeyer, 100, 180, 1500, 50, 400
Adam Pentoney, 40, 60, 300, 200, 90
Mathias Swain, 60, 40, 700, 75, 200
John Ellenbergar, 50, 250, 600, 100, 150

Solomon Shriver, 100, 60, 300, 100, 250
Lewis Allen, 100, 132, 3960, 100, 173
Jacob Miller, 100, 110, 1200, 200, 800
Adam Dick, 50, 70, 400, 50, 50
Peter Teedrick, 40, 160, 500, 10, 150
John Ash, 75, 125, 2000, 150, 300
James Lemmon, 120, 250, 1700, 200, 600
James Courtney, 14, 71, 200, 6, 175
Jacob Miller, 200, 100, 1000, 25, 125
John Smith, 50, 89, 400, 12, 90
John Groves, 50, 70, 400, 57, 400
Adam Rubendolph, 15, 35, 150, 10, 50
Godlip Weaver, 6, 44, 150, 10, 125
David Lutman, 60, 60, 400, 21, 250
William Yost, 30, 100, 600, 40, 100
William Henry, 60, 27, 568, 85, 275
George Michael, 60, 100, 1000, 50, 200
William Barker, 33, 177, 200, 20, 125
Thomas Farrell, 20, 230, 250, 8, 175
Walter Stinebaugh, 20, 180, 400, 5, 100
Walter McAtee, 150, 50, 2000, 100, 400
Wesly Easter, 25, -, 288, 100, 130
Absolem Cosler, 40, 80, 400, 15, 150
Benjamin Largent, 60, 272, 1328, 15, 230
William House, 40, 360, 1200, 25, 125
James King, 25, 203, 500, 25, 130
David Alderton, 70, 123, 1600, 100, 300
Thomas Largent, 100, 40, 600, 10, 140
Acton Young, 100, 225, 1500, 100, 470
William Hutchison, 70, 30, 1000, 100, 300
Joseph Alderton, 40, 338, 1800, 10, 250
William Alderton, 80, 320, 1000, 100, 225
Jacob Sibole, 25, 50, 150, 50, -
Patrick Caton, 60, 90, 700, 25, 300
John Wolford, 25, 100, 500, 5, 150
Isaac Baker, 90, 70, 3070, 50, 407
Sarah McDonald, 100, 50, 1000, 30, 400
James House, 50, 100, 800, 20, 100
Elizabeth Bigerstaff, 100, 183, 1200, -, -
Job Lynbury, 200, 700, 8000, 10, 275
Marsalina Hensroach, 30, 420, 600, 10, 285
George Catlett, 200, 500, 2500, 200, 600
William Conners, 4, 8, 50, -, 30
Elisha Dawson, 150, 250, 900, 50, 125
Christopher Courtney, 125, 300, 1500, 30, 400
James Johnson, 10, 137, 200, 25, 130
Jacob Cann, 125, 200, 1000, 100, 250
Peter Light, 100, 150, 4000, 65, 600
Samuel McAtee, 135, 860, 5000, 100, 450
Peter Michael, 50, 76, 300, 30, 250
William Vannarsdall, 70, 117, 600, 20, 360
William Vannarsdall, 10, 203, 600, 20, 125
Jacob Huff, 100, 200, 3500, 150, 700
John Housholder, 60, 77, 411, 10, 300
Samuel Mendenhall, 150, 200, 3000, 100, 400
David Smith, 90, 210, 2500, 40, 450
Mary Hughs, 25, -, 130, 5, 67
William Johnson, 125, 275, 2000, 150, 450
Charles Bruce, 175, 260, 9000, 140, 430

John Dawson, 140, 460, 2000, 50, 400
Isaac Groce, 30, 100, 400, 5, 70
George Efling, 60, 50, 1000, 40, 300
Adam Spoing, 90, 145, 1000, -, -
William Cornwell, 180, 1220, 3400, 150, 250
Jessee Fryer, 14, 150, 1000, 60, 120
Richard Vannarsdall, 40, 85, 875, 15, 185
William Dawson, 75, 175, 15000, 35, 200
John Hardy, 65, 337, 1500, 7, 200
Jacob Smith, 100, 700, 1200, 200, 300
Isaac Hutchison, 20, 117, 500, 5, 150
Jacob Vannarsdall, 60, 30, 2000, 150, 200
Anthony Alderton, 70, 180, 800, 60, 232
Thomas Alderton, 80, 100, 2000, 65, 450
Henry Groce, 60, 400, 1000, 5, 40
John Groce, 70, 100, 5000, 5, 85
Mary Doland, 15, 15, 100, -, -
Abner Redins (Kedins), 25, 75, 400, -, -
Peter Groce, 50, 350, 600, 15, 400
Thomas Gale, 300, 500, 5000, 300, 1000
Bernard Winkleman, 100, 175, 1500, 50, 300
Henry Dyche, 100, 200, 6000, 100, 400
Lerman S. Allen, 200, 100, 5000, -, 421
Isaac Carr, 125, 275, 2000, 100, 300
John Culp, 100, 84, 1000, 70, 250
Jacob Becktall, 100, 114, 1000, 60, 600
John Keysecker, 20, 90, 200, 7, 100
George Keysecker, 20, 75, 250, 5, 50
James Johnson, 50, 90, 400, 40, 225
Isaac Harrison, 60, 94, 350, 10, 225
Joseph Butt, 50, 250, 500, 4, 100
John Snyder, 91, 91, 688, 5, 175
Michael Rooney, 60, 200, 1000, 100, 512
Jacob Kearns, 50, 115, 326, 40, 150
Henry Wagoner, 60, 75, 1000, 125, 400
Henry Miller, 90, 170, 1000, 125, 400
John Rockwell, 60, 340, 600, 45, 200
John Kellar, 150, 150, 8000, 350, 300
Michael Runner, 100, 138, 4000, 250, 400
Michael Courtney, 100, 250, 3000, 131, 700
Caly Daniels, 50, 323, 1400, -, -
William Piper, 40, 175, 400, 15, 175
Rebecca Anderson, 49, 100, 250, -, -
John Harrison, 45, 100, 300, 25, 200
Josiah Potter, 30, 72, 400, 10, 175
George Teidrick, 60, 100, 400, 80, 275
Peter Freshour, 50, 77, 500, 40, 265
Peter Shriver, 40, 100, 350, 10, 150
Barbary Higgins, 25, 78, 350, -, 25
Stephen Petoney, 50, 482, 1500, 65, 250
Jacob Courtney, 55, 132, 1500, 100, 452
John Bowls, 70, 300, 1500, 35, 102
Jacob Ash, 20, 70, 275, -, 45
George Huffman, 70, 114, 1000, 75, 300
Lewis Becktoll, 80, 50, 600, 50, 225
Jacob Ambrouse, 70, 100, 300, 30, 175
Isaiah Buck, 300, 700, 5500, 250, 850
Charles Marshall, 80, 200, 300, 25, 350
Isaac Farver, 75, 125, 4000, 75, 275
Isabell Smith, 45, 5, 150, 25, 175
William Smith, 136, 214, 1050, 100, 475
John Steward, 70, 30, 500, 100, 275
Michael Hines, 80, 556, 3600, 150, 425

Cromwell Orrick, 350, 1250, 1200, 400, 1250
William Gibbs, 150, 350, 3000, 50, 300
Joseph Wheat, 30, 400, 5000, 30, 128
Edward Goodman, 50, 63, 300, 10, 150
John Housholder, 35, 38, 200, 80, 275
Abagail Johnson, 40, 260, 700, -, 50
Aaron Harden, 137, 763, 2500, 100, 550
George Zilor, 100, 515, 1500, 250, 576
Mathias Ambrouse, 275, 125, 1800, 300, 475
Isaac Michael, 120, 33, 1700, 20, 400
Lewis Yost, 50, 600, 350, 50, 275
Michael Whitmeyer, 50, 75, 700, 40, 245
William Hobday, 35, 90, 575, 15, 275
Henry Youngblood, 40, 360, 850, 10, 125
Christian Miller, 40, 49, 175, 10, 40
Elias Gates, 335, 25, 150, 15, 65
Adam Bohrer, 130, 350, 3000, 100, 675
Peter Zilor, 15, 235, 450, -, 50
Wesly Unger, 18, 20, 200, 5, 150
Thomas Barney, 25, 150, 300, 30, 125
Jacob Crouse, 20, 400, 1600, 15, 75
Elizabeth Groves, 60, 275, 1200, 20, 300
Peter Yost, 100, 70, 1200, 150, 457
James McMullen, 100, 180, 500, -, 40
David Croce, 60, 170, 600, 25, 250
Elisha Stottler, 7, 50, 300, 15, 75
George Whitmeyer, 100, 150, 900, 60, 375

Nicholas County, West Virginia
1850 Agricultural Census

The University of North Carolina at Chapel Hill filmed the 1850 agricultural census for Nicholas County from originals in the West Virginia Department of Archives under a grant from the National Science Foundation in 1963. This county along with several others have been separated from Virginia records as West Virginia was created in 1863 when it seceded from the state of Virginia

Columns 1, 2, 3, 4, 5, and 13 represent the following information on the census:
1. Name of Owner, Agent or Manager of Farm
2. Acres of Improved Land
3. Acres of Unimproved Land
4. Cash Value of the Farm
5. Value of Farming Implements and Machinery
13. Value of Livestock

William Given, 40, 3000, 800, 20, 325
William Hamrick, 50, 103, 800, 20, 500
Benjamin Hamrick, 50, 100, 800, 25, 400
Isaac Hamrick, 20, 80, 150, 10, 200
Adam Gregory, 50, 150, 1000, 20, 400
Thomas Coger, 40, 140, 300, 4, 300
Archibald Coger, 12, 30, 160, 4, 200
John Linch, 60, 20, 800, 15, 175
Adonijah Harris, 20, 1000, 4000, 10, 150
Thompson Sawyers, 12, 688, 1000, 100, 150
James Dyer, 40, 600, 2500, 15, 400
John Miller, 50, 400, 4000, 5, 450
William T. Hamrick, 30, 1470, 1000, 5, 100
Mathew Given, 15, 146, 100, 5, 150
James McAvoy, 12, 148, 300, 10, 150
Samuel McAvoy, 15, 300, 300, 10, 100
Samuel Tharp, 40, 160, 250, 3, 85
Abraham Goff, 15, 300, 200, 5, 90

Isaac Weese, 15, 85, 400, 5, 80
George McElwain, 70, 430, 1500, 10, 80
Arther Hickman, 20, 520, 1500, 150, 400
Justin Hollister, 40, 19500, 12000, 20, 350
James R. Given, 30, 470, 1000, 10, 250
John Rader, 75, 125, 1500, 7, 400
Jos. McD. Reynolds, 30, 800, 1000, 15, 100
John Given, 20, 25, 750, 5, 200
James Hanna, 12, 188, 500, 3, 98
Adam Rader, 35, 275, 1500, 15, 200
John Woods, 60, 40, 400, 15, 250
William Proctor, 20, 200, 1000, 10, 150
Nathan Groves, 70, 129, 1000, 5, 250
Alexander Groves, 70, 332, 1500, 80, 350
Joseph Malcom, 50, 50, 1000, 12, 150
Isaac Hart, 16, 400, 816, 3, 50
Solomon Bailes, 25, 183, 400, 9, 150
William Hill, 75, 150, 2000, 75, 800
And. J. Hickman, 80, 283, 1600, 75, 500

Henry S. Herold, 50, 225, 1200, 200, 800
Allen Cutlip (Cutliss), 25, 90, 115, 5, 200
Jno. Dodrill, 50, 100, 600, 10, 295
Andrew L. Chapman, 75, 100, 1000, 100, 300
James Ewing, 30, 220, 800, 10, 275
Samuel Wiseman, 45, 255, 1000, 5, 80
David Nutter, 19, 81, 500, 50, 85
Christopher Eye, 12, 100, 270, 5, 100
John McClung, 30, 170, 300, 15, 175
George McClung, 20, 80, 300, 10, 200
Solare(Solomon) Odell, 15, 150, 150, 5, 100
Jacob Odell, 100, 430, 700, 12, 300
Robert McClung, 13, 100, 300, 3, 110
Silas Davis, 60, 255, 945, 30, 400
James Nicholas, 20, 100, 450, 5, 200
John Heister, 12, 94, 300, 3, 100
Bernard Hendrick, 35, 364, 800, 20, 250
William McCutchen, 14, 39, 400, 3, 90
Jeremiah Odell, 40, 28, 300, 5, 110
Charles McCutchen, 30, 30, 100, 2, 25
Isaac McCutchen, 25, 100, 400, 15, 200
Robert McCutchen, 75, 363, 300, 10, 250
Abraham Pitanbarger, 13, 110, 300, 4, 85
Gideon Amrick, 12, 145, 500, 4, 100
Laurence Switzer, 100, 56, 1300, 60, 175
Jesse Cook, 70, 30, 750, 5, 200
Jesse Amrick, 40, 300, 1000, 20, 400
Samuel Dorsey, 40, 13, 175, 10, 20
James White, 40, 340, 1500, 5, 250
Grandison Nutter, 40, 149, 600, 5, 150

Thomas Cook, 14, 187, 800, 10, 175
David Cutliss, 20, 56, 200, 25, 175
William Wiseman, 12, 87, 250, 5, 100
John Dunbar, 110, 390, 1400, 110, 300
Andrew Keenan, 80, 280, 1200, 30, 200
George Bell, 20, 70, 300, 15, 200
Robert Keenan, 100, 300, 1500, 25, 500
William V. Keenan, 25, 325, 500, 10, 100
John Miller, 35, 250, 1000, 5, 200
Jacob Drinnen, 30, 118, 800, 10, 100
Jefferson Grose, 35, 15, 700, 15, 250
Henry Morris, 40, 60, 600, 10, 250
William Morris, 35, 20, 450, 10, 200
Samuel Woods, 11, 188, 200, 5, 100
William Summers, 60, 9, 1045, 20, 500
Alexander Cavendish, 20, 50, 300, 5, 200
Marshal Kanar (Ranar), 15, 100, 600, 5, 100
Jane Dorsey, 40, 60, 650, 10, 350
William Grose, 80, 150, 700, 50, 400
Jackson Grose, 30, 130, 1000, 25, 300
James A. Renick, 70, 125, 800, 15, 300
John R. Mason, 80, 170, 1250, 20, 300
William Legg Jr., 70, 210, 900, 15, 150
William Legg Sr., 40, 200, 800, 10, 175
Felix Walker, 30, 83, 600, 3, 200
Hiram Walker, 90, 150, 1400, 75, 400
Jackson Walker, 75, 160, 700, 12, 125
John Grose, 20, 80, 1000, 50, 300
Rosanna Dunbar, 120, 170, 2000, 75, 250
Isaac Brown, 30, 100, 700, 10, 150

William Brown, 50, 50, 550, 50, 275
Joseph Backhouse, 275, 175, 1200, 5, 250
Robert Cruikshanks, 125, 120, 700, 15, 275
Jim Groves Jr., 80, 200, 2400, 75, 400
Elizabeth Odell, 40, 60, 400, 5, 175
George Brown, 40, 20, 300, 5, 200
Andrew Brown, 15, 210, 150, 5, 75
Alexander Brown, 200, 300, 800, 25, 300
Elizabeth Fitzwater, 80, 20, 1000, 12, 300
Edwan Campbell, 70, 40, 1000, 50, 400
Josh Foster, 50, 80, 1000, 100, 300
Winston Loving, 40, 110, 1000, 24, 65
Joseph B. Morris, 28, 52, 400, 5, 100
George W. Gray, 20, 52, 400, 5, 100
Thomas Fitzwater, 80, 70, 400, 75, 300
Isaac C. Miller, 45, 55, 900, 30, 200
William Livy, 80, 70, 800, 12, 150
James Grose, 60, 15, 675, 80, 350
James Legg, 50, 50, 650, 2, 175
Samuel Malcom, 80, 220, 3500, 80, 400
Nathaniel Foster, 100, 150, 1500, 80, 300
Fredrick Kesler, 12, 188, 400, 12, 125
Abraham H. Spencer, 50, 350, 1000, 20, 250
Alexander Donaldson, 30, 470, 875, 15, 100
Winston Shelton, 65, 300, 1000, 40, 250
Jacob Hardway, 20, 55, 600, 20, 130
William M. Kincaid, 90, 132, 3000, 200, 500
John McCue Sr., 150, 128, 2000, 100, 1500
Jonathan Dunbar, 20, 80, 300, 5, 250
Jesse Ellis, 60, 240, 500, 15, 450
Robert Neel, 100, 484, 2050, 200, 600
James Edmiston, 30, 1312, 3500, 120, 400
Samuel Bell Jr., 80, 100, 200, 10, 100
Cornelius Dorsey, 30, 50, 250, 10, 150
George Rollins, 12, 948, 500, 2, 130
Solomon Taylor, 15, 162, 400, 1, 80
William Callison, 80, 910, 2500, 8, 300
Isaac Woods, 40, 235, 600, 25, 200
Strother B. Grose, 12, 388, 400, 15, 125
Hiram Pearson, 40, 40, 500, 12, 125
Samuel W. Dorsey, 15, 285, 250, 8, 85
James E. McClung, 30, 400, 1200, 20, 200
Andrew T. Morrison, 18, 300, 500, 50, 125
John Kyle, 35, 35, 400, 10, 130
William Shaver, 15, 85, 200, 1, 150
William Bell, 50, 100, 500, 100, 200
John T. Martin, 20, 80, 100, 3, 250
Jacob W. Odell, 12, 58, 250, 10, 85
Nancy Stephenson, 130, 200, 500, 100, 250
Malvina Stephenson, 20, 80, 600, 5, 150
Elizabeth Rader, 100, 150, 1000, 10, 200
Sinnett Rader, 100, 350, 1400, 100, 400
Joseph Rader, 100, 1300, 3000, 150, 1500
John Rader, 150, 1180, 1800, 170, 1200
Anthony Rader, 80, 210, 1200, 30, 200
Joshua Stephenson, 70, 50, 800, 15, 400
William Fitzwater, 16, 144, 300, 15, 200
Jeremiah Niel, 100, 50, 600, 20, 550

David Nutter, 70, 102, 800, 15, 200
Leftridge Bailes, 40, 30, 500, 8, 150
George Bailes, 60, 100, 500, 17, 175
John Bailes, 45, 329, 1000, 35, 250
Elizabeth Niel, 50, 150, 1000, 20, 150
James Walker Jr., 60, 80, 1000, 12, 200
Robert Campbell, 170, 20, 2000, 150, 500
Abraham J. Campbell, 75, 100, 1100, 100, 600
Elizabeth Kesler, 175, 75, 3500, 150, 800
William Miller, 125, 225, 3600, 100, 300
Lewis Jones, 30, 64, 600, 12, 175
Laurence Stanard, 70, 33, 900, 18, 175
John Parkins, 15, 130, 300, 6, 125
Josiah Hamrick, 25, 75, 400, 8, 100
James Young, 50, 140, 330, 15, 200
Allen Ramsey, 15, 225, 300, 3, 40
Abner Ramsey, 12, 200, 200, 5, 80
William Hamrick, 20, 60, 200, 10, 100
Abraham Chapman, 14, 46, 100, 5, 100
Henry Amick, 14, 500, 500, 2, 150
Jacob Amick, 40, 200, 500, 20, 250
David McColgan, 50, 12, 1000, 10, 100
Enoch Eagle, 15, 300, 600, 15, 150
Samuel Martin, 21, 229, 250, 3, 150
Samuel Skidmore, 30, 70, 300, 5, 250
Harrison Summers, 20, 100, 500, 10, 120
William Schoonover, 30, 1970, 600, 75, 175
Norvill Shannon, 25, 175, 400, 5, 150
Alexander B. Dorson, 38, 362, 800, 8, 150
Jehu Summers, 30, 120, 500, 5, 120

William Radcliff, 12, 300, 350, 5, 100
Alexander Waugh, 30, 250, 280, 50, 100
George Shanlin, 45, 605, 1000, 75, 200
Isaiah Shanlin, 12, 30, 200, 5, 60
Henry Shanlin, 35, 375, 600, 30, 300
Francis Hankshaw, 20, 80, 400, 5, 200
K__ Cock, 12, 5, 100, 12, 150
Samuel Samples, 35, 602, 1100, 20, 250
William W. Ashley, 20, 880, 900, 10, 100
Joshua King, 50, 486, 1200, 15, 250
Owen Jarrett, 15, 400, 800, 8, 175
Hiram Samples, 30, 276, 600, 10, 175
Peter Samples, 30, 2, 330, 5, 100
William King, 30, 3 ½, 300, 10, 175
Joseph Schoonour, 18, 75, 150, -, 75
Joseph Pearson, 60, 140, 1000, 15, 400
David J. Cochran, 15, 1400, 300, 15, 150
John Holcom, 12, 72, 300, 2, 100
Cyrus Rodgers, 36, 48, 500, 75, 300
Henry M. Bird, 25, 85, 500, 5, 85
Jonathan Niel, 100, 123, 800, 5, 400
William Nichols, 20, 417, 700, 5, 100
Daria Johnston, 15, 35, 175, 3, 100
Robert Williams, 11, 39, 150, 3, 75
Hiram Sizemore, 12, 300, 200, 15, 100
James Walker, 60, 300, 700, 12, 350
Pascal Backhouse, 60, 70, 1500, 100, 300
Alexander Reppeton, 30, 430, 500, 15, 100
Edward Brown, 20, 80, 400, 6, 150
James Dorsey Jr., 18, 75, 400, 3, 20
Nathan Backhouse, 30, 10, 300, 8, 150
Mathew Hughes, 12, 32, 120, 4, 125

Dryden Sims, 20, 100, 300, 12, 100
Jonathan Sims, 30, 35, 1000, 15, 250
William H. Odell, 20, 100, 1200, 6, 90
Fenton Morris, 50, 210, 1000, 15, 175
Hugh Nichols, 40, 200, 1000, 12, 200
Allen Martin, 12, 63, 100, 4, 100
Nathan Hill, 12, 200, 300, 7, 75
Robert Hill, 20, 300, 600, 15, 250
Thomas J. Morton, 30, 200, 600, 10, 800
William Smith, 30, 125, 800, 18, 200
Asa Hughes, 15, 10, 170, 3, 120
William Morris, 130, 75, 3000, 50, 300
Morris Adkins, 15, 175, 200, 5, 200
Joel Fitzwater, 12, 298, 475, 10, 150
Thomas Hughes, 50, 80, 700, 5, 130
William Nichols, 40, 130, 600, 8, 180
Allen Ewing, 25, 125, 500, 5, 100
William Williams, 60, 10, 700, 75, 220
William Summers, 25, 75, 600, 15, 100
John R. McCutchen, 90, 126, 2160, 100, 300
Jacob Dotson, 80, 172, 1000, 200, 300
Ahart Clemens, 16, 84, 600, 5, 150
Edwin C. Trent, 60, 190, 1000, 15, 250
Edward McClung, 100, 123, 900, 80, 350
Zach Armontrout, 55, 145, 800, 10, 200
James Bryant, 15, 152, 338, 20, 50
Addison (Madison) McDermot, 50, 50, 680, 10, 150
James G. Niel, 70, 525, 2000, 50, 400
Isaac C. Fitzwater, 50, 150, 1000, 300, 200
George Ward, 30, 270, 300, -, 100

Nathan Hanna Jr., 40, 110, 500, 10, 150
Solomon Taylor, 50, 140, 600, 10, 200
William Spencer, 25, 400, 400, 10, 100
Elijah Pratt (Peatt), 30, 303, 666, 8, 50
George Hardway, 26, 224, 1200, 70, 150
William Groves, 135, 75, 1200, 80, 1500
Edward Rion, 65, 112, 660, 20, 300
Andrew J. Jones, 20, 280, 1000, 12, 150
Andrew H. McCoy, 40, 235, 1800, 15, 750
Jeremiah Odell, 75, 225, 1500, 30, 625
James E. Fugate, 35, 365, 800, 80, 175
Allen McClung, 85, 672, 2250, 100, 400
Hamilton Cutliss, 45, 72, 300, 2, 120
Deborah McClung, 140, 600, 3500, 20, 250
James Nichols, 15, 35, 200, 5, 200
William Hanna, 40, 60, 600, 12, 200
Abraham Seabert, 100, 374, 1800, 100, 600
Henry Neff, 50, 65, 800, 25, 180
John Donaldson, 40, 60, 400, 15, 200
Hugh McDermott, 80, 210, 1000, 15, 2000
John W. Odell, 100, 200, 1500, 100, 600
Madison Hughes, 40, 170, 850, 75, 150
William Whitman, 40, 95, 600, 15, 300
Mathew Nutter, 15, 85, 500, 10, 200
Andrew Dorsey, 50, 116, 900, 12, 350
Mathew McClung, 100, 350, 1649, 150, 500
John Wilson, 35, 300, 600, 40, 200

Henry Bennett, 25, 75, 500, 8, 125
Monroe McClung, 40, 60, 600, 15, 120
Peter Shaver, 14, 125, 300, 10, 115
John Deitz, 40, 160, 500, 55, 250
Dickinson McClung, 40, 160, 400, 50, 220
William Evans, 20, 80, 300, 20, 25
Alkanah Evans, 20, 80, 500, 10, 150
Alexander McClung, 55, 345, 1200, 75, 300
Easter McClung, 15, 85, 200, 1, 25
George McClung, 20, 200, 500, 10, 200
Ward Wiseman, 40, 236, 552, 93, 185
William Odell, 65, 65, 500, 25, 350
John Dodd, 12, 88, 200, 5, 100
John Brown, 100, 420, 3000, 150, 800
James McCoy, 60, 139, 600, 10, 200
William T. Morrison, 100, 800, 4000, -, 150
Alfred Groves, 35, 205, 800, 10, 200
Samuel Rader, 55, 71, 1512, 30, 700
Richard Dotson, 20, 260, 1100, 15, 100
Henry Jones, 20, 230, 500, 20, 150
George Cutliss (Cutlip), 20, 115, 200, 3, 50
Isaac Woods, 35, 61, 300, 10, 250
Abraham Hinkle, 110, 500, 1500, 100, 600
Ernest Schnieder, 15, 1000, 1200, 120, 200
David Hanna, 70, 130, 1500, 250, 300
John Callaghan, 120, 870, 3000, 400, 1200
Moses Hanna, 80, 250, 880, 30, 400
Morgan Anderson, 15, 65, 240, 10, 110
Thomas Morton, 60, 900, 1800, 120, 500
John Sawyer, 20, 150, 100, 5, 80
George Sawyer, 12, 92, 500, 7, 125
John Ward, 125, 875, 4000, 15, 400
Dickson McClung, 135, 379, 2500, 50, 1500
Kyle Bright, 140, 180, 2400, 25, 200
Jamison Groves, 40, 210, 800, 10, 180
John Sparks, 45, 195, 1000, 15, 150
Fielding McClung, 130, 600, 5000, 100, 400
John Tyree, 35, 349, 2300, 5, 880
Samuel Niel, 100, 150, 1500, 100, 600
Christian Propst, 25, 80, 300, 30, 200
William Neff, 30, 70, 500, -, 15
David C. R. Vanbebber, 100, -, 1000, 15, 500
Francis Duffy, 30, -, 500, 50, 300
Owen Duffy, 75, 745, 1600, 20, 400
Cristal Curran (Carran), 16, 147, 250, 3, 85
Samuel Brock, 16, 403, 700, 5, 200
William D. Cottle, 60, 160, 1000, 40, 250
Mansfield Groves, 20, 230, 500, 5, 220
Malinda Taylor, 16, 284, 800, 5, 100
John W. Jones, 90, 10, 1200, 12, 600
Jacob Copenhaver, 75, 103, 300, 150, 300
Margaret Kyle, 25, 15, 300, 12, 150
James Koontz, 130, 100, 1300, 100, 500
John Fitzwater, 100, 530, 1500, 125, 500
John W. Young, 25, 100, 250, 85, 150
John Dorsey, 30, 130, 250, 10, 350
John G. Stephenson, 120, 250, 1500, 150, 500
John M. Hamilton, 100, 400, 3000, 50, 300
Cht. Simpson, 100, 300, 1500, 10, 100
William H. Bryant, 45, 725, 800, 20, 200

John Groves Sr., 20, 40, 4095 151, 1000
Thomas J. Reynolds, 30, 70, 300, 125, 325
John H. Robinson, 150, 750, 6000, 150, 2500
Alexander McClintic, 40, 47, 700, 17, 100
David R. Hamilton, 100, 135, 1880, 45, 318
Franklin K. Hutchison, 25, 162, 800, 10, -
Joseph Hanna, 120, 154, 3800, 5, 1500
James R. Dyer, 75, 239, 1500, 50, 200
John Duffy, 150, 283, 3000, 100, 670
Robert Gregory, 12, 138, 250, 5, 100
Isaac Linch, 10, 14, 700, 4, 65
Timothy Holcom, 10, 500, 200, -, 20
Isaac Green, 10, 590, 200, 3, 100
Hezekiah Holcom, 10, 40, 150, 3, 50
James M. Rose, 10, 140, 150, 5, 120
Thomas McFitzwater, 9, 141, 750, 12, 175
Charles Wilson, 10, 61, 300, 15, 50
John Morris, 10, 100, 300, 8, 125
David Parkins, 10, 107, 300, 4, 60
John Fitzwater, 11, 119, 500, 8, 125
Alexr. Nichols, 9, 141, 500, 4, 50
Jehu Summers, 9, 88, 300, 5, 150
John Fitzwater, 9, 111, 330, 20, 150
Abraham Martin, 8, 192, 300, 10, 100
John J. Moore, 10, 90, 100, 5, 125
Fredrick Fields, 10, 51, 250, 5, 100
Nicholas K. Henderson, 8, 600, 800, 12, 100
John Copenhaver, 5, 75, 150, 8, 75
Wornick Butcher, 7, 492, 600, 3, 120
William Cox, 6, 200, 100, 8, 100
John Cox, 8, 58, 400, 5, 90
David Stoneman, 10, 580, 2000, 10, 75
John B. Hill, 10, 300, 300, 5, 100

Philip Maron, 8, 147, 100, -, 30
William Murphy, 8, 60, 400, -, 20
Samuel Baughman, 5, 135, 100, 2, 75
William C. Bennett, 8, 34, 100, 2, 40
John Fowler, 6, 112, 400, 2, 25
William Homick, 6, 144, 100, 2, 25
Benjamin Wine, 9, 50, 200, 6, 50
Eligah D. Green, 8, 200, 200, 2, 100
Robert Morton, 7, 200, 700, 5, 100
John Chapman, 8, 207, 400, 3, 95
James Blizzard, 6, 194, 300, 5, 30
Elisha Fitzwater, 7, 243, 300, 10, 72
Robert Kyle, 6, 94, 100, 1, 75
Thos. McQuain, 8, 100, 500, 4, 40
William Odell, 8, 292, 200, 4, 75
Covington Grose, 6, 120, 120, 5, 95
John Dorsey, 6, 50, 300, 5, 120
John Baughman, 50, 450, 500, 10, 200
Christopher Baughman, 25, 37, 600, 12, 220
James McLaughlin, 50, 350, 832, 100, 300
David France, 35, 219, 800, 5, 200
William France, 40, 152, 1500, 100, 200
Ellis Strickland, 20, 247, 600, 125, 250
George W. Brown, 40, 197, 800, 5, 200
William Lively, 30, 665, 350, 5,300
Madison Murphy, 18, 85, 150, 5, 100
William Given, 40, 220, 500, 5, 200
John Bailes, 14, 115, 200, 5, 50
Theodore Given, 24, 400, 300, 15, 130
Isaac Dilly, 40, 60, 200, 5, 250
Levi J. Hooker, 50, 250, 1200, 75, 400
John Craig, 50, 250, 1500, 10, 125
John Houver (Howver), 50, 39, 1000, 10, 250
Robert Craig, 50, 300, 1000, 5, 150
George Cutliss, 30, 200, 1000, 4, 110

David Pearson, 100, 631, 800, 5, 300
Alexander Spinks, 35, 294, 1200, 50, 300
Thos. T. Rodgers, 85, 215, 1200, 20, 257
George Fitzwater, 35, 200, 946, 10, 200
Joseph McClung, 120, 330, 1500, 50, 300
Anthony McClung, 140, 87, 1500, 75, 600
Joseph Hutchison, 70, 150, 1000, 50, 700
Jacob Hutchison Jr., 100, 125, 1500, 15, 500
Jackson Groves, 50, 546, 1500, 20, 300
Uriah C. Sparks, 15, 33, 400, 10, 150
Anthony Rales, 60, 180, 1260, 20, 300
Peter Pitzanbarger, 40, 116, 800, 10, 600
Jacob Chapman Jr., 50, 50, 1000, 25, 50
Isaac McNiel, 65, 70, 1000, 120, 200
John G. Cottle, 25, 237, 500, 4, 110
Rufus Bobbitt, 100, 520, 2000, 20, 400
Jacob Chapman Sr., 100, 50, 1500, 10, 300
Andrew Williams, 30, 80, 300, 2, 15
Alexander Williams, 60, 190, 800, 5, 300
Robert Whitman, 50, 295, 1500, 12, 300
James Spencer, 30, 30, 240, 10, 190
James E. Sparks Jr., 15, 95, 220, 5, 26
Feamster Rader, 40, 260, 1000, 5, 400

Ohio County, West Virginia
1850 Agricultural Census

The University of North Carolina at Chapel Hill filmed the 1850 agricultural census for Ohio County from originals in the West Virginia Department of Archives under a grant from the National Science Foundation in 1963. This county along with several others have been separated from Virginia records as West Virginia was created in 1863 when it seceded from the state of Virginia

Columns 1, 2, 3, 4, 5, and 13 represent the following information on the census:
1. Name of Owner, Agent or Manager of Farm
2. Acres of Improved Land
3. Acres of Unimproved Land
4. Cash Value of the Farm
5. Value of Farming Implements and Machinery
13. Value of Livestock

Robert Frazier, 120, 92, 3000, 150, 325
Loyd Criswell, 40, 110, 1800, 150, 320
Rosebury Bird, 20, 38, 870, 35, 88
James Moon, 29, 19, 750, 10, 114
Frederick Broomer, 60, -, 1000, 150, 305
Margt. Fulmar, 13, 12, 475, -, 3
William Johnson, 10, 1, 200, 15, 40
George Bourne, 20, -, 400, 60, 150
Michael Ammel, 1 ½, 6 ½, 200, -, 30
John Opieh, 20, 10, 950, -, 38
John Beal, 45, -, 1350, 75, 277
Daniel Olive, 100, 100, 4000, 50, 140
George Yharling, 8, -, 400, 75, 65
Philip Welch, 50, -, 2500, 150, 285
George Sterwood, 80, 70, 15000, 20, 120
Andrew Culver, 50, -, 5000, 150, 420
Ezekiel Ball, 160, -, 16000, 300, 1100
Richard Maggeri, 90, -, 4500, 100, 415
Cornelius Belville, 53, -, 2650, 10, 30
Dana Hubbard, 100, 89, 5000, 400, 730
John Blaney, 80, 50, 3500, 62, 432
William Little, 15, -, 800, 10, 75
James Scott, 95, 63, 4000, 75, 444
Mathew Greenlee, 75, 45, 3400, 15, 217
John & Francis Doran, 100, 60, 4000, 15, 148
John Simpson, 70, 37, 2000, 50, 295
David Garvin, 85, 105, 6000, 125, 312
William Miller, 75, -, 2250, 50, 100
Alexander McCulley, 60, 23, 2000, 200, 530
Hugh McEnall (McEvall, McEwall), 70, 78, 3000, 100, 473
Martin Cook, 26, -, 850, 15, 70
Oscar D. Thompson, 50, 14, 3470, 60, 200
Lewis Lunsford, 40, 50, 3200, 300, 200
Andrew Kiger, 10, -, 200, 10, 30
Reuben Merchant, 35, 39, 1500, -, 75
Elizabeth Lewis, 20, -, 400, 50, 110
James Emory, 20, -, 60, -, 30
Isaac Wingrove, 150, 80, 9000, 130, 345

Ellen Renforth, 50, 90, 2500, 100, 270
Lander Wharton, 75, 54, 4000, 60, 125
Zachary Pumphrey, 120, 20, 2000, 20, 150
Thomas A. Stewart, 80, 103, 2000, 75, 200
Benjamin Marriner, 8, - 64, 30, 100
Andrew Martin, 30,70, 1200, 40, 200
Sarah Baird, 65, 65, 1200, -, 130
Elizabeth Davis, 90, 110, 1500, 30, 195
Andrew Halstead, 70, 70, 2500, 70, 246
Daniel McCoy, 120, 100, 5000, 100, 385
Sarah Davis, 60, 60, 1500, -, 65
David Miller, 50, 90, 1680, 15, 100
John McCuskey, 60, 45, 2000, 100, 375
Jacob Gooding, 75, 75, 5000, 180, 430
Richard Huff, 80, 100, 2500, 60, 200
John Moon, 16, -, 600, 5, 100
Peter Hartong, 40, 60, 2000, 100, 170
Samuel Kimmond, 100,75, 5000, 150, 514
Isabel Pollock, 60, 50, 2000, 75, 290
Felix Muldoon, 22, -, 440, 10, 150
William White, 15, 48, 670, 50, 85
Robert White, 70, 80, 2000, 75, 195
James Elliott, 60, 40, 2000, 75, 276
Andrew Dennison, 60, 40, 1000, 20, 205
James Fleming, 28, -, 700, 30, 135
David Jones, 60, 70, 1000, 20, 195
David Stewart, 140, 165, 5000, 150, 678
Benjamin Oldham, 50, 50, 1200, 25, 160
George Miller, 115, 115, 2500, 100, 615
Edward Purcell, 75, 65, 2000, 50, 665

William Craig, 70, 100, 1500, 50, 220
Joseph R. Patterson, 100, 100, 3000, 50, 125
Jams McConnell, 150, 400, 6000, 50, 528
Samuel M. Creighton, 45, 55, 1000, 15, 100
James Creighton, 40, 80, 1000, 50, 185
Joseph Marlow, 40, 90, 1000, 20, 100
Thomas Buchanan, 100, 200, 6000, 100, 414
William Wylie 20, 80, 2000, 100, 155
John Feay (Fay), 30, 120, 1500, 50, 150
Allen Davis, 50, 100, 1500, 100, 255
Eli Brettyman, 150, 250, 4000, 100, 200
George Gray, 50, 49, 1000, 35, 150
Elizabeth Bell, 100, 100, 4000, 100, 425
Alexander Templeton, 90, 30, 2000, 20, 202
Ebenezer Buchanan, 140, 60, 3200, 50, 293
Joseph Blaney, 150, 150, 4000, 50, 368
Jesse Powell, 40, 60, 1000, 25, 210
Thomas Hosack, 50, 24, 1000, 100, 244
Nancy White, 50, 100, 1500, 50, 150
James White, 80, 90, 2000, 50, 236
Thomas Henline, 120, 80, 4000, 100, 495
William Howard, 70, 80, 1600, 50, 539
Robert Stewart, 100, 90, 4000, 125, 455
William McCutcheon, 50, 80, 1500, 200, 150
Hugh McCutcheon, 55, 162, 2000, 20, 255

John McCutcheon, 60, 100, 2000, 100, 335
Thomas Orr, 50, 62, 2000, 100, 250
James Orr, 50, 60, 1500, 75, 250
Creigton Orr, 100, 70, 4500, 130, 600
William Milligan, 75, 60, 3000, 100, 389
John Hall, 100, 68, 2500, 100, 250
Edward McCausland, 80, 62, 1500, 100, 315
Sarah Maxwell, 110, 150, 4000, 75, 325
Wesley Robinson, 50, 100, 1500, 30, 150
James McConn, 75, 85, 2000, 20, 336
Samuel Oldham, 200, 30, 4000, 150, 1115
William Kidd, 40, 35, 1000, 50, 250
Joseph Sample, 150, 20, 2500, 75, 300
Walter Buchanan, 100, 100, 4000, 100, 600
Robert C. Chambord, 50, 58, 2500, 50, 175
Joseph Ferrell, 65, 35, 2500, 50, 150
John Norman, 10, -, 150, 50, 160
John Pearson, 300, 178, 12000, 300, 1050
David Hosack, 150, 50, 5000, 100, 670
Alexander Orr, 50, 50, 2500, 60, 300
William Frazier, 70, 30, 2500, 30, 300
Edward Powell, 6, -, 300, -, 15
Edward Sisson, 349, -, 9500, 200, 1213
Joseph Bell, 140, 94, 5000, 110, 645
John Gibson, 80, -, 1500, 20, 465
William Morrison, 200, 1200, 8000, 100, 400
William Morrison Sr., 75, 25, 1500, 50, 200
S. M. Bell, 210, -, 5000, 100,885
James Todd, 160, -, 4500, 150, 600
James J. Reed, 80, -, 1600, 100, 377
Mary Smith, 104, -, 2000, 10, 100
John Porter, 275, 65, 7000, 100, 715
Archibald Morrison, 60, 20, 1600, 50, 360
John Emory, 120, 30, 3700, 10, 225
Joseph Carson, 100, -, 2000, 100, 350
Moses Bell, 200, -, 6000, 150, 750
George Whittom, 200, -, 5000, 60, 390
William Whittom, 68, -, 1500, 100, 210
William Gilmon, 200, -, 5000, 60, 650
Thomas Varmatta, 90, 20, 2000, 50, 1102
Thomas Pollock, 100, -, 2000, 50, 398
Thomas Grimes, 35, -, 600, 40, 166
Thomas McVenue, 165, 35, 5000, 75, 450
Robert Morrison, 50, 18, 1800, 20, 250
John McCoy, 55, 85, 3000, 50, 285
John Maxwell, 400, -, 12000, 100, 815
Abraham Beagle, 25, 10, 3000, 100, 200
Isaac Jones, 30, 35, 3500, 75, 360
Thomas Maxwell, 100, 125, 6000, 50, 660
Barnet Crow, 50, -, 1000, 100, 300
Mary Marling, 150, -, 4000, 30, 342
Jesse Davis, 50, 90, 3800, 30, 300
Robert Frazier, 250, 250, 10000, 100, 230
Robert Williams, 80, 40, 2000, 120, 538
Jeremiah McCoy, 30, -, 600, 15, 65
Samuel McCoy, 100, 100, 7000, 120, 524
Thomas Thornburgh, 170, 230, 10000, 200, 500
John D. Foster, 15, 10, 1200, 100, 140

John Thornburgh, 100, 200, 6000, 125, 335
John Seaman, 68, -, 1600, 20, 161
William Rigsby, 60, -, 1000, 20, 150
Samuel Criss, 67, -, 1500, 20, 100
David Thornburgh, 83, -, 3000, 20, 230
Hasekiah Thornburgh, 25, -, 500, 20, 150
William Martin, 50, 110, 4000, 250, 400
Joseph Feay (Fay), 66, -, 1600, 20, 125
Lydia S. Crugar, 400, 400, 32000, 1000, 1100
Moses Feay (Fray, Fay), 200, -, 6000, 10, 100
John Gilmon, 220, -, 6000, 300, 800
Andrew Yates, 200, -, 6000, 1000, 787
Byrd Yates, 50, -, 1500, -, 245
James Reed, 97, -, 3000, 150, 296
Rachel Humphrey, 130, -, 3900, 100, 440
William Rice, 170, -, 5200, 450, 1280
William Slater, 106, -, 3000, -, 175
Thomas Patterson, 85, 10, 2500, 100, 415
James Y. Ashenhorst, 50, -, 1400, 120, 175
George C. Young, 100, 100, 6000, 50, 475
James McCameron, 125, 15, 3000, 100, 357
John Reed, 25, -, 725, 20, 90
John McMurry, 110, 40, 3300, 100, 430
William Mounts, 80, 40, 2000, 40, 365
John Howard, 47, -, 1000, 100, 248
Charles Blaney, 375, -, 10000, 150, 1148
David Reed, 80, -, 1800, 30, 315
Edward Blaney, 200, -, 6000, 200, 605
William Reed, 53, -, 1600, 100, 236
Levi McCune, 53, -, 1600, 100, 236
Thomas Moon, 385, -, 10000, 200, 1205
Isral Caroll, 145, -, 3000, 180, 546
George Freshwater, 100, 37, 4000, 70, 356
Thos. & William Martin, 117, -, 4000, 75, 695
Andrew Martin, 100, -, 2500, 100, 550
Mary Rodgers, 20, -, 500, 10, 100
Joseph O. Curtis, 106, -, 2500, 75, 280
Jacob Snedeker, 140, -, 4000, 76, 392
William Patterson, 61, -, 1000, 60, 169
William McCausland, 75, 50, 3000, 50, 575
Ezekiel Rodgers, 160, -, 4000, 30, 225
John Rodgers, 50, -, 1200, -, 450
Margt. Roberts, 130, -, 3000, 50, 300
Isaac Cox, 180, -, 6000, 100, 200
Henry Giles, 100, -, 3000, 75, 280
John Cox, 100, -, 3000, 20, 140
Rebecca Beck, 150, 100, 6500, 75, 705
John W. Beck, 80, 30, 3000, 100, 305
Benjamin Rodgers, 50, 57, 2500, 25, 143
Jacob Snedeker, 70, -, 1650, 75, 358
William Cox, 66, -, 1600, 100, 200
Abraham Cox, 150, 100, 7000, 100, 571
James Smith, 70, -, 2100, 25, 130
Frederick Bade, 200, 50, 6000, 100, 925
Josiah Beard, 230, 20, 10000, 200, 720
Wilson Normand, 39, -, 1100, 75, 110
William Boggs, 200, 100, 9000, 200, 965

Richard Carter, 180, 180, 9000, 150, 876
James Gaston, 80, 60, 3500, 200, 790
John Humes, 100, -, 2500, 100, 366
Samuel McMurry, 220, 7, 5500, 100, 368
Benjamin Whittom, 160, 110, 5500, 50, 555
Ellen Wilson, 105, -, 2000, 20, 300
Jane Whittom, 175, 30, 5000, -, 100
John Faris, 156, -, 4500, 75, 462
William Yates, 330, 20, 9000, 100, 1070
Charles Murry, 15, -, 450, 20, -
Alexander McCoy, 125, 12, 4050, 40, 375
John Hedges, 250, -, 4500, 20, 3510
Garnt Steel, 17, -, 510, 80, 100
George Purcell, 100, 100, 6000, 175, 425
John Curtis, 150,75, 6000, 200, 500
Solathia Curtis, 207, -, 5000, 140, 740
Dorothy Hervy, 120, 50, 4000, 75, 330
Robert Bell, 100, 104, 4000, 100, 505
Andrew Watts(Waits), 36, -, 1000, 100, 471
John Giffin, 100, 44, 4300, 200, 450
Thomas McCown, 110, 20, 2600, 200, 700
David Frazier, 30, -, 900, 150, 198
Sarah Dixon, 75, 100, 3500, 25, 140
Robert Giffin, 60, 40, 2500, 200, 455
William Ray, 140, 20, 4800, 20, 340
Thomas Hemphill, 100, 40, 3500, 50, 275
Josiah Atkinson, 175, -, 7000, 200, 770
Joseph Dowler, 93, -, 2700, 15, 115
William Waddle, 120, 25, 4200, 85, 578
Theodore L. Harvey, 180, 20, 6000, 150, 740

Samuel Norris, 80, -, 2400, 200, 115
Hugh Graham, 60, 32, 2700, 75, 260
John Maxwell, 100, -, 2500, 50, 270
John M. Ball, 40, -, 3000, 100, 210
S. A. B. Carter, 250, -, 12500, 100, 700
David Richards, 22, -, 5400, 100, 200
Hugh Clark, 260, -, 15000, 300, 500
Lon Thompson, 140, -, 1500, 100, 225
George Craft, 35, -, 700, 60, 275
Adam Fichner, 196, -, 15000, 100 500
Abraham Betelion, 45, -, 18000, 300, 340
D. M. Edgington, 147, -, 20000, 100, 275
Hamilton Frazier, 207, -, 5000, 200, 539
James Dennison, 22, -, 500, 75, 400
George Ray, 100, -, 2000, 75, 485
William Gibson, 175, -, 4000, 150, 875
William Gibson, 50, -, 1000, 25, 175
William Maxwell, 100, -, 2000, 25, 200
William Dement, 200, -, 8000, 25, 330
William Finley, 200, -, 6000, 75, 370
Samuel Finley, 100, 100, 5000, 50, 310
Jamie Wayt, 45, 100, 50, 4500, 200, 700
William Wayt, 100, 50, 4500, 25, 545
Henry Grier, 11, -, 440, 30, 70
Jeremiah Tirrels (Tivrels), 210, -, 500, 180, 260
James P. Stewart, 160, -, 3000, 40, 279
Adam Faris, 75, 75, 4500, 200, 485
William Maxwell, 70, 46, 3000, 250, 580
Perry Pearson, 100, 87, 6000, 500, 637

Isaac Burkham, 100, 10, 3000, 100, 650
George Milligan, 65, 35, 2500, 150, 495
John McCoy, 75, 25, 3000, 10, 240
William McCoy, 100, -, 3000, 100, 420
Robert Stewart, 80, 80, 4000, 150, 530
James McDaniel, 250, 40, 10500, 200, 2123
Isabell Williamson, 100, 9, 4500, 60, 350
Hugh Milligan, 80, 130, 4000, 150, 540
John Milligan, 50, 34, 2000, 40, 535
Josiah Brown, 100, -, 2000, 100, 225
James Hervey, 70, 59, 3000, 100, 505
Elijah Brown, 100, 90, 5500, 150, 615
William Brown, 75, 80, 3800, 100, 450
Robert Brown, 50, 50, 2000, 20, 138
Samuel Faris, 90, 42, 4000, 100, 610
William Faris, 65, 70, 5000, 200, 425
Friend Cox, 32, -, 640, 15, 170
Samuel Warden, 200, 63, 9000, 150, 950
William Nichols, 180, 40, 5000, 125, 525
John Morrison, 60, -, 12000, 100, 375
John Ferrall, 60, -, 1500, 100, 275
Elijah Marling, 200, 40, 5000, 100, 385
S. W. Mitchell, 640, 80, 30000, 300, 4100
James Waddle, 175, 110, 10000, 100, 855
Isaac Kelley, 140, 136, 13000, 150, 1185
Josiah Chapline, 400, -, 20000, 250, 1360
Mason M. Dunlap, 360, -, 13000, 150, 500
Joseph Morgan, 270, -, 11000, 150, 2315
John Rose, 300, 35, 12000, 150, 1244
Richard Ridgely, 337, -, 13480, 300, 2545
John Martin, 100, 20, 4300, 100, 391
John Brady, 96, -, 5500, 150, 1840
D. S. Forney, 108, 16, 6000, 100, 595
William Bukey, 200, 6, 9000, 150, 1950
G. D. Boner, 120, 40, 8000, 150, 885
Edward Morgan, 100, 78, 6500, 150, 670
Furgerson Smith, 109, -, 4000, 150, 655
Benjamin Gooch, 100, 19, 4000, 25, 200
Joseph S. Morgan, 109, -, 3000, 150, 595
Josiah Morgan, 130, 34, 5500, 150, 820
David Miller, 40, -, 1000, 50, 320
John Smith, 180, 20, 6000, 150, 680
Thomas Goods, 70, 47, 4000, 100, 338
Joseph Jacobs, 60, 30, 3500, 70, 310
Humphry Boon, 200, 65, 9000, 150, 955
Abdiel McLure, 100, 30, 5000, 25, 410
Andrew Mitchell, 300, 176, 18000, 200, 1130
Joseph McCulloch, 90, 110, 6000, 75, 575
Joseph Waddle, 150, 70, 4000, 150, 1185
Oliver Wallace, 100, -, 3000, 100, 490
Abraham McCulloch, 140, -, 5600, -, 1160
Elizabeth Kelley, 200, -, 9500, 250, 881

James Waddle, 100, 50, 6000, 200, 605
Absalom Ridgely, 240, 100, 13600, 100, 2410
William McCulloch, 312, -, 15000, 100, 1180
James McCulloch, 307, -, 15000, 100, 1270
Elisha Connelly, 60, -, 2400, 100, 373
Jacob Bruner, 170, -, 8500, 200, 690
Moses Marling, 309, -, 12000, 50, 655
Samuel Lewis, 135, -, 4050, 150, 980
James McComb, 65, -, 2600, 100, 231
John Harvey, 150, -, 6000, 200, 530
William Gregg, 400, -, 16000, 300, 420
Thomas Murmell, 70, -, 2100, 50, 310
Robert H. Wilson, 150, 50, 10000, 350, 1600
John T. Crawford, 190, 50, 8000, 100, 760
John Wilson, 240, -, 70000, 100, 700
John McCulloch, 160, -, 6400, 250, 1160
Samuel McCulloch, 316, -, 12000, 150, 1585
George Sawtell, 256, -, 7500, 100, 1135
Samuel McClure, 250, -, 8000, 150, 755
John Snodgrass, 300, 300, 18000, 450, 1502
David Atkinson, 440, -, 17600, 500, 1156
William Atkinson, 193, -, 8000, 100, 940
Ebenezer McCulloch, 250, 50, 12000, 300, 1795
Daniel Haris (Faris), 130, -, 5000, 200, 720
Brownhill Caldwell, 40, -, 1600, 100, 180
John McHenry, 50, -, 2500, 75, 145
Daniel Farmer, 90, 85, 11000, 400, 450
James Exley, 60, 90, 7500, 100, 275
Lot Conant, 60, -, 6000, 150, 220
Alexander H. Allison, 65, -, 1600, 125, 498
Washington Soles, 25, -, 2500, 100, 180
Elijah Poage, 218, -, 10000, 150, 1665
James Kelley, 300, -, 12000, 200, 1121
Benjamin Kelley, 300, 30, 14000, 250, 1550
Hanson W. Chapline, 377, 40, 24000, 200, 2830
Garret Sales (Soles), 70, -, 7000, 60, 200
Hamilton Woods, 390, 300, 69000, 150, 500
Joseph Thompson, 60, -, 6000, 120, 715
Daniel Steenrod (Steward), 500, -, 75000, 300, 525
James C. Parschall, 75, -, 7500, 200, 550
Hugh Nichols, 400, -, 50000, 400, 1497
George King, 60, -, 6000, 100, 225
J. C. Campbell, 450, -, 22000, 500, 4000
Nathan Dougherty, 110, -, 4000, 100, 300
Denny Burnes, 200, -, 8000, 200, 688
John Frazier, 143, -, 1400, 400, 430
Alexander Higgs, 60, -, 1800, 200, 450
Thomas McCord, 101, -, 5750, 300, 350
Elijah Waddle, 150, 100, 7500, 100, 1200

William Clark, 60, 25, 50000, 800, 700

Thomas Watkins, 25, -, 25000, 200, 200

John Wilson, 300, 140, 20000, 1000, 1500

Jesse Wells, 300, 100, 20000, 500, 1500

William Brown, 300, -, 10000, 50, 400

James Henderson, 100, 50, 4500, 50, 150

John Goshorn, 100, 37, 10000, 150, 420

Daniel Zane, 130, 20, 7500, 140, 310

Pendleton County, West Virginia
1850 Agricultural Census

The University of North Carolina at Chapel Hill filmed the 1850 agricultural census for Pendleton County from originals in the West Virginia Department of Archives under a grant from the National Science Foundation in 1963. This county along with several others have been separated from Virginia records as West Virginia was created in 1863 when it seceded from the state of Virginia

Columns 1, 2, 3, 4, 5, and 13 represent the following information on the census:
1. Name of Owner, Agent or Manager of Farm
2. Acres of Improved Land
3. Acres of Unimproved Land
4. Cash Value of the Farm
5. Value of Farming Implements and Machinery
13. Value of Livestock

George Propst of Hy, 20, 58, 500, 25, 150
Solomon Propst, 75, 700, 2450, 100, 600
Samuel Propst of Hy, 50, 140, 700, 25, 30
Michael Dickenson, 75, 200, 1500, 10, 65
Henry Dickension, 200, 2400, 3000, 25, 455
John Miller, 50, 540, 1800, 10, 160
William Propst of Go of F, 20, 75, 250, 10, 250
Joseph Toltz, 12, 10, 50, 20, 50
Frederick Simmons, 160, 240, 2500, 50, 350
George A. Hoover, 70, 200, 1200, 50, 300
William Hoover, 40, 300, 2500, 10, 200
John Heister, 100, 603, 1400, 350, 440
Frederick Heister, 60, 395, 4000, 200, 350
Henry Propst of Go of F, 80, 40, 500, 15, 80
Job Propst of F, 25, 90, 500, 15, 110
William Bright, 30, 120, 80, 10, 60
Jonas Propst, 5, 185, 200, 5, 45

Job A. Miller, 10, 500, 100, 5, 60
Daniel Hoover of W., 100, 300, 1500, 150, 200
George Rexrode of Z, 70, 350, 1200, 200, 330
August Rexrode, 12, 10, 100, 10, 765
Dennis Rexrode, 8, 10, 25, 5, 17
James Heister, 40, 253, 1500, 200, 380
Demisa Davis, 100, 750, 4500, 150, 210
Jacob Trumbo, 100, 200, 1800, 125, 650
Christian Hefner, 50, 250, 600, 10, 70
John Davis, Jr., 100, 750, 4500, 150, 700
George M. Hake, 40, 280, 600, 25, 150
Christina Campher, 25, 350, 1500, 15, 115
George Heister Sr., 65, 559, 1800, 150, 300
John D. Heister, 35, 79, 900, 15, 375
David Simmons, 6, 30, 100, 10, 900
Benniah Simmons, 35, -, 300, 20, 255

John Dyer Sr., 100, 135, 2400, 200, 650
Hary F. Temple, 75, 100, 3280, 100, 270
Henry Hartman, 15, 68, 83, 10, 115
Phoebe Cowger, 25, 52, 100, 5, 75
Jacob Cowger, 50, 166, 1500, 250, 500
William Dyer (col), 240, 965, 600, 245, 1000
William Dunkle, 50, 50, 375, 14, 145
Reuben Waggoner, 20, -, 100, 15, 100
Jacob Waggoner Jr., 13, -, 75, 15, 250
Amos W. Hively, 30, 370, 500, 7, 45
David Propst, 50, 130, 1000, 10, 150
Michael Lough, 45, 130, 1300, 200, 485
Israel Henkle, 8, 70, 200, 10, 70
Joseph Hiner, 25, 350, 250, 5, 250
Jacob Eye, 200, 385, 2000, 125, 475
Michael Hively, 60, 480, 1300, 100, 200
George Waggoner Sr., 50, 150, 1250, 150, 250
Henry Hull Sr., 30, 80, 525, 15, 415
Christian Ruleman Jr., 19, -, 100, 5, 115
William Anderson, 200, 2078, 20000, 400, 3125
George F. Johnson, 60, 300, 6000, 210, 820
Elizabeth Dunkle, 25, -, 125, 10, 45
John Dice, 100, 100, 2100, 100, 300
Charles Hizer, 120, 480, 4500, 100, 850
Sampson Conrod, 100, 30, 1250, 25, 500
Jacob Waggoner Sr., 90, 70, 1500, 150, 300
Jacob Dice, 150, 153, 2200, 200, 400
Allen Dyer, 150, 520, 4000, 200, 750
Nathaniel Banjay, 27, 15, 200, 15, 125
Roger Dyer, 180, 150, 3000, 100, 900
William Dyer Jr., 300, 700, 3700, 175, 550
John Pope, 85, 315, 3000, 280, 558
Noah Wanstrug, 250, 500, 5000, 300, 1200
Philip Naylerod, 50, 50, 300, 15, 150
Palser Shaver, 55, 215, 1200, 30, 300
Alex. M. Shaver, 25, 200, 500, 10, 125
Solomon Naylerod, 15, 200, 300, 5, 40
Reuben Riggleman, 8, 70, 100, 5, 25
George Mumbert, 100, 223, 700, 40, 300
John Mumbert, 15, -, 100, 5, 25
John B. Harter, 6, 1200, 500, 15, 65
John Wratchford, 35, 111, 150, 6, 100
John Hevner, 65, 190, 900, 5, 125
Simeon Harter, 50, 350, 500, 100, 300
John M. Davis, 20, 130, 500, 10, 150
James Wilson, 75, 225, 1200, 15, 175
William B. Matchel, 16, 250, 1000, 10, 45
Nathan C. Mumbert, 20, -, 100, 5, 40
John Doster (Dasher), 120, 279, 2500, 225, 700
George Cowger, 35, 102, 800, 200, 500
John Matchell, 30, 500, 210, 10, 20
Henry Cowger, 150, 426, 5000, 130, 855
Levi Trumbo, 45, 300, 4000, 200, 610
Andrew Trumbo, 70, 26, 2900, 125, 695
Emanuel Trumbo, 30, -, 1000, 10, 245
Michal Trumbo, 100, 118, 2000, 50, 700
William Trumbo, 100, 1027, 3000, 125, 575

Jacob Clayton Sr., 60, 105, 2350, 150, 223
William Dyer (Esq.), 70, 100, 3000, 100, 500
Mathew Dyer, 100, 377, 5000, 100, 750
Samuel Trumbo, 80, 66, 500, 120, 255
John Hevener, 35, 70, 150, 70, 225
Nathan Day, 8, 130, 200, 5, 50
Susannah McMullen, 30, 218, 600, 5, 80
Moritz Hartman, 20, 289, 500, 10, 225
Henry Puffenberger, 35, 172, 820, 10, 240
Susan Mowery, 20, 10, 300, 5, 37
William Hartman, 20, 40, 65, 5, 37
Hannah Hammister, 200, 900, 7000, 100, 2220
John Lough, 150, 230, 2600, 300, 810
Adam Lough, 75, 125, 1400, 150, 570
Isaac Lough, 100, 194, 1200, 200, 390
Abraham Lough, 35, 17, 600, 20, 285
William Fisher, 150, 430, 1500, 200, 525
William Guthry, 16, -, 100, 5, 65
John Swadly, 100, 420, 1760, 150, 610
Abel Simpson, 150, 250, 800, 15, 280
Jacob Bolton Jr., 15, 83, 600, 40, 100
Henry Bear, 150, 150, 1500, 95, 165
Martin Dahmer, 65, 150, 500, 100, 360
Frederick Hizer, 80, 360, 1500, 175, 345
Amos Mallon(Mallow), 60, 400, 1000, 20, 165
Absolom Hile, 13, 244, 400, 15, 205
James Shaw, 75, 201, 1100, 20, 225
George Miller, 75, 225, 1600, 80, 360
Eleanor Skidmore, 100, 200, 1200, 10, 125
Jacob Clayton Jr., 100, 40, 1300, 200, 365
Henry Mallow (Mallon), 80, 214, 3500, 250, 721
Henry Riggleman, 15, -, 50, 10, 75
George Grenawatt Jr., 20, 25, 150, 10, 75
Adam Grenawatt, 25, 215, 300, 10, 90
Adam Lough Jr., 30, 120, 100, 100, 185
George Grenawatt Sr., 70, 72, 800, 24, 242
George Hevener, 50, 102, 300, 40, 318
Jacob Riggleman, 25, 5, 25, 10, 63
Abraham Kile, 20, 14, 450, 15, 175
Nancy Dahmer, 25, 40, 600, 150, 242
George Smucker, 28, 16, 1000, 10, 183
Joel Dahmer, 25, 23, 300, 125, 210
William Ward, 55, 210, 1000, 20, 280
Martin Hedrick of C, 15, -, 100, 10, 80
Adam (Ada) Smith, 100, 107, 600, 20, 220
Jesse Hedrick, 50, 306, 1425, 30, 283
William H. Dyer, 50, 50, 1100, 200, 870
John T. Miller, 125, 305, 1800, 100, 673
William Hedrick, 30, 150, 200, 10, 100
James M. Cutty, 40, 83, 200, 15, 120
Jonas Hedrick, 25, 420, 4300, 150, 1120
Enoch Grayham, 75, -, 1125, 85, 240
Samuel Dean, 80, 84, 800, 15, 170
Moab Hanna, 30, 120, 700, 15, 214

Christine S. Bowers, 100, 50, 1000, 5, 290
Andrew W. Dyer, 600, 600, 20000, 400, 2500
Amby Harper, 400, 500, 8000, 200, 2155
Cyrus Hopkins, 200, 125, 8000, 200, 1509
Zebulon Kile, 800, 1000, 58600, 400, 2305
Adam Hammer, 40, 100, 2800, 250, 427
George Hammer Sr., 26, 2000, 1000, 300, 575
George Hammer Jr., 80, 470, 2000, 300, 610
Samuel Pennington, 15, 70, 200, 15, 100
Martin Hedrick of A, 4, 76, 50, 5, 10
Reuben Hedrick, 25, 50, 400, 10, 375
Henry Ayres, 25, 14, 700, 10, 258
Robert Hedrick, 40, 400, 500, 5, 159
Samuel.H. Hedrick, 30, 200, 625, 150, 364
Ulric Conrod, 200, 5500, 6000, 250, 1314
Larkin Samuels, 65, 250, 3000, 100, 900
Solomon Harper, 50, 150, 800, 20, 200
Michael Mallon(Mallow), 200, 600, 2500, 200, 935
Conrod Mallow, 100, 102, 1000, 100, 480
George Mallon Sr., 100, 40, 800, 200, 490
Daniel Kesner, 40, 80, 800, 75, 250
George Kesner, 55, 190, 1000, 150, 380
Samuel Kesner, 45, 190, 500, 25, 227
Philip Kesner, 40, 110, 400, 20, 201
Amos Miller, 65, 125, 900, 25, 195
Elijah Stonestreet, 75, 105, 1000, 135, 383
Noah Harmon, 110, 611, 850, 200, 684
Paul Kesner, 50, 200, 500, 100, 330
George Lough Sr., 25, 210, 940, 10, 60
Conrod Lough, 100, 307, 1925, 75, 600
Michael Mallon Jr., 65, 250, 700, 25, 220
Job Mozer, 75, 229, 700, 125, 510
Morgan Lewis, 5, 100, 25, 5, 5
George Custer, 22, 20, 150, 100, 165
William R. Bonor, 20, 50, 150, 20, 233
Elijah Charys, 9, 41, 50, 10, 40
Marin Bonor, 70, 200, 840, 50, 400
John Bonor (Borrow), 50, 267, 1000, 100, 325
John Kesner, 40, 277, 600, 40, 185
Solomon Bonor, 70, 110, 600, 75, 491
Martin Wise, 150, 350, 3100, 200, 735
Daniel Holloway, 60, 82, 80, 5, 200
Daniel Peterson, 20, 20, 100, 5, 90
Solomon Kesner, 27, 28, 300, 10, 40
William Alt, 100, 120, 1800, 50, 315
George Judy, 100, 95, 1750, 20, 565
Warden Cox, 30, 120, 150, 15, 100
Jacob Alt, 100, 120, 1840, 150, 355
Jacob Armentrout, 12, 40, 50, 5, 75
Philip Vanmeter, 20, 10, 100, 10, 93
John (Job) Shirley, 30, 50, 500, 10, 76
Henry Hedrick, 20, 30, 300, 10, 75
Isaac Grayhand, 400, 1700, 700, 200, 1367
Zebulon Hedrick, 90, 67, 2050, 20, 304
Thos. J. North, 40, 160, 700, 80, 130
Amos Shrieve, 25, 50, 200, 10, 52
Aaron Full, 20, 30, 150, 10, 71
Danl. H. Armentrout, 115, 300, 1800, 200, 487
John Riggleman, 15, 69, 300, 20, 80
Adam Judy, 100, 250, 750, 25, 440

John Ayres, 30, 25, 100, 5, 115
Henry Judy, 50, 350, 1500, 50, 377
Jacob Full, 35, 70, 450, 10, 10
John Shrieve, 35, 150, 200, 8, 41
Henry Vanmeter, 80, 121, 900, 15, 361
Jesse Vanmeter, 45, 104, 300, 10, 100
Rebecca Shirk, 100, 300, 1000, 15, 345
Sunannah Fay, 20, 100, 100, 5, 135
George Full, 75, 230, 500, 10, 208
Jesse Helmick, 20, 10, 50, 60, 60
George Eagle, 50, 250, 600, 20, 240
Benjamin Shreve, 15, 200, 300, 15, 147
Susan Cox, 16, 30, 500, 10, 12
Daniel Shreve, 25, 60, 50, 10, 5
Rebecca J. McCoy, 95, 100, 400, 15, 204
James D. Ruddle, 53, 53, 650, 16, 240
Chas. Hammer, 150, 330, 2400, 300, 910
John Bible, 40, 100, 2000, 175, 441
Jared M. Smith, 90, 950, 1000, 150, 800
John Haigler, 43, 10, 310, 300, 310
James Grayham, 109, 800, 2500, 200, 1635
Anthony Mowery, 20, 30, 50, 5, 37
Eliza Shreve, 14, 19, 100, 5, 61
Justus Propst, 50, 100, 150, 10, 195
Steward Hartman, 5, 135, 150, 5, 30
Samuel Davis, 10, 100, 150, 5, 125
Alpha Holmes, 100, 300, 900, 100, 200
Thomas Burgoyne, 45, 200, 400, 20, 175
Jacob G. Swartz, 30, 126, 600, 100, 156
George Huffman, 100, 160, 1000, 25, 254
Samuel Hoover, 60, 44, 1000, 25, 175
Noah Lamb, 6, 33, 130, 5, 81
Jacob Hammer, 50, 17, 1500, 200, 640
William Jordon, 20, 180, 700, 10, 110
Mortimer McCoy, 150, 200, 7000, 125, 625
Laban Smith, 175, 1436, 2600, 175, 1140
Jonathan W. Vaden (Warden), 12, 88, 100, 5, 20
Oliver Barkly, 20, 145, 500, 10, 105
Jacob Simmons, 15, 175, 600, 10, 205
Joseph Smith of Jno., 25, 95, 200, 15, 135
Eli Simmons, 60, 58, 800, 125, 375
Nathan Smith, 30, 71, 600, 10, 145
William F. Smith, 50, 79, 800, 10, 95
Philip Bible, 100, 700, 1500, 30, 325
John B. Blizzard, 45, 130, 350, 10, 160
Samuel Bible, 10, 46, 100, 10, 150
James L. Mauzy, 150, 316, 1600, 150, 560
Henry Bible, 150, 1000, 2000, 50, 870
Jacob R. Simmons, 25, 217, 450, 25, 140
William Lough, 80, 520, 650, 50, 260
James Hartman, 50, 119, 600, 20, 320
John Judy, 50, 106, 650, 18, 175
Harvy Lambert, 5, 60, 150, 10, 145
John Bowers of Jos., 50, 70, 750, 22, 430
William Bible, 80, 679, 120, 1500, 15, 465
Solomon Phares Jr., 75, 425, 1000, 50, 605
Abraham Simmons, 11, 200, 300, 10, 100
Jesse Lambert, 30, 126, 200, 10, 150
Mahael Arbaugh, 30, 136, 500, 5, 85
Mordica Whitecotton, 13, 50, 100, 10, 105

Joab Henkle, 175, 20, 2500, 80, 450
Boyd Henkle, 40, 58, 600, 10, 220
Joseph Arbogast Jr., 5, 100, 50, 5, 20
Jacob Vandevender, 12, 10, 50, 5 , 70
William Henkle, 40, 128, 450, 5, 125
Cabel Lambert, 20, 54, 2000, 15, 240
Job Nelson, 50, 70, 400, 5, 365
Daniel Nelson, 40, 20, 500, 10, 250
Adam Judy (Esq.), 225, 1184, 6000, 250, 2325
Isaac Nelson, 35, 75, 700, 10, 250
Joseph W. Nelson, 55, 40, 900, 10, 375
Samuel K. Nelson, 14, 100, 250, 5, 140
Adam Kessel, 100, 100, 500, 10, 340
John Walker, 30, 150, 850, 10, 110
Wm. Thompson Sr., 15, 19, 100, 10, 120
Henry Wimer Sr., 35, 85, 500, 30, 275
John K. Nelson, 100, 100, 1350, 25, 490
George Dolly, 70, 103, 500, 20, 235
Michael Henkle Jr., 60, 40, 1000, 12, 275
Esaw Henkle, 300, 1500, 7000, 200, 2855
Eli Hedrick, 30, 10, 300, 10, 20
Jacob Cassel, 35, 35, 500, 10, 225
George Rains, 25, 98, 500, 5,170
Elijah Bennett, 100, 137, 1300, 50, 1145
Morgan Rains, 15, 10, 250, 10, 80
Henry Bland, 100, 89, 2000, 30, 470
Johnson Teter, 155, 125, 3000, 150, 620
Zebulon Warner, 24, 103, 600, 15, 25
Edmund Flinn, 40, 45, 1400, 200, 650
Barbara Helmick, 15, 5, 50, 5, 35
John Dolly, 100, 175, 1800, 75, 545
Solomon Huffman, 100, 200, 1000, 150, 660

John Huffman, 7, 10, 100, 10, 30
Daniel Huffman, 75, 150, 1200, 20, 15
Elias Huffman, 8, 82, 235, 10, 35
Sampson Huffman, 15, 65, 300, 10, 75
Isaac Harmon, 225, 70, 3000, 150, 1010
George L. Thompson, 7, 5, 200, 25, 35
Solomon Harmon, 400, 500, 4000, 200, 1750
Solomon Day, 75, 113, 700, 75, 320
Samuel Harmon, 141, 320, 2700, 150, 690
Isaac Harmon Jr., 30, 68, 300, 20, 185
Jonas Harmon, 100, 600, 2000, 100, 435
Salem Whitecotton, 20, 140, 800, 20, 180
Reuben Harmon, 200, 700, 3000, 150, 535
Michael Westfall, 15, 94, 330, 10, 200
Thos. Harmon, 15, 154, 160, 25, 370
Sampson Day, 30, 90, 700, 20, 175
John Harmon, 250, 400, 2500, 200, 1175
Joel Harmon, 125, 200, 1800, 300, 660
Levi Harper, 25, 80, 1000, 15, 185
Isaac Day, 100, 75, 800, 20, 165
Simeon Harper, 50, 70, 800, 20, 275
Elias Harper, 50, -, 400, 50, 215
Philip Harper Jr., 30, 30, 1300, 20, 225
Elihu (Elisha) Hedrick, 30, 125, 300, 10, 65
Aaron Boggs, 80, 150, 3000, 200, 770
Solomon Weese, 40, 282, 400, 20, 145
Sampson Sikes, 40, 40, 1135, 25, 30
Jesse Henkle, 5, 20, 65, 15, 160

Michael Mouze, 90, 400, 3000, 100, 1040
Hiram Armentrout, 220, 950, 3000, 115, 2825
Philip Harper Sr., 55, 410, 1500, 150, 550
William Vanmeter, 25, 150, 400, 10, 300
James Bible, 45, 200, 1000, 15, 375
James Miller, 85, 200, 600, 100, 912
Adam Carr, 600, 775, 9000, 200, 2180
Samuel Skidmore, 125, 775, 3100, 60, 2560
Andrew Dolly, 50, 150, 1025, 100, 320
George Dolly Jr., 15, 135, 375, 10, 220
George Hevener Jr., 10, 110, 100, 5, 75
Samuel Mullinax, 15, 10, 100, 10, 65
Jesse Buckbee, 45, 205, 750, 15, 275
Solomon Vance, 30, -, 200, 15, 85
James Barnett, 25, 35, 250, 20, 265
Hiram Vance, 60, 425, 1500, 45, 55
George Long, 20, 32, 100, 8, 240
Jacob Wilfong, 10, 90, 20, 5, 40
Wilson Vance, 55, 150, 600, 20, 345
Cain Morrell, 30, 170, 600, 15, 270
James W. Haigle, 95, 48, 1200, 25, 650
Jesse W. Harper, 125, 235, 1800, 75, 920
Jacob Smith, 250, 1450, 3000, 50, 1240
Henry Smith, 200, 1450, 2500, 40, 700
George W. Bland, 30, 60, 250, 25, 280
John Reed, 9, 10, 75, 10, 110
Elias Teter, 35, 225, 600, 30, 260
Inis J. Hoover, 25, 25, 150, 10, 115
Laban Huffman, 45, 400, 1800, 25, 390
James M. Huffman, 20, 20, 200, 10, 225

Coplin Thompson, 100, 800, 2835, 120, 1028
James Keller, 50, 320, 800, 10, 450
William Sites, 50, 135, 910, 30, 425
Isaac Carr, 18, 100, 200, 20, 365
Jesse Kepemore (Kysermore), 50, 22, 250, 25, 320
Adam Sites, 70, 130, 3000, 50, 1050
John Keller, 12, 86, 350, 10, 80
Thomas White, 75, 525, 1600, 15, 665
Allen White, 15, 10, 400, 20, 90
Archibald White, 14, 10, 200, 10, 100
Gabriel Rains, 75, 125, 1800, 25, 215
Aaron Harper, 30, 86, 600, 15, 270
Adam Keller, 50, 250, 400, 10, 620
John Boggs, 180, 500, 2600, 50, 525
Solomon Hedrick, 120, 350, 4000, 150, 1440
Leonard Day, 100, 400, 1280, 100, 515
Wm. H. Lough, 50, 300, 1100, 20, 400
Martin Hartman, 10, 5, 30, 5, 85
Adam Phares, 65, 450, 2000, 50, 715
Solomon Phares Sr., 155, 600, 3500, 200, 1267
Ambrose Phares, 225, 1000, 8000, 200, 1550
John Thompson, 25, 125, 400, 10, 120
Wm. Simmons Jr., 15, 5, 450, 5, 75
Eli Daniels, 350, 800, 7000, 145, 810
Daniel Ketterman, 30, 58, 350, 30, 300
Sylvanus Harper, 125, 190, 6000, 150, 1131
James Thompson, 21, 5, 210, 20, 200
Thos. F. Payne, 10, 100, 300, 25, 210
Daniel Hefner, 20, 20, 125, 10, 85
Daniel Simmons, 10, 22, 200, 10, 110
Jacob Ketterman, 60, 120, 1300, 10, 65

Eli Bland, 100, 200, 1250, 150, 810
Joshua Harper, 20, 7, 1200, 5, 140
Leonard Hedrick, 50, 132, 1500, 120, 280
Wm. Bennet, 50, 250, 1500, 25, 390
Benj. Y. Smith, 12, 12, 240, 5, 30
Daniel Hartman, 20, 16, 180, 30, 107
Cain Henkle, 150, 700, 3750, 100, 650
Isaac Phares, 330, 260, 4000, 125, 435
Kenny Teter, 40, 70, 500, 25, 205
Cornelius Helmick, 100, 400, 1500, 50, 278
Bennett Rains, 10, 120, 150, 30, 165
Adam Conrod, 50, 759, 3000, 25, 560
Reuben Teter, 150, 450, 4000, 75, 1050
Levi Lantz, 125, 258, 3000, 35, 595
Joseph Lantz Jr., 160, 150, 3000, 400, 1170
Michael Henkle Sr., 600, 550, 10000, 300, 2120
Philip Harper (col), 9, 85, 400, 10, 75
Wm. Thompson JR., 9, 10, 400, 10, 95
Phoebe Henkle, 40, 200, 1600, 50, 345
Jesse Vance, 65, 300, 1800, 25, 490
Moses Harper, 190, 800, 3000, 100, 1320
James Davis, 100, 400, 1300, 40, 665
Jethro Davis, 15, 30, 200, 10, 75
Michael Hedrick, 15, 20, 100, 5, -
Elias Harper (of A), 12, 100, 100, 10, 135
Jesse Davis, 13, 61, 300, 5, 130
John Hoover, 25, 5, 200, 5, 110
Enos Helmick, 20, 50, 300, 5, 100
Leonard Rexrode, 12, 78, 200, 5, 60
Adam Hedrick, 80, 80, 600, 30, 185
Benammi Raines, 10, 10, 200, 1, 65
George Eeye, 20, 10, 200, 10, 50
Michael Arbogast, 30, 10, 300, 25, 215
Jesse Davis, 8, 10, 300, 15, 85
Calvin Wimer, 20, 246, 450, 10, 150
George Mallow (Mallon) Jr., 50, 150, 700, 10, 308
Abraham Flinn, 10, 15, 100, 5, 80
Laban V. Smith, 50, 130, 500, 10, 115
Joshua Teter, 15, 70, 250, 10, 30
Reuben Mallow, 25, 250, 630, 100, 330
Adam Dice, 100, 238, 1100, 10, 275
Joab Shirk, 35, 50, 450, 10, 495
Enos Tingler, 45, 40, 450, 25, 170
Samuel Teter, 20, 45, 200, 10, 115
Jno. W. Taylor, 15, 10, 100, 5, 100
Elias Tingler, 15, 10, 150, 10, 30
Adam Bouse, 15, 10, 75, 30, 300
Nath. Strother, 40, 60, 500, 25, 625
Jacob Sponaugh (Sponagle), 80, 520, 1800, 25, 655
Wm. Sponaugh, 18, 5, 200, 10, 175
George Wymer, 70, 600, 2100, 300, 1275
Nath. Wymer, 30, 50, 900, 130, 375
Jesse Henkle Jr., 50, 168, 800, 10, 334
Hudson Vint, 12, 710, 800, 5, 135
Washington Vint, 10, 310, 800, 5, 165
Solomon Teter, 60, 128, 1200, 10, 450
Jacob Flinn, 16, 5, 125, 20, 170
Sampson Pennington, 10, 100, 200, 10, 95
Philip Phares, 150, 80, 1400, 130, 675
Wesly Henkle, 100, 226, 2500, 100, 1050
Danl. Cunningham, 25, 12, 500, 15, 280
Philip Teter, 90, 150, 1000, 50, 365
Philip Wymer, 200, 1390, 4250, 150, 1040

Jacob Wymer, 60, 300, 1800, 50, 615
Joseph Arbogast, 50, 100, 350, 10, 120
Enoch Teter, 40, 60, 700, 20, 490
Jonas Laurence, 20, 10, 200, 10, 175
Solomon Warner, 20, 100, 500, 10, 215
George Lambert, 25, 50, 500, 10, 200
John Larret (Lamb), 6, 10, 5, 5, 35
Isaac Teter, 100, 200, 1200, 75, 680
Miles Helmick, 8, 10, 50, 10, 80
Martin Judy, 60, 297, 4430, 100, 735
Robert Phares, 500, 1300, 13000, 500, 3000
Salem Ketterman, 5, 20, 200, 5, 90
Guler Vance, 4, 10, 60, 5, 100
Joseph Mullinax, 20, 56, 500, 10, 385
Abel Long, 5, 10, 100, 5, 125
Job Lambert, 11, 52, 250, 5, 75
Laban Cunningham, 4, 36, 100, 5, 35
Josiah Helmick, 6, 44, 75, 5, 15
Lemuel Arbogast, 20, 12, 225, 5, 190
Elias Lambert, 30, 85, 350, 10, 165
Henry Bennett, 30, 75, 200, 25, 100
William Vandevender, 30, 57, 225, 10, 125
Henry Vandevender, 8, 10, 100, 5, 10
Arnold Lambert, 80, 40, 200, 10, 120
Noah Lambert, 9, 20, 100, 5, 251
Absalom H. Nelson, 200, 400, 3000, 50, 2600
Jonathan W. Nelson, 20, 600, 2000, 30, 560
George Sponaugh, 10, 8, 100, 15, 85
John Calhoon, 30, 20, 500, 5, 138
Abel Nelson, 30, 88, 300, 8, 85
George Lambert (of Jno.), 12, 5, 60, 5, 160
Amos Calhoon, 6, 16, 100, 5, 160
Homan Scott, 700, 600, 8500, 150, 4095
Salome Henkle, 90, 181, 1500, 80, 1000
Amos Judy, 90, 200, 3000, 25, 590
Moses Bennett, 30, 70, 700, 5, 160
Aaron Calhoon, 30, 90, 1000, 10, 200
Martin Bennett, 30, 100, 1000, 40, 215
John Bennett, 40, 80, 1400, 40, 215
James Bennett, 200, 250, 50000, 250, 1450
John Lambert (of Geo.), 10, 70, 50, 5, 75
Wm. Mullinax, 15, 15, 150, 5, 140
James Mullinax, 30, 145, 930, 15, 330
John Lambert Jr., 30, 48, 300, 10, 155
Leonard Harper, 525, 1500, 10000, 600, 5550
Joseph Sharp, 12, 85, 200, 5, 125
Daniel Weybright, 12, 275, 1000, 5, 310
Edward Mullinax, 75, 200, 800, 30, 155
Isaiah Murphy, 14, 10, 200, 50, 175
Wm. Calhoon, 200, 100, 2000, 50, 710
Samuel Mullinax, 250, 150, 2200, 35, 760
Addison Nicholas, 8, 10, 150, 10, 60
Henry E. Simmons, 150, 450, 3000, 250, 640
Wm. Rexrode, 15, 38, 600, 10, 160
Salomon Harold, 33, 4, 400, 10, 100
Andrew Harold Sr., 115, 158, 2325, 75, 335
John Harold, 25, 26, 400, 20, 190
Conrod Rexrode, 100, 140, 2400, 100, 795
George Wymer of P., 100, 221, 3500, 150, 770
Christian Harter, 30, 323, 500, 10, 100
Danl. Harold, 45, 36, 800, 130, 120

George Harper, 200, 1225, 8000, 200, 1240
Peter Schrader, 24, 58, 450, 5, 70
John Spongle, 100, 313, 600, 50, 405
Wm. Simmons, 50, 300, 1500, 50, 590
Louis Moyers, 250, 350, 5500, 200, 1335
Saml. Moyers, 45, 276, 1150, 30, 315
Harmon Moyers, 33, 276, 750, 10, 290
Peter Simmons, 125, 175, 3500, 150, 405
Jacob Shrader, 70, 10, 150, 20, 80
Adam D. Hammer, 200, 80, 3500, 100, 800
Balser Hammer, 50, 500, 1000, 30, 85
John E. Wilson, 200, 200, 4000, 200, 1000
Levi Propst, 20, 71, 350, 10, 60
Adam Propst, 9, 104, 60, 5, 16
Levi Moyers, 200, 250, 2000, 300, 945
Emanuel Rexrode, 65, 100, 400, 10, 480
Samuel Rexrode, 75, 100, 900, 100, 370
Salomon Rexrode, 175, 400, 8000, 200, 905
Harmon Rexrode, 50, 150, 500, 10, 305
James B. Kee, 150, 950, 2000, 350, 70
Thos. McQuain, 100, 120, 1000, 65, 300
Saml. Simmons, 40, 150, 500, 10, 175
Henry Propst (of H Dcd), 40, 80, 530, 5, 245
George Propst (Gap), 40, 60, 300, 15, 275
John Propst (of Wilson), 50, 10, 300, 50, 300
Jacob Propst (of Fifer), 30, 10, 200, 75, 400
Louis Propst, 30, 220, 1500, 25, 156
John J. Propst, 50, 300, 1600, 15, 370
Geo. Propst (of Fred), 40, 300, 800, 100, 450
Valentine Swadly, 100, 200, 2500, 100, 495
Peter Swadly, 50, 200, 1700, 20, 205
Wm. Propst Capt, 25, 185, 500, 10, 265
Martin Swadly, 50, 150, 1500, 75, 165
Elias Propst, 300, 953, 2500, 175, 890
James Stimkart, 75, 225, 600, 10, 245
John Eye Sr., 30, 52, 425, 40, 255
Jacob Pitzenberger, 100, 250, 1500, 15, 470
Christian Ruleman Sr., 400, 500, 4000, 50, 945
Jacob Ruleman, 100, 150, 160, 100, 150
Sarah Harvel, 10, 90, 300, 15, 130
Catharine Hoover, 120, 425, 1125, 15, 100
Reuben Propst, 10, 50,100, 10, 125
Jacob Stone, 300, 1500, 8000, 150, 1005
George Hoover, 15, 100, 300, 10, 25
Joshua Botkin, 15, 45, 180, 10, 180
Saml. Snyder, 14, 61, 200, 15, 65
Selatian Hoover, 50, 250, 800, 40, 300
Michael Propst, 20, 480,700, 30, 65
Jacob Bowers, 100, 49, 500, 25, 370
Henry Rexrode (of G), 75, 415, 2500, 150, 320
John Snyder, 10, 15, 100, 5, -
John Kiser, 120, 520, 2150, 100, 780
Noah Harod(Harold), 10, 190, 200, 10, 45
Eli Hoover Sr., 25, 175, 600, 100, 145

George Snyder, 20, 50, 500, 15, 130
Noah Snyder, 35, 50, 500, 10, 110
John Waggy, 55, 650, 700, 75, 365
Christian Snyder, 30, 170, 200, 50, 165
Joseph Simmons, 60, 410, 800, 30, 370
Wm. L. Smith, 6, 150, 200, 5, 125
Danl. Simmons, 20, 80, 200, 15, 150
John Grogg, 30, 120, 300, 15, 185
Philip Simmons, 50, 200, 200, 20, 340
Fry Puffenberger, 10, 20, 200, 10, 65
Michael Simmons, 6, 60, 100, 10, 150
Christian Puffenberger, 100, 800, 3000, 140, 900
Saml. Puffenberger, 16, 10, 130, 10, 335
Absalom Eckart, 13, 10, 100, 5, 95
Jacob Dove, 20, 105, 600, 25, 150
Valentine Eckart, 8, 10, 500, 9, 80
Joel Hoover, 51, 100, 650, 10, 75
Joseph Wilfong, 100, 200, 1000, 150, 425
Peter Puffenberger, 30, 50, 100, 5, 80
Henry Puffenberger, 35, 50, 200, 5, 30
Andrew Simmons, 50, 400, 1000, 15, 165
Philip Varner, 69, 500, 1000, 125, 595
Benjamin Hoover, 25, 275, 250, 10, 105
George Varner Sr., 25, 125, 700, -, 100
Jacob Smith (of Jno.), 80, 420, 1000, 50, 380
Christian Smith, 35, 200, 1000, 30, 90
James Botkin, 40, 72, 1000, 50, 405
David Kiser, 150, 180, 1100, 20, 410
George Crommett, 85, 140, 1000, 100, 505
Christian Varner, 8, 200, 150, 5, 140
George Varner Jr., 60, 98, 350, 15, 135
John Crommet, 200, 100, 800, 15, 65
John Simmons Jr., 100, 150, 500, 5, 120
Jacob Simmons, 100, 600, 2000, 150, 900
Josiah Crommet, 60, 260, 500, 25, 390
John Simmons of Hy, 18, 10, 200, 10, 175
Daniel C. Stone, 200, 584, 4000, 300, 1250
George Rexrode Sr., 150, 100, 2000, 300, 1020
A. Q. Switzer, 12, 10, 100, 20
Jacob Crommet of J., 28, 122, 600, 5, 90
David Rexrode, 100, 60, 1055, 30, 520
George Siple (Sissle), 400, 3100, 10000, 200, 2000
Joseph Hire Sr., 150, 361, 6080, 350, 1500
Michael Lamb, 30, 75, 300, 5, 130
Jacob Hire Sr., 150, 50, 5300, 500, 1550
John Hirer, 300, 1000, 10500, 350, 1725
Peter Rexrode, 45, 161, 1500, 50, 340
Henry Eye, 40, 35, 250, 20, 225
Danl. Crommet, 50, 157, 400, 20, 305
Solomon Simmons, 50, 96, 500, 20, 330
Daniel Stone Sr., 300, 200, 3000, 200, 1425
Solomon Stone, 70, 300, 1000, 25, 110
John Pitzenberger, 130, 450, 3000, 100, 970
Nathaniel Rexrode, 50, 100, 1000, 10, 255
Jacob Sinnett, 40, 100, 800, 15, 290
Henry Sinnett, 40, 50, 800, 10, 300

Jacob Rexrode Sr., 100, 300, 3000, 150, 965
Peter Matchel, 50, 50, 300, 30, 250
Saml. Propst of G of L, 75, 25, 500, 20, 300
George Propst of G of L, 20, 50, 200, 5, 120
John Siford (Liford), 16, 86, 100, 5, 40
George Propst of G of F, 35, 200, 700, 20, 278
Jacob Propst of G of L, 40, 100, 400, 20, 260
John Propst of G of F, 150, 100, 500, 10, 310
William Eye, 70, 230, 1200, 10, 485
George Mitchell, 150, 500, 2700, 200, 750
Jacob Mitchell, 20, 148, 400, 10, 200
Christian Eye, 100, 75, 1300, 10, 640
Wm. Propst of Danl, 18, 320, 175, 10, 150
John Eye Jr., 50, 175, 750, 30, 350
Abel Eye, 10, 25, 150, 10, 100
Henry Motes, 20, 100, 400, 30, 260
Jacob Motes, 15, 100, 50, 5, 100
Henry Sinnett, 60, 200, 2100, 10, 430
Saml. Propst of Jos., 65, 200, 1500, 15, 260
Duncan McQuain, 80, 91, 2000, 30, 410
Joseph Propst, 120, 178, 2000, 250, 1110
Barnabas Shaver, 20, 68, 700, 10, 220
Edwd. T. Saunders, 300, 700, 4000, 350, 2000
James Leach, 150, 800, 5000, 300, 1610
Peter J. Smith, 40, 75, 600, 100, 475
John Helmick, 5, 25, 200, 10, 125
John Vint, 25, 25, 500, 15, 200
Benjamin Hirer (Hiner), 200, 9700, 6000, 250, 1275
George McQuain, 135, 65, 1800, 150, 1085
William Vint, 200, 200, 1000, 125, 835
John Simmons of Geo., 10, 25, 100, 10, 145
Susan Motes, 100, 100, 400, 20, 150
Jacob Motes of Jacob, 10, 100, 100, 10, 200
Isaac Waggy, 30, 30, 300, 20, 200
Jacob Grogg, 60, 110, 400, 60, 295
Willis Thompson, 75, 75, 2000, 50, 340
J. F. Johnson, 125, 650, 4000, 75, 575
Jacob W. Waggy, 150, 50, 800, 45, 305
James Boggs, 150, 350, 4000, 10, 400
Reuben Dice, 120, 210, 6000, 130, 870
Wm. McCoy Sr., 1620, 5000, 45000, 600, 7770
Isaac H. Dice, 130, 521, 6000, 200, 875
John McClune Sr., 200, 807, 10000, 200, 1670
Zebulon Dyer, 960, 400, 35400, 350, 5145
Benanmie Hansel, 550, 520, 12000, 400, 2740

Pocahontas County, West Virginia
1850 Agricultural Census

The University of North Carolina at Chapel Hill filmed the 1850 agricultural census for Pocahontas County from originals in the West Virginia Department of Archives under a grant from the National Science Foundation in 1963. This county along with several others have been separated from Virginia records as West Virginia was created in 1863 when it seceded from the state of Virginia

Columns 1, 2, 3, 4, 5, and 13 represent the following information on the census:
1. Name of Owner, Agent or Manager of Farm
2. Acres of Improved Land
3. Acres of Unimproved Land
4. Cash Value of the Farm
5. Value of Farming Implements and Machinery
13. Value of Livestock

Geo. W. Amiss, 360, -, 6666, 485, 3325
Charles F. Walton, 200, -, 3334, -, -
John Hill, 300, 1580, 6500, 350, 1480
M. B. Gillilan, -, -, -, -, 440
Sampson L. Mathews, 800, 4608, 24824, 500, 2373
Richard McNeel, 300, 764, 5292, 250, 1397
Saml. D. B. Poage, -, -, -, -, 100
Levi Cackley, 50, 10, 240, 25, 275
J. W. D. McCarty, -, 38, 114, -, 18
Valentine Cackley, 20, 300, 700, 150, 180
Thomas Blare, -, -, -, -, 268
David Smith, -, -, -, -, 18
John B. Kinnison, 70, 40, 1540, 221, 629
James Smith Jr., -, -, -, -, 80
Thomas Hill, 85, 1864, 3400, 275, 957
Christina McKiver, -, -, -, -, 4
Moses H. Poage, 200, 330, 6000, 135, 700
George Gory, 300, 1656, 6000, 250, 2129
Joseph Callison, 70, 300, 1500, 30, 285
Wyat Smith, -, -, -, 5, 163
Abigail Gordon, -, -, -, -, 26
Marshal Peyatt, -, -, -, -, 91
Geo. W. McCoy, 75, 155, 1000, 50, 216
James Lewis, 220, 3652, 4565, 157, 1890
James Smith, 30, 243, 1000, 60, 243
Elizabeth Lewis, 60, 40, 400, -, 100
Wm. M. Blare, -, -, -, 10, 367
William Blare, 300, 2880, 12000, 300, 1407
Sheldon Clark, 600, 8754, 15000, 310, 4512
Charles Colter, 40, 230, 687, 12, 388
Magdalene McNeel, 300, 1500, 10800, 288, 1822
Harriet McNeel, 373, -, 5000, 125, 400
Alex. W. Rider, 90, 1600, 2887, 121, 882
Robt. M. Beard, 600, 1200, 13000, 109, 422
Josiah Moore, 40, 190, 1000, 15, 285
Isaac Moore, 350, 4267, 10000, 200, 2117

William Sharp, 70, 200, 1200, 352, 1088
Andrew Sharp, -, -, -, -, 258
Joseph Sharp, 100, 300, 2911, 200, 340
Robert Sharp, 30, 101, 600, 40, 151
Stuart W. Wade, 50, 80, 1400, 38, 646
George Rider, 100, 42, 1200,120, 500
Leonard Herring, 200, 200, 2960, 150, 1165
James H. Curry, 28, 36, 768, 23, 317
Elizabeth Moore, 100, 608, 3500, -, 293
Jacob Myers, -, -, -, 100, 325
Washington Moore, -, -, -, 160, 754
William Kelly, 2, 44, 40, 10, 79
John E. Bowers, 3, -, 6, 5, 27
John Kelley Sr., 3, 216, 50, 15, 47
Elizabeth Lightner, 175, 25, 3000, 130, 724
Peter Lightner Sr., 130, 280, 4000, 100, 589
Henry Harper 176, 11212, 4935, 500, 1812
Samuel Harper, 80, 20, 1600, -, 798
Daniel Alderman, 20, 40, 350, 10, 160
John Irvine, 100, 400, 2000, 40, 323
Henry Harper Jr., 75, 30, 2500, 100, 507
Elizabeth Sharrett, 40, 200, 802, 15, 127
Nancy F. Ruckman, 10, 176, 193, -, 172
Jno. E. Ruckman, -, -, -, -, 54
Lanty Lockridge Sr., 650, 5761, 12625, -, -
James Lockridge, 30, 50, 560, 317, 3560
William Cleek, 230, 6749, 4800, 20, 691
John Cleek, 160, 150, 4400, 95, 1546
Daniel McCarty, 45, 200, 1050, 65, 566

William Harper, 60, 72, 143, 2100, 700
Benjamin Herold, 100, 25000, 70000, 200, 2095
Joseph Seebert, 100, 600, 1615, 87, 750
Timothy Alderman, 30, 1500, 1050, 25, 236
Andrew Herold, 150, 800, 7000, 200, 2270
Samuel Hogsett, 200, 927, 7000, 123, 485
Hugh McGloughlin, 200, 1520, 6784, 200, 1957
Geo. B. Moffitt, 300, 300, 13000, 200, 2171
James A. Price, 200, 2700, 12000, 250, 2104
James Edmiston, 430, 2860, 10395, 75, 1128
John B. Cockran, -, -, -, -, 45
Thomas Morrison, 55, 176, 1266, -, 158
H. M. Moffitt, 800, 5000, 17000, 250, 3795
Jacob McNeel, 125, 900, 5500, 250, 1080
Riley Pugh, -, 800, 200, -, 15
S. Davis Poage, 200, 105, 6000, 118, 1080
Jefferson Casebolt, 40, 150, 100, 15, 105
John W. Ruckman, 200, 1175, 5150, 100, 1168
John Cochran, 50, 3154, 1700, 10, 214
Henry L. Casebolt, 20, -, 200, 12, 164
Thomas Cochran, 8, 200, 500, 90, 259
William Auldridge, 100, 190, 1300, -, 177
Saml. Auldridge, 30, 649, 1600, 75, 854
Thomas Adkison, -, -, -, 12, 17
Jacob Arbaugh, -, -, -, 5, 164

John McNeel, 70, 266, 2000, 12, 210
Chesly K. Moore, 200, 260, 4000, 75, 756
Alexander Barlow, 15, 100, 150, 10, 37
Robt. Moore Jr., 100, 1700, 5165, 213, 1464
Thomas Nicholas, 10, 362, 500, 25, 250
Nathan G. Barlow, 2, 18, 150, -, 55
Joseph Freil, 20, 350, 1000, 20, 240
William Baxter, 23, 125, 584, 40, 195
John Barlow Jr., 9, 63, 288, 20, 102
Andrew Moore, 15, 220, 705, 10, 112
James Shawver, 40, 2560, 2680, 15, 448
Ann Young, 100, 924, 4096, 150, 511
Isaac Moore, 50, 550, 3237, 200, 825
James E. Moore, 42, 168, 1000, 45, 363
John Waugh, 25, 1084, 1500, 30, 251
Sarah Duncan, 19, 750, 1153, 20, 96
David Donahue, -, -, -, -, 73
Robert Gay, 150, 765, 1624, 30, 223
John Barlow, 75, 325, 1200, 50, 389
Josiah Barlow, 2, 122, 348, 5, 166
John Dilley, 12, -, 96, -, 65
William Moore Sr., 60, 46, 742, 38, 319
Alexander Moore, -, -, -, -, 127
John R. Duffield, 50, 1103, 3000, 80, 260
Henry Sharp, 2, 98, 150, 3, 20
William Ewing, 40, 137, 600, 30, 277
John Moore, 25, 150, 525, 30, 208
William Gay, 25, 282, 767, 25, 207
John Smith, -, -, -, -, 114
Nicholas Stulting, -, -, -, -, 38
Margaret Duffield, 150, -, 1200, 25, 162
George Young, 20, 182, 1000, 60, 185
William Cochran, 150, 508, 2200, 150, 495
John Auldridge, 20, 410, 645, 25, 425
Lewis Hufman, -, -, -, 60, 90
Henry Duncan, 35, 432, 1500, 30, 477
Andrew Duffield, 60, 290, 700, 30, 378
Jonathan Griffin, 55, 345, 1290, 20, 540
William Griffin, 15, 415, 700, 10, 170
Benoni Griffin, 50, 75, 700, 30, 306
David M. Burgess, 125, 315, 2200, 30, 280
Isaac Adkison, 20, 185, 287, 30, 211
Andrew Young, 40, 65, 420, 50, 342
John Young, 30, 290, 540, 25, 14
John Dilly, 45, 143, 618, 50, 376
James Moore, 15, 31, 138, 10, 183
Alexander W. Sharp, -, -, -, 20, 380
James Waugh, 45, 3000, 4200, 50, 390
Andrew H. Freil, 5, 500, 1000, 20, 35
Joseph Freil, 60, 1440, 1125, 65, 230
James McC. Walton, -, -, -, -, 85
James C. Miller, -, -, -, -, 220
George Poage, 120, 451, 4080, 125, 366
James R. Poage, 50, 40, 800, 30, 448
Thomas R. Poage, 45, 48, 1116, 25, 407
Nancy McKever, 50, 50, 1067, -, 166
Jonathan G. McNeel, 50, 50, 1066, 35, 140
Elizabeth Flemmin, -, -, -, -, 99
Sarah Armstrong, 20, 380, 450, 35, 400
John McNeel Esq., 150, 150, 3000, 40, 500
Daniel Kellison, -, 500, 250, 40, 100
Nancy McNeel, 20, 75, 475, 15, 162

John Adkison, 12, 87, 97, 24, 240
William Adkison, 20, 77, 97, 25, 163
Allen Adkison, -, -, -, -, 115
Daniel Adkison, 20, 126, 292, 30, 240
Joseph Rodgers, 15, 183, 396, 10, 122
James Rodgers, 50, 102, 575, 15, 183
Phoebe McNeel, 20, 75, 570, 15, 153
Joshua Buckley, 100, 331, 1293, 20, 120
Mrs. Frances B. Silvy, 15, 131, 73, -, 44
Anthony T. Lightner, 50, 50, 500, 40, 145
Sampson Ocheltree, 35, 15, 250, 30, 279
Joseph Buckley, 60, 307, 1460, 35, 262
George Kee, 60, 475, 1345, 141, 434
William Kee, 30, 406, 1632, 40, 224
Andrew Kee, 15, 229, 600, 20, 169
Joshua Kee, 40, 1597, 796, 60, 332
John Gay, 70, 1202, 2742, 250, 686
Catharine Moore, 50, 110, 800, 20, 436
William Sharp, 150, 613, 3000, 50, 1895
Jacob Sharp, 50, 28, 600, -, -
Woods Poage, 450, 2400, 8700, 200, 1775
John Sharp, 10, 190, 200, 15, 145
John Brock, -, -, -, -, 120
Daniel Freil, 40, 240, 1400, 40, 446
Saml. Young, 75, 85, 1100, 40, 308
William Johnson, 55, 545, 974, 35, 431
James Bridges, 70, 500, 2000, 125, 358
Wm. H. Irvine, 50, 160, 1200, 60, 194
Amaziah C. Irvine, 35, 111, 1200, 10, 196
William Waugh, 100, 529, 1887, 115, 369

John Freil, 10, 90, 200, 12, 71
James Courtney, 15, 57, 980, 18, 130
William D. Moore, 25, 245, 332, 12, 308
William Auldridge, 4, 100, 25, -, 91
James Sharp, -, -, -, -, 214
Mary Courtney, 25, 275, 500, 15, 150
David Gibson, 75, 1354, 350, 150, 869
William Gibson, 40, -, 300, 50, 567
David Hannah Jr., 40, 902, 2030, 30, 236
Catharine Herold, 100, 583, 1660, 30, 492
Timothy Clunan, -, -, -, -, 400
John S. Gibson, -, -, -, 15, 257
Joseph Hannah, 40, 341, 1162, 150, 291
John Hannah, -, 695, 595, -, 460
Henry Buzzard, 45, 195, 600, 20, 339
James Brown, -, -, -, -, 40
John M. Hogsett, -, -, -, 250, 496
Saml. Bradey, 100, 250, 1000, 20, 393
Thomas Beal, 25, 335, 360, 20, 70
Addison Moore, 35, 375, 500, 30, 284
David Hannah Sr., 70, 530, 2700, 50, 290
William Sharp, 35, 2465, 1875, 20, 556
John Varner, -, -, -, 25, 266
Wm. Hamilton, -, -, -, -, 115
Geo. K. McLeod, -, -, -, -, 56
Jerome B. McLeod, -, -, -, -, 57
Caleb Knapp, 15, 560, 432, 15, 122
Thomas H. Galford, -, -, -, -, 56
William Beverage, 12, -, 60, 20, 408
Cutleb Myers, -, -, -, -, 116
Peter Shinnberry, 14, 86, 500, 12, 284
Jacob Shinnberry, 7, 168, 400, 15, 125

Augustus Allen, 25, 475, 1200, 30, 595
Bredewell Gum, -, -, -, - 24
Stephen McCloud, -, -, -, 2, 93
Jacob Beverage, 30, 102, 700, 10, 268
John W. Warwick, 900, 2600, 16800, 325, 2808
Israel Diggs, -, -, -, 5, 33
Elisha A. Jacobs, -, -, -, 10, 92
Josiah Bridges, 4, 96, 600, 20, 222
Thomas Casebott, 100, 400, 4000, 200, 320
Henry Casebolt, -, -, -, -, 25
Ebenezer Whiting, 115, 270, 1000, 40, 647
John Walton, 14, 86, 300, 10, 132
Jonathan B. Casebolt, -, -, -, 75, 170
John M. Jardon(Jordon), 200, 405, 4294, 200, 1032
William Kinnison, 50, 67, 1855, 10, 457
Nicholas Simmons, 100, 957, 1700, 50, 296
James Miller, 250, 4194, 9097, 250, 2300
Saml. M. Gay, 95, 2130, 2323, 200, 755
Henry Moore, 10, 514, 52, 10, 149
Elizabeth Johnson, 10, 400, 190, 5, 125
Isaac McN Farinsworth, 5, 45, 50, 15, 190
Andrew Ratliff, 13, 734, 2988, 6, 189
Zecheriah Barnett, 56, 164, 880, -, 235
John Townsend, 40, 140, 1600, 20, 545
James Gregory, 30, 970, 1350, -, 75
James Townsend, -, -, -, -, 273
Michael Geiger, 35, 645, 200, 20, 219
Henry Higgins, -, -, -, 20, 220
William W. Tallman, 15, 352, 1000, 15, 227
David McLaughlin, 40, 124, 984, 50, 544
Benjamin Collins, 180, 98, 2000, -, 1208
Andrew Collins, -, -, -, 20, 264
William Curry, 6, 270, 300, -, 182
Lucinda McGlaughlin, 40, 204, 800, 20, 121
Henry Ratliff, 6, 244, 1000, -, 92
Geo. W. Wilfong, 30, 277, 947, 13, 334
David Wilfong, -, -, -, 8, 139
Robert Curry, 70, 108, 1200, 32, 205
Isaac Curry, 60, 220, 1200, 47, 305
Wm. Wamless, 132, 729, 2200, 50, 970
Andrew Wamless, 35, 593, 1410, 30, 218
Henry Nottingham, 50, 1056, 497, 30, 298
William Castle, 35, 192, 227, 20, 165
Jacob Castle, 100, 343, 1870, 55, 142
James Castle, -, -, -, -, 216
Saml. Castle, -, 280, 140, 20, 243
Zadock Cunningham, 40, 182, 1000, 100, 286
Chas. Collins, 75, 177, 1589, 125, 408
John Collins, 30, 25, 500, 40, 202
Mrs. Jane Arbogast, 30, 1615, 6500, 125, 1250
_. J. Wooddell, -, -, -, -, 121
Wm. L. Dunkum, -, -, -, -, 130
Wm. B. Wooddell, -, 75, 150, -, 96
James Wooddell, 100, 269, 1848, 100, 442
Wm. Lightner, 130, 241, 3500, 175, 1090
Jacob G. Sutton, -, 22, 22, 12, 25
William Kerr, 30, 30, 425, 40, 200
William Sutton, 25, 93, 492, 40, 100
John Sheets, 70, 30, 1000, 175, 377
Joseph W. Cooper, 59, 321, 900, 45, 321

Andrew W. Kerr, -, -, -, -, 107
John G. Sutton, 50, 50, 500, 80, 159
James Lamb, -, -, -, 5, 47
Wm. M. Gum, 25, 75, 850, 45, 335
Wm. Galford, 65, 230, 1588, 30, 213
Thos. Galford, 75, 247, 661, 40, 444
Jacob J. Kerr, -, -, -, -, 230
Benj. Tallman, 100, 359, 3800, 200, 468
Robert B. Tallman, -, -, -, -, 219
William Carpenter, 75, 65, 1000, 40, 367
John W. Tallman, -, -, -, -, 132
Daniel McGlaughlin, 100, 380, 2343, 175, 1412
William F. Warwick, 100, 812, 5000, 100, 1166
James C. Tallman, -, -, -, -, 94
Isaac Moore Jr., 140, 13077, 4500, 100, 770
Saml. Sutton, 10, 107, 350, 10, 100
John Wooddell, 90, 145, 2567, 115, 615
Jacob Hartman, -, 33, 200, 115, 350
Joseph Woolfanbarger, 40, 96, 1419, 100, 277
William Bird, -, 50, 50, 125, 153
Martha Gum, 10, 140, 800, 30, 213
George B. Sutton, -, -, -, -, 80
Adam Arbogast, 40, 112, 850, 45, 197
David M. Maupin, 60, 60, 814, 125, 189
Isaac Hartman, 125, 228, 1500, 200, 520
John Ruley (Reiley), 110, 60, 1250, 150, 365
William Ervine, -, -, -, 30, 121
Joshua Burner, -, -, -, -, 217
Geo. W. Kerr, -, -, -, 100, 242
Sampson Nottingham, 35, 49, 500, 20, 144
James A. Ervin, 40, 20, 420, 150, 530
William Slade, 15, 37, 300, 30, 37
Frederick Philips, 30, 150, 600, 20, 512
George Burner, 200, 3657, 7648, 200, 1539
Ellis Houchens, 33, 100, 216, 15, 112
Jacob G. Slaven, 250, 20720, 143535, 300, 2751
John Woodell, -, -, -, -, 97
William Gum, 35, 169, 600, 20, 367
James Braffee, 10, 573, 1692, -, 832
Thomas Auldridge, 45, 1188, 1243, 35, 288
George Hill, 75, 559, 2528, 125, 554
Geo. W. Crookshanks, -, -, -, -, 142
Elisha Morrison, 30, 181, 500, 50, 240
Abraham Hill, 110, 2100, 5000, 225, 1420
John Braffee, 70, 1220, 2107, 25, 362
Richard Hill, -, -, -, 20, 200
David Morrison, 80, 100, 3000, 40, 557
Danl. Kellison, 200, 769, 2500, 30, 323
James Snedegar, -, -, -, 20, 212
Martha Brindley, -, -, -, -, 31
Saml. Ervine, 25, 155, 250, 35, 148
Isaac Clutter, -, -, -, -, 122
Timothy Clutter, -, -, -, -, 404
John Oldham, 150, -, 1300, 40, 300
Jesse Cochran, -, -, -, 25, 203
David Jeemes (James), 150, 430, 2030, 50, 646
John Morrison, 12, 138, 300, 15, 100
James Kellison, 80, 1095, 1311, 100, 696
Fielding Boggs, 40, 260, 300, 20, 59
Ellet Holmes, -, -, -, 15, 22
David Kellison, 30, 270, 300, 40, 185
Absolem Morrison, 50, 375, 685, 50, 346
James Moore, -, -, -, 100, 105
Jacob Piles, 40, 1830, 470, -, 50

James Piles Jr., -, -, -, -, 209
Saml. H. Burnside, -, -, -, -, 51
Robt. Burnside, 170, 1330, 4000, 200, 700
Isaac Bull, -, -, -, -, 28
James Piles Jr., 70, 850, 300, 40, 267
Benj. F. McClure, 30, 124, 250, 30, 234
Washington McClure, 7, 6, 60, 15, 100
Jacob Kinnison, 28, 7, 364, 75, 400
Nathaniel Kinnison, 50, 100, 2100, 50, 236
David Hannah Jr., 80, 120, 1000, 35, 135
Geo. W. G. Edmiston, 180, 4085, 9300, 200, 809
Joel Hill, 50, 160, 3000, 150, 541
Allen Galford, 40, 487, 1800, 102, 255
Hugh McGlaughlin, 150, 238, 4000, 200, 1238
Wm. P. Hogsett, -, -, -, -, 212
James M. Sharp, 100, 350, 3175, 75, 607
Hugh M. Carpenter, -, -, -, -, 212
Lovel Wanless, 40, 260, 1000, 150, 409
Andrew Dilley, 50, 1300, 2500, 100, 458
James Wanless, 70, 180, 2000, 125, 460
Nicholas Swadley, -, -, -, -, 182
Lindsey Sharp, 30, 40, 700, 20, 285
Robt. D. McCuthan(McCutcheon), 100, 7889, 5821, 250, 1103
Wm. J. McClaughlin, 55, 685, 1700, 30, 254
Wm. McGlaughlin, 65, 485, 1500, 40, 496
Jeremiah Lindsey, 20, -, 80, 30, 188
John Carpenter, 50, 450, 2000, 50, 549
John Potts, 40, 200, 700, 40, 279
And. G. Mathews, 2800, 7500, 40000, 500, 8000
Jacob W. Mathews, 500, 3831, 12000, 300, 3157
Peter Buzzard, 100, 216, 1800, 150, 440
Paul McNeel, 1800, 10844, 25000, 500, 8000
Wm. Nottingham, -, 390, 58, -, -
Adam & Addison Nottingham, 200, 2367, 3885, 250, 1715
John Clendennen, -, 90, 100, -, 117
John Galford, 150, 315, 4000, 250, 823
Ludi Taylor, 50, 420, 1282, 150, 595
Richard Hudson, 55, 46, 140, -, 53
Elijah Hudson, -, 224, 265, 60, 224
Nathaniel McLeod, -, -, -, -, 65
John Hicks, -, -, -, -, 56
Frederick Pugh, 20, 680, 700, 20, 117
Tomas Wooddell, 40, 126, 859, 20, 146
Patric Bruffy, 90, 418, 2790, 182, 318
William Bruffy, -, 50, 150, -, 148
Mary A. Turner, 25, 65, 270, 10, 44
Geo. W. Tracy, -, -, -, -, 37
John A. Gillaspie, 40, 141, 825, 100, 193
Jacob Gillaspie, -, -, -, -, 44
Solomon Conrad, 80, 76, 2525, 300, 466
John Conrad, 25, 59, 620, 20, 94
Benj. F. Ervine, 15, -, 75, 15, 125
Charles Brown, 18, 62, 240, 130, 70
John & Menassa Puffenbarger, 80, 650, 2920, 20, 186
Isaac Orendorf, -, -, -, -, 30
Menasa Pufenbarger, -, -, -, 25, 215
Jacob Yeager, 165, 6838, 3249, 175, 1460
Michael Wilfong, 30, 270, 475, 35, 448
Salome(Solomon) Varner, 70, 266, 629, 40, 426
John Yeager, -, -, -, 270, 412

Jacob Wilfong, 60, 340, 1200, 20, 440
Andrew Yeager, 140, 2340, 4700, 100, 810
Adam Arbogast Jr., 60, -, 400, -, -
Adam Arbogast Sr., 80, 85, 2750, 50, 529
Able Wilfong, -, -, -, 5, 20
Moses H. Arbogast, 25, 243, 1032, 30, 325
Abraham Miller, -, -, -, -, 15
Thomas Kerr, 30, 130, 800, 50, 248
Job Bridges, 7, 143, 250, 35, 250
Henry Beveridge, 100, 60, 1200, 50, 273
Daniel Sladen (Slader), 15, 25, 80, 12, 102
Edward Ervine, 100, 4961, 2557, 150, 423
Jacob Tomlinson, 6, -, 24, 5, 102
Geo. W. Tracy, 12, -, 48, -, 44
Geo. W. Woodders, 5, 78, 203, -, 22
David W. Kerr, 25, 75, 1750, -, 59
Sampson Buzzard, 45, 255, 500, 10, 233
A. Wesly Buzzard, 75, 62, 1400, 40, 230
Jacob Butler, 60, 3319, 4000, 250, 1037
Mitchell D. Dunlap, -, -, -, -, 237
John Holden (Hadden), -, 25, 85, 25, 205
Frederick Burr, 150, 400, 1500, 75, 938
John H. Lowry, 20, 80, 200, 30, 113
Ralph Wanless, 130, 380, 1500, 150, 700
John Miller, 15, 135, 150, 40, 80
Martin Dilly, 250, 252, 3000, 300, 540
William Moore, 30, 125, 500, 30, 352
Jacob Waugh, 125, 200, 1000, 40, 345
Beverly Waugh, 80, 245, 1000, 150, 433
John Moore, 65, 30, 250, 50, 251
Margaret Moore, -, -, -, -, 205
Charles Grimes, 100, 1452, 1100, 60, 309
James Grimes, 85, 275, 1500, 70, 271
Arthur Gromes (Grimes) Jr., 30, 20, 350, 15, 171
Arthur Gromes (Grimes) Sr., 100, 100, 700, 20, 185
Henry Gromes (Grimes), 60, 115, 656, 21, 263
Anthony Kelly, -, -, -, 10, 25
John Tharp Sr., 80, 480, 3557, 75, 386
Eli Buzzard, 90, 1010, 3850, 100, 1038
Jane Buzzard, 60, 240, 1200, -, 14
Jonathan Potts, 30, 320, 1050, 50, 431
John Arbogast, 30, 180, 800, 75, 275
Benj Arbogast, 100, 120, 1500, -, 300
Solomon Arbogast, 60, 173, 1400, 50, 433
Henry Arbogast, 50, 220, 2000, 200, 531
John Wanless, 20, 480, 400, 50, 176
Edward Kellison, 100, 446, 1500, 100, 35
William Auldridge, 30, 192, 1000, 67, 339
John Kellison, -, 500, 250, 7, 97
William Kellison, -, -, -, 50, 83
Sarah McClure, 25, 65, 270, 20, 166
George W. Poage, 75, 1753, 1800, 50, 505
Robt. W. Knapp, -, -, -, -, 80
Porter Dawsey, 80, 190, 630, 50, 490
Wm. Morrison, 20, 423, 443, 30, 128
Robt. G. Miller, 500, 533, 6500, 150, 2200
Reubin Buzzard, 60, 440, 1200, 25, 325
James W. Moore, 6, 38, 44, 25, 325
Josiah Morrison, -, -, -, 12, 28

Wm. McCoy, 55, 142, 1000, 30, 570
Israel J. Callison, 200, 400, 4000, 100, 760
Abraham McKiver, 75, 100, 700, 50, 383
John B. Todd (Tedd), 55, 50, 400, 35, 300
Wm. P. Cochran (Ochson), -, -, -, 10, 85
James Ochson, 40, 47, 550, 20, 214
Josiah Collison, 200, 683, 7191, 150, 2136
Wm. Clendennen, 20, 25, 100, 10, 114
James Rankin, 6, 785, 1555, 75, 416
Geo. W. Rankin, -, -, -, 18, 117
Archibald Rhea, 200, 120, 4500, 200, 617
Wm. Seebert, 10, 441, 1800, 12, 166
Wm. Cackley, 200, 1200, 6000, 250, 720
John F. Carpenter, 49, -, 490, 70, 130
Thomas Garrison, 100, 750, 5000, 200, 567
William Skeen, -, 2700, 1200, 10, 448
Wm. L. Ferty, 40, 75, 1000, 100, 130
William Dilly, -, -, -, 40, 90
Edgar Campbell, -, -, -, 50, 165

Matilda Craig, -, -, -, 100, 200
James Parne (Pame), -, -, -, -, 45
Jacob Cackley, 15, 275, 1200, 25, 262
James Sharp, 120, 1880, 4600, 50, 1006
James L. Sharp, -, -, -, -, 100
Wm. Sharp, -, -, -, -, 277
John H. Ruckman, 200, 3627, 6000, 200, 2194
Levi Cackly Sr., 70, 530, 5000, 200, 756
John Shultz, -, -, -, 70, 211
Elijah May, 43, 63, 700, 50, 189
Jacob Wyford, -, -, -, -, 100
Asher Hogsett, -, -, -, 20, 86
Wm. P. Hill, -, -, -, -, 120
Edgar Freeman, 200, 100, 1500, 30, 147
Mrs. Mary McCoy, -, -, -, -, 83
John Oldham, 130, -, 1300, 10, 244
Sarah Oldham, -, -, -, -, 400
Josiah Beard, 390, 1920, 21500, 250, 2700
E. T. Jameson, -, -, -, -, 150
Lands Found on the Books Owned by Persons Not Residents of the District, 2600, 135000, 32000, -, -

Preston County, West Virginia
1850 Agricultural Census

The University of North Carolina at Chapel Hill filmed the 1850 agricultural census for Preston County from originals in the West Virginia Department of Archives under a grant from the National Science Foundation in 1963. This county along with several others have been separated from Virginia records as West Virginia was created in 1863 when it seceded from the state of Virginia

Columns 1, 2, 3, 4, 5, and 13 represent the following information on the census:
1. Name of Owner, Agent or Manager of Farm
2. Acres of Improved Land
3. Acres of Unimproved Land
4. Cash Value of the Farm
5. Value of Farming Implements and Machinery
13. Value of Livestock

This county had a number of renters.

Israel Balden, 100, 120, 28500, 75, 385
Richard J. Riley, 24, 246, 1300, 100, 325
John B. Murdock, 20, -, 1500, 20, 160
Elisha M. Hagans, 50, 25, 200, 100, 200
Wilery Poston, 25, 100, 200, 40, 150
John Hersman, 100, 200, 600, 20, 160
George Jackson, 50, -, 175, -, 24
Richard Lypolt, 100, 500, 3000, 150, 457
Buckner Fairfax, 300, 900, 10000, 3000, 1150
John W. Riger, 144, -, 11600, 5, 175
Claiborn C. Stone, 40, 60, 600, 15, 240
John Ambler, 100, 5000, 3800, 100, 200
Thomas Brown, 200, -, 5000, 100, 400
Peter Barrack, 26¼-, 250, 75, 20
John W. Reger-, -, -, -, -
William G. Brown, 180, 1000, 4500, 150, 750
Richard Ball, -, -, -, -, 89

John P. Byrne, 30, 30, 2500, 5, 150
John A. Dilly, 100, 583, 3000, 200, 165
Richard Goff, 24, 96, 400, 20, -
James R. Bishop, 50, 100, 200, 75, 400
Wm. Sigler, 33, 40, 2000, 40, 250
Elijah Shafer, 40, 5, 2500, 5, 500
Isaac Coburn, 65, 75, 1500, 50, 402
Geo. W. Fairfax, 300, 337, 6000, 30, 2000
William Harris, 4, 221, 250, 70, 200
Ephraim Schuck, 30, 70, 700, 15, 65
Adam Male, -, -, -, 10, 150
Solomon P. Herndon, 110, 60, 6000, 10, 315
William Hanger, 250, 409, 1757, 100, 540
Gustavus Cresaps, 35, 25, 100, 75, 220
John Shafer, 10, 30, 100, 10, 46
Wm. Albright, 6, 48, 1500, 25, 120
Wm. B. Zinn, 1000, 2000, 12000, 500, 1535
John Wagner, 40, 302, 1500, 100, 245
Thos. Squires, 100, 400, 3000, 100, 200

Henry Miller, 20, 53, 382, 5, 125
John Ridenour, 100, 450, 1000, 20, 196
John Potter, 60, 60, 1200, 25, 357
Wm. Potter, 130, 68, 1800, 20, 450
George Conly, 35, 250, 1200, 25, 140
Samuel M. Snider, 20, 100, 1200, 12, 100
Saml. D. Squires, 5, 95, 150, 5, 40
Harman Greaser, 10, 70, 200, 15, -
Barket Fawcet, 15, 85, 500, 25, 170
Adam W. Gull, 20, 90, 700, 5, 40
Geo. Hilson, 40, 160, 1000, 25, 100
Jesse T. McGinnis, 35, 65, 700, 45, 150
William McGinnis, 40, 73, 1000, 10, 200
Philip W. Nizle, 30, 15, 800, 60, 175
David D. M. Riley, 75, 195, 1000, 20, 170
Thomas P. Piles, 17, 284, 1000, 10, 172
James Perritt, -, -, -, -, 80
Alexander Ball, 50, 250, 1200, 75, 300
Thomas Gregg, 50, 70, 1500, 150, 243
Kelso Pell, 50, 113, 1200, 40, 220
Samuel Hose, -, 78, 250, 12, 80
John Pratt, 30, 50, 60, 10, 90
Sarah Pratt, 20, 40, 200, 5, 120
Hunter Fortney, 80, 10, 1500, 50, 220
Daniel M. Fortney, 75, 190, 1200, 20, 217
Jno. H. Blaney, 20, 50, 200, 5, 60
William Cool, 30, 492, 2000, 10, 75
James Simpson, 70, 230, 2000, 40, 312
John Howard, 40, 119, 1000, 100, 250
Amos Gandy, 90, 110, 1200, 50, 290
William Pew, 4, 12, 500, 60, 96
James McGee, 35, 61, 528, 40, 148
David Snider, 25, 74, 750, 5, -
William Harrington, 25, 148, 692, 33, 234
Rolly Wilkins, 60, 94, 1232, 50, 237
David H. Fortney, 100, 76, 1500, 70, 442
James H. Hiett, 100, 220, 1800, 100, 248
John Pew, 8, 38, 200, 10, 90
Sarah Wilkins, 40, 78, 944, 20, 168
Thomas Hunt, 40, 10, 400, 7, 91
Wm. R. Hunt, 20, -, 100, 10, 75
Samuel Gandy, 50, 60, 1000, 75, 305
George Orr, 40, 140, 2000, 40, 194
Wm. Frazier, -, -, -, 200, 451
Charles Walls, 75, 254, 1800, 50, 255
Charles B. Fawcet, 30, -, 500, 10, 100
Benjamin S. Miller, -, 156, 325, 25, 192
Christian S. Core (Case, Cox), 10, 137, 40, -, 60
Hezakiah Miller, 16, -, 258, 5, 75
David Fields, -, -, -, 8, 118
Joseph Haudlerman, 18, 30, 300, 2, 100
William Garner (Garnet), 75, 10, 1200, 75, 550
James Huggins, -, -, -, 15, 90
Elzey L. Turner Sr., 45, 10, 600, 50, 210
Francis B. Fairfax, 150, 200, 220, 75, 512
Israel Shafer, 40, 40, 900, 40, 255
Samuel R. Trowbrige, 300, 700, 4000, 100, 520
Abraham Snider, 35, 115, 500, 25, 239
John Minear, 130, 60, 1200, 40, 446
Wm. D. Snider, 20, 80, 600, 25, 187
John R. Moore, -, -, -, 12, 50
John Francisco, 80, 50, 1500, 75, 500
George Lypolt, 45, 46, 400, 65, 325
Daniel Lypolt, 25, 7, 1500, 10, 144

Hezakiah Pell, 150, 250, 3000, 100, 604
Jacina Stone, -, -, 300, 10, 170
Joseph Liston, 50, 120, 100, 20, 110
Jno. W. Minear (Mincar), -, -, -, 25, 349
Buckner Fortney, 15, 145, 600, 15, 140
William Ragse, 150, 160, 4000, 100, 654
Wm. Thomas, 30, 70, 800, 100, 195
Alpheus Summers, 50, 125, 2500, 15, 228
Rolly Cress, 65, 100, 2000, 20, 280
Samuel Shehen, -, -, -, 12, 110
Isaac Cress, 75, 50, 1500, 80, 320
Isaac Cress, 65, 80, 1000, 5, 234
John Artez, 75, 50, 1400, 20, 311
James Herseman, 80, 400, 2000, 25, 358
Geroge Herseman, -, -, -, 10, 135
Jesse Pinwell (Tidwell, Sidwell), 100, 168, 2500, 25, 400
Hugh Tidwell (Sidwell), -, -, -, 25, 180
James Hamilton, 75, 50, 1200, 30, 333
Joshua Brooks, 50, 100, 1200, 95, 345
John Trisler, 50, 80, 1200, 75, 270
Solomon Shaw, 25, 40, 300, 10, 75
John Marquess, 120, 80, 1500, 40, 580
Frederick Harsh, 20, 75, 1500, 15, 127
Frederick Harsh, 70, 30, 1200, 25, 230
Henry Runner, 70, 65, 1500, 90, 280
Wm. Fairfax, -, 500, 400, 75, 351
Reuben Warthen, 60, 97, 1500, 30, 200
Rolly Evans, 40, 260, 1500, 15, 220
John _. Pierce, 30, 100, 600, 10, 270
Ebeneaz Griffith, 25, 50, 400, 15, 125
Thomas McCoy, 45, 210, 1000, 30, 330
Frederick May, 25, 60, 500, 10, 100
John Wilkins, 60, 100, 1500, 100, 347
Thomas Tolbert, 30, 159, 1200, -, 160
John M. Thorn, 60, 200, 1500, 150, 320
Margaret Hunt (Hart), 50, 22 500, 3, 65
Hiram Orr, 125, 175, 3000, 200, 470
Mary Snider, 40, 160, 1500, 10, 220
James L. Gayner, 80, 20, 1000, 20, 330
John L. Hanoton, 32, 103, 1000, 35, 310
David Watts, 100, 200, 2000, 30, 220
Wm. Poston, 30, 110, 400, 10, 110
Robert Sinclear, 20, 50, 500, 10, 130
Alexander Sinclear, 50, 150, 1000, 80, 378
Wm. Mason, 50, 150, 1000, 20, 33
Joseph G. Baker, 75, 150, 1500, 100, 480
John M. Bennet, 25, 140, 400, 5, 145
Nehemiah Stafford, 75, 210, 2000, 10, 240
Elias Orval, 25, -, -, 10, 186
Lot Ridgeway, 40, 210, 1000, 20, 350
John Herseman, 25, 100, 400, 10, 110
Peter Bolyard, 40, 130, 800, 15, 220
George Loughridge, 44, 75, 800, 100, 300
Fergason Jenkins, 40, 210, 1200, 20, 150
Job Jaco, 70, 50, 1200, 20, 250
George M. Jaco, 24, 70, 700, 20, 200
Samuel Sidwell, 30, 150, 100, 15, 190
Elizabeth Purce, 100, 150, 1200, 50, 220

Thomas Matthew, 100, 164, 2000, 30, 485
James M. Simpson, 18, -, 100, 5, 100
John A. Wolf, 50, 250, 2000, 20, 240
John Crosson, 18, 55, 400, 5, 90
Joseph Summers, 40, 60, 100, 10, 290
Joseph Collins, 10, 94, 250, 10, 44
John M. Holzman, 40, 360, 1400, 23, 206
William Scott, 100, 100, 2000, 68, 500
James Reed, 75, 315, 2500, 60, 490
John Lypolt, 25, 75, 600, 15, 183
James Beaty, 150, 175, 4000, 70, 511
William Elliott, 90, 60, 2000, 92, 550
John Minear (Mincar) Sr., 10, 75, 1500, 30, 230
Thos. W. Ashby, 180, 220, 6000, 58, 665
Aaron Freeland, 12, 45, 560, 10, 121
James Carroll Jr., 75, 14, 2000, 134, 406
Benjamin Freeland Jr., 16, 34, 400, 15, 30
Absalom D. Squires, 16, 95, 250, 10, 30
Ananias D. Wills, 170, 300, 3000, 60, 114
Thomas Rinehart, 40, 150, 1000, 25, 247
Isaac Rodeheaver, 45, 200, 700, 45, 278
Solomon Heckert, 75, 225, 1000, 108, 704
Thomas Pence, 20, 150, 600, 10, 70
Lemuel B. Marlow, 40, 45, 500, 50, 180
Rolly Watson, 50, 35, 800, 25, 213
David Morgan, 25, 65, 2100, 10, 172
Samuel Foreman, 150, 100, 1200, 40, 410
Elias Ervin, -, -, -, 15, 157
John Wright, 35, 65, 400, 10, 160
David Minear (Mincar), 50, 90, 1000, -, 80
Hiram Minear, 55, 20, 200, -, 88
Aaron Ashburn, 30, 500, 8000, 105, 3039
David C. Miles, 300, 1300, 8000, 117, 1015
William Conly, 1, -, 25, -, 21
Washington Conly, -, -, -, -, 165
William Q. Britton, 6, -, 144, -, 20
Robert Freeburn (Treeburn), 19, 121, 700, 30, 171
Alexander Turner, 75, 120, 1200, 50, 220
Elijah Piles, 65, 35, 1000, 10, 190
Ann Fortney, 75, 25, 1000, 150, 463
Hunter Piles, 25, 40, 400, -, -
Daniel Fortney, 90, 187, 2700, 100, 174
Barton Fortney, -, -, -, 2, 166
Wm. M. Fawcet, 4, 75, 250, 5, 13
Alpheus Cazadd, -, -, -, -, 50
Daniel R. Fortney, 35, 70, 600, 35, 224
Sarah Jordan, 40, 40, 1200, 25, 405
John H. Posten, 75, 25, 1500, 15, 130
Jacob Snider, 75, 255, 5000, 20, 395
Leonard Posten, 75, 43, 1500, 50, 289
Preston Trowbridge, 50, 60, 2000, 15, 92
William J. Stone, 100, 80, 800, 20, 448
John Francisco, 110, 65, 1050, 65, 447
Mary Feathers, 60, 40, 1000, 100, 332
William Garner, 65, 42, 500, 100, 444
John Elliott, 100, 88, 1640, 150, 776
Thomas H. Davis, 60, 180, 1500, 50, 200
David Martin, 24, 92, 600, 25, 135
George Rodabaw Sr., 2, 100, 200, 10, 125

Noah A. Moon, 30, 170, 1000, 35, 183
Peter Everly, 35, 465, 750, 75, 170
James McMillen, 20, 90, 400, 4, 20
George Rodabaugh, 70, 345, 2000, 200, 460
Andrew McCawly, 20, 80, 200, 10, 118
Isak Swindler, 70, 712, 1698, 50, 402
Jeremiah G. Davis, -, -, -, -, 27
James Straher, 50, 150, 400, 35, 253
Robert McMillen, 30, 180, 420, 10, 91
Samuel Graham, 130, 160, 2000, 150, 334
James Carroll, 20, 50, 300, 10, 194
Johnathan Blany, 25, 68, 500, 10, 89
Nathaniel Humes, 30, 70, 600, 30, 187
Jacob Hartzell, -, -, -, -, 40
Robert Brown, 200, 205, 2400, 80, 850
John C. Brown, 100, 40, 2000, -, -
Joseph Martin, 40, 31, 462, 50, 193
Philip Martin Sr., -, -, 25, 1, 108
Francis White, 14, 32, 300, 20, 80
Jacob Bower, 19, 101, 700, 20, 200
Samuel Garner, 30, 112, 520, 30, 130
Samuel Stuck, 35, 116, 400, 50, 120
Levi May, 30, 63, 300, 20, 198
Christian Case (Cox), 12, 120, 400, 5, 100
Hiram Field, 50, 50, 500, 25, 250
Elizabeth Tanner, 30, 120, 500, 25, 205
Larkin Stone, 80, 70, 1500, 10, 490
William Mason, 50, 50, 1000, 20, 280
David White, 18, 32, 700, 10, 120
Otto Klemshadow(Klemshalon), -, -, -, 20, 197
George Moon, 40, 210, 250, 35, 170
Alfred Holt, 60, 110, 1200, 25, 180
Thomas Holt, 70, 95, 1000, 25, 430

Thornton F. Hebbs, -, -, -, 20, 125
Thomas H. Beavers, 25, 197, 600, 15, 167
Allen Cook, 9, 657, 1400, 20, 137
Thomas Cook. 65, 710 1800, 100, 340
Moses Beavers, 100, 150, 800, 110, 232
Francis W. Deakins, 150, 1400, 800, 100, 550
James A. Price, 40, 100, 500, 10, 72
Samuel Notts, 30, 90, 800, 10, 170
Lander Bell, 10, 90, 300, 10, 125
Ann Pew, 30, 70, 400, 10, 134
Samuel Pew, 12, 88, 400, 10, 40
Joseph Carrico, 75, 225, 600, 25, 240
John Hebb, 50, 210, 1000, 25, 260
Jonathan Funk, 60, 400, 1000, 40, 410
Jacob R. Bolyard, 35, 60, 500, 5, 50
John Kisen, 20, 40, 300, 10, 120
Jesse M. Puritan, 25, 600, 800, 100, 192
Unis Funk, 60, 440, 3000, 40, 570
David Wonderly, 40, 224, 2000, 75, 300
Leonard Crites, 35, 900, 600, 30, 140
Henry Bishop, 25, 75, 40, 25, 175
Daniel Mires, 30, 50, 50, 40, 125
Nathan Ashly, -, -, -, 15, 300
Jacob Funk, -, -, -, 10, 120
John Albright, 60, 170, 1200, 40, 120
Samuel Snider, 50, 200, 2000, 50, 147
John Conly Jr., 40, 50, 500, 30, 290
John King, 30, 70, 600, 60, 340
Thornton Ronafield, 50, 50, 800, 80, 237
Jacob Ewing, 65, 160, 1200, 70, 235
Alexander Shaw, 100, 86, 1300, 100, 434
James Gibson, 30, 156, 1000, 10, 170
John G. Wolf, 20, 80, 800, 15, 175

James Cassaday, 50, 110, 1000, 10, 126
Samuel Evans, 50, 50, 1000, 10, 430
William Grimes, 112, 86, 1500, 130, 470
George Brown, 150, 350, 4000, 120, 700
Alfred G. Pickett, 150, 57, 2000, 125, 187
John Riley, -, -, -, 5, 140
Richard Bell, 40, 65, 500, 3, 80
James Bell, -, -, -, 10, 126
William Stansberry, 45, 171, 1000, 15, 235
Joseph Pratt, 30, 65, 500, 35, 190
William Simpson, 20, 45, 300, 8, 100
Susan Snider, 50, 150, 1000, 20, 280
Uriah Sabill, 50, 160, 1000, 20, 300
Samuel Powell, 100, 83, 1500, 60, 300
Stephen A. Blackwood, 55, 105, 1000, 35, 200
Thomas Shay, 75, 125, 1300, 35, 360
James Flinn, 45, 175, 600, 100, 112
John Orr, 60, 82, 1200, 100, 235
Thornsbery Baly, 50, 64, 1000, 65, 276
Harrison Jack, 75, 71, 1000, 100, 250
George Sigley, 45, 105, 900, 30, 190
Reason Pell, 20, 85, 400, 15, 62
James C. McGee, 25, 90, 300, 8, 75
John U. Martin, 50, 412, 1500, 75, 350
Fairfax Pell40, 60, 1000, 30, 180
Reas Shay, 15, 118, 200, 5, 56
James Trickett (Prickett), 40, 45, 600, 12, 145
William H. Moore, 7, 163, 2000, 8, 200
Jesse Hall, 150, 250, 2000, 100, 630
Henry Walten, 200, 100, 3000, 150, 1428
Hugh Evans, 125, 150, 1500, 50, 314
Samuel Costello, 64, 10, 1000, 75, 440
Robert Meanifee, 30, 136, 1000, 25, 164
John Meanifee, 40, 60, 800, 30, 190
Jonas Shehen, 40, 48, 500, 15, 200
Andrew Notts, 35, 78, 400, 18, 132
Barnabas Ball, -, -, -, 3, 132
Robert Robes, 40, 90, 800, 5, 163
Rolly Trickett (Frickett, Pickett), 70, 75, 1200, 35, 158
William Williams, 10, 121, 400, 15, 50
Richard Greaser, 16, 84, 400, 25, 130
Jacob Crane, 400, 500, 6000, 150, 1700
Jeremiah Forker, 8, 125, 1500, 50, 418
William Shinabarger, -, -, -, 10, 80
Jacob B. Martin, 100, 200, 1000, 50, 250
Jacob Falkenstine, 55, 20, 600, 125, 271
Ludwick Falkenstine, 55, 20, 600, 125, 271
Jacob Wolf, 120, 180, 800, 25, 175
William M. Smith, 60, 65, 500, 30, 270
Bower G. Trowbridge, 100, 225, 1000, 75, 30
George Cruchall, 15, 35, 250, 5, 100
Elizabeth Shaw, 140, 190, 1600, 30, 180
William Michaels, 100, 118, 2000, 50, 120
John Michaels, 150, 180, 3000, 80, 390
Benjamin Michaels, 50, 64, 400, 5, 100
John Worsing, 2, 380, 500, 100, 440
Samuel Conner, 8, 120, 1500, 60, 420
James Michaels, 40, 20, 200, 15, 140
Starling Graham, 150, 50, 1000, 100, 580

John O. Darby, 70, 200, 1000, 80, 270
David Bright, 20, 10, 50, 5, 50
Jacob Rishel, 10, 33, 250, 20, 110
Samuel M. Smith, 80, 250, 500, 80, 370
John M. Smith, 40, 60, 400, 20, 190
Joseph Smith, 30, 90, 300 40, 180
Job Smith of G, 80, 190, 2000, 100, 264
Jacob Cale Jr., 75, 60, 1000, 40, 250
James Metheny, 15, 15, 300, 30, 80
James Shaw, 130, 100, 1500, 250, 540
William Smith, 40, 110, 600, 100, 220
John M. Smith Agt., 14, 85, 400, 10, 110
Danl. B. McCollum, 50, 80, 100, 100, 250
Evan Jenkins, 65, 85, 800, 60, 140
Jonathan Jenkins Agt., -, -, -, 20, 170
John Cripp, 40, 65, 400, 30, 275
Augustine Wolf, 100, 180, 800, 125, 380
Joseph _. Everley, 25, 10, 200, 5, 100
Nathan Metheny, 35, 75, 500, 25, 238
Asa Metheny, 30, 60, 50, 40, 210
Peter Cramer, 30, 35, 400, 15, 140
Levy Gibson, 100, 75, 800, 25, 220
Elizabeth Gibson, 35, 44, 300, -, 50
John Jenkins, 30, 110, 300, 10, 130
Zaccheus Gibson, 125, 125, 1500, 40, 326
Isaac Armstong, 230, 250, 5000, 200, 614
Abraham Liston, 150, 50, 1500, 300, 200
Levy Gibson, 75, 275, 1000, 25, 200
Leonard Greathouse, 30, 50, 200, 10, 80
Jonathan Jenkins, 70, 175, 700, 4, 237
Nathan Graham Agt., -, -, -, 5, 70
Stephen Daniels, 20, 196, 200, 4, 85
John Jenkins, 40, 95, 500, 75, 300
Amos Cale, 60, 240, 600, 15, 115
Philip Wolf, 150, 130, 1000, 100, 500
Robert Calhoun, 35, 150, 900, 20, 192
David Albright, 150, 400, 5000, 100, 300
Stephen Fitcharall, 100, 400, 1000, 15, 100
John P. Miller, 20, 30, 400, 10, 200
Harrison Sypolt, 10, 90, 300, 9, 100
Machel Sypolt, 100, 200, 1500, 125, 450
James Fitcharall, 40, 60, 400, 20, 140
Stepehn Fitcharall, 40, 30, 400, 10, 75
Daniel Bowers, 35, 5, 100, 50, 190
Elisha Liston, 90, 120, 100, 40, 225
Alpheus Sypolt, 30, 70, 600, 10, 120
Daniel Fitcharall, 150, 50, 1000, 100, 380
Peter Metheny, 100, 29, 800, 30, 160
John Stump, 40, 70, 300 20, 156
Samuel Martin, 15, 45, 200, 5, 80
John Groves, 10, 30, 200, 5, 60
Jesse Martin, 50, 50, 600, 50, 165
Jonathan Harned, 100, 200, 800, 75, 370
John R. Foreman, 90, 210, 100, 50, 424
Ethbell Forman, 170, 180, 1000, 150, 370
Wm. A. Falkenstine, 20, 160, 700, 58, 100
Jonathan Foreman, 80, 520, 200, 150, 550
Isaiah Jones, 50, 25, 500, 25, 160
Perry Graham, 50, 25, 500, 15, 146
Herison Liston, 60, 15, 500, 100, 170
David Graham, 60, 160, 100, 50, 300
Joseph Smith, 40, 106, 800, 30, 200
Jacob Cale, 160, 250, 2000, 150, 490
John Cale, 130, 270, 1500, 175, 550

John Davis, 20, 80, 500, 30, 45
Samuel Matlick, 60, 100, 1000, 50, 200
Jeremiah E. Lawson, 15, 105, 300, 3, 73
George Prickett, 50, 50, 1000, 5, 154
James Freeland, 40, 8, 800, 60, 230
Charles B. Hamilton, 235, 145, 6000, 150, 1286
William Squires, 45, 80, 800, 10, 130
Jacob Garlock, 25, 127, 800, 15, 156
John Pell, 60, 120, 800, 35, 311
John W. McGee, 75, 160, 1500, 100, 426
William McGee, 200, 230, 4000, 150, 675
John W. Rodgers, 40, 110, 800, 60, 187
William Walls, 23, 100, 500, 8, 143
John S. Price, 50, 152, 1200, 100, 355
Jacob Hibbs, 50, 55, 800, 50, 180
Archibald W. Rodgers, 75, 925, 1000, 100, 328
Samuel B. Brown, 200, 400, 5000, 125, 760
Samuel S. Brown, 50, 50, 1000, 300, 200
James Clarke, 20, 80, 400, 30, 136
Joseph Shackelford, 60, 440, 800, 10, 120
Henry Linton, 30, 115, 800, 10, 120
William Linton, 20, 40, 300, 10, 80
William Smith, 40, 170, 700, 60, 210
Bennett Weaver, 70, 210, 1000, 75, 240
Samuel Britt, 100, 138, 2000, 100, 333
Thornton White, 70, 230, 1200, 100, 205
Joseph Prickett, 75, 54, 1200, 125, 370
William J. Kelly, 40, 360, 800, 75, 155
Jonathan Huddleson, 250, 850, 3500, 200, 806
Samuel Zinn, 35, 65, 300, 3, 90
Michael Zinn, 70, 130, 2000, 3, 155
Alexander Zinn, 30, 70, 800, 15, 110
George D. Zinn, 100, 360, 2000, 200, 1020
Elizabeth Brown, 100, 180, 500, 15, 315
Wm. Brown Esq., 125, 275, 3500, 50, 550
Henry Martin, 60, 140, 1000, 60, 300
John Zinn, 80, 200, 1200, 75, 465
Thomas Johnson, 10, 179, 600, 20, 219
Jacob Weaver, 100, 153, 1500, 75, 205
Mary Casseday, 50, 50, 500, 5, 156
John Jaradd, 40, 100, 700, 15, 140
George Moore, 30, 81, 40, 5, 110
Reason Riley, 20, 80, 400, 5, 120
James Brain, 60, 102, 1000, 25, 253
John Graham, 40, 160, 1000, 50, 130
Elias Nine, 130, 270, 600, 75, 345
Henry Nine, 40, 75, 800, 100, 230
Conrad Nine, 80, 220, 1000, 100, 367
Solomon Messenger, 70, 130, 1000, 3, 419
Samuel Messenger, 80, 100, 80, 75, 450
Wm. Taylor (tenant), -, -, -, 15, 280
John Grass (tenant), -, -, -, 20, 214
Martin Wolf (tenant), -, -, -, 120, 165
Caleb Conn, 50, 250, 3000, 15, 200
Daniel A. Darbey, 80, 45, 1000, 100, 255
Archibald Gribble, 100, 400, 2500, 175, 679
John Goody, 60, 40, 1000, 57, 354
Zephaniah Turner, 200, 390, 2500, 50, 710
Harrison Turner, 50, 50, 300, 110, 200
Samuel Squire, 50, 85, 500, 60, 141

Stephen Gadden (Golden), 65, 100, 700, 35, 215
Solomon Walls, 12, 18, 150, 20, 245
James Miller, 20, 380, 1000, 20, 75
Samuel Fields, 20, 130, 500, 15, 123
Henry Fortney, 75, 137, 1000, 40, 180
Barton Hawley, 40, 60, 400, 25, 730
William D. Mason, 50, 250, 2000, 100, 350
George Riley, 50, 55, 1000, 15, 140
John Witherspoon, 15, 85, 500, 5, 80
Orren Wesling, 25, 75, 400, 5, 120
William Bishoff, 75, 100, 1500, 125, 802
John McGrew, 35, 115, 800, 35, 120
Barney Deacre(Deane), 25, 75, 40, 10, 130
Henry Barlow, 35, 65, 600, 10, 120
Christopher Moyers, 20, 24, 300, 5, 80
Francis Hire, 25, 55, 500, 10, 120
Garrett Buckman, 40, 116, 500, 8, 110
Garret Orrens, 25, 25, 300, 10, 120
William F. Fortney, 5, 100, 250, 1, 55
Geo. H. Corley, 40, 105, 800, 25, 125
Mary E. Burkman(Buckman), 30, 176, 1000, 5, 100
Elijah C. Metheny, -, -, -, 10, 75
John Martin, 100, 200, 1000, 100, 200
Elijah E. Alford, 50, 180, 640, 75, 230
James Hayes, 100, 220, 1000, 75, 480
Jacob Hartzell, 10, 90, 200, 10, 75
Edmond Messenger, 30, 200, 500, 40, 224
Benjamin Freeland, 25, 55, 400, 30, 200
Wm. Elzey, -, -, -, 10, 100
James Freeland, 50, 50, 500, 45, 200
Henry Hardesty, 40, 13, 400, 15, 225
Geo. Sypolt Jr., 60, 900, 600, 50, 300
John Buckaloo, 10, 90, 200, 10, 200
Anne Buckaloo, 75, 25, 300, 15, 120
Jacob Stump, 70, 35, 800, 125, 250
Samuel Frimbley (Trimbly), 140, 100, 2000, 125, 500
Peter Whitsel, 50, 150, 600, 150, 600
George Rhodes, 40, 60, 490, -, 250
Margaret Merrill, 100, 300, 200, 300, 340
Henry Hartman, 100, 900, 1000, 125, 390
Alpha Messenger, 47, 63, 225, 30, 200
Joseph Wolf, 40, 60, 150, 30, 125
John Wheeler, 75, 100, 1500, 200, 400
John Bishoff, 100, 52, 800, 150, 350
George Wagoner, 75, 125, 800, 75, 250
John H. Lantz, 60, 60, 800, 125, 600
Henry Wiler, 50, 50, 500, 20, 250
David S. Friese, 50, 220, 1500, 75, 300
Jno. G. Heckert, 120, 400, 2500, 125, 500
Jno. A. Watring, 60, 147, 1500, 100, 376
Ezekiel Fotter (Potter, Folter), 100, 212, 3000, 100, 415
Henry Stillham, 50, 13, 200, 5, 230
Christian Bailes, 130, 200, 1200, 100, 300
Levi Hile, 15, 28, 225, 10, 40
Frederick Cutramp, 25, 105, 200, 20, 100
Danl. S. Wortring, 30, 120, 400, 20, 85
Elijah Winton, 30, 235, 500, 60, 150
Samuel Porter, 20, 194, 200, 30, 110
John H. Schlecter, 20, 110, 300, 30, 250
Anne Maria Hopkins, 15, 85, 100, 5, 100
John P. Heckert, 20, 60, 15, 20, 115

William F. Porter, 23, 120, 300, 25, 100
Jno. H. Griffin, 21, 280, 600, 20, 110
William Cloughan, 12, 137, 400, 10, 78
Enos Sell, 30, 112, 600, 25, 190
George R. Root, 25, 110, 500, 15, 50
James Brafford, 45, 130, 500, 75, 290
Abraham Shafer, 16, 115, 600, 50, 80
John P. Shaffer, 30, 70, 500, 25, 100
Richard Norman, 15, 85, 300, 15, 25
Abraham D. Wotring, 60, 270, 1500, 125, 350
Mary Hanline, 35, 62, 400, 400, 400
George F. Harsh, 25, 140, 400, 25, 150
Jacob Pifer, 100, 200, 1500, 50, 240
Sarah Harsh, 100, 90, 1000, 100, 260
Frederick Wotring, 50, 260, 1300, 35, 200
John Lantz, 140, 160, 1500, 75, 275
Samuel Hopkins, 85, 180, 1500, 25, 208
George Blemple, 25, 180, 1500, 25, 208
John Rudolph, 75, 500, 1000, 100, 500
John G. Rinehart, 130, 270, 1500, 100, 450
James C. Dawson, 50, 164, 800, 50, 180
Isaac Shafer, 50, 52, 250, 15, 260
Christian Wilt, 90, 104, 800, 100, 560
Tevalt Shaffer, 30, 34, 400, 100, 175
William Shafer, 60, 140, 800, 75, 200
Christian Martin, 15, 95, 300, 30, 125
John S. Sanders(Landers), 30, 300, 300, 20, 190
William C. Knotts, 30, 300, 300, 15, 40
Peter Foglesong, 40, 145, 600, 50, 200
John Wagner, 25, 110, 300, 20, 175
David Harsh, 18, -, 100, 20, 125
David Teets, 35, 150, 400, 30, 150
Samuel Montgomery, 15, 280, 300, 15, 100
Andrew Fansler, 40, 60, 300, 50, 165
Daniel C. Wotring, 35, 35, 200, 15, 200
Samuel Wotring, 75, 125, 1000, 30, 300
David Dumire, 40, 237, 600, 15, 200
David Rinehart, 30, 70, 800, 35, 125
Eve K. Houser, 60, 100, 1000, 40, 245
William H. Grimes, 100, 1000, 4000, 150, 600
James Lipscomb, 45, 100, 500, 20, 175
Jacob Guseman, 150, 150, 4000, 200, 940
John P. Cramer (renter), 60, 540, 1200, 20, 156
Metheny Teets (renter), 60, 10, 300, 15, 125
Adam Feathers, 100, 50, 1000, 35, 500
George Bowers, 30, 180, 600, 25, 210
Elizabeth Forker, 100, 80, 200, 50, 460
Wm. Deberry (renter), 300, 200, 3000, 70, 350
Sarah Draper, 50, 25, 500, 40, 200
Daniel H. Martin, 15, 30, 150, 5, 75
Isaac Martin, 50, 25, 300, 50, 200
__vis Falkenstine, 75, 50, 1000, 100, 500
William Conner, 120, 50, 1500, 125, 520
Lewis Wolf (renter), 60, 190, 600, 5, 150
Christian Rodeheaver(renter), 30, 30, 300, 15, 200
John Kelley, 100, 100, 800, 75, 340

William Kelley, 75, 100, 600, 50, 400
Alfred Kelley, 40, 60, 400, 15, 200
Lar Kelley, 20, 40, 200, 10, 250
Christian Guthrie, 60, 140, 400, 20, 200
George Spiker, 40, 100, 300, 15, 175
Alex. Harvey, 100, 200, 1200, 75, 280
William Guthrie, 45, 275, 300, 20, 130
Samuel Deberry, 45, 45, 300, 20, 15
Archd. Deberry, 200, 270, 2000, 125, 670
Martin Deberry, 50, 90, 50, 35, 200
Philip Strosser, 100, 400, 800, 50, 400
John F. Moeleh, 175, 325, 2000, 75, 400
Ezekiel Fathers, 75, 25, 600, 50, 26
Francis Hanger, 35, 100, 400, 5, 150
James Feathers, 60, 100, 800, 25, 350
Jno. Rodeheaver, 125, 200, 2000, 150, 400
Christian Feathers (renter), 30, 70, 500, 15, 150
John Feathers, 200, 320, 3000, 150, 1000
Thurman Conaway, 150, 150, 2000, 100, 400
Calvin Crane, 75, 200, 80, 50, 500
Isaac Ervine, 40, 130, 500, 30, 350
Michael Hartman, 300, 900, 5000, 150, 1500
Joseph Feathers, 50, 150, 800, 100, 500
Jacob Smith, 120, 100, 2500, 80, 550
Geo. L. Reckert (Heckert) (renter), 20, 5, 200, 10, 100
Ernest A. Reckert (renter), 25, 25, 200, 15, 12
Jacob Smith, 150, 100, 3000, 175, 1000
Wm. Kelly, 20, 10, 200, 50, 200
Abraham Feathers (renter), 40, 100, 600, 20, 28
Geo. Rodeheaver, 100, 125, 1500, 140, 4000
Joseph N. Miller, 1800, 200, 5000, 150, 500
Eve Sparks, 110, 140, 500, 50, 400
Jacob Barb, 100, 80, 1000, 20, 200
Christian Strauser, 100, 125, 1200, 40, 100
Abraham Otto, 175, 425, 1500, 100, 500
Benjamin Awmin, 125, 75, 1000, 40, 300
Henry Spiker, 60, 130, 700, 600, 200
Peter Frankhouser, 40, 100, 1000, 180, 240
Leonard Cupp, 180, 140, 800, 75, 300
John Cupp, 75, 50, 600, 50, 275
Peter Frankhouser, 40, 60, 500, 40, 300
John Teets, 70, 135, 600, 25, 150
James Benson, 30, 110, 500, 35, 200
Jacob Cupp, 80, 90, 1000, 60, 275
George Benson, 40, 85, 600, 20, 50
Nicholas Powell, 50, 103, 300, 10, 150
Wm. Glover, 40, 74, 600, 20, 200
George Snop, 30, 70, 400, 30, 225
Henry Furney, 100, 75, 800, 100, 400
Amos Jefferys, 30, 100, 4000, 25, 175
Ede Harden, 15, 125, 200, 5, 80
John Frike, 40, 448, 500, 10, 100
John M. Frike, 20, 64, 220, 10, 80
Peter Frike, 80, 120, 1500, 40, 500
Jacob Rodeheaver, 15, 85, 400, 10, 100
Josiah Jeffers, 70, 120, 800, 20, 300
Edmund Jeffers, 100, 100, 1000, 40, 350
Saml. Livingood, 20, 30, 300, 10, 175

George Herron, 100, 50, 2000, 100, 500
John Smith, 50, 50, 800, 20, 125
Catharine Smith, 100, 100, 800, 20, 50
Simon Garner (renter), 50, 60, 700, 10, 150
Jonathan Livingood, 60, 60, 1000, 75, 400
Stephen Guthrie, 30, 170, 500, 40, 200
Alexander B. Guthrie, 35, 54, 500, 25, 150
John Burk (renter), 100, 150, 2000, 100, 250
John Boger, 150, 80, 1000, 200, 632
William Marcus, 100, 200, 2000, 40, 450
George Pierce, 60, 120, 200, 20, 300
Benjamin Shay, -, -, -, 10, 110
John A. Hoffman, -, -, -, 3, 60
Joshua Shehen, 40, 20, 500, 10, 280
John N. Bolyard Sr., 100, 250, 3000, 80, 430
John A. Bolyard, -, -, -, 20, 155
John Goff, 50, 10, 1000, 30, 250
James Goff, 40, 40, 800, 15, 200
David Shehen, 40, 40, 600, 6, 120
Mark C. Hersman, 50, 50, 600, 10, 175
Jacob Murrey, 10, 90, 400, 5, 160
William Notts Sr., 40, 76, 600, 10, 244
John Williams, 20, 60, 500, 5, 100
John Shehen, 16, 60, 500, 5, 60
George Rozier, 10, 116, 600, 5, 100
Lewis Bolyard, 30, 96, 500, 15, 135
Elias Nester, 15, 105, 400, 10, 65
Stephen Bolyard, 25, 100, 800, 20, 200
Thomas Braham (Graham), 35, 50, 500, 20, 192
Henry Bolyard, 20, 80, 400, 10, 120
Absalom Notts, 60, 140, 2000, 10, 190
Jonas Wolf, 35, 80, 1000, 30, 460
Robert A. Nottz, 10, 70, 200, 12, 120
John B. Griffin, -, -, -, 10, 48
Henry Shively, -, -, -, 30, 260
Reuben Shehen, 25, 25, 300, 5, 140
Jacob May, 55, 160, 1200, 15, 230
Nicholas Bolyard, 150, 300, 3000, 120, 450
Andrew Bolyard, 40, 80, 500, 15, 57
John Bolyard, 20, 90, 400, 10, 164
Jacob Fresh, 20, 15, 500, 10, 50
Christian Nine, 60, 170, 1200, 30, 190
Stephen Bolyard Sr., 75, 75, 1400, 10, 280
Peter Burnes, 30, 80, 100, 20, 190
Henry Bolyard, -, -, -, -, 90
Joshua S. Shehen, 30, 55, 800, 20, 270
John Nichola, 10, 18, 500, 10, 60
Molar T. Trowbridge, 18, 75, 300, 5, 55
Peter Hoffman, 40, 160, 2500, 40, 230
Isaac Wolf, 10, 90, -, 10, 100
John Shafer, 25, 25, 150, 10, 110
George Shaver, 20, 30, 150, 10, 80
Paul Grim (Gum), 15, 85, 300, 10, 100
James Watkins, 45, 60, 800, 25, 150
Harbert Cool, 70, 130, 1200, 25, 225
James Cool, -, -, -, 5, 150
Washington Cool, 15, 45, 300, 10, 70
David Cool, -, -, -, 10, 140
Alexander Taylor, 20, 140, 1000, 100, 200
Samuel Zinn, 25, 27, 500, 10, 150
William Zinn, 60, 15, 1000, 150, 450
Johnb Plum, 10, 90, 250, 10, 60
Jacob Plum, 40, 70, 1000, 35, 210
Henry Sidwell, 40, 75, 1000, 10, 75
Rickard Howard, 40, 100, 400, 10, 125
Henry Grimes, 25, 15, 20, 10, 100
Edmundson Moore, 50, 100, 1000, 20, 290

Eli Magill, 45, 55, 1000, 30, 260
Samuel Hanaway, 70, 190, 3000, 50, 390
James Conway, 8, 48, 300, 5, 48
John Nine, 80, 200, 3000, 10, 225
Lewis K. Ford, 10, 95, 300, 5, 117
Powell Bolyard, 25, 75, 500, 10, 100
Elias B. Clinn, 65, 100, 1000, 75, 210
Wm. H. Brown, 110, 208, 2500, 60, 270
George Glendenning, 40, 160, 1100, 50, 120
Thornsbery Baly, 20, 70, 400, 10, 170
Jonathan Dancer, 30, 270, 1000, 5, 60
Abial Dancer, 15, 15, 400, 2, 100
Henry Shaver, 130, 970, 3000, 10, 350
Samuel Glendenning, 35 65, 400, 5, 100
Thomas A. Shaw, 40, 150, 1000, 35, 280
Nicholas Shaw, 50, 195, 1000, 15, 280
George Funk, -, -, -, 15, 170
Elisha Snider, 30, 90, 800, 12, 140
John Smith, 50, 85, 800, 25, 150
Henry Bolyard, 75, 325, 200, 50, 380
Samuel Byrne, 80, 150, 2500, 100, 240
Wm. E. Tubb, -, -, -, -, 15
Joshua Jenkins, 130, 10, 3000, -, 250
Jacob P. Wotring (Wofsong), 60, 150, 2000, 75, 350
John A. Martin, 150, 230, 1500, 200, 280
David Stemple Jr., 300, 350, 3000, 450, 300
John D. Stemple, 100, 170, 2000, 150, 700
David Stemple Sr., 140, 170, 1500, 125, 390
__nany Witt, 60, 110, 800, 20, 100

Wm. C. Wotring (Wifsong, Watrog), 100, 216, 1500, 50, 240
John D. Stemple, 50, 150, 500, 20, 200
John M. Stemple, 60, 200, 1000, 50, 570
Daniel Stemple, 70, 30, 500, 30, 410
John W. Wetring, 155, 318, 2000, 175, 445
Philo Wiles (Miles), 75, 125, 1000, 150, 350
Andrew Boyles, 30, 10, 1000, 15, 200
William Smouse, 30, 70, 400, 35, 100
John Moon, 10, 40, 200, 10, 100
Joseph Collier, 10, 94, 300, 40, 120
Martin Stemple Sr., 60, 65, 800, 45, 300
James McKinney, 12, 148, 400, 10, 150
Fielding Lipscomb, 50, 150, 400, 5, 240
Henry Lipscomb, 50, 140, 800, 15, 230
Joshua Mason, 65, 35, 500, 30, 270
Thomas Braham, 70, 433, 500, 25, 200
James Braham, 10, 84, 300, 5, 150
Alpheus Beaty, 30, 125, 500, 15, 125
John Beaty, 150, 400, 4000, 150, 400
Michael Whetsel, 70, 110, 1000, 100, 430
Jesse Trowbridge, 40, 60, 500, 15, 500
Alfred Taylor, 60, 45, 800, 25, 150
David Miller, 50, 60, 1200, 40, 600
Hiram Vankirk, 75, 125, 2000, 150, 1000
Isaac Paugh (renter), 50, 50, 800, 100, 150
Jacob Redenour, 15, 40, 300 10, 125
Jesse Chiles (renter), 80, 920, 2000, 100, 200
George Frealy (renter), 500, 200, 2000, 50, 150

Eve Groves, 80, 150, 200, 30, 215
William Buckaloo, 50, 50, 800, 100, 200
Jac Buckaloo (renter), -, -, -, 10, 100
Wm. Jones (renter), -, -, -, 10, 80
William Roberts, 50, 50, 800, 40, 200
Alfred Garner, 25, 55, 300, 20, 175
Jno. Mason (renter), -, -, -, 10, 100
Henry Bishoff, 125, 875, 2000, 150, 520
Joseph Bishoff, 45, 400, 1000, 25, 250
William Foreman, 40, 190, 500, 20, 275
Rachael Criss, 40, 60, 400, 25, 175
John Frembly, 50, 150, 1300, 150, 425
Benjamin Frembly, 36, 65, 1000, 15, 75
John Summers, 40, 25, 300, 50, 225
James Chiles, 25, 55, 300, 10, 200
Christian Smith, 75, 725, 1000, 95, 350
Saml. Albright (renter), 20, 50, 245, 40, 250
Hester Albright, 40, 100, 500, 100, 175
Saml. Sommers agt., 30, 770, 1000, 20, 200
Wm. Gable, 11, 160, 300, 30, 240
John Crane, 500, 5500, 12000, 300, 2195
Samuel Crane, 20, 300, 1000, 10, 200
Jacob Wilhelm, 25, 150, 400, 25, 125
Henry Albright, 80, 122, 1000, 75, 678
Joseph Foreman, 50, 100, 500, 40, 300
George Hartman, 50, 150, 800, 50, 400
Michael Albright, 45, 25, 400, 75, 375
Daniel Albright, 100, 170, 800, 100, 550
Samuel Wilhelm (renter), 20, 130, 600, 10, 100
William Mattingly, 30, 170, 500, 15, -
Joseph Kelley, 40, 80, 300, 50, 25
Henry H. Kelley, 10, 22, 200, 10, 100
William P. Kelley, 8, 92, 200, 10, 80
Michael Teets (renter), 22, 62, 275, 8, 100
Solomon Wilhelm, 36, 50, 300, 50, 200
John Wilhelm, 20, 30, 100, 10, 150
Michael Wilhelm, 8, 20, 100, 5, 100
Henry Chidester, 40, 100, 600, 40, 250
Harrison Teets, 18, 22, 200, 5, 80
William Boger, 45, 32, 500, 40, 244
James Duvall, 30, 40, 200, 10, 100
Mason Duvall, 75, 225, 1000, 125, 250
Isarael Parnell, 160, 20, 2500, 125, 300
Isaiah Armstrong, 150, 100, 1200, 75, 260
Jacob Sisler (renter), 14, 25, 140, 8, 100
Daniel Wolf, 100, 34, 800, 50, 325
John Marker, 40, 24, 400, 10, 80
Conrad Ringer, 100, 105, 1500, 100, 350
John Zweyres, 100, 140, 800, 75, 310
James Loverns, 40, 34, 1000, 50, 280
Jesse Foreman, 140, 220, 2000 100, 420
Jacob Greathouse, 40, 106, 800, 20, 200
Ellis Foreman, 75, 200, 1500, 125, 450
Ananias Michael, 24, 126, 200, 10, 110
James Jenkins, 125, 275, 2000, 150, 440

Bartholomew Severe, 60, 190, 1000, 40, 200
Daniel Falkenstine, 100, 142, 1000, 50, 380
Daniel Goodwin, 40, 80, 500, 15, 214
Andrew Chidester, 80, 220, 2000, 100, 290
Sarah Matheny, 30, 70, 400, 200, 220
Harrison Chidester, 100, 100, 1000, 20, 250
William Collins, 100, 47, 2000, 78, 240
Andrew Collins, 15, 25, 200, 5, 200
Elephalet Collins, 20, 100, 60 10, 75
Talbert King, 40, 60, 1000, 15, 100
Elizabeth King, 35, 5, 1200, 40, 100
Alpheus King, 75, 75, 1200, 125, 400
Jacob Mercer, 100, 400, 5000, 100, 260
Jacob M. Criss, 50, 50, 300, 10, 120
Joseph Everly, 30, 70, 300, 10, 80
David Largent, 40, 60, 700, 5, 120
William Chidester, 130 134, 2000, 125, 370
John Edwards, 40, 20, 600, 30, 270
William Brandon, 120, 180, 1500, 100, 500
William Michaels, 45, 80, 600, 20, 165
Perry Lawson, 120, 300, 2000, 30, 380
Povey Rodgers, 30, 45, 500, 30, 150
Archibald Gribble Sr., 25, 51, 500, 10, 100
John Christopher, 40, 131, 800, 100, 440
Hezekiah Joseph, 75, 100, 800, 50, 200
William Walls, 50, 120, 800, 15, 138
Eli J. Walls, 25, 125, 800, 20, 145
Thomas King, 150, 300, 1500, 75, 550
Ami King, 80, 100, 600, 25, 190
Lewis Everley, 30, 170, 1600, 35, 270
Henry Everley, 100, 150, 1000, 100, 270
John Smith, 5, 50, 100, 5, 53
David Bright, 12, 14, 100, 5, 40
Squire Daniels, -, -, -, -, 55
John Janes, 60, 20, 500, 10, 106
William Janes, 15, 25, 100, 5, 15
Jacob F. Martin, 100, 200, 1000, 100, 320
William H. Horr, 40, 55, 500, 5, 500
Hugh Kelso, 50, 62, 800, -, 100
Philip Buckaloo, 70, 135, 800, 100, 380
William Buckaloo, 40, 60, 500, 15, 100
Jonas Bucklew, 65, 115, 1000, 125, 560
Susan Bucklew, 50, 50, 600, 100, 300
John Bucklew, -, -, -, 20, 100
Henry Dewitt, 40, 60, 300, 20, 223
David Nines, 25, 60, 500, 40, 125
Christian Shaffer, 25, 27, 300, 10, 150
David Nines, 30, 34, 300, 20, 10
Isaac Whitehair (Whitchair), 10, 20, 100, 5, 116
George Whitehair, 40, 60, 800, 5, 165
Samuel Shaffer, 70, 30, 500, 10, 240
Samuel Whitehair, 13, 30, 100, 10, 120
Samuel Moore, 25, 175, 510, 10, 170
Thomas Beaty, 75, 135, 1200, 125, 360
James Beaty, 24, 100, 500, 35, 170
Jesse Moore, 10, 40, 201, 5, 85
Benj. Shaffer, 10, 40, 200, 5, 65
William Swang, 30, 70, 300, 15, 275
Nicholas Elzey, 40, 15, 500, 20, 240
John Elzey, 40, 10, 50, 20, 280
Joshua Hardesty, 25, 100, 500, 10, 75

William Hayes, 100, 400, 1000, 30, 250
Jane Doll, 50, 50, 500, 15, 100
John Freeland, 50, 78, 500, 10, 260
Elijah Hardesty, 20, 100, 400, 15, 100
John Bishop, 100, 313, 2000, 100, 640
David Freeland, 100, 221, 2000, 50, 1620
Abraham H. White, 25, 75, 100, 10, 440
Joseph Thomas, 75, 325, 2000, 50, 420
Samuel Thomas, 40, 60, 500, 15, 225
Amos Dodge, 30, 50, 400, 20, 320
William Dodge, 25, 140, 400, 10, 220
Justin Dodge, 12, 38, 200, 10, 125
Joshua Gibbs, 15, 13, 600, 60, 300
William Shaw, 75, 100, 2000, 100, 610
William Guthrie, 75, 25, 500, 100, 350
David Frankhouser, 40, 200, 200, 50, 220
John Bright, 10, 60, 250, 40, 250
James McClennan, 80, 70, 800, 75, 300
Shaphat Rhodes, 75, 325, 1000, 125, 350
Jacob Cuppett, 40, 112, 800, 30, 165
Thomas Scott, 120, 330, 3500, 150, 700
Henry Cuppett,, 150, 257, 1500, 150, 225
James G. Crawford, 40, 170, 1500, 100, 260
Harrison Hagans, 80, 20, 2000, 200, 82
James Guthrie, 150, 86, 1800, 150, 240
Joseph Frankhouser, 150, 150, 1000, 100, 325
Daniel Frankhouser, 125, 175, 1200, 125, 500

Richard Foreman, 90, 100, 1000, 40, 300
Abner Foreman, 180, 89, 200, 100, 500
John Matlick, 200, 200, 2500, 80, 250
George W. Burk, 30, 110, 250, 120, 200
Jacob M. Thomas, 100, 150, 800, 125, 480
John J. Thomas, 40, 60, 500, 25, 210
Philip Beerbauer, 85, 120, 800, 100, 200
Benjamin Shaw, 80, 80, 800, 50, 250
Joseph Zimmerman, 120, 320, 200, 120, 220
John M. Fike, 30, 100, 400, 75, 125
John Rishel, 100, 160, 800, 224, 300
David Dennis, 200, 200, 1000, 250, 600
Levi Thomas, 10, 150, 400, 10, 75
John Cuppett, 100, 106, 1200, 100, 550
Samuel Thomas, 30, 22, 300, 10, 125
Abraham Thomas, 50, 150, 800, 25, 400
Samuel Moyers, 100, 402, 2000, 75, 800
William Harrel, 80, 50, 1000, 20, 225
Joseph Ringer, 150, 150, 1000, 150, 400
John Spurgin, 130, 10070, 2000, 150, 1000
John Glaso, 70, 180, 800, 100, 200
Henry Garlock, 40, 163, 800, 25, 175
Jacob Moyers, 80, 163, 800, 25, 175
John Robinson, 20, 80, 200, 10, 100
John Rishel, 100, 67, 1500, 35, 450
Jesse Spurgin, 200, 2000, 4000, 200, 760
John Spurgin, 100, 350, 2000, 70, 550
Frederick Spurgin, 100, 343, 2000, 125, 500

William Robinson, 100, 543, 2000, 125, 520
Eli Moore, 30, 70, 300, 50, 350
John Vansickle, 50, 127, 500, 50, 200
Joseph Potter, 30, 380, 500, 20, 100
Joseph Fear, 15, 135, 300, 10, 50
David Evans, 30, 270, 400, 20, 200
Andrew Teets, 55, 200, 2000, 100, 400
Richard Glover, 50, 317, 1000, 100, 350
Israel Willett, 200, 600, 14500, 150, 550
Henry Stiger, 15, 135, 300, 15, 200
William Glover, 120, 380, 2500, 150, 650
Peter Boger (Boges), 25, 125, 800, 40, 300
James Crawford, 100, 1000, 1000, 75, 1100
Abraham Thomas, 110, 500, 1000, 1000, 550
John Sprindler, 50, 70, 400, 20, 250
Harrison Spurgin, 100, 342, 1000, 100, 450
Daniel Harrader, 100, 150, 2000, 100, 420
Reason Hann, 40, 60, 200, 30, 175
John Mercer, 75, 25, 1000, 50, 500
Samuel Morton, 50, 100, 120, 50, 400
George Rishel, 40, 82, 1000, 30, 350
Samuel Caton, 35, 35, 450, 10, 20
Adam Teets, 50, 80, 800, 75, 350
John Herrader, 200, 150, 1800, 175, 650
Jacob Fike, 200, 250, 3000, 200, 750
William Cuppett, 150, 850, 1200, 75, 250
John G. Moyers, 100, 64, 1000, 60, 400
Benjamin Morton, 75, 60, 1500, 40, 300
John Moyers, 40, 80, 500, 20, 75
Thomas Hornby, 20, 60, 200, 20, 100
Samuel Hunter, 100, 50, 2000, 100, 200
Simon E. Bowermaster, 50, 50, 500, 30, 150
Henry Smith, 300, 600, 8000, 250, 976
Daniel Berldy, -, 65, 600, 50, 300
Joseph Prinzy, 100, 300, 2000, 100, 500
Charles Conly, 75, 74, 1000, 30, 400
Josh Sisler, 35, 65, 300, 10, 350
Joseph Strosser, 30, 90, 300, 15, 150
Susan Most, 35, 20, 300, 20, 200
Daniel Feathers, 25, 75, 500, 5, 75
Richard Fields, 30, 70, 200, 15, 110
John Huggins, 30, 170, 700, 10, 111
David Shaffer, 45, 600, 1800, 25, 225
Robert Forman, 30, 215, 8000, 75, 112
Michael Bradshaw, 45, 100, 600, 35, 164
Calder Hartley, 20, 80, 350, 10, 110
Henry Rohr, 2, 48, 100, -, 16
James Graham, 6, 244, 250, 3, 25
George R. Srout (Trout), -, -, -, -, 2
Salomon Trout, -, -, -, -, -
John O. Boyles, -, -, -, -, -
John Fields, 25, 75, 200, -, 15
Anthony Carroll, 25, 105, 260, 5, 120
Jesse Spurgin, 22, 78, 600, 30, 165
Philip Spurgin, 14, 44, 200, 25, 183
John Embriser, 25, 50, 200, 10, 36
Samuel Taylor, 30, 75, 300, 10, -
Nancy Taylor (widow), 40, 90, 500, 30, 150
Hannah Davis (widow), 4, 496, 500, 2, 16
Joseph Cale, 30, 70, 300, 25, 90
Caleb Taylor, 4, 96, 200, 5, 105
Henry Shaffer, 53, 300, 1200, 50, 398

Edward Hartley, 75, 125, 1350, 50, 515
Robert McMillen Jr., 30, 125, 462, 10, 57
Peter M. Hartley, 110, 90, 1300, 75, 390
James C. McMillen, 5, 120, 350, 40, 177
George Groves, 20, 5, 200, 40, 163
James Posten, 90, 14, 1000, 100, 583
William Watson, 100, 75, 500, -, 185
Thomas Watson, 50, 35, 600, 100, 170
Luke McKinney, 100, 120, 870, 100, 393
Harrison McKinney, 40, -, 898, 10, 176
Arther W. McKinney, 9, 142, 250, 9, 81
William H. McKinney, 12, -, 100, 5, 107
Philip Menear, 20, -, 200, 50, 191
Charles B. Watson, 50, 37, 700, 50, 108
Samuel Jeffers, 70, 159, 1500, 100, 430
David Watson, 10, 56, 97, 198, 185
Jane Cohen (Coburn), 50, 50, 700, 20, 40
Lewis W. Whright, 30, 70, 300, 25, 80
Geo. R. Adams, 40, 31, 400, 10, 336
Susanna Goff, 2, 16, 150, 2, 35
_. T. Price, 22, 150, 300, 15, 95
Wm. Thompson, 35, 500, 2500, 250, 534
Phil Martin Jr., 50, 213, 500, 20, 100
Thos. M. Mason, 9, 242, 400, 10, 123
Henry Felton, 50, 220, 700, 300, 475
Conrad Shaffer, 20, 120, 400, 10, 40
Fdk. K. Ford, 70, 195, 1500, 50, 250
Alex. Sanders, 50, 50, 1000, 100, 300
Jacob P. Shaffer, 60, 100, 800, 50, 300
Jac. Lantz, 60, 140, 1000, 50, 250
Wm. Judkins, 10, 90, 400, 8, 90
Jas. J. Goff, 100, 59, 2000, 25, 225
Jno. M. Miller, 15, 60, 100, 10, 150
Jno. Lipscomb, 100, 80, 400, 20, 160
Saml. Rinehart, 40, -, 400, 10, 125
Chas. Hooten, 30, 300, 1000, 20, 200
Benj. Hooten, 25, 100, 500, 10, 85
Jacob M. Wilson, 20, 40, 500, 20, 180
Jas. A. Wilson, 20, 100, 500, 20, 180
Wm. Rodeheaver, 60, 120, 1000, 75, 300
Jesse Hall, 50, 170, 1200, 25, 350
Jno. R. Stone, 100, 100, 2500, 100, 400
Jno. Herndon, 30, 54, 400, 20, 200
Wm. Morgan, 70, 80, 2500, 10, 400
Joab W. Reger, 25, 210, 300, 95, 200
Abraham Jeffers, 75, 25, 800, 150, 400
M__ Matlick, 200, 100, 2500, 200, 600
Moses Payse (Rayse), 60, 200, 1800, 150, 450
Robert Knotts, 60, 214, 1800, 100, 500
Benj. Corburn, 25, 55, 400, 100, 100
Thos. Jeffers, 50, 35, 500, 50, 250
Edw. Wilson, 41, 82, 1000, 30, 300
Reuben Morris, 70, 47, 3000, 150, 600
Benj. Shaw, 170, 45, 1500, 140, 400
Phil Michael, 150, 100, 3000, 150, 800
Mathew Brooke, 150, 158, 2000, 130, 500
Nancy Stuck, 80, 308, 3000, 150, 350
David Falkenstine, 40, 60, 1000, 40, 250
Jas. McGrews, 100, 200, 2000, 140, 453
John C. Foreman, 100, 180, 5000, 150, 800

Isaac Nicholson, 40, 60, 800, 100, 300
Henry Mostoller, 150, 250, 3000, 150, 500
James Benson, 75, 40, 1000, 125, 400
Smith Wheeler, 60, 140, 200, 150, 450
Abrah Matthews, 10, 80, 300, 5, 20
John Mires, 45, 100, 1000, 15, 100
Thomas Wilson, 50, 50, 600, 100, 350
Wm. Benson, 20, 25, 300, 30, 150
John Biggs, 100, 500, 2000, 10, 100
Geo. Yohe (Lohe), 40, 70, 800, 50, 150
Elias Bowman, 50, 200, 500, 150, 100
Wm. Douglass, 200, 300, 2000, 150, 700
Mary Patterson, 100, 100, 1000, 20, 350
Jacob Cover, 50, 150, 500, 10, 150
Benedict Harden, 36, 400, 1000, 10, 175

Putnam County, West Virginia
1850 Agricultural Census

The University of North Carolina at Chapel Hill filmed the 1850 agricultural census for Putnam County from originals in the West Virginia Department of Archives under a grant from the National Science Foundation in 1963. This county along with several others have been separated from Virginia records as West Virginia was created in 1863 when it seceded from the state of Virginia

Columns 1, 2, 3, 4, 5, and 13 represent the following information on the census:
1. Name of Owner, Agent or Manager of Farm
2. Acres of Improved Land
3. Acres of Unimproved Land
4. Cash Value of the Farm
5. Value of Farming Implements and Machinery
13. Value of Livestock

T. P. Brewer, 60, 100, 4000, 200, 500
Jeremiah Coats, 18, -, 800, 10, 70
Robert Blake, 110, 200, 3000, 50, 375
Samuel Blake, 55, -, 2500, 20, -
David C. Harrison, 20, 150, 1500, 25, 100
John W. Wiatt, 40, 70, 2000, 25, 200
Thomas Alexander, 100, 275, 1000, 150, 425
B. F. Ruffner, 400, 660, 25000, 500, 1608
Col. F. Woody, 60, 180, 5000, 50, 360
John Woody, 80, 160, 5000, 60, 340
Henry W. Spriggs, 75, -, 2000, 60, 260
William H. Thomas, 18, -, 500, 50, 120
Vinson Walker, 12, -, 100, 20, 30
Andrew H. Blake, 34, 85, 1800, 60, 330
William H. Lewis, 25, -, 500, 30, 330
Daniel B. Carr, 8, 200, 208, 20, 110
James Hughey, 10, -, 75, 10, 80
Zachariah Garten, 10, 6, 100, 10, 8

Joseph Janes (James), 50, 95, 2000, 30, 250
Edmund Wade, 8, 21, 500, 10, 40
Col. G. Early, 450, 1000, 20000, 500, 2100
Edward Fife, 120, 180, 6000, 60, 450
Thomas Fife, 65, 335, 5000, 20, -
Jourdan Dunfield, 11, 39, 225, 10, 70
Gilbert Ames, 75, 150, 2000, 20, 45
Hillery Bird, 10, 140, 200, 10, 60
Ludwell L. Branaugh, 85, 80, 2500, 150, 550
Zeba Berrch, 8, -, 250, 35, 82
Polly A. Craig, 14, 100, 400, 15, 100
John Craig, 80, 120, 2000, 100, 300
George E. Allen, 150, 175, 4500, 80, 478
Thomas Marsh, 15, 109, 125, 30, 80
John Blackwell, 100, -, 4000, 175, 1320
James K. Craig, 200, 834, 12000, 500, 814
Daniel B. Washington, 15, -, 250, 15, 115
Henry B. Harvey, 100, 120, 3000, 100, 50
Isaac Handly, 25, 44, 1000, 60, 200
David Fergasin, 10, -, 50, 10, 45
Richd. Snell, 90, 290, 2500, 50, 160

Thomas R. Hope, 40, 50, 3000, 25, 165
Edward Saunders, 10, 20, 100, 15, 80
William P. Newcomb, 40, 240, 700, 50, 210
Reuben Cox, 50, 300, 900, 50, 2250
D. Esque, 10, 60, 200, 10, 25
John Erwin, 6, -, 200, 5, 80
Samuel Blake, 15, 100, 150, 50, 131
L. G. W. Boardman, 12, 100, 100, 10, 70
_. S. Whittington, 12, 68, 200, 10, 120
William Whittington, 10, 90, 200, 10, 80
William F. Whittington, 14, 50, 150, 10, 90
William Burch, 10, 57, 800, 50, 202
John Whittington, 25, 60, 400, 10, 105
Stephen Cash, 15, -, 100, 5, 65
Henry Burch, 20, 95, 600, 40, 200
A. Thornton, 75, 100, 2500, 15, 150
James Chapman, 25, 8, 80, 100, 78
A. Kirkpatrick, 40, 145, 700, 30, 135
Wm. Oldaker, 15, 35, 200, 10, 120
Jack Jeffreys, 12, 20, 100, 10, 115
Jesse Smith, 13, -, 500, 50, 150
Wm. Shanks, 60, 100, 3000, 75, 200
John M. Custer, 60, 50, 2500, 125, 665
Thomas Atkinson, 80, 300, 6000, 125, 700
Jacob Shanks, 25, 114, 300, 12, 105
Benjamin H. Sterrett, 120, 220, 6000, 100, 713
Washington Hedrick, 40, -, 1000, 40, 200
John Wallace, 8, -, 100, 5, 15
Jacob Hedrick, 12, 38, 115, 5, 90
F. Smither, 30, 41, 400, 25, 140
H. Hays, 80, 100, 700, 40, 225
William Hoofman, 8, -, 100, 10, 110
Charles Duncan, 10, 10, 100, 5, 75
Noah Hoofman, 8, 10, 75, 5, 50
William Giles, 8, 10, 85, 4, 25
William Wallace, 30, 56, 200, 35, 180
Jonathan Esque, 12, -, 100, 10, 75
John Henson Jr., 25, 160, 400, 40, 90
Sampson Henson, 32, 118, 450, 15, 175
James M. Gray, 80, 80, 1800, 15, 330
Augustus D. Wallace, 18, -, 100, 10, 75
Levi Wallace, 20, -, 150, 10, 45
Jonathan Oldaker, 15, 40, 200, 5, 55
Pascal Oldaker, 15, 24, 150, 35, 66
George Jones, 10, 20, 150, 5, 25
John Harrison, 40, 100, 500, 25, 315
Josiah Harrison, 15, 100, 50, 75, 190
John W. Harrison, 15, 50, 300, 10, 55
Stephen Weirs, 8, 50, 100, 5, 50
James Koonts, 12, 50, 200, 10, 170
James Craig, 26, 50, 100, 10, 100
William Duncan, 8, 25, 50, 10, 100
Samuel McGraw, 15, 50, 100, 10, 170
James Tucker, 21, 175, 500, 75, 200
Thomas McGraw, 21, 50, 200, 10, 110
Wilson Priddy, 15, 50, 150, 10, 121
Martin Barbour, 12, -, 300, 10, 85
Philip Hedrick, 20, 50, 100, 50, 450
Thomas Priddy, 10, 50, 60, 5, 100
Joseph Walker, 28, 50, 200, 10, 114
Willis Norrel, 15, 25, 75, 10, 105
James Arthur, 15, 50, 125, 10, 70
Elra__ Hickenbotham, 20, 50, 125, 10, 195
Elias Jeffreys, 20, 65, 150, 10, 120
Linsey Thornton, 10, 25, 75, 5, 140
John Giveden, 45, 100, 200, 10, 140
Jonathan Hill, 25, 135, 250, 10, 215
Aaron Hill, 20, 50, 150, 10, 225
William Atkinson, 60, 140, 400, 15, 260
William Harrison, 10, 25, 75, 10, 84
William Hill, 40, 50, 200, 20, 375

Andrew Read, 12, 40, 75, 5, 125
Joel Giveden, 10, 40, 100, 9, 50
Hiram Price, 25, 25, 80, 7, 160
Robt. M. Smith, 10, 25, 33, 5, 166
Alax. Harrison, 45, 100, 300, 15, 225
William Clendenen, 30, 100, 130, 11, 350
James Clendenen, 15, 25, 40, 4, 68
Reuben Harrison, 20, 30, 50, 6, 260
James Painter, 10, 20, 50, 4, 30
Margaret Painter, 20, 30, 75, 3, 90
David Fisher, 12, 50, 100, 6, 32
L. Williams, 8, 25, 30, 3, 5
William Kelly, 10, 25, 35, 3, 100
John Legg, 13, 25, 30, 5, 122
James Woodall, 10, 30, 50, 5, 120
James Jeffreys, 10, 25, 50, 5, 42
John Hederick, 10, 35, 75, 5, 80
Henry Hederick, 15, 50, 100, 5, 100
John Hickenbotham, 10, 50, 75, 5, 105
Joseph Hutten, 10, 50, 60, 7, 95
Nathan Parkins Sr., 11, 50, 61, 10, 75
Nathan Parkins Jr., 10, 40, 60, 5, 75
John Martin, 10, 50, 100, 5, 130
John Craig, 10, 60, 50, 5, 40
Wesly Lanham, 12, 50, 50, 40, 200
Elisha Landers, 10, 40, 50, 3, 90
William Roy (Ray), 12, 50, 40, 4, 90
Thomas Landers, 18, 50, 100, 7, 169
George Landers, 16, 50, 45, 50, 188
Wright Linsey, 10, 30, 45, 5, 68
Russel Landers, 25, 25, 75, 7, 175
John P. Lett, 10, 25, 100, 6, 120
Arthur T. Ray (Roy), 20, 30, 100, 8, 60
Winston Hensly, 16, -, 75, 5, 110
William Hensley, 20, -, 80, 6, 130
Ambrose Thomas, 10, -, 50, 4, 30
Benjamin Hensly, 50, 100, 250, 6, 130
Benjamin Melton, 50, 100, 400, 9, 110
James Martin, 15, 50, 100, 10, 200
Michael Shividaker, 10, 25, 50, 5, 100
James Casey, 10, 25, 40, 6, 90
Saml. Hickenbothan, 15, 20, 35, 50, 167
Jonathan Hickenbotham. 17, 50, 60, 7, 175
Martin McGraw, 10, 25, 50, 3, 45
Philip Hederick Jr., 10, -, 150, 7, 160
Saml. Creamer, 15, -, 400, 25, 260
John A. Harmon, 35, 25, 1000, 50, 340
Jacob Willard, 135, 30, 4000, 100, 600
George Good, 20, 160, 200, 10, 125
L. E. Vintroux, 130, 100, 6000, 300, 790
James Caruthers, 40, 50, 1000, 15, 300
Fleming Houchens, 30, 25, 1000, 50, 120
Thomas Harmon, 8, 15, 325, 8, 160
John E. Martin, 73, 27, 3000, 110, 280
Winslow (Winston) Hannon, 12, 50, 100, 6, -
Henry Harman, 18, 25, 700, 40, 145
Loving Lanham, 20, 50, 70, 50, -
John Hederick 50, 50, 2000, 70, 242
Swopton Cox, 30, 30, 600, 75, 200
Sawney Caruthers, 50, 50, 1500, 65, 260
Lewis L. Bowling, 400, 1000, 20000, 300, 1200
Perryman Amos, 15, 15, 450, 7, 45
Anderson Dudding, 40, 170, 1000, 50, 210
Ann Meredith, 120, 100, 5000, 125, 555
Nicholas Ames (Amos), 100, -, 3000, 50, 110
Redman Rust, 100, 100, 3000, 50, 320

Alfred Brown, 30, 100, 700, 20, 120
John Vaunder, 25, 78, 1000, 40, 125
Johnson Williams, 20, 50, 100, 5, 75
Edward W. Billups, 45, 45, 600, 40, 50
George Harman, 50, 100, 562, 40, 181
Staten Gossling, 30, 30, 600, 40, 80
Philip Null, 45, 25, 800, 200, 220
William H. Carter, 14, 26, 146, 40, 105
John Watkins, 20, 20, 150, 6, 140
Isaac Asbury, 40, 40, 200, 8, 115
Adam Asbury, 25, 25, 300, 5, 75
John McLaughlin, 10, 20, 60, 5, 120
Sarah Melton, 28, -, 150, 20, 66
James W. Melton, 18, 32, 250, 5, 65
William Martin, 20, 30, 200, 65, 153
Elisha Melton, 40, 60, 500, 40, 214
Richd. Lanham, 35, 65, 600, 25, 284
Pleasant Lanham, 50, 49, 1000, 40, 425
Squire Asbury, 12, 10, 200, 5, 103
Solomon Asbury, 19, 20, 350, 55, 110
James Strogden, 25, 25, 200, 10, 95
Uriah Parish, 40, 60, 1500, 20, 250
Saml. Bailey, 20, 40, 400, 8, 105
Thos. Gosling (Gopling), 40, 47, 700, 15, 140
William Bailey, 18, 40, 200, 10, 120
William Fisher, 20, 20, 100, 7, 40
William A. Melton, 25, 100, 900, 10, 175
James Lanham, 10, 20, 150, 7, 81
Jas. R. Lanham, 45, 50, 800, 35, 173
James Bailey, 65, 50, 600, 35, 525
Abel Withrow, 15, 50, 100, 7, 95
William Thomas, 25, 75, 700, 10, 105
Moses Kelly, 40, 60, 800, 15, 440
Daniel Melton, 30, 70, 600, 35, 200
John C. Thomas, 75, 25, 200, 80, 305
George Thomas, 25, 75, 800, 25, 105
John D. Thomas, 20, 80, 500, 25, 85
John Bailey, 30, 23, 200, 7, 95
Leonard Goff, 16, 50, 20, 660
John McCormick, 20, 30, 200, 4, 75
Thomas Withrow, 22, 30, 150, 7, 85
James Withrow, 20, 30, 100, 5, 75
Isaac Withrow, 22, 30, 100, 5, 35
William Withrow, 15, 25, 200, 20, 125
Andrew Falon, 10, 20, 500, 4, 115
S. W. Harman, 15, 15, 500, 35, 260
Allen D. Garten, 8, 25, 50, 3, 105
William Cash, 45, 60, 1700, 75, 285
C. P. Brown, 120, 100, 7000, 125, 390
George W. Summers, 300, 300, 15000, 250, 1319
John Seasholes, 100, 100, 1800, 125, 375
William Dudding, 20, 100, 150, 60, 135
Erasmus Chapman, 16, 50, 250, 45, 125
William Grass, 70, 70, 1000, 20, 210
Aug. Hanley, 30, 70, 1800, 25, 175
Eliza Hartour, 60, 40, 800, 85, 220
Archilles Hicks, 10, 50, 150, 5, 190
Andrew Slaughter, 20, 80, 200, 8, 25
John Rippetoe, 30, 70, 250, 36, 140
Thomas West, 300, 100, 2500, 250, 520
Wilemon Summers, 80, 125, 6500, 100, 565
William Hatten, 65, 100, 50, 75, 195
Robt. Thompson, 75, 125, 1500, 60, 310
Stephen Hubbard, 30, 70, 250, 110, 2210
Thomas Summers, 70, 30, 4000, 80, 200
Nelson Handley, 30, 70, 1000, 80, 270
Joham Meeks, 25, 75, 500, 35, 143
George Hicks, 35, 15, 300, 10, 95
Susan Forgueson, 63, 37, 2000, 15, 100
Thomas Erwin, 40, 100, 400, 65, 210

Andrew Morrison, 80, 20, 4000, 83, 406
Lyle Millan, 100, 100, 4000, 150, 365
Lyle Millan & Co., 30, 70, 2000, 20, 130
Benj. Young, 10, 60, 50, 4, 60
John Bailey, 16, 20, 400, 10, 100
L. K. Jannings, 80, 100, 1000, 23, 200
Sarah Miller, 25, 25, 500, 15, 130
Jake Hederick, 20, 50, 600, 5, 85
Thomas Cox, 8, 100, 150, 5, 35
James Staten, 165, 100, 8000, 400, 900
Jacob Persinger, 12, 80, 125, 10, 85
Andrew Turly, 25, 75, 300, 10, 100
Henry Turly, 12, 80, 150, 10, 40
John Turly, 10, 60, 75, 8, 70
F. Starks, 45, 100, 250, 50, 80
John Childers, 15, 80, 150, 8, 75
William Turly, 40, 100, 275, 50, 205
Wiatt Turly, 30, 100, 225, 110, 105
William Smith, 45, 100, 1000, 20, 157
Thomas Gossling Jr., 30, 300, 500, 20, 140
Saml. Gillaspie, 15, 50, 100, 10, 140
James Cartmell, 10, 90, 200, 10, 40
William McDowell, 18, 80, 200, 10, 75
Peyton Turly, 20, 50, 500, 40, 160
Jonathan Hodges, 40, 60, 300, 30, 150
John Morgan, 250, 100, 15000, 500, 950
M. W. Beale, 250, 75, 15000, 500, 700
John Barnett, 25, 25, 150, 5, 120
Wm. T. Vintroux, 20, 50, 600, 15, 100
Saml. Moses, 1100, 500, 3000, 600, 300
Fleming Call, 16, 50, 250, 5, 320
Robert Johnson, 14, 50, 500, 20, 100
John Sepple, 20, 50, 175, 8, 60
Thomas Sepple, 20, 100, 300, 7, 65
David Hicks Jr., 30, 50, 220, 40, 235
David Hicks Sr. 20, 50, 200, 5, 125
John Sims, 30, 70, 500, 40, 175
Harriet Sims, 12, 50, 100, 6, 120
Thos. McLaughlin, 14, 50, 175, 12, 40
Henry Buzzard, 20, 50, 120, 6, 90
John Naul, 30, 70, 300, 60, 150
Waller H. Horton, 10, 50, 100, 3, 60
Elias Maddox, 30, 70, 500, 40, 215
William Tucker, 70, 230, 1200, 50, 270
Adelaide Chapman, 70, 65, 800, 50, 200
Thomas Jones, 20, 50, 300, 12, 60
Elizabeth Payne, 25, 25, 150, 8, 75
John Chapman, 17, 50, 250, 5, 50
Calvery Chapman, 13, 50, 800, 60, 90
Robt. L. Hatten, 60, 40, 800, 90, 200
Erasmus Chapman, 100, 100, 1000, 200, 235
Joseph Blakeney, 30, 70, 125, 60, 215
John Middleton, 70, 30, 100, 60, 300
Thomas Middleton, 30, 70, 800, 55, 150
Alexander W. Handley, 40, 60, 1500, 125, 825
Mathew Whitchell, 15, 50, 65, 15, 95
Darrick Brisco, 20, 30, 350, 5, 65
Saml. Davis, 35, 65, 200, 65, 150
William Henson, 300, 312, 3200, 100, 500
James W. Witt, 12, 38, 50, 4, 65
David Sarbough, 40, 60, 500, 50, 185
Wm. Blankenship, 165, 34, 100, 8, 50
Wm. A. Love, 250, 250, 3000, 300, 915
William Handley, 90, 100, 2000, 160, 710
John Bowyer, 80, 100, 1000, 100, 510

Stephen Hodges, 30, 20, 125, 15, 60
William Ford, 15, 35, 150, 10, 20
Thomas Estes, 20, 80, 200, 6, 90
Robert Erwin, 30, 70, 300, 10, 300
James L. Jourdan, 25, 75, 200, 8, 230
Wm. A. Alexander, 300, 312, 14000, 100, 1170
Robert M. Hall, 130, 70, 4000, 150, 550
Garland Parish, 25, 25, 1000, 15, 175
Gif Powell, 13, 55, 1000, 15, 80
Wm. T. Frazier, 25, -, 6000, 10, 350
Saml. Frazier Sr., 40, 130, 5000, 100, 600
Saml. Frazier Jr., 23, 70, 200, 20, 550
Allen Frazier Jr., 70, 30, 350, 125, 850
Wm. D. Brown, 200, 200, 9000, 255, 800
William C. Brown, 20, 20, 1000, 20, 325
Lycinda Boran, 15, 35, 200, 3, 115
Saml. McCoy, 22, 100, 300, 10, 225
Owen Sebrell, 40, 60, 2500, 100, 320
John Wilson, 15, 37, 600, 8, 175
James Gillaspie, 40, 60, 150, 25, 410
Thomas Erwin Jr., 20, 80, 150, 20, 150
William Gillaspie, 18, 100, 130, 70, 325
William Hanshaw, 15, 50, 200, 25, 55
George Chapman, 12, 38, 200, 10, 65
Richard King, 20, 80, 150, 10, 145
Bennet Bias, 40, 60, 125, 50, 240
Joseph Taylor, 20, 75, 150, 10, 225
Wm. Deal, 85, 115, 1500, 40, 300
George W. Rice, 35, 65, 200, 50, 210
Wm. King, 15, 35, 100, 6, -
Joseph Forth, 30, 70, 200, 10, 150
Thomas C. Maupin, 60, 40, 5000, 100, 390
Sampson Nottingham, 12, 38, 100, 6, 190
Thos. Pew, 15, 38, 150, 5, 45
Zachariah Davis, 12, 35, 100, 10, 140
Peyton Davis, 18, 38, 50, 6, 102
William Jones, 25, 32, 150, 10, 280
Isaac Templeton, 15, 25, 1000, 15, 170
James T. Blake, 14, 36, 100, 5, -
Allen Frazier, 130, 135, 6500, 100, 710
Jonathan Turly, 30, 70, 250, 10, 95
John N. Erwin, 20, 35, 125, 10, 140
Saml. McGuire, 60, 40, 300, 50, 360
Edward Erwin, 50, 50, 200, 50, 275
Henry Jenkins, 10, 40, 100, 5, 55
Saml. Morris, 10, 40, 75, 6, -
Moses Jenkins, 15, 35, 150, 5, 53
Davis Jones, 30, 70, 500, 100, 410
Joseph Foster, 50, 50, 500, 35, 255
Henry Savine, 35, 65, 400, 50, 200
Pascal Witt, 50, 50, 400, 25, 800
Alexander Gipson, 26, 40, 400, 20, 90
Calvary Gipson, 25, 75, 300, 15, 210
Elijah Smith, 10, 90, 200, 10, 100
Robert Forth, 75, 25, 100, 20, 225
Hiram Johnson, 18, 82, 300, 15, 140
Daniel Smith, 30, 70, 250, 10, 70
Wm. R. Ford, 50, 50, 400, 8, 135
Bartley Smith, 15, 35, 100, 10, 105
Thos. Billups, 18, 32, 100, 8, 85
Joseph Savine, 20, 30, 200, 10, 130
Hannah Smith, 20, 25, 150, 10, 150
Thos. Roberts, 80, 120, 2400, 100, 460
John Burton, 40, 60, 400, 15, 130
Alfred Ellis, 200, -, 2000, 200, 700
Wm. Billups, 40, 180, 1500, 15, 180
Andrew J. Conner, 50, 50, 800, 1000, 315
James Conner Jr., 60, 40, 800, 100, 300
Calvery McCallaster, 60, 40, 850, 20, 410
Thos. McCallaster, 150, 50, 1800, 100, 705

James Oliver, 60, 40, 700, 35, 135
Wm. Mathews, 50, 50, 700, 15, 110
Michael Mitchell, 12, 38, 100, 6, 70
Kary Chapman, 15, 35, 100, 5, 60
Andrew McCalester, 40, 60, 500, 15, 130
Chas. J. Riddle, 15, 85, 200, 10, 150
Joseph Kirtly, 40, 60, 250, 15, 240
J. S. Kirtly, 25, 75, 200, 20, 290
Edward Well (Webt), 50, 50, 350, 15, 500
Lewis Burnsides, 20, 30, 100, 10, 40
Isaac Mires, 30, 60, 400, 10, 220
James Smith, 20, 80, 650, 50, 200
Chas. Hicks, 30, 70, 600, 40, 210
Peter Fizer, 12, 38, 175, 10, 75
Peter Billups, 50, 50, 400, 50, 211
Richard McCalister, 45, 55, 250, 25, 220
James Paul, 30, 70, 600, 20, 400
John Wheeler, 75, 25, 600, 75, 400
Wm. Cyrus, 40, 60, 300, 20, 65
Jacob Grass Sr., 20, 88, 350, 10, 65
Andrew Wheeler, 50, 50, 400, 20, 185
Howad Kinnard, 20, 30, 100, 10, 35
Brice Paul, 20, 35, 200, 10, 90
John Harvy, 20, 30, 75, 5, 40
Peter McCalister, 18, 82, 250, 10, 175
Jas. McCalister, 20, 80, 200, 10, 250
Mahah Hazilett, 25, 80, 500, 12, 60
A. A. Carpenter, 30, 70, 300, 100, 140
John Lakeman, 15, 35, 100, 8, 100
James Beckett, 40, 60, 300, 60, 50
Jas. Wheeler, 25, 35, 250, 10, 95
Jesse Paul, 20, 65, 150, 10, 60
Otho Briscoe, 15, 50, 100, 12, 60
John Hensly, 40, 60, 200, 10, 190
Jas. Paul, 25, 25, 150, 8, 100
Benj. Johnson, 60, 30, 500, 50, 305
Harvell Roberts, 35, 75, 400, 10, 200
Green Roberts, 40, 60, 600, 10, 225
James McCalister, 30, 70, 400, 40, 300
James McCalister, 50, 50, 500, 10, 530
Edward Grass, 40, 60, 300, 12, 180
Wesly Mires, 15, 15, 125, 10, 115
Alex. S. Young, 38, 62, 200, 30, 300
Maler L. Morris, 200, 200, 4000, 320, 800
George Reams, 16, -, 500, 75, 300
Isaac Jaskine (Irskine), 75, 25, 500, 80, 450
John McCalister, 150, 119, 2100, 50, 700
Alexander Granit, 20, 30, 200, 10, 20
Edwalder Chapman, 220, 80, 2100, 140, 460
Armstead Morris, 30, 70, 500, 10, 165
Joseph Chapman, 50, 56, 400, 20, 160
John Dudding, 30, 40, 600, 20, 300
James Conner Sr., 150, 250, 2500, 200, 410
Charles Conner, 160, 40, 1500, 100, 330
Isaac Cyrus, 15, 35, 100, 10, 50
James Mitchell, 50, 50, 250, 15, 220
William Henderson, 25, 75, 150, 60, 200
John A. Allen, 50, 43, 400, 15, 285
Joseph Henderson, 20, 30, 200, 75, 70
George W. Young, 50, 50, 350, 60, 120
Jacob Young, 75, 25, 600, 25, 800
James Cyrus, 30, 20, 250, 25, 75
Hugh Paul, 30, 20, 150, 15, 80
Thomas Paul, 35, 15, 150, 12, 75
Elijah Cyrus, 60, 40, 400, 20, 190
Hiram Ellis, 50, 50, 520, 60, 210
Thomas Mines, 45, 55, 350, 80, 275
Reuben T. Swindler, 28, 32, 300, 50, 165
Malcomb McCown, 50, 50, 500, 40, 350
Reuben Taylor, 50, 80, 800, 10, 800

James W. Pavers, 15, 35, 200, 75, 95   Joseph Geary, 50, 50, 700, 60, 130
William Meeks, 25, 25, 150, 10, 10

Raleigh County, West Virginia
1850 Agricultural Census

The University of North Carolina at Chapel Hill filmed the 1850 agricultural census for Raleigh County from originals in the West Virginia Department of Archives under a grant from the National Science Foundation in 1963. This county along with several others have been separated from Virginia records as West Virginia was created in 1863 when it seceded from the state of Virginia

Columns 1, 2, 3, 4, 5, and 13 represent the following information on the census:
1. Name of Owner, Agent or Manager of Farm
2. Acres of Improved Land
3. Acres of Unimproved Land
4. Cash Value of the Farm
5. Value of Farming Implements and Machinery
13. Value of Livestock

John McClure, 26, 414, 1700, 100, 125
Henry L. Gillaspie, 8, 381, 700, 10, 60
Allen Williams, 10, 90, 150, 5, 12
Wm. Richmond, 17, 83, 600, 20, 125
Moses Richmond, 2, 200, 250, 5, 130
David Hinter, 60, 340, 1500, 70, 170
James Goodall, 25, 1000, 1000, 10, 230
Daniel Shumate Jr., 100, 450, 2000, 250, 634
John Tensey, 4, 96, 155, 10, 56
James Martin, 12, 84, 300, 5, 45
Clark Tench, 13, 88, 150, 45, 75
Henry Hendric, 14, 100, 200, 5, 98
Rickard Tyree, 30, 140, 500, 15, 130
Edward Tyree, 8, 92, 150, 5, 56
Robert Warden, 6, 95, 500, 10, 222
Jno. Bailey, 20, 70, 300, 50, 290
Hiram Burgess, 38, 158, 350, 20, 293
Lemuel Jarrell, 60, 664, 1500, 75, 300
Joseph Manor, 40, 660, 500, 12, 105
John Stover Jr., 25, 125, 400, 15, 65
Henry Rulieff, 7, 130, 200, 5, 43
Ephraim Cales (Coles), 20, 80, 150, 12, -
James Beavers, 30, 720, 3000, 200, 288
Lewis Stover, 65, 135, 1100, 10, 210
Cyrus Snuffed, 50, 225, 750, 200, 576
Martin Rodgers, 20, 190, 500, 15, 160
Abm. Stover, 28, 140, 250, 5, 164
Charles Workman, 18, 82, 700, 10, 108
Zachariah Helton, 6, 96, 250, 5, 60
James Shephard, 35, 70, 400, 10, 153
Wm. Kidwell, 30, 75, 300, 8, 121
James Moore, 65, 135, 1000, 20, 145
John R. Peyton, 75, 800, 7280, 1100, 902
Wm. Moorer, 12, 100, 350, 20, 157
Asa Spangler, 20, 40, 400, 5, 90
David Shepard, 15, 400, 600, 5, 229
Wm. B. Hollingsworth, 15, 135, 400, 6, 96
David Williams, 15, 75, 150, 12, 140
John McCraw, 35, 70, 300, 10, 168
Washington Plumbly, 30, 145, 525, 15, 323
John Dunn, 20, 100, 350, 12, 135

Neahmiah Daniel, 80, 120, 500, 125, 490
Martha Williams, 15, 185, 200, 10, 93
Lewis Williams, 30, 70, 500, 10, 315
Wm. Pettry, 15, -, 100, 2, 380
Jesse Treadaway, 6, 50, 150, 10, 32
Alexander Holalid, 30, 900, 1500, 25, 311
James Jones, 5, 100, 150, 5, 200
Wm. Trump, 100, 500, 3100, 100, 360
Thomas Warden, 150, 1800, 4000, 130, 700
Cannada Smith, 50, 1200, 4172, 50, 320
John Williams, 70, 60, 1000, 100, 360
Wilson Abbot, 55, 1305, 800, 50, 409
Pyrus McGinniss, 90, 150, 2000, 15, 300
James Scott, 60, 400, 1750, 95, 182
John Patton, 16, 84, 150, 18, 140
James A. Scaggs, 35, 270, 1000, 100, 150
Abm. Braggs, 80, 50, 900, 30, 590
Abm. Meadows, 25, 100, 400, 15, 230
John Hurt, 35, 100, 250, 15, 148
Frank Hendric, 20, 280, 700, 16, 120
M__ Clay, 8, 100, 200, 50, 30
Wm. Dearden, 12, 88, 400, 12, 130
Allen Stricklin, 15, 96, 360, 15, 186
Joseph Smith, 23, 177, 700, 20, 172
Anderson Lilly, 15, 320, 300, 5, 108
Henry Kaler, 50, 1500, 1500, 12, 148
Sparel Bailey, 60, 340, 750, 25, 110
Wm. Blake, 12, 100, 1600, 10, 120
John Warden, 10, 90, 200, 10, 148
Mathew Ellison, 100, 593, 2000, 75, 763
Fleming Standly, 30, 70, 350, 10, 95
John Stover, 12, 480, 200, 6, 190
Ephraim Pickings(Dickings), 30, 100, 400, 10, 77
Booker Bailey, 50, 50, 800, 10, 278
John Stover Sr., 60, 1200, 1000, 80, 530
Goodall Dare, 20, 100, 500, 10, 313
Irvin Stover, 75, 215, 300, 10, 180
John Waddle, 10, 100, 150, 12, 23
Richard McVey, 25, 373, 500, 10, 268
Peter Bragg, 35, 65, 700, 15, 153
A. B. Walker, 20, 212, 300, 10, 132
Daniel Adkison (Adkins), 12, 482, 500, 10, 110
Hamilton Harper, 10, 100, 150, 5, 45
Thomas Miller, 15, 100, 150, 6, 48
Richard Manor, 35, 165, 500, 13, 248
Jacob Adkins, 32, -, 200, 12, 200
Henry Davis, 70, 400, 1600, 25, 63
Andrew Richmond, 60, 340, 1625, 28, 338
Henry Hull(Hall), 130, 75, 1500, 125, 507
Andy Johnston, 20, -, 175, 12, 144
John Riddle, 33, 70, 350, 10, 171
James Hewlit, 25, -, 200, 7, 155
Joseph Carper, 100, 1286, 1500, 30, 299
Jesse Oneal, 30, 250, 990, 20, 225
Anson Cooper, 38, -, 200, 8, 164
Richd. Scott, 28, 164, 950, 10, 124
Samuel Higgingbotham, 60, 140, 1000, 25, 708
Enoch Jones, 30, -, 300, 5, 34
Mary Weddle, 30, 170, 1000, 40, 240
Larkin Adkins, 10, 90, 200, 3, 144
Saterwhite Tyree, 40, 163, 1000, 15, 140
Vincent Phillips, 60, 190, 1000, 15, 240
John C. Peyton, 15, 285, 500, 6, 66
Dennis Hale, 17, 143, 500, 13, 237
Wm. Fink, 25, 275, 560, 10, 75
Ruben Roach, 13, -, 150, 38, 95
George Cook, 13, 187, 500, 5, 62
Henry Gore, 75, 175, 600, 170, 510

Aden Thompson, 10, 168, 250, 10, 135
Elijah Lilly, 60, 300, 1400, 25, 386
Wm. Meadows, 15, 290, 400, 10, 144
Moses Cox, 15, 150, 125, 8, 131
Jorden Peters, 23, 399, 500, 10, 106
Andy Ellison, 20, 176, 600, 12, 205
Sarah Pack, 100, 1200, 2000, 200, 593
Parker Adkins, 50, 150, 500, 5, 317
Mathew Adkins, 40, 100, 300, 10, 215
John Richmond, 13, 87, 300, 5, 76
Jerry Meadows, 20, -, 200, 7, 164
John Davis, 50, 103, 1100, 16, 416
John Adkins, 10, 90, 200, 5, 110
Thomas Bragg, 30, 140, 450, 17, 125
Gid. Martin, 40, 25, 150, 6, 165
Nancy Bragg, 50, 40, 15, 20, 316
Saml. Richmond, 75, 17, 920, 50, 719
Wm. C. Richmond, 50, 97, 900, 20, 264
Adam Bragg, 40, 60, 500, 22, 366
David Bragg, 30, 75, 500, 9, 164
Jackson Bragg, 30, 70, 400, 10, 140
Lewis Bragg, 60, 40, 500, 12, 130
John Plumbly, 30, 110, 400, 8, 149
Arthur Richmond, 25, 75, 500, 9, 429
William Plumbly, 14, 236, 500, 7, 131
Jacob Bennet, 60, 340, 1400, 22, 665
Jacob Adkins, 30, 170, 300, 12, 197
Jacob Petty, 60, 290, 1000, 120, 730
Benj. Taylor, 10, -, 100, -, 152
Wm. Hunter, 20, 200, 977, 10, 133
James Pettey, 30, 62, 350, 12, 137
Wilson Cook, 20, 85, 258, 8, 166
James Richmond, 20, 105, 400, 10, 163
Alexd. Waddle, 45, 900, 2000, 50, 168
Robert Scott, 25, 75, 400, 10, 180
Claiborn Curtis, 15, 85, 200, 5, 82

Henry Smith, 18, 23, 150, 12, 245
Wm. Daniel, 45, 55, 1000, 20, 275
Robert Acord Sr., 40, 230, 400, 12, 201
Joshua Roles, 50, 150, 2000, 30, 580
John Pittman Sr., 27, 60, 600, 20, 120
Wm. Maxwell, 26, 74, 250, 60, 223
Andrew Willson, 15, 95, 300, 10, 210
Jesse Stover, 13, -, 130, 7, 105
Jacob Harper, 40, 688, 1635, 15, 292
Lucean B. Davis, 60, 640, 3375, 12, 474
John T. Clay, 20, 28, 200, 10, 139
George Snuffer Sr., 39, 91, 500, 12, 460
Coon Riffe, 25, 292, 450, 10, 230
Geo. Snuffer Jr., 20, 60, 200, 12, 400
John H. Anderson, 125, 320, 4500, 75, 721
Robert Massee, 60, 40, 630, 20, 307
Perru (Penn) Cook, 50, -, 500, 10, 367
Alexd. Brisen, 60, 1130, 2060, 150, 709
James Markins, 10, -, 100, 4, 100
Ellen Phips, 70, 130, 1600, 40, 500
John Farmer, 65, 235, 2000, 27, 755
James Morris, 20, -, 200, 6, 196
Wm. McMillian, 20, -, 200, 12, 124
Wm. Combs, 25, 275, 350, 10, 145
Wm. Toney, 60, 400, 1200, 12, 245
John Sanat, 38, 98, 400, 15, 579
John Baily, 30, 110, 600, 7, 1056
John Goode (Goade), 35, -, 350, 5, 80
Anderson Williams, 20, 120, 200, 10, 145
Patrick Williams, 24, 96, 250, 7, 177
John Combs, 30, -, 300, 20, 290
Isaac Reston, 15, 33, 200, 15, 534
John Reston, 19, -, 190, 10, 142
Zachariah Reston, 12, -, 120, 10, 208
Jerry Williams, 12, -, 120, 5, 51
Hiram Williams, 30, -, 300, 10, 170

Lemuel Hodge, 25, -, 250, 15, 200
Chapman Thompson, 35, 300, 200, 15, 215
Robert Scarber Jr., 25, 40, 150, 20, 205
Anderson Jarrel, 45, 40, 150, 15, 506
Floyd Basham, 7, -, 100, 12, 125
John Edward, 30, -, 200, 5, 241
Gibson Larue, 40, 30, 350, 350, 12, 182
Wm. Jarrel, 16, -, 150, 10, 48
Martin Petty, 15, 40, 200, 5, 55
Isaac Scott, 8, -, 100, 6, 180
Hud. Wells, 25, 728, 500, 25, 291
George Collings, 9, -, 100, 5, -
Russel Collings, 8, -, 100, 10, 125
Simon Bradly, 20, -, 200, 12, 145
Nancy Canterbury, 25, 25, 200, 15, 375
George Bradly, 20, 34, 200, 6, 209
Alexd. Brown, 9, -, 100, 10, 92
Joshua Bradly, 28, -, 250, 12, 280
James Coon, 25, 75, 250, 10, 190
John F. Clay, 7, -, 100, 5, 40

Alexd. Cantly (Caully), 30, 70, 600, 15, 248
John Pettey Sr., 30, -, 300, 9, 188
John Pettey Jr., 8, -, 100, 6, 100
Charles Lewis, 30, -, 300, 8, 42
Thomas Pickings (Dickings), 40, -, 400, 12, 255
Rufus Cantabery, 20, -, 200, 10, 164
Wm. Welch, 18, -, 180, 5, 120
Isaac Dickings, 17, -, 170, 5, 92
John Dickings, 25, -, 200, 8, 240
James Dickings, 18, -, 180, 10, 170
James Hutcherson, 16, -, 150, 12, 47
Clarkson Prince, 75, 225, 1700, 30, 282
Wm. Prince, 100, 200, 1700, 100, 450
Wm. Massee, 30, -, 300, 10, 245
Saml. Caully, 7, -, 100, 6, 110
Alfred Beekley (Beckly), 60, 940, 2500, 125, 430
Newton Shumate, 35, 110, 1000, 12, 300

Randolph County, West Virginia
1850 Agricultural Census

The University of North Carolina at Chapel Hill filmed the 1850 agricultural census for Randolph County from originals in the West Virginia Department of Archives under a grant from the National Science Foundation in 1963. This county along with several others have been separated from Virginia records as West Virginia was created in 1863 when it seceded from the state of Virginia

Columns 1, 2, 3, 4, 5, and 13 represent the following information on the census:
1. Name of Owner, Agent or Manager of Farm
2. Acres of Improved Land
3. Acres of Unimproved Land
4. Cash Value of the Farm
5. Value of Farming Implements and Machinery
13. Value of Livestock

William Hyre, 50, 1850, 3000, 323, 361
Graham Buchanan, 21, 579, 800, 16, 179
Jeremiah B. Howell, 16, 252, 263, 10, 128
James Dodrille (Dodville), 20, 56, 300, 17, 262
James R. Cogan, 9, 35, 100, 14, 198
Christopher Hamrick, 25, 75, 300, 17, 252
James M. Hamrick, 20, 140, 200, 23, 174
George Dodrille, 65, 187, 837, 39, 377
William G. Gregory, 40, 96, 600, 25, 250
David Hamrick, 17, 33, 200, 16, 37
Isaac G. Dodrille, 25, 675, 700, 22, 183
James Harick, 9, 241, 630, 17, 260
Jeremiah Cougar, 30, 314, 1000, 22, 181
Lewis Cowgar, 23, 200, 275, 18, 244
Samuel Banner, 31, 779, 175, 16, 101
Thomas Bradshaw, 7, 593, 800, 15, 155
William Falx, 25, 131 900, 28, 250

Martin Riggleman, 45, 77, 890, 38, 479
George Hefner, 37, 248, 1200, 52, 425
Jonathan Thayer, 40, 250, 473, 17, 196
David Salisbury, 30, 170, 500, 40, 474
Currence Smith, 20, 980, 1000, 37, 148
Daniel Wamsly, 65, 135, 1500, 50, 244
Samuel Wamsley, 220, 470, 5000, -, 1670
Samuel Swecker, 20, 137, 500, 13, 217
Levi Jenks, 160, 262, 50, 149, 449
Peter L. Lightner, 250, 5190, 3345, -, 2453
William H. Wilson, 40, 730, 1500, 116, 373
Solomon Wamsly, 30, 50, 1200, 39, 425
John Y. Stalnaker, 7, 195, 1200, 6, 153
Aden Simmons, 30, 148, 2000, 139, 422
Sarah Stalnaker, 30, 147, 1600, 15, 187

William E. Wood, 12, 80, 1000, 17, 274
John W. Moore, 22, 454, 2000, 59, 604
Joseph Moore, 75, 495, 3500, 35, 766
Augustus Wood, 40, 145, 1000, 28, 349
Samuel Lemon, 14, 86, 500, 26, 215
Henson Douglas, 50, 169, 1095, 69, 318
John Rinehart, 40, 140, 1060, 26, 221
William Mace, 75, 891, 3000, 70, 264
Jacob Mace, 15, 85, 600, 8, 177
John H. Mace, 30, 736, 1000, 32, 421
John Q. Wilson, 20, 180, 1800, 27, 265
Moses Arbogast, 35, 65, 1200, 37, 210
Alfred D. Anderson, 20, 118, 550, 25, 147
Hiram Ware, 30, 135, 600, 10, 231
Mathias C. Potts, 40, 60, 900, 25, 249
George Ware, 10, 90, 200, 9, 113
Matilda Ware, 23, 58, 250, 15, 125
Amos Wymer, 25, 116, 600, 12, 289
John Channel, 100, 247, 1720, 31, 444
John Motes, 12, 88, 300, 26, 118
Willis Taylor, 49, 80, 900, 21, 289
Harmon Snyder, 300, 2200, 11000, 70, 5701
Peter Conrod, 300, 96, 9000, 157, 1609
William Logan, 50, 13500, 2000, 132, 460
Allen McAnderson, 10, 33, 50, 8, 202
Jesse Cowgar, 8, -, 80, 20, 183
Jesse Wamsley, 200, 1349, 6000, 195, 2058
Robert White, 37, 113, 700, 24, 254
Benjamin Kelly, 25, 25, 450, 25, 300
James Rosecrance, 20, 323, 600, 25, 160
John J. Pritt (Price), 40, 80, 650, 25, 225
John Louk_, 8, -, 80, 14, 250
Isaac W. White, 30, 20, 1000, 33, 369
Aaron Bell, 40, 60, 1200, 53, 545
George W. White, 30, 15, 700, 18, 210
John G. Currence, 100, 218, 3300, 75, 712
Adam Lee, 300, 5992, 11180, 155, 1394
John Wamsly, 150, 9, 3300, 114, 990
Samuel G. Mathews, 25, 637, 700, 43, 245
Hamilton Stalnaker, 50, 150, 2300, 94, 321
Alexander Stalnaker, 40, 550, 1800, 27, 402
Jonath. Crouch, 120, 500, 5000, 100, 948
Jacob W. Stalnaker, 40, 559, 1800, 41, 307
Andrew Crouch, 200, 1087, 10200, 98, 1944
Jacob Crouch, 140, 1460, 10000, 102, 1486
Jacob S. Wamsley, 220, 470, 5000, 70, 1740
John M. Crouch, 350, 3450, 12000, 125, 1797
Moses Hutton, 500, 5000, 20000, 150, 2884
Jacob H. Arbogast, 7, 708, 1400, 150, 358
William Hamilton, 234, 28, 7600, 80, 4789
John A. Hutton, 325, 2000, 13000, 10, 1792
Abraham Hutton, 500, 2000, 12500, 174, 2775
Joseph Wamsly, 110, 5090, 7000, 108, 445

William H. Currence, 145, 1555, 6575, 108, 368
John J. Currence, 80, 2220, 5500, 102, 478
Jonathan Currence, 60, 90, 2700, 25, 500
Henry Zickepose (Zickefoose), 30, 420, 750, 22, 186
John Moher, 36, 1114, 2200, 36, 206
William Taylor, 10, 207, 350, 7, 126
Jacob Snyder, 6, 144, 250, 20, 120
Jeremiah Lanham, 25, 75, 500, 16, 148
Wilson Osbourn, 27, 98, 600, 13, 126
Aquila Osburn, 25, 2, 300, 13, 87
Thomas Gooden, 35, 965, 2000, 50, 160
John M. Haney, 25, 275, 1000, 10, 153
George S. Groves, 18, 35, 400, 73, 900
David Moss, 19, 56, 625, 72, 247
Charles Demoss, 12, 124, 600, 20, 79
Bezal J. Mills (Miles), 15, 985, 2300, 15, 69
Elijah H. Hunt, 18, 107, 550, 21, 147
Currence Wilmoth, 20, 30, 600, 17, 62
James Brooke, 20, 80, 400, 19, 144
Jane L. Hathaway, 20, 103, 400, 9, 79
William C. Proudfoot, 20, 100, 400, 14, 151
Edward S. Talbert, 14, 86, 300, 13, 208
Hezekiah Kittle, 50, 450, 1250, 41, 193
Benjamin Phillips, 20, -, 200, 10, 295
Moses Phillips, 20, -, 200, 9, 112
John K. Scott, 30, 120, 700, 26, 262
Crawford Scott, 30, 170, 700, 34, 180
Cyrus Kitle, 13, 187, 350, 28, 224
Archibald Wilson, 40, 1160, 2000, 48, 382
Abel Phares, 11, 389, 600, 6, 117
George Hays, 20, 280, 700, 25, 160
John L. Williams, 20, 80, 350, 10, 105
Levi Ward, 175, 409, 4350, 93, 816
George W. Ward, 130, 140, 3500, 79, 342
Elias R. Lough, 50, 50, 1000, 30, 471
Zirus Wees, 180, 890, 3500, 83, 1010
Whiteman Ward, 104, 4910, 5340, 156, 671
Michael Clem, 100, 106, 1000, 53, 331
John Phares, 100, 227, 4400, 67, 715
John W. Stalnaker, 25, 56, 400, 62, 291
William Phares, 100, 600, 3000, 150, 1052
Isaac Stalnaker, 80, 69, 1600, 94, 407
George W. Taylor, 100, 700, 3000, 79, 1481
Daniel Dinkle, 250, 211, 3000, 25, 1669
Isaac Canfield, 30, 52, 500, 20, 197
_. M. Wilmoth, 80, 33, 1500, 100, 289
John Vanscoy, 20, 80, 500, 15, 122
Joshua Vanscoy, 50, 70, 650, 18, 162
William Workman, 25, 25, 350, 9, 75
John C. Skidmore, 20, 80, 400, 10, 89
Eljah Skidmore, 150, 450, 3000, 50, 585
Edmond Wilmoth, 100, 312, 1540, 50, 376
Jackson Schoonover, 103, 151, 1800, 50, 614
Thomas Schoonover, 115, 2070, 2000, 46, 459
Samuel Dinkle, 100, 200, 2000, 41, 455

Jacob Hagel (Slagel), 150, 180, 1600, 103, 655
William Vanscoy, 15, 262, 250, 5, 97
William C. Dizzard, 25, 25, 250, 5, 97
Jacob Vanscoy, 60, 105, 1100, 52, 575
Ellis Vanscoy, 45, 42, 600, 18, 110
Eli Wilmoth, 60, 40, 900, 25, 409
Maxwell Rennick, 110, 140, 2000, 88, 140
William L. Wilmoth, 40, 110, 1000, 16, 167
Abraham Hyre, 80, 120, 1500, 166, 743
Asbury Stalnaker, 60, 164, 2000, 40, 289
Elam Hait, 30, 50, 500, 29, 138
John S. Hair, 75, 45, 4000, 58, 327
Jones (James) Vanscoy, 25, 75, 500, 12, 185
Zebulon Stalnaker, 40, 85, 650, 31, 134
Job Schoonover, 60, 147, 1000, 20, 132
Daniel Hait, 45, 52, 800, 25, 58
Robert Fargison, 75, 50, 1200, 20, 453
Archibald Fergison, 75, 225, 2000, 20, 448
Henry Haris, 50, 344, 1600, 15, 597
George W. Garner, 112, 471, 2000, 188, 465
Wyatt Fergison, 50, 88, 1500, 11, 113
Salomon Furgison, 30, 95, 1000, 9, 160
Abel Kelly, 25, 75, 600, 14, 223
George Parsons, 71, 90, 1200, 152, 661
Adam Harper, 500, 550, 11000, 141, 1932
William Phillips, 40, 310, 600, 23, 139
Israel Phillips, 40, 171, 450, 29, 245
Jacob Phillips, 75, 25, 750, 15, 41
John Anville, 20, 55, 275, 10, 125
Andrew Pifer, 15, 115, 320, 27, 151
Samuel W. Bowman, 120, 156, 1500, 57, 208
William Talbott, 50, 50, 80, 83, 222
Francis D. Talbott, 75, 125, 1100, 57, 368
James C. A. Goff, 25, 65, 420, 11, 169
Elizabeth Minear, 20, 32, 400, 27, 255
Henry R. Bowman, 43, 137, 800, 20, 293
Henry Sell, 20, 102, 150, 20, 146
Amasa Goff, 25, 100, 403, 24, 257
Adam H. Bowman, 65, 12, 850, 65, 381
Aaron Loughry, 40, 40, 500, 16, 274
Levi Lipscomb, 60, 65, 1000, 22, 205
Basil Motes, 50, 67, 550, 7, 168
Daniel C. Adams, 30, 60, 200, 10, 161
Martin Miller, 40, 64, 300, 15, 213
Andrew Marsh, 40, 189, 475, 10, 209
Jacob Dumire, 25, 165, 400, 17, 75
John H. James, 100, 172, 650, 75, 655
Thomas Jones, 25, 155, 175, 81, 128
Charles Dumire, 18, 77, 130, 7, 58
John Neville, 20, 170, 350, 10, 195
John P. Gray, 35, 67, 350, 33, 440
John White, 152, 448, 2200, 247, 995
Daniel Dumire, 60, 42, 600, 35, 218
John C. Stump, 35, 565, 1000, 65, 308
Ephraim James, 25, 327, 700, 12, 92
John Dumire, 72, 456, 1200, 27, 176
James W. Parsons, 430, 1030, 7212, 123, 2036
William Ervin, 300, 368, 4000, 50, 2416

William Marsh, 35, 145, 700, 22, 454
Jacob W. Lee, 130, 1923, 6500, 60, 530
Enoch Minear, 175, 755, 3500, 230, 604
John Kalar, 40, 191, 1000, 60, 347
William Parsons, 90, 318, 3000, 311, 831
Jonathan M. Parsons, 60, 273, 600, 83, 325
Peter Wotring, 25, -, 100, 10, 111
Samuel Rudolph, 55, 50, 1125, 125, 493
Rinehart Dumire, 45, 105, 1100, 82, 227
Frederick Dumire, 15, 90, 400, 16, 32
William Lash, 30, 120, 700, 177, 289
Arnold Bowinfield, 140, 1060, 6000, 257, 1335
George M. Parsons, 100, 63, 2000, 154, 897
Jesse Parsons, 40, 40, 875, 22, 431
James Parsons, 250, 1140, 8000, 252, 3719
Jacob W. Parsons, 140, 100, 3000, 52, 444
George W. Long, 130, 70, 2300, 38, 482
James Long, 90, 100, 1700, 30, 432
Joseph Long, 50, 5, 1100, 22, 836
Ward Parsons, 100, 125, 1600, 141, 984
William Corrick, 52, 448, 2300, 66, 308
Abraham Parsons, 100, 15, 2200, 121, 904
James Moore, 60, 73, 1066, 60, 272
John Flanagan, 200, 688, 3000, 30, 730
Acra Hunsford(Lunsford), 40, 172, 500, 26, 227
John R. Goff, 150, 575, 3000, 112, 327
Jacob Fanster, 120, 30, 1200, 50, 899

Andrew Fanster, 80, 1009, 800, 15, 388
William Bonner, 50, -, 400, 24, 434
Solomon Bonner, 24, -, 200, 8, 155
Thomas Bright, 42, 108, 400, 16, 156
William Flanagan, 100, 300, 1800, 43, 410
John Wolford, 100, 500, 2000, 38, 536
John Carr, 100, 300, 1200, 14, 242
Isaac Roy, 35, 816, 1325, 15, 318
Simeon Roy, 60, 340, 1000, 33, 320
Solomon Pennington, 20, 66, 430, 20, 461
John Pennington, 100, 711, 1950, 25, 788
Jesse L. Roy, 30, 591, 500, 20, 541
John Snider, 100, 298, 1000, 25, 581
Samuel Cooper, 20, 210, 573, 17, 377
Joseph White, 20, 110, 400, 13, 205
Thomas Summerfield, 50, 450, 700, 14, 88
Thomas S. White, 150, 850, 1800, 23, 1269
Thompson Elza, 30, 460, 1000, 17, 553
John Wyatt, 70, 2930, 2500, 11, 257
John Taylor, 258, 937, 4565, 93, 3140
Job Triplett, 70, 6, 1000, 22, 168
Nimrod Taylor, 50, 150, 1300, 11, 86
Amos Canfield, 150, 882, 4280, 58, 566
John Bennett, 50, 50, 900, 25, 238
Jacob Isner, 60, 155, 790, 37, 207
Levi N. Wilmoth, 150, 4449, 3104, 23, 452
James Skidmore, 100, 221, 1900, 30, 451
James Coberly, 80, 81, 716, 55, 360
Adanijah Ward, 150, 546, 5000, 93, 1323
Abel Hyre, 100, 724, 2000, 40, 441

Madison Daniels, 100, 505, 2830, 34, 620

Henry Currence, 50, 175, 600, 15, 212

Samuel S. Stalnaker, 40, 10, 750, 31, 122

Jonathan Daniels, 130, 318, 3536, 123, 916

Benjamin Morrison, 30, 820, 400, 20, 154

Jacob Daniels, 180, 1218, 4000, 212, 1225

William Daniels, 200, 6100, 2000, 79, 802

William Daniels, 30, 370, 650, 137, 340

Earle Daniels, 30, 40, 350, 39, 204

Kisa Daniels, 60, 1148, 1015, 52, 361

George W. Stalnaker, 85, 814, 2000, 47, 347

Jacob S. Stalnaker, 80, 50, 780, 254, 259

Samuel Morrison, 135, 4077, 4025, 125, 1464

Henry Harper, 315, 3674, 10183, 71, 1440

William P. Haigler, 200, 1060, 5000, 154, 1471

Abram Stalnaker, 100, 50, 1500, 52, 438

Archibald Stalnaker, 65, 80, 1013, 25, 559

Marshall Stalnaker, 33, 30, 506, 26, 95

Andrew M. Wamsly, 130, 270, 4200, 116, 850

Solomon C. Coplinger, 20, 177, 700, 104, 315

Job Wees, 140, 113, 1977, 90, 481

Benjamin Phares, 140, 50, 5000, 163, 851

Eli Butcher, 250, 15350, 13500, 150, 4957

George Buckly, 100, 73, 729, 147, 330

Jonathan Arnold, 650, 3087, 12270, 100, 3584

David Blackman, 907, 1893, 15418, 203, 2750

Hoy McLane, 180, 464, 2809, 110, 1471

Abraham Hinkle, 500, 480, 50000, 99, 4118

Thomas B. Scott, 100, 300, 2275, 451, 553

John Stalnaker, 80, 80, 2840, 100, 417

Mary Earle, 98, 636, 5706, 8, 299

Thomas Collett, 100, 2781, 2980, 77, 446

George W. Chenoweth, 45, 120, 660, 333, 260

Absolom Wees, 40, 233, 546, 61, 192

Joseph Schoonover, 60, 240, 800, 119, 226

John J. Crouch, 21, 789, 600, 25, 224

Jacob Wees, 150, 110, 1630, 62, 572

Eli Wees, 100, 221, 1176, 30, 463

John Wees, 100, 140, 1200, 734, 304

John Marsteller, 50, 379, 3145, 65, 357

James M. Hait, 50, 75, 512, 24, 357

Edith Collett, 100, 162, 3730, 51, 564

Smith Crouch, 100, 144, 2440, 106, 280

George McLane, 150, 91, 3300, 165, 336

Lenor Camden, 75, 100, 1225, 104, 709

William Foggy, 70, 136, 850, 40, 349

Ann Hill, 80, 100, 720, 25, 333

William Inser(Isner), 80, 307, 1154, 54, 250

John J. Chenoweth, 90, 497, 1143, 297, 511

Gabriel Chenoweth, 108, 172, 1600, 72, 403

John Chenoweth, 100, 100, 1250, 88, 540
William P. Chenoweth, 100, 47, 720, 85, 641
Sarah Chenoweth, 160, 348, 1779, 34, 542
Ephraim Triplett, 17, 183, 1200, 15, 190
John Triplett, 30, 70, 600, 22, 307
Dolbeare Kelly, 80, 1250, 1600, 70, 429
Absolom Kelly, 40, 160, 700, 21, 160
Abel W. Kelly, 110, 83, 972, 131, 501
Thomas Isner, 90, 740, 1240, 117, 653
Daniel Weis, 100, 40, 950, 39, 309
George Wees, 400, 950, 5000, 110, 2254
Patterson Percy, 100, 200, 1500, 25, 410
Michael Yoakum, 35, 128, 700, 23, 180
Jesse Phares, 65, 250, 1420, 23, 524
John Phares, 35, 95, 130, 16, 153
Jesse Day, 20, 30, 200, 16, 58
Jacob Kator, 60, 240, 1500, 75, 657
David Gilmore, 75, 250, 1900, 90, 390
Jacob W. Wilfong, 10, 90, 250, 9, 100
Adam Mouse, 75, 85, 1000, 15, 158
Nancy Martency, 150, 65, 1505, 36, 220
David Simons, 40, 25, 520, 19, 159
Ananias Hinkle, 281, 292, 4225, 112, 1524
Thomas J. Scott, 100, 138, 2500, 5, 143
Sanin R. Kittle, 10, -, 200, 23, 298
Thomas Scott, 200, 415, 2300, 150, 862
Elijah Kittle, 100, 220, 1400, 120, 475
Jacob Triplett, 60, 40, 800, 40, 249
John Harper, 100, 130, 1250, 5, 486
Thomas J. Caplinger, 50, -, 500, 53, 302
George W. Caplinger, 40, -, 480, 43, 692
George C. Little, 65, 241, 1509, 25, 258
George Caplinger, 75, 3000, 2820, 100, 345
Adam Caplinger, 70, 186, 840, 40, 613
Peter Phillips, 17, 718, 960, 25, 209
Levi D. Ward, 77, 118, 1950, 30, 310
Jacob Ward, 100, 485, 2000, 131, 593
George Hill, 160, 140, 2000, 40, 300
Joseph Hart, 150, 8575, 8463, 250, 1368
Moses Harper, 80, 260, 1800, 36, 558
John B. White, 100, 1080, 2100, 50, 1109
Isaac White, 100, 136, 2124, 50, 750
Samuel Tyre, 25, 135 500, 10, 96
John Hornbeck, 90, 78, 2535, 40, 298
Joseph Hornbeck, 150, 168, 3435, 50, 595
Orlando Woolwine, 100, 135, 200, 50, 642
Johnson Phares, 140, 1045, 3500, 50, 1502
John Hixon, 120, 200, 5850, 40, 764
Wiliam P. Bradly, 50, 646, 1292, 40, 227
James Shreve, 50, 200, 1000, 15, 385
Andrew Crouch, 90, 710, 6000, 62, 294
James McCall, 40, 50, 1500, 20, 262
Charles C. Lee, 1150, 54178, 36437, 250, 4111
Moses H. Crouch, 170, 330, 5000, 87, 1239
George Long, 400, 760, 1466, 100, 2258

Washington G. Ward, 300, 3000, 8900, 100, 1314

William L. Ward, 320, 2330, 10400, 50, 3360

Washington Long, 300, 1200, 12600, 100, 3165

Abraham Carper, 300, 300, 7200, 200, 1952

Jesse C. Ward, 300, 700, 8000, 100, 1766

Matthew Wamsly, 100, 430, 3000, 150, 527

Jonathan Wamsly, 90, 10, 1000, 20, 606

Jacob Yoakum, 100, 106, 1854, 40, 784

Andrew Crawford, 200, 500, 8200, 125, 2032

John Smith, 100, 30, 2000, 125, 873

Catharine Crouch, 150, 400, 4500, 50, 173

Isaac Crouch, 170, 140, 1700, 50, 723

William Scott, 50, 42, 1280, 10, 292

James Warner, 40, 578, 750, 15, 311

Jeremiah Charnet, 90, 135, 3500, 30, 478

William Miller, 50, 50, 500, 17, 175

Ritchie County, West Virginia
1850 Agricultural Census

The University of North Carolina at Chapel Hill filmed the 1850 agricultural census for Ritchie County from originals in the West Virginia Department of Archives under a grant from the National Science Foundation in 1963. This county along with several others have been separated from Virginia records as West Virginia was created in 1863 when it seceded from the state of Virginia

Columns 1, 2, 3, 4, 5, and 13 represent the following information on the census:
1. Name of Owner, Agent or Manager of Farm
2. Acres of Improved Land
3. Acres of Unimproved Land
4. Cash Value of the Farm
5. Value of Farming Implements and Machinery
13. Value of Livestock

Andrew Cokeley, 60, 140, 1500, 5, 160
Edmond Cokeley, 78, 360, 1500, 40, 390
Jno. Culp, 100, 40, 2000, 100, 290
Isaac H. Cunningham, 20, 360, 1000, 20, 120
Nathaniel Parkes, 30, 95, 200, 6, 94
Wm. H. Lowther, 36, 200, 2000, 25, 335
James Barker, 20, 380, 400, 5, 72
Wm. Douglass, 40, 60, 1000, 50, 635
Jno. W. Oddie, 40, 140, 1000, 25, 140
Harrison Connell, 40, 60, 600, 10, 100
Joseph H. Robinson, 25, 300, 400, 20, 95
Jno. Cecil, 30, 420, 600, 15, 65
Jno. Cosnell (Cornell), 40, 160, 1000, 40, 165
Jonas Wells, 75, 25, 1000, 50, 325
William Everett, 25, 175, 500, 8, 120
Robt. Ross, 20, 1680, 1400, 5, 120
James H. Terry, 130, 220, 2100, 125, 480
Joseph James, 40, 60, 500, 10, 240
Jacob Hendrickson, 30, 220, 500, 10, 70
Andrew Shields, 15, 85, 200, 15, 110
Conrad Gaines, 30, 70, 400, 5, 70
Felix Grayson, 18, 82, 200, 5, 125
James Kelly, 30, 720, 750, 5, 50
Middleton Rutherford, 20, 105, 250, 5, 85
Matthew H. Nutter, 25, -, 250, 10, 150
Levi Nutter, 200, 733, 5000, 250, 840
Jno. Douglass, 20, 126, 400, 5, 100
Jno. Leggett, 80, 20, 900, 100, 211
Wm. Hall, 30, 77, 600, 10, 130
Andrew Douglass, 80, 93, 1000, 35, 480
Wm. W. Lowther, 40, 137, 1050, 50, 255
Wm. H. Douglass, 50, 148, 900, 13, 68
James Stuart, 25, 75, 500, 8, 140
Jonathan Smith, 10, 185, 200, 5, 113
Abraham Smith, 20, 51, 400, 25, 107
James Webb, 36, 97, 350, 5, 135
Jno. Nutter, 30, 103, 350, 10, 250
Hiram Oats, 40, 120, 1000, 10, 160

Joseph Morton, 25, 1225, 1800, 15, 120
James S. Haitt, 30, 70, 300, 5, 160
Jno. Sharpnac, 30, 220, 500, 5, 25
Jno. B. Rice, 15, 60, 200, 10, 90
Daniel Tennant, 20, 200, 800, 10, 140
David Higgins, 75, 575, 1800, 65, 175
Saml. Bell, 25, 30, 200, 5, 120
Wm. Sharpnac, 30, 207, 1000, 30, 156
Hiram Sharpnac, 15, 85, 400, 10, 75
Jacob Garrison, 50, 414, 1500, 5, 70
James G. Lemmon, 25, 75, 800, 15, 170
Geo. S. Lemmon, 50, 50, 2000, 75, 490
H. J. Jackson, 80, 130, 2500, 100, 470
Chas. A. Kearnes, 25, 59, 400, 10, 160
Hugh Pribble, 45, 95, 1600, 150, 475
Warren Sillman, 45, 355, 4000, 75, 130
Benj. Hall, 17, 38, 400, 10, 100
Danl. Pribble, 15, 385, 400, 25, 170
Joseph Hall, 25, 35, 400, 5, 95
Isaac Nutter, 20, 50, 300, 10, 140
Geo. Nutter, 25, 50, 300, 5, 120
Jno. Slagle (Hagle), 20, 400, 2000, 25, 185
Nimrod Scott, 16, 300, 1000, 10, 150
Jacob Dearn, 40, 200, 1000, 5, 225
Jno. Nutter, 25, 375, 800, 10, 175
James Spurgen, 18, 83, 300, 5, 112
H. J. Mason, 15, 85, 300, 20, 110
Nathan Kearnes, 40, 660, 1400, 10, 255
Jesse Cain, 30, 120, 500, 10, 220
Wm. Patton, 50, 250, 1200, 50, 265
Benj. Philips, 50, 290, 1500, 35, 545
Geo. Cain, 30, 58, 500, 8, 200
Philip Deem, 70, 80, 2000, 20, 360
James Deem, 30, 133, 650, 10, 220
Richd. Rutherford, 140, 2660, 5050, 75, 1153
Jno. Hall, 50, 150, 1500, 70, 325
Wm. Roberts, 50, 65, 800, 50, 185
And. Young, 60, 55, 1200, 20, 370
Ed. Shelton, 50, 66, 1000, 120, 305
Peter Moats, 110, 90, 2000, 120, 485
James Marshall, 50, 130, 1500, 20, 280
E. E. Smith, 100, 47, 1800, 25, 275
Jacob McKinney, 75, 575, 2000, 100, 410
Henry Wegnor, 35, 72, 1000, 65, 185
Richd. Wanless, 70, 358, 2000, 75, 260
Jno. Bowlse, 100, 190, 2000, 10, 150
Jno. Taylor, 60, 140, 800, 50, 260
Wm. Godfry, 30, 195, 800, 15, 56
Cornelius G. Cain, 65, 100, 1000, 15, 270
Jno. Layfield, 70, 50, 1000, 100, 405
Henry Moats, 46, 250, 1000, 20, 210
James Malone, 80, 120, 3000, 100, 233
Jno. J. Clutter, 6, -, -, 10, 52
Margaret Cunningham, 40, 10, 400, 10, 130
Saml. Musgrove, 25, 248, 600, 5, 60
Jno. Shrader, 50, 10, 400, 10, 150
Moses Starr, 15, 35, 500, 5, 120
Jacob Wignor, 35, 65, 600, 20, 100
Wm. Wigner, 14, 36, 300, 5, 30
Henry J. Rexroad, 35, 87, 1000, 75, 186
Henry Webb, 45, 72, 1000, 50, 168
Christiana Cokeley, 40, 54, 1000, 5, 85
Joseph Lambert, 58, 44, 1000, 100, 155
Isaiah Wells, 30, 109, 2000, 120, 195
Wm. Cunningham, 40, 25, 1000, 50, 120
Isaac E. Cokeley, 90, 106, 2000, 100, 185
Jno. Heaton, 100, 62, 2000, 75, 280
Wm. Moats, 100, 83, 3000, 80, 160

Henry Rexroad, 65, 15, 5000, 600, 175
Lewis Rexroad, 12, 282, 450, 8, 30
Geo. Sinnett, 175, 45, 3000, 100, 466
Arthur Watson, 90, 110, 2000, 75, 280
Reuben Eye, 50, 150, 1000, 20, 230
Isaac Cokeley, 50, 130, 1000, 10, 145
Thomas Hoovra, 125, 475, 3000, 100, 395
James Moyers, 28, 72, 500, 75, 175
Conrad Mulinex, 60, 420, 1700, 94, 455
Elizabeth Drake, 100, 900, 2000, 60, 190
Cyrus Dawson, 30, 84, 500, 10, 75
Abel Sinnett, 60, 308, 1500, 60, 205
Henry K. Sinnett, 20, 80, 400, 5, 120
Jacob Sinnett, 36, 65, 600, 40, 132
James Stanley, 20, 180, 600, 8, 70
Eliza Cleavenger, 50, 11, 400, 5, 140
Jno. Stanley, 20, 40, 600, 20, 190
Hannah Wilson, 25, 25, 300, 10, 50
Jno. Ayres, 14, 35, 500, 25, 270
Frederick Lemmon, 40, 569, 1000, 60, 310
Abram Laird, 15, 85, 200, 5, 55
Dennis Dye, 30, 177, 600, 15, 280
David Hostetter, 50, 225, 1300, 5, 50
Jno. Hostetter, 25, 150, 100, 7, 193
Robt. Lough, 150, 439, 5000, 100, 585
Currance Murphy, 75, 87, 2500, 75, 437
Wm. Webb, 60, 600, 2000, 35, 315
Benj. Webb, 80, 76, 3700, 200, 780
Jno. Webb, 50, 440, 3000, 75, 175
Wm. Dilworth, 100, 250, 3500, 100, 680
Asa G. Dilworth, 30, 206, 2500, 6, 83
James Smith, 75, 270, 2000, 60, 212
Barnes Smith Jr., 25, -, 300, 10, 260
E. M. Cunningham, 60, 54, 500, 5, 128
D. W. Streeth, 28, 92, 2000, 75, 202
Wm. Hardman, 22, 975, 2000, 5, 105
Jno. B. Rogers, 25, 275, 600, 20, 500
Enoch R. Hill, 30, 190, 600, 12, 258
Wm. Halbert, 28, 72, 500, 20, 120
Elisha Smith, 60, 140, 00, 35, 515
James Hardman, 45, 205, 1000, 50, 350
Jno. H. Bell, 20, 300, 600, 5, 40
Nimrod Lough, 30, 70, 400, 5, 115
Eli R. Cunningham, 25, 75, 500, 10, 133
Strodther Goff, 25, 75, 500, 15, 121
Philip Frederick, 25, 175, 400, 5, 95
Saml. Frederick, 30, 185, 1000, 50, 230
Wm. H. Frederick, 20, 180, 400, 50, 110
Jno. Royce, 90, 130, 1000, 75, 410
Jno. W. Westfall, 60, 89, 1400, 14, 234
Jno. Elliott, 20, 40, 600, 10, 70
Zachariah Rexroad, 75, 90, 1400, 160, 285
Alex. Glover, 40, 30, 800, 75, 265
Jno. M. Evans, 75, 315, 1200, 5, 85
Jno. Hostetter, 15, 645, 2000, 5, 30
Danl. Ayres, 50, 196, 1000, 15, 70
Solomon Rexroad, 25, 120, 500, 15, 125
Adam Cunningham, 20, 75, 300, 10, 125
Jacob Cunningham, 15, 50, 300, 10, 85
Wm. Hoover, 25, 80, 400, 20, 95
Sampson Zickafoose, 25 142, 600, 15, 270
Jno. Webb, 40, 170, 1000, 20, 166
Jno. W. Webb, 8, 226, 400, 10, 160
Harman Sinnett, 35, 198, 1000, 15, 160
Owen H. Watson, 12, 196, 600, 25, 80
Ranson Kendall, 40, 260, 1200, 20, 108
Wm. Cokeley, 30, 220, 1200, 2, 108

Chas. M. Ayres, 20, 80, 400, 10, 111
James Braden, 25, 115, 400, 40, 130
Isaac Clark, 60, 170, 1000, 40, 200
Daniel Nay, 15, 85, 2200, 5, 100
James R. Jones, 50, 100, 750, 12, 185
Geo. Price, 45, 105, 600, 75, 146
James Starr, 70, 420, 1700, 100, 250
Addison Rexroad, 43, 260, 800, 25, 265
Jacob Moats, 160, 219, 300, 10, 475
Thos. Mealey, 20, 105, 800, 5, 34
Noah Ranstaston, 13, 83, 150, 5, 165
Jno. Harris, 20, 337, 7000, 100, 765
Jno. Crolley, 60, 1440, 5000, 20, 340
Nimrod Cross, 68, 135, 1600, 130, 358
Granville W. Zinn, 12, 888, 600, 15, 110
Jno. W. Zinn, 30, 120, 500, 20, 95
Manley Collins, 20, 180, 600, 15, 65
Geo. Volentine, 25, 255, 800, 10, 110
Henry Tingler, 100, 400, 2000, 50, 472
Thos. Goff, 65, 64, 1200, 25, 256
Geo. Wass (Woss), 100, 116, 2500, 100, 687
David McDaniel, 60, 70, 1200, 10, 200
Jno. Daugherty, 20, 280, 1000, 50, 200
Wm. C. Worley, 100, 300, 2000, 75, 285
Jno. W. Mitchell, 40, 160, 1000, 40, 30
Alex. Goff, 50, 200, 1000, 40, 700
_. W. G. Camp, 40, 70, 1000, 20, 165
Benj. Goff, 60, 240, 1000, 40, 255
Eliz Wiers, 25, 125, 600, 10, 200
James Wrights, 30, 30, 300, 10, 155
Israel Davidson, 15, 85, 400, 10, 145
Eleven Riddle, 20, 255, 400, 10, 300
Asby P. Law, 25, 125, 400, 50, 167
Saml. Davidson, 20, 80, 200, 10, 95

Harrison Wright, 30, 270, 600, 30, 165
Isaac Smith, 30, 170, 1000, 100, 450
Levi Smith, 50, 380, 1200, 75, 446
Henry Hayden, 30, 60, 800, 10, 297
Lemuel Hall, 45, 189, 100, 40, 184
Hiram Adams, 10, 90, 300, 5, 68
Andrew Law, 70, 1415, 5000, 75, 540
Geo. Collins, 50, 83, 1200, 50, 380
Timothy Tharp, 100, 250, 2800, 100, 550
Robt. Sommerville, 180, 20, 1600, 120, 425
Martin C. Ward, 45, 55, 500, 18, 222
Alfred Malone, 20, 485, 1500, 8, 224
Volentine Butcher, 90, 410, 2000, 100, 482
Jeremiah Snodgrass, 50, 350, 1000, 65, 215
Otho P. Zinn, 14, 65, 800, 20, 91
Jonath. F. Randolph, 20, 60, 350, 5, 140
Asa Bee, 41, 59, 700, 75, 374
Elijah Smith, 50, 345, 1000, 30, 327
_ton Shores, 30, 70, 400, 5, 154
Robt. Mitchell, 12, 188, 300, 5, 70
S. C. Collins, 10, 80, 300, 5, 105
Joseph Wilson, 15, 45, 300, 5, 100
David Cain, 14, 46, 100, 24, 150
Danul V. Cox, 30, 369, 1000, 20, 186
Nimrod Kuykendal, 18, 81, 300, 8, 166
Wm. Jeffries, 20, 30, 200, 5, 48
Thos. Stevens, 15, 85, 200, 10, 145
A. S. Core, 130, 175, 5300, 100, 455
Jno. Starr, 25, 49, 720, 120, 357
James H. Cunningham, 5, 45, 100, 10, 47
Benj. Prather, 20, 380, 600, 10, 40
Jno. Haris, 15, 85, 100, 10, 80
Jno. McGinnis, 50, 950, 2500, 75, 202
Solomon L. Dotson, 45, 705, 1500, 50, 285

Daniel Haymond (Hagmond), 130, 770, 5000, 100, 814
Wm. T. Mitchell, 25, 180, 1000, 5, 60
H. B. Collins, 140, 460, 2000, 75, 310
Joseph M. Wilson, 25, 175, 700, 15, 115
Joseph Waggoner, 20, 60, 550, 40, 77
Wm. Carn (Carr, Cam), 65, 75, 750, 14, 130
E. B. Leggett, 45, 55, 1000, 75, 195
Jesse M. Lowther, 20, 37, 575, 5, 80
Jno. Leggett, 15, 78, 450, 6, 134
Wm. B. Lowther, 50, 50, 1000, 60, 284
Wm. J. Lowther, 65, 45, 880, 145, 334
Brigham Wood, 18, 77, 4000, 25, 100
Elijah Clayton, 50, 150, 1000, 125, 105
Wm. Baker, 30, 307, 400, 8, 222
Saml. B. Minear, 100, 100, 2000, 50, 664
Jno. A. Lowther, 70, 48, 800, 50, 326
Alex. Lowther, 70, 50, 1000, 100, 316
Felix Prunty, 50, 3, 600, 60, 285
Lemuel Davis, 8, 400, 500, 10, 24
Geo. W. Zinn, 75, 22, 1000, 15, 179
Isaac Snodgrass, 10, 990, 600, 100, 123
Job Meredith, 40, 110, 300, 5, 150
Peter Pritchard, 90, 140, 2000, 60, 375
Geo. Pritchard, 15, 2985, 2000, 15, 140
Thos. Ireland, 80, 70, 1500, 40, 388
Robt. Ireland, 25, 135, 150, 5, 75
Q. M. Zinn, 25, 155, 400, 40, 187
Wm. J. G. Gribble (Pribble), 40, 1960, 750, 10, 160
Archd. Lowther, 40, 110, 1500, 100, 230
Otho G. Watson, 20, 80, 400, 10, 220
Jno. Jett, 10, 66, 200, 5, 91
Wm. Flanegan, 65, 95, 1200, 150, 280
Jno. M. Pritchard, 40, 50, 800, 10, 120
Nath. J. Snodgrass, 15, 105, 125, 5, 132
Joseph Wilson, 30, 170, 700, 15, 157
Elias Somers, 25, 75, 600, 20, 200
Anderson Patton, 25, 165, 1200, 45, 180
Eli Riddle, 30, 470, 1500, 70, 300
Adanijah Watson, 40, 160, 1000, 20, 175
Nelson Richards, 50, 50, 1000, 75, 148
Jno. Woodsides, 25, 125, 500, 10, 80
Samuel Butcher, 60, 100, 1300, 15, 50
James Martin, 200, 100, 6000, 100, 700
Saml. Calhoun, 35, 65, 600, 15, 150
Allen Calhoun, 80, 120, 1500, 30, 169
Jno. Collins, 400, 722, 6770, 125, 2150
Eliz. Jones, 7, 18, 100, 5, 160
W. Rush, 25, 110, 400, 10, 115
Joseph Pannel, 25, 5, 100, 5, 70
Emanuel Lacy, 45, 118, 700, 50, 173
Rolly Haddox, 45, 55, 800, 50, 141
Geo. Haddox, 6, 44, 100, 10, 35
Jacob Lantz, 50, 138, 1000, 90, 286
R. S. Thomas, 40, 460, 2200, 35, 160
Samson Lantz, 85, 604, 3500, 90, 850
Mathew Riggs, 40, 60, 400, 15, 130
Wm. C. Haymond, 50, 350, 1800, 50, 157
Eli Cline, 25, 225, 800, 12, 92
Notley Willis, 15, 200, 800, 10, 135
James Kee, 70, 190, 1056, 5, 28
Elias March, 150, 55, 1640, 50, 1275
E. J. Jarvis, 60, 220, 2000, 60, 240

Jacob King, 30, 70, 600, 10, 90
Jno. Garner, 30, 155, 700, 20, 272
Jacob Collins, 15, 308, 1200, 5, 19
Thos. Dotson, 17, 83, 500, 5, 77
Elza Gregg, 40, 77, 800, 10, 178
Joseph Dotson, 10, 80, 450, 2, 22
Robt. Dotson, 10, 15, 200, 3, 64
Benj. Dotson, 10, 124, 400, 5, 58
Ruth Dotson, 68, 32, 1200, 6, 172
Wm. Collins, 75, 163, 2400, 50, 252
Enoch Marsh, 9, 100, 1250, 75, 340
B. W. Hickman, 10, 90, 500, 3, 108
Joseph Collins, 15, 60, 300, 5, 45
Geo. Keck, 50, 20, 2000, 18, 113
Eli Taylor, 40, 190, 1000, 20, 100
Joseph S. Smith, 65, 190, 3000, 100, 340
Thos. Pool, 75, 208, 2000, 75, 270
Emanuel Dotson, 100, 300, 3000, 50, 475
Anderson Corbin, 30, 232, 800, 5, 104
Jeff Broadwater, 100, 260, 2000, 70, 728
Edmund Taylor, 150, 365, 4000, 100, 1950
A. J. Wilson, 200, 100, 3000, 100, 1571
Jacob Richards, 60, 40, 600, 5, 210
Hugh Richards, 30, 39, 600, 5, 208
Elias Richards, 20, 38, 300, 5, 87
Jno. Cross, 80, 170, 1700, 76, 505
Jno. W. Wilson, 20, 20, 200, 5, 75
Osborne McDougle, 50, 150, 2000, 25, 310
Peter Broadwater, 35, 86, 800, 15, 294
James Taylor, 50, 217, 1000, 6, 154
Wm. Richards, 20, 80, 300, 4, 64
Jno. S. Porter, 25, 125, 500, 100, 165
James Mealey, 40, 125, 1000, 15, 156
Philip A. Wood, 25, 95, 900, -, 28
James Wood, 127, 75, 2300, 120, 340
Benj. Wells, 30, 70, 1500, 15, 227
Bassel Hudkins, 25, 90, 1000, 18, 108
Jacob W. Wignor, 30, 82, 600, 25, 220
Jno. Wignor, 30, 140, 1500, 20, 120
Bassel Williamson, 160, 960, 5000, 20, 118
James H. Riders, 85, 300, 1700, 95, 125
Adam Cunningham, 30, 70, 600, 15, 110
Boston Hudkins, 15, 17, 500, 20, 110
Ephraim Martin, 75, 32, 1300, 50, 217
James Cochran, 25, 27, 500, 30, 190
Jno. S. Milhoans, 20, 60, 200, 15, 70
Wm. McGregor, 75, 325, 3200, 80, 531
Josiah Martin, 50, 1950, 3000, 20, 90
Henry D. Martin, 70, 130, 1000, 25, 142
Joseph McGregor, 60, 244, 2100, 15, 244
James McGregory, 20, 89, 550, 10, 86
Jacob Stealey, 45, 60, 500, 5, 67
Jno. Weekly, 40, 160, 1200, 15, 240
Jno. Wisecavers, 35, 165, 900, 15, 120
Henry Copenhaver, 20, 80, 500, 40, 100
Abraham Wells, 25, 70, 800, 8, 77
Wm. Ice, 25, 125, 400, 5, 90
Wm. Shriver, 10, 35, 90, 6, 120
Saml. Morris, 50, 50, 600, 20, 160
Jno. Copenhaver, 15, 85, 600, 15, 70
James Hammond, 30, 100, 300, 5, 87
Jno. T. Lacey, 40, 60, 1000, 60, 185
Solomon Clovis, 25, 35, 400, 10, 107
James Wrick, 30, 70, 200, 10, 75
A. B. Campbell, 40, 210, 1250, 20, 117
Jacob E. Cunningham, 15, 35, 250, 5, 71
James Barker, 35, 265, 1200, 10, 118
Wm. J. Piles, 15, 62, 300, 5, 94

Alex. Lowther, 100, 400, 3000, 100, 507
Wm. Griffin, 50, 100, 600, 15, 45
Isaac Lambert, 70, 430, 2500, 80, 314
Wm. Carpenter, 25, 145, 1000, 60, 185
Danl. S. Van Carest, 14, 236, 500, 12, 162
Edwd. Cunningham, 30, 220, 500, 15, 191
Wm. Hitchcox, 50, 200, 2500, 30, 257
Jno. Rawson, 70, 830, 2000, 100, 782
Elijah Cunningham, 40, 60, 400, 100, 176
Elijah McLain, 35, 215, 1000, 10, 83
James Murphrey, 14, 236, 600, 10, 800
Noah Rexroad, 120, 127, 2000, 70, 215
Daniel Cokeley, 100, 169, 2100, 185, 360

Taylor County, West Virginia
1850 Agricultural Census

The University of North Carolina at Chapel Hill filmed the 1850 agricultural census for Taylor County from originals in the West Virginia Department of Archives under a grant from the National Science Foundation in 1963. This county along with several others have been separated from Virginia records as West Virginia was created in 1863 when it seceded from the state of Virginia

Columns 1, 2, 3, 4, 5, and 13 represent the following information on the census:
1. Name of Owner, Agent or Manager of Farm
2. Acres of Improved Land
3. Acres of Unimproved Land
4. Cash Value of the Farm
5. Value of Farming Implements and Machinery
13. Value of Livestock

Joseph Warder, 60, 99, 1500, 50, 300
Samuel M. Lake, 30, 10, 300, 10, 150
Joseph West, 100, 55, 1400, 100, 1600
John H. Miller, 8, 27, 300, 25, 150
John B. Currey, 45, 25, 1000, 150, 100
Robert Rogers, 60, 140, 2500, 125, 550
William Finley, 75, 125, 1500, 50, 182
Jane Luzader, 20, 50, 200, 10, 45
Alex Williamson, 30, 50, 1000, 10, 133
Henry Maloney, 7, 15, 300, 200, 550
Washington Lake, 60, 105, 200, 20, 320
John Felton, 75, 108, 2000, 200, 594
Abm. McElfresh, 35, 55, 800, 50, 50
George Brown, 40, 60, 1200, 60, 118
Peter L. Knight, 20, 40, 600, 20, 108
William Shoups, 50, 50, 500, 100, 250
Nancy Williamson, 100, 130, 1700, 50, 300
Solomon Sparks, 14, 25, 400, 10, 30
George Fleming, 50, 38, 1000, 20, 115

John Gray, 60, 66, 1500, 20, 245
Danl. Hustead, 80, 153, 1600, 100, 365
Isaac Reece, 65, 35, 800, 75, 170
John Looper (Leeper), 75, 65, 2200, 100, 427
William G. Poe, 100, 100, 2100, 120, 644
Harrison B. Lake, 45, 5, 500, 50, 420
Harison Fletcher, 130, 107, 2500, 260, 560
George Snull, 40, 335, 3750, 100, 305
John Diller, 20, 30, 500, 10, 20
Wm. Bartlett, 63, 40, 1500, 150, 436
William Utterback, 20, 20, 400, 10, 55
John Patton, 100, 96, 2500, 10, 195
Bachevel Crihsee, 90, 181, 2500, 200, 532
Thos. Gates, 20, 50, 700, 10, 135
William Prisn (Prim), 150, 100, 3500, 100, 322
Jorden H. Barns, 175, 57, 3500, 100, 265
Danl. G. Payne, 100, 100, 2000, 125, 365
Isaac Linchan, 20, 50, 500, 100, 120
John Moore, 78, 30, 1600, 50, 270

Thomas Burns, 12, 56, 275, 10, 140
Wm. M. Goodwin, 15, 25, 280, 170, 245
James T. Curry, 30, 10, -, 60, 120
James Rhodes, 30, 5, 325, 5, 35
Sarah Rhodes, 20, 5, 325, 5, 200
Stephen W. Poe, 100, 358, 4500, 20, 400
Thos. Shields, 40, 10, 300, 10, 80
John Finley, 60, 37, 1160, 40, 232
James Rinker, 35 18, 700, 15, 140
Saylor B. Norris, 5, 125, 625, 5, 70
Elijah Davis, 65, 110, 1500, 20, 280
Abner Gates, 560, 40, 1200, 20, 327
John Roberts, 30, 10, 500, 30, 80
Abner Abbot, 60, 40, 1000, 10, 200
William Powell, 50, 5, 200, 10, 90
John Newton, 60, 3, 200, 10, 60
Nathan Goodwin, 15, 69, 1000, 10, 65
James W. Jones, 30, 35, 700, 15, 227
Aaron Ashcroft, 60, 56, 2300, 25, 286
Jesse H. Cather, 25, 45, 350, 100, 1400
John Cather, 200, 220, 4000, 50, 70
George Keene, 30, 10, 200, 5, 34
Bennett Wheeler, 50, 100, 1500, 30, 244
John Rigby (Rigley), 20, 26, 200, 10, 350
James H. Smith, 20, -, 100, -, 40
John M. Bailey, 30, -, 10, 40, 1115
Isaac Harrow, 40, 158, 1100, 30, 320
Benjamin Townsend, 60, 14, 200, 20, 100
John Smith, 40, 6, 300, 5, 125
Robt. P. Nixon, 75, 75, 1500, 40, 260
John T. Cather, 25, 161, 1800, 10, 140
William Reynolds, 100, 200, 3000, 100, 500
John Shroyer, 60, 110, 1700, 130, 280
Samuel Trader, 65, 107, 2000, 100, 284
Ludwic Ford, 60, 5, 300, 5, 40
James Knotts, 150, 183, 4000, 100, 920
Jacob Hall, 120, 180, 3500, 30, 520
Lunceford Jones, 175, 71, 1500, 100, 170
Ruth Pritchard, 50, 25, 500, 75, 230
Staunton Jones, 50, 73, 1200, 50, 230
James Forde, 25, 92, 600, 10, 50
Fleming Jones, 70, 100, 2400, 100, 450
William Shaw, 40, 42, 700, 20, 175
Robt. Hebb, 100, 77, 2000, 100, 400
John Parsons, 80, 94, 1800, 50, 110
James Combs, 10, 30, 200, 70, 90
Nathan Hull, 16, 26, 300, 23, 125
Isaac Means, 200, 300, 7000, 200, 1190
Jacob Shroyer, 250, 590, 6000, 150, 1225
Saml. B. Keener, 50, 112, 2400, 30, 225
John W. Cole, 157, 200, 3000, 100, 460
Isaac Boice, 20, 100, 300, 10, 160
John W. Toles, 30, 60, 400, 5, 70
Thos. J. Edwards, 20, 10, 400, -, 22
Thos. T. Bartlett, 100, 100, 2000, 125, 400
Booth Tucker, 70, 34, 2000, 145, 162
Robt. Reed, 120, 68, 3000, 75, 900
Elias Raynor, 15, 15, 300, 15, 95
James Booth, 16, 16, 160, 20, 75
Harison Tucker, 60, 45, 2000, 35, 185
Saml. Tucker, 45, 67, 1350, 60, 200
Joseph Jones, 20, 65, 1300, 25, 95
Evan Tucker, 20, 40, 300, 10, 92
Henry Maxwell, 150, 50, 300, 15, 166
Solomon Epline(Exline), 40, 10, 250, 20, 60

James H. Potts, 35, 9, 660, 25, 210
Solomon Ryan, 90, 30, 1800, 60, 382
William Smith, 150, 180, 4500, 150, 1192
John Sparks, 25, 45, 1000, 10, 106
Jacob Lonunburger, 16, 109, 500, 5, 100
James W. Baton, 12, 30, 200, 25, 114
Anders Hertzog, 45, 55, 1200, 50, 328
Alex. Selacy (Schey), 75, 75, 2000, 40, 450
Rawley Barker, 100, 500, 3600, 100, 210
David McDaniel, 12, 80, 600, 15, 35
Mortimore Corbin, 30, 10, 300, 15, 40
John Curry, 49, 100, 1200, 50, 145
Jessee C. Woodyard, 60, 266, 2000, 40, 300
William Bailey, 107, 100, 2750, 75, 320
Gabriel Goodwin, 30, -, 200, 10, 130
David Barker, 300, 700, 8000, 175, 1350
Moses McDaniel, 150, 1126, 4140, 150, 994
Joseph Carder, 29, 100, 1100, 5, 102
Benjamin Corbin, 30, 10, 500, 120, 280
William W. Kelly, 9, 100, 650, 20, 80
Benjamin Curry, 20, 36, 560, 30, 204
William Scrange, 70, 185, 2500, 50, 224
John Davidson, 100, 200, 3000, 80, 621
James Bartlett, 90, 176, 2600, 20, 350
William Snider, 5, 65, 700, 25, 150
William Racer, 50, 50, 1000, 50, 220
Isaac Carder, 25, 25, 400, 25, 102
James Glendenen, 15, 8, 300, 20, 105
Moses Greathouse, 142, 140, 4000, 1600, 921
William Neal, 60, 52, 900, 30, 180
Joseph Carder, 30, 50, 700, 100, 270
Lawson Gates, 60, 30, 1500, 80, 390
Oliver Carder, 3, 60, 175, 50, 165
Cornelius E. Reynolds, 350, 235, 6000, 150, 800
Thos. B. Love, 50, 25, 1000, 100, 290
Josiah(Joseph) W. Huffman, 13, 289, 3000, 70, 180
Obediah Forde, 45, 18, 1160, 50, 205
Henry Layman, 20, 30, 500, 15, 110
George Sharpe, 60, 40, 1500, 30, 1070
William Blue, 56, 50, 1060, 50, 130
Joshua Shuttlesworth, 30, 45, 600, 30, 130
Nathan Ricter, 35, 65, 1000, 10, 160
Wilson B. Britton, 90, 117, 2500, 150, 430
Robt. Stark, 200, 110, 3700, 120, 680
Robert Devin, 30, 10, 300, 30, 150
Fielding Reyley, 70, 70, 1680, 100, 270
Saml. G. Martin, 30, 20, 500, 15, 155
Aquila Martin, 100, 137, 3000, 110, 425
James Gawthrop, 60, 40, 1500, 50, 200
Oliver O. H. P. Corbin, 150, 120, 3500, 50, 1050
James Newton, 50, 82, 1000, 30, 141
George Miller, 40, 160, 2000, 20, 140
Michael Coffman, 50, 66, 1800, 20, 350
Thomas Gawthrop, 75, 27, 1630, 130, 375
Martin Gates, 70, 130, 2000, 60, 425
William Shehen, 70, 169, 1400, 25, 230
Thos. Demoss, 18, 114, 300, 15, 140

John J. Sowder, 100, 118, 1200, 35, 213
James Demoss, 130, 254, 3000, 35, 360
Hyram Ludington, 40, 94, 800, 12, 170
Doctor Thorn, 250, 750, 6000, 250, 412
William Grimes, 80, 377, 4400, 20, 190
John Haymond, 20, 130, 1500, 30, 190
Isaac G. Means, 40, 160, 1600, 25, 190
Enoch Current, 57, 200, 1800, 25, 600
Elizabeth Bailey, 50, 68, 900, 20, 270
Abraham Wilson, 300, 150, 5000, 150, 1160
John Wood, 40, 60, 1000, 30, 180
Aaron Luzader, 40, 49, 900, 30, 230
John Carol, 40, 92, 900, 20, 180
Jacob Poe, 45, 80, 1500, 18, 236
Saml. Keener, 159, 200, 3000, 20, 260
Jonathan Poe, 70, 131, 2000, 30, 940
Pressly Hawkins, 50, 82, 1100, 30, 210
Robert Johnson, 70, 30, 1200, 40, 320
Baley Kener, 40, 60, 1000, 20, 134
Saml. Brown, 20, 30, 500, 10, 150
Robt. Bevur, 145, 145, 2800, 90, 450
Dorcus Hylyard, 16, 34, 500, 5, 55
Frances Goodwin, 10, 45, 250, 5, 25
John A. Goodwin, 12, 108, 900, 10, 34
Abraham Keener, 20, 64, 840, 10, 100
Henry Gates, 10, 20, 100, 7, 170
David C. Norris, 100, 70, 2000, 20, 200
Edwd. Henderson, 30, 60, 700, 30, 200
Rachael Luzader, 50, 130, 2000, 10, 140
John W. Blud, 200, 100, 4000, 150, 700
John M. Keener, 30, 100, 1700, 30, 320
Andrew Hasser, 80, 220, 3000, 100, 220
Wm. Mouser, 20, 40, 200, 10, 130
John P. Wotring, 30, 70, 1000, 20, 100
Abraham Thorn, 40, 137, 1500, 20, 200
Wm. Caslton, 20, 10, 300, 10, 125
James Garnnet, 60, 75, 800, 20, 130
James Demoss, 40, 135, 900, 30, 140
Jesse Sharps, 40, 110, 1400, 20, 40
Isaac Carder, 170, 330, 4500, 110, 1350
Williams Sharps, 75, 58, 1600, 150, 600
Patrick Fleming, 37, 130, 2000, 40, 300
Willis Lawler, 100, 400, 3500, 50, 471
Elijah Powell, 150, 80, 4600, 75, 370
John A. Guseman, 90, 374, 2784, 30, 415
William Bailey, 10, 64, 370, 15, 122
James Williams, 120, 130, 3000, 70, 800
Joseph Taylor, 240, 162, 4000, 120, 600
John Shields, 268, 300, 5000, 100, 1000
John S. Stull, 60, 320, 3000, 75, 340
Patrick Fleming, 150, 250, 6000, 160, 1200
Thos. Dawes, 30, 35, 650, 20, 114
William R. Copland, 40, 56, 1100, 75, 205
Wm. H. Grimes, 30, 30, 500, 20, 250
Nicholas Osburn, 170, 760, 6000, 100, 325
James Haymand, 20, 100, 960, 50, 284

Solomon Nose (Nase), 5, 57, 300, 10, 150
James Williams, 80, 446, 2000, 20, 260
Saml. Walkins, 30, 70, 500, 40, 290
Robert Boyce, 20, 130, 900, 30, 125
John Rogers, 25, 50, 600, -, 150
Robt. Reece, 5, 95, 500, 15, 40
David Rhoderick, 60, 150, 1500, 60, 310
Harvey J. Rhoderick, 20, 21, 500, 10, 130
Shelton Ford, 100, 205, 4200, 100, 53
John McWilliams, 30, 40, 600, 30, 200
Warner Shackelford, 15, 46, 200, 15, 115
John Shinketts, 22, 46, 800, 30, 210
Ephraim Shackelford, 25, 75, 500, 10, 100
George Shehen, 20, 80, 70, 25, 140
James Austin, 25, 74, 700, 20, -
William Rogers, 25, 133, 1100, 10, 100
William Boice, 17, 92, 1700, 10, 95
Calder Haymand, 50, 250, 1800, 30, 220
Crav__ Marquis, 30, 170, 1000, 30, 250
Abraham Luzader, 50, 50, 800, 25, 90
John D. Keener, 50, 200, 600, 30, 250
William Minear, 50, 34, 600, 100, 225
William Warthen, 15, 85, 600, 15, 180
Francis Warthen, 20, 330, 1400, 100, 211
Isaac Marquis, 100, 300, 3000, 120, 490
Elizabeth Shaw, 46, 73, 700, 10, 160
Wm. Harelson (Hardson), 20, 30, 300, 5, 100
George Hardson, 100, 100, 800, 30, 300
James Thomas, 30, 40, 600, 20, 125
William Thomas, 79, 100, 1500, 100, 200
James McCartney, 40, 80, 1000, 25, 380
Adam McCartney, 15, 55, 350, 5, 114
Michael Nose, 48, 100, 1500, 10, 210
John J. Linder, 91, 50, 1600, 120, 230
Hillery Thomas, 10, 90, 300, 15, 100
James Parsons, 50, 50, 700, 15, 175
Benjamin Bradley, 40, 40, 800, 50, 311
Willimiah Bradley, 100, 160, 2000, 60, 400
Thurston (Thaxton) Bearden, 40, 119, 1500, 10, 175
Willis Recter, 100, 149, 1500, 75, 360
Chartain Walters, 25, 30, 300, 10, 55
Andrew Shroyer, 50, 25, 500, 30, 250
Absolem Knotts, 50, 75, 1500, 25, 295
William Ludwick, 100, 320, 3500, 100, 600
Nathan Jones, 50, 50, 800, 30, 250
Joseph Ludwick, 10, 20, 300, 30, 140
William McDaniel, 100, 200, 200, 20, 300
Hugh Evans, 50, 250, 3000, 30, 350
Andrew Knotts, 122, 40, 2300, 100, 470
James S. Poe, 40, 41, 500, 30, 220
Isaac G. McDaniel, 21, 10, 100, 30, 230
Nancy McDaniel, 50, 100, 1000, 40, 161
Isaac McDaniel, 140, 60, 2000, 200, 530
Mary Hull (Hall), 500, 500, 7000, 110, 800

William N. Means, 30, 60, 600, 10, 625
Jacob Rosier, 40, 79, 600, 20, 275
Jacob Hall, 80, 30, 1100, 75, 320
Nancy Thomas, 60, 40, 800, -, 100
John Luellen, 100, 112, 2000, 100, 500
George S. Hall (Hull), 12, 98, 800, 5, 40
John Rosier, 40, 79, 600, 20, 280
Mathew Luzader, 45, 105, 1100, 30, 250
Samuel Woodyard, 275, 279, 4500, 100, 80
Moses Luzader, 100, 270, 2500, 110, 420
Lanty Forde, 80, 259, 4000, 30, 400
Wm. J. Means, 30, 10, 500, 10, 240
Wm. L. Demoss, 9, 110, 500, 10, 106
Saml. Jones, 100, 50, 1800, 100, 390
Danl. Medson, 40, 98, 800 20, 116
Jonas Demoss, 8, 92, 300, 5, 50
John Miller, 150, 250, 4000, 40, 540
David Grim, 20, 40, 300, 15, 156
James Conn, 560, 39, 1000, 20, 220
Thos. W. Brooks, 80, 420, 4000, 80, 410
Jacob Means, 322, 500, 6000, 110, 2150
John Luzader, 60, 140, 1000, 30, 380
Alex. Davidson, 105, 135, 2400, 90, 150
James Tutt, 30, -, 300, 10, 175
Barr Newlin, 50, 10, 500, 10, 90
Francis Coxland, 70, 100, 1400, 150, 360
Saml. West, 14, 21, 350, 25, 112
William Dillon, 30, 29, 400, 10, 100
Abraham Johnson, 85, 180, 4000, 80, 325
James Rinker, 80, 57, 1650, 30, 80
Henson Goodwin, 20, 30, 500, 100, 160
Henry Martin, 100, 37, 2740, 10, 550
Jedediah Waldo, 160, 131, 3000, 175, 845
Elias Slocum, 50, 50, 500, 120, 1325
John Elder, 155, 159, 3000, 60, 450
James Stark, 50, 50, 600, 10, 200
Joseph Wilkison, 45, 15, 1000, 73, 200
George W. Thomas, 40, 10, 700, 90, 275
James Ryan, 55, 75, 1870, 100, 200
John Elder, 30, 40, 500, 20, 200
George Freeman, 30, 30, 900, 30, 130
Thomas Parr, 30, 20, 800, 120, 950
Alfred Freeman, 200, 135, 4000, 120, 1100
George T. Martin, 640, 448, 27560, 290, 3305
Adam Laughlin, 35, 15, 500, 25, 220
William C. Nixon, 80, 42, 1500, 50, 380
James Dunham, 40, 20, 300, 20, 70
Joseph H. Lambert, 40, 35, 750, 750, 240
John L. Russell, 20, 17, 350, 10, 90
John Greathouse, 20, 30, 300, 20, 40
John Holt, 100, 100, 3000, 150, 265
William W. Holt, 25, 25, 500, 5, 107
John W. Corbin, 100, 20, 600, 50, 350
Hyram Welburn, 20, 30, 300, 5, 90
John Riffer, 68, 40, 2000, 60, 380
Thomas Riffer, 50, 70, 900, 20, 200
George Roffe, 70, -, 200, 15, 100
Washington Tucker, 20, 30, 300, 20, 600
Hansen Tucker, 30, 50, 400, 50, 56
Thos. Jones, 120, 160, 5600, 200, 760
James Cleland, 60, 80, 2100, 50, 270
John Prunty, 40, 110, 700, 30, 150
Richd. Hare, 100, 313, 5000, 150, 580
William S. Smith, 60, 40, 1000, 25, 70
Joseph B. Lawler, 8, 27, 300, 20, 240

Jonathan T. Currey (Cerny), 100, 100, 1600, 85, 224
Sarah Wheeler, 30, 40, 900, 40, 250
James A. Gates, 20, 10, 150, 15, 210
Allen B. Gawthrop, 150, 50, 4000, 120, 900
Abraham Mason, 35, 15, 500, 30, 210
David Caln, 20, -, 200, 30, 125
Bailey Knight, 69, 40, 1000, 40, 401
David Gabert, 20, 70, 500, 30, 75
John Sinclair, 100, 90, 2000, 100, 430
George Wiseman, 50, 10, 1000, 40, 420
Hanson Goodwin, 40, 75, 1000, 30, 170
William Lym, 55, 179, 1900, 50, 240
Joseph Bailey, 70, 175, 1600, 40 300
Benjamin Freeman, 30, 5, 300, 20, 400
David Copland, 40, 63, 700, 90, 280
Benj. Copland, 80, 50, 1200, 40, 229
Elisha Forde, 30, 28, 900, 20, 134
Elijah Smith, 10, 40, 240, 10, 80
Joseph E. Allen, 20, -, 100, 10, 65
Stephen Burdett, 80, 59, 1700, 50, 500
George Williamson, 30, -, 300, 30, 144
Bailey Latham, 100, 103, 2400, 30, 340
Simon B. Reed, 60, 140, 2000, 30, 250
Alfred Sinclair, 10, 40, 500, 40, 120
Owen McGee, 15, 150, 800, 10, 103
George Coffman, 45, 105, 1500, 60, 250
William Malone, 200, 140, 6700, 150, 1900
Lumpkin Newlon, 40, -, 400, 105, 156
William Warder, 50, 40, 900, 75, 200
Joseph Carder, 75, 350, 3000, 100, 550
Henry Warder, 40, 60, 2000, 25, 480
Abraham Johnson, 30, -, 200, 25, 150
Richd. Tutt, 50, 25, 850, 30, 200
Walter Dunington, 30, 10, 400, 10, 50
Page B. Roach, 40, 10, 600, 10, 50
John E. Yates (Gates), 6, 47, 350, 10, 70
David Elliot, 300, 420, 2100, 130, 960
Sam__ McDaniel, 140, 43, 2000, 60, 624
Franklin Stansbury, 10, 50, 500, 10, 120
Caswell Watkins, 50, 50, 1000, 30, 140
John Grimes, 30, 10, 300, 20, 170
Alex. Henderson, 20, 65, 450, 15, 160
Reece Mail, 30, 90, 500, 20, 170
Joseph Mail, 20, 5, 150, 20, 70
William Minear, 6, 43, 300, 10, 75
Levi Newman, 25, 27, 400, 20, 90
Danl. McWicker, 60, 34, 800, 20, 200
Saml. Sayers, 50, 50, 800, 15, 170
Josiah Whitehair, 40, 20, 500, 30, 170
Elijah McIntosh, 40, 200, 2000, 30, 300
John Finly, 30, 5, 200, 10, 110
Salathiel G. Goff, 20, 5, 150, 20, 80
Saml. McDaniel, 50, -, 400, 10, 100
John Louphy, 50, 41, 800, 20, 150
Saml. McDaniel, 30, 50, 700, 15, 100
George W. Robison, 75, 100, 1600, 40, 220
Josiah Davison, 75, 100, 3000, 20, 250
John Whitehair, 50, 50, 800, 20, 320
David Whitehair, 20, 70, 800, 10, 250
Josiah Bartlett, 100, 194, 2500, 70, 00

Waldo D. Bartlett, 40, 10, 200, 15, 250
George C. Bartlett, 30, 10, 300, 5, 250
Catharine Bartlett, 80, 41, 1400, 5, 170
Mary Smoot, 40, 60, 600, 5, 150
John Latham, 40, 20, 500, 180, 230
Robt. Bartlett, 70, 1930, 4100, 120, 260
William Bartlett, 16, 14, 100, 20, 170
Benjamin Bartlett, 70, 30, 1600, 120, 380
Silas Utterback, 30, 50, 1300, 100, 300
Marion S. Fleming, 100, 170, 3000, 110, 660
Jas. R. Bartlett, 25, 94, 1000, 20, 150
Thos. Huffman, 17, -, 200, 10, 80
Thos. M. Powell, 5, -, 30, 5, 100
John Holbert, 60, 58, 1500, 50, 150
Sarah Finley, 40, 40, 1000, 30, 124
Margaret Garrett, 12, 18, 400, 10, 130
Joseph Diller (Dillon), 90, 47, 1700, 40, 450
James Finley, 20, 50, 600, 30, 150
James Rightman, 100, 170, 3100, 100, 640
Alfred Rightman, 15, 20, 300, 10, 170
Elijah L. Sinsett (Sinsell), 110, 102, 2500, 30, 450
Martin B. Sinsell, 100, 121, 1400, 30, 170
Peyton Newlon, 75, 36, 1600, 36, 310
William Sinsell, 120, 75, 2500, 30, 300
Elijah Sinsell, 160, 110, 3000, 60, 600
Jasper Cather, 100, 125, 3000, 100, 980
John Sinsell Sr., 130, 40, 2500, 100, 520
William West, 90, 10, 1200, 60, 290
John Bailey, 60, 52, 1500, 40, 310
Lemuel Davis, 45, 35, 1200, 15, 205
James Selvey, 20, 34, 650, 100, 105
Saml. Wycuff, 30, 40, 700, 10, 110
Emory (Erney) Fleming, 100, 200, 3000, 300, 350
John Prunty, 70, 10, 1200, 110, 440
Jonathan Whitehair, 30, 5, 200, 20, 100
Henry Whitehair, 20, 10, 150, 10, 20
George Payne, 75, 55, 2000, 130, 340
Johnson C. Fleming, 200, 125, 4000, 150, 520
Wm. H. Powell, 37, 8, 200, 15, 90
Benjamin Gates, 30, 50, 500, 80, 90
Leml. E. Davison, 50, 100, 1800, 15, 230
Jesse Sharps, 222, 100, 4000, 200, 1330
Isaac Bosly, 60, 10, 500, 15, 100
Halsey Lawson, 20, 5, 200, 15, 120
Emanuel B. Smith, 66, 100, 3000, 50, 640
James Baily, 75, 240, 3000, 50, 640
Thornsbery Bailey, 120, 70, 2600, 100, 990
James Bartlett, -, 50, 500, 20, 100
Thos. Baily, 200, 125, 4000, 50, 1040
Wm. Rhodes, -, 30, 300, 30, 260
John Finly, -, 30, 300, 20, 66
William Bailey, 20, 30, 500, 15, 100
Joseph Powell, 20, 17, 300, 15, 100
Latitia Bailey, 60, 40, 1200, 20, 200
Hamilton Bailey, 50, 38, 1000, 5, 180
Nimrod Bachard, 60, 100, 1800, 40, 80
Judith Binegar, 90, 9, 1000, 25, 300
Leml. K. Shields, 153, 1000, 3000, 120, 970
Christopher Bachard, 50, 20, 500, 20, 90

Moses Hustead, 133, 150, 3000, 100, 400
Robt. Shields, 50, 138, 2000, 15, 150
John Robeson, 60, 100, 3000, 120, 500
Joseph Elder, 38, -, 200, 10, 170
Elizabeth Robeson, 70, 90, 3000, 15, 80
James Elder, 20, 10, 200, 10, 100
James Curry, 120, 80, 2400, 180, 560
Bailey Knight, 15, 55, 600, 50, 190
Thomas Arthur, 200, 163, 4000, 100, 1050
George Gabert, 30, 42, 850, 20, 130
Freeman Stephens, 30, -, 300, 10, 50
Thomas Newlon (Newton), 35, 35, 700, 20, 260
David Woolyard (Woodyard), 100, 50, 3000, 120, 500
William Recter, 30, 54, 800, 40, 190
Ruben Bennett, 80, 50, 2000, 100, 495
Joshua Robeson, 175, 175, 2800, 100, 530
William Cather, 40, 10, 500, 30, 325
Finnah Carder, 60, 80, 1400, 50, 410
Ruben Hall, 50, 10, 700, 10, 90
Noah Warder, 100, 20, 2400, 120, 475
John Knight, 40, 53, 900, 30, 115
Richard Cross, 70, 47, 900, 60, 430
James Fowler, 100, 100, 2000, 100, 500
Henry H. Lee, 30, 10, 300, 15, 150
James Shields, 50, 22, 1000, 120, 420
Andrew J. Lee, 20, 10, 200, 10, 100
Robt. Dunham, 60, 120, 1800, 50, 214
George Martin, 140, 120, 4600, 100, 630
John Newbury, 25, 40, 700, 35, 110
Thos. Hawkins, 40, 10, 600, 20, 300
Benjamin Mason, 10, 10, 100, 20, 60
William Reed, 100, 100, 2000, 75, 270
Daniel Forde, 60, 10, 500, 20, 180
Adam Zumbra (Bumbree), 70, 70, 2000, 150, 306
Elias Davis, 45, 55, 1500, 50, 200
Hyram Lynn, 80, 670, 3700, 40, 275
William Hanly, 20, 40, 1200, 15, 80
Chapman Hustead, 30, 41, 700, 100, 224
Patrick McDaniel, 30, 10, 600, 15, 290
John McDaniel, 140, 161, 2400, 50, 450
Ruben Davison, 100, 136, 2900, 100, 1250
Benjamin Knight, 100, 36, 2000, 100, 360
Daniel Dunham, 15, 70, 700, 30, 226
John Rogers, 100, 47, 2300, 75, 380
Isaac A. Morris, 40, 18, 600, 50, 400
William Gray, 40, 22, 600, 30, 120
Elias Ryan, 30, 6, 500, 10, 30
Thos. Maxwell, 20, 5, 200, 25, 100
Jacob Smith, 20, 57, 1000, 50, 301
Elizabeth Gawthrop, 70, 49, 800, 30, 350
William Newlon, 100, 211, 3000, 120, 475
Benjamin McDaniel, 150, 157, 4000, 130, 325
Washington Dunning, 30, 10, 300, 10, 100
Sarah Warder, 20, 5, 200, 15, 75
David Beagle, 30, 45, 800, 15, 75
George Bailey, 115, 20, 1600, 25, 290
William Wycuff, 70, 27, 700, 25, 250
William Dotson, 30, 10, 300, 10, 70
Catharine Goodwin, 60, 100, 1000, 15, 150
Thomas Curry, 16, 14, 300, 40, 190
Benjamin Mason, 125, 75, 2000, 100, 444

Permelia Finley, 65, 100, 1700, 50, 90
Archd. Williamson, 300, 100, 6000, 150, 550
Jessee Hustead, 50, 15, 600, 25, 200
Saml. Patton, 40, 16, 700, 30, 150
Benjamin Copland, 80, 88, 2000, 75, 250
Enoch Dunham, 20, 10, 300, 20, 167
Daniel Stark, -, 170, 400, 10, 70
Jackson Fletcher, 20, 5, 200, 20, 116
Israel Patton, 100, 26, 1600, 50, 290
James McDaniel, 100, 80, 2700, 150, 300
Judson McDaniel, 100, 80, 2000, 20, 390
Robert Shempleton, 100, 270, 3000, 40, 170
William Riffe, 30, 14, 300, 5, 60
William Hustead, 50, 42, 1100, 100, 390
Andrew J. Corbin, 10, 30, 200, 50, 260
Israel Curry, 20, 5, 100, 10, 75
Jacob Dunham, 70, 30, 1200, 30, 130
Robt. Miller, 12, 38, 400, 5, 90
John Henderson, 20, 80, 600, 10, 100
John McDaniel, 10, 40, 300, 5, 150
Benj. Mauler, 16, 65, 500, 50, 180
Jane Deyley, 20, 37, 450, 20, 120
George Mason, 15, 10, 200, 20, 90
William Williamson, 40, 10, 400, 20, 140
Girnor Hare, 50, 25, 1500, 20, 100
David McDaniel, 20, 10, 200, 10, 106
Alfred Recter, 45, 10, 600, 40, 200
John F. Huffman, 50, 150, 2000, 20, 235
Jerry Freeman, 20, 10, 200, 10, 50
Thomas Selvery, 50, 66, 1500, 40, 520
James Newlon (Newton), 100, 98, 2000, 30, 200
Alex. Scrange, 150, 250, 4000, 150, 500
Danl. Grow, 40, 100, 1000, 30, 130
William J. Henderson, 25, 59, 600, 30, 200
Edward Henderson, 25, 59, 600, 10, 160
John Musgrave, 90, 36, 1100, 90, 220
Saml. W. Henderson, 35, 50, 650, 30, 220
Thomas B. Henderson, 35, 50, 650, 25, 160
William G. Henderson, 80, 90, 1300, 30, 450
Thos. J. Keener, 75, 65, 1300, 5, 170
Simon Mathew, 15, 20, 200, 10, 30
John Asbury, 100, 50, 2000, 10, 180
Thatcher F. Kimble, 2, -, 500, 15, 160
Wm. G. Richardson, 25, 97, 700, 60, 160
Edwd. J. Armstrong, 50, 70, 3000, 100, 590
Stephen Blue, 12, -, 200, 150, 260
John W. Batson, -, 40, -, 10, 120
Harman Sinnell, 5, -, 150, 10, 30
John D. Gates, 20, 27, 700, 10, 100
William P. Kimble, 12, 48, 500, 100, 190
James H. Sinnell, 30, 90, 1000, 20, 40
Amos Payne, 170, 40, 5000, 200, 1040
Frederick Burchett, 300, 75, 7000, 60, 150
Joseph L. Carr, 200, 102, 5000, 100, 670
Jesse Recter, 70, 80, 1500, 60, 225
William Woodyard, 50, 30, 1000, 40, 300
Isaac Hall, 30, 40, 500, 20, 100
William L. Norris, 63, 50, 1500, 10, 175
Jane Sinclair, 100, 60, 2000, 100, 700
Albert Yates (Gates), 60, -, 400, 100, 300

Austin Core (Cose), -, -, -, -, 150
Henry Mahoney, 15, -, 300, 100, 250
James Davison, 40, -, 500, 10, 30
John Davison, 40, -, 500, 10, 150
Zadock Shields, 40, -, 600, 5, 100
Alex. Corbin, 20, 40, 400, 10, 50
Joseph Watkins, 20, 10, 200, 10, 114
Archer Rogers, 10, 60, 200, 10, 100
Wm. B. Poe, 10, 30, 200, 10, 150
Saml. S. Murphy, 30, 10, 170, 10, 50
Wm. E. Rogers, 20, -, 400, 10, 150
Grandison Greathouse, 20, 10, 300, 10, 110
Cornelius Pool, 27, -, 200, 30, 10
William Austin, 33, 8, 300, 10, 100
John Gates, 50, 20, 200, 10, 150
Thos. Gawthrop, 50, 15, 500, 20, 180
Abraham Smith, 700, 454, 20500, 200, 2250
Mortimore H. Johnson, 50, 50, 1000, 100, 200

Tyler County, West Virginia
1850 Agricultural Census

The University of North Carolina at Chapel Hill filmed the 1850 agricultural census for Tyler County from originals in the West Virginia Department of Archives under a grant from the National Science Foundation in 1963. This county along with several others have been separated from Virginia records as West Virginia was created in 1863 when it seceded from the state of Virginia

Columns 1, 2, 3, 4, 5, and 13 represent the following information on the census:
1. Name of Owner, Agent or Manager of Farm
2. Acres of Improved Land
3. Acres of Unimproved Land
4. Cash Value of the Farm
5. Value of Farming Implements and Machinery
13. Value of Livestock

The individual responsible for this county's agricultural census, recorded last name first, except for a couple which were first name first. This is the only county done this way.

Crawley, Andrew, 80, 1420, 2000, 300, 1300
Deloit, Daniel, 10, 10, 130, 10, 200
Hill, James, 20, 230, 300, 25, 250
Hill, William, 24, 400, 400, 6, 200
Riggs, Nathaniel, 60, 40, 950, 12, 100
Wright, Samuel, 15, 65, 200, -, 80
Ferrell, James, 80, 520, 520, 35, 180
Pricket (Prichet), Thomas, 100, 900, 2750, 75, 300
Piper, Abner, 50, 940, 700, 55, 220
Ferrell, Eli, 45, 168, 800, 7, 140
Ferrell, John, 100, 900, 1500, 35, 310
Gorrell, Benjamin, 20, 167, 250, 20, 110
Dixon, Jacob, 25, 975, 800, 20, 125
Conaway, Thomas, 45, 1100, 1000, 25, 152
Bennett, John, 12, 100, 500, 15, 175
Haught, Tobias, 30, 100, 500, 20, 266
Waters, Silas, 18, 47, 300, -, 80
Long, James, 30, 70, 500, 50, 244
Nichols, Ellis, 70, 80, 900, 50, 350

Pitts, William, 15, 35, 200, -, 200
McDannel, Nathan, 20, 255, 600, 18, 100
Elder, John, 30, 170, 500, 15, 160
Kester, George, 12, 48, 250, 5, 42
Spencer, Amos, 40, 360, 600, 10, 167
Pitts, Ezekiel, 25, 125, 500, 10, 100
Spencer, Alfred, 60, 400, 2000, 40, 165
Tenant, Alexander, 50, 550, 1500, 65, 360
Stoneking, Henry, 30, 130, 400, 10, 200
John, David, 40, 260, 700, 8, 990
Lemasters, Rawly, 30, 160, 400, 10, 128
Lemasters, Enoch, 30, 7, 400, 15, 164
Tustin, Andrew, 25, 75, 350, -, 120
Tustin, Jacob, 25, 135, 400, -, 180
Headley, Elisha, 25, 150, 200, 10, 125
Lovingood, John, 10, 71, 150, -, 20
Tucker, Elijah, 25, 50, 150, -, 100
Parks, Eli, 4, 96, 175, -, 75

Stackpole, John, 2, 98, 100, 10, 90
Sees, Christopher, 12, 134, 400, 10, 100
Lemasters, Dallas, 30, 86, 500, 10, 155
Weekley, Samuel, 20, 180, 500, 10, 70
Mackintire, James, 25, 1175, 500, 10, 145
Mackintire, Luke, 6, 150, 250, -, 98
Moore, Peter, 100, 600, 1500, 75, 280
Mackintire, Joab, 6, 68, 150, -, 52
Beverlee, John, 75, 923, 1000, 10, 356
Lyons, Mary, 35, 335, 600, 8, 90
Lyons, William, 50, 490, 1200, 65, 350
Grover, Albettis, 12, 217, 400, 10, 75
Wright, Jonathan, 70, 1030, 2200, 70, 210
White, John, 50, 375, 875, 15, 225
McCormick, Joseph, 90, 585, 3000, 30, 300
Weekly, Micha, 20, 380, 800, -, 70
Weekley, James, 50, 200, 800, 20, 90
White, Zadoc, 3, 96, 300, -, -
Woodburn, Samuel, 10, 346, 500, -, 100
Baker, William, 10, 65, 200, -, 140
Forester, John, 5, 125, 100, -, 40
Booker, Henry, 40, 460, 1500, 30, 90
Weekley, Levi, 30, 170, 400, -, 40
Woodburn, Thomas, 40, 148, 650, 20, 120
Spencer, Moses, 30, 170, 300, -, 68
Spencer, John, 35, 160, 1000, 5, 78
Davis, Robert, 40, 10, 300, 10, 100
Doak, Robert, 70, 1553, 1500, 70, 235
Wells, William, 80, 45, 700, 125, 700
Wells, William, 100, 71, 2000, -, 745
Gregg, John, 50, 35, 1000, 10, 82
Ireland, Jesse, 100, 153, 2500, 15, 255
Ireland, Jacob, 45, 60, 800, 10, 188
Weekly, Jacob, 8, 92, 150, 10, 50
Ireland, John, 100, 105, 2000, 65, 240
Duckworth, Simeon, 70, 15, 1000, 50, 125
Dotson, Lorenzo, 15, 135, 350, 20, 150
Williamson, Alexr., 3, 163, 165, 5, 60
Waters, John, 6, 86, 150, 10, 55
Doak, John, 3, 97, 150, -, 70
Bond, George, 50, 100, 700, 20, 501
Bond, George, 55, 95, 1500, -, -
Doak, Alexander, 70, 130, 1500, 100, 255
Doak, Samuel, 50, 110, 600, 10, 125
Joseph, Nathan, 40, 110, 1000, 40, 285
Davis, Caleb, 100, 210, 1600, 40, 256
Davis, Caleb, 6, 156, 500, 10, 100
Bond, Thomas, 10, 390, 600, 10, 110
Smith, Jacob, 20, 110, 300, 60, 165
Wells, Thomas, 60, 142, 2000 30, 155
Moore, William, 50, 60, 800, 30, 170
Davis, Charles, 30, 70, 800, 40, 162
Sweeney, Daniel, 20, 36, 220, -, 155
Ross, Charles, 30, 204, 700, -, 169
Perkins, Abraham, 30, 276, 900, 10, 150
Hustead, John, 20, 20, 1500, -, 150
Hull, Daniel, 30, 190, 550, 10, 70
Twyman, George, 40, 380, 800, 25, 80
Welling, John, 20, 178, 800, 15, 245
Smith, John, 65, 485, 2000, 35, 284
Anderson, Daniel, 35, 65, 1000, 40, 122
Smith, William, 10, 500, 3000, 20, 350
Anderson, Robert, 30, 78, 340, 6, 105
Baker, Isaiah, 40, 317, 600, 30, 170
Pitts, John, 15, 35, 150, 5, 190

Weekley, Thomas, 12, 38, 200, -, 61
Smith, Hugh, 20, 80, 450, 40, 206
Smith, James, 18, 100, 1500, 10, 85
Baker, Elijah, 60, -, 128, 20, 200
Thomas, Jacob, 75, 240, 1300, 75, 234
Hustead, John, 60, 84, 2800, 80, 205
Weller, Margaret, 100, 280, 3500, 50, 355
Hardman, Harrison, 50, 260, 2000, 20, 286
Sweeney, Hyram, 31, 31, 3400, -, 200
Underwood, Wells, 75, 139, 1125, 40, 120
Seckman, Phillip, 75, 139, 1125, 40, 188
Seckman, Andrew, 75, 139, 1125, 12, 200
Furbee, Bowers, 80, 70, 200, 50, 310
Furbee, Waitman, 50, 183, 1130, 10, 150
Underwood, William, 12, 100, 400, 60, 414
Underwood, Isaac, 20, 130, 300, -, 100
Sandy, Vincent, 60, 230, 800, 20, 220
Harris, Asa, 10, 150, 2000, 70, 170
Gapen, John, 35, 77, 1200, 30, 285
Underwood, Samuel, 90, 210, 2500, 150, 715
George, William, 60, 40, 1200, 10, 188
Underwood, Solomon, 25, 75, 300, 12, 170
Underwood, John, 12, 332, 400, 12, 210
Underwood, William, 100, 1000, 4000, 120, 275
Pratt, William, 30, 174, 800, 20, 165
Pratt, Henry, 4, 86, 100, -, 50
Weekly, John, 20, 80, 250, 10, 70
Underwood, James, 20, 180, 300, 10, 100
Underwood, Samuel, 25, 75, 400, 10, 100
Scott, Robert, 60, 65, 250, 10, 90
Smith, Nathaniel, 40, 100, 600, 20, 170
Davis, Robert, 25, 200, 400, 10, 65
Davis, Charles, 30, 81, 600, -, 65
Davis, Robert, 40, 72, 1000, 15, 135
Orr, Nicholas, 12, 88, 400, 10, 100
Colbert, William, 80, 92, 1300, 20, 185
Smith, Gilbert, 100, 100, 1500, -, 360
Morris, James, 60, 484, 2000, 40, 300
Fletcher, Vincent, 20, 20, 200, -, 24
Smith, Thomas, 55, 155, 1500, 20, 240
Barker, Zachariah, 80, 110, 1000, 30, 118
Clayton, William, 30, 28, 400, 10, 80
Nicklin, Samuel, 70, 70, 1400, 80, 194
Zan, Charles, 3, 97, 200, -, 135
William, Josiah, 6, 87, 250, -, 12
Case, Butler, 11, -, 400, -, 75
Taggart, James, 20, 55, 300, 10, 75
Ankrom, Lydia, 100, 242, 2300, -, -
Owens, Thomas, 22, 78, 300, 8, 80
Jones, Nancy, 6, 9, 300, -, -
Wheeler, Samuel, 40, 100, 500, 20, 200
Fordice, Abraham, 6, 241, 300, 6, 120
Rush, Isaac, 40, 83, 400, 55, 185
Fordice, Samuel, 65, 121, 890, 20, 165
Cosbly, Andrew, 20, 350, 500, 10, 110
Cosbly (Corbly), Joseph, 30, 170, 600, 20, 110
Willcox, Stephen, 25, 278, 600, 10, 60
Shell, Enoch, 25, 61, 175, 10, 75
Right, James, 20, 68, 200, 40, 155

Conaway, Andrew, 100, 225, 1500, 100, 420
Headley, Amos, 60, 83, 650, 60, 285
Ripley, Samuel, 80, 50, 1500, 20, 110
Ripley, Daniel, 15, 75, 1050, 55, 240
Brown, Lewis, 30, 554, 1000, 10, 100
Kerns, Jane, 30, 100, 500, 10, 105
Smith, Isaac, 140, 235, 400, 150, 699
Thomas, John, 60, 62, 160, 100, 265
Smith, James, 150, 280, 4000, 100, 609
Zenter, Isaac, 20, 89, 200, 15, 67
Conaway, Eli, 80, 100, 1800, 75, 196
Jones, James, 18, 32, 500, -, 55
Smith, John, 35, 76, 600, 10, 150
Varner Rachel, 50, 128, 600, -, 100
Bond, Margaret, 80, 13, 1600, 80, 110
Bond, B. B., 12, 38, 300, -, -
Ullem, Elijah, 45, 5, 500, 50, 130
Ankrom, John, 8, 90, 300, -, 25
McCollough, Thomas, 15, 85, 150, -, 40
Owens, Joseph, 20, 130, 500, 10, 100
Riggs, Lemuel, 14, 46, 200, -, 80
Joseph, Waitman, 270, 100, 5000, 100, 1100
Grim, Levi, 30, 123, 400, 10, 100
Conaway, William, 50, 90, 2000, 120, 470
McCollough, George, 20, 180, 400, 10, 75
Riggs, Amos, 20, 30, 100, 30, 85
Duty, Andrew, 75, 425, 1000, 60, 2225
Sherman, Levi, 23, 100, 400, -, 50
Gorrell, Washington, 30, 220, 700, 20, 165
Davis, Isaac, 25, 375, 600, -, 45
Wells, Ralph, 50, 600, 1100, 50, 114
Long, George, 50, 370, 1000, 90, 320
Watson, Simon, 20, -, 500, -, 150
Watson, Jane, 25, 172, 800, 100, 300
Davis, Silas, 8, 117, 500, -, 80
Ankrom Nelson, 40, 260, 400, -, 120
Everhart, Charles, 40, 210, 1600, 75, 280
Bullman, David, 30, 208, 1000, 30, 100
Bullman, John, 80, 180, 1200, 75, 303
Bullman, John, 75, 75, 500, -, 75
Bullman, Andrew, 20, 130, 350, 10, 150
Mercer, Davis, 50, 73, 600, 80, 165
Long, Wilson, 20, 182, 30, 20, 115
Johnson, Perry, 40, 110, 500, 20, 170
Robinson, William, 50, 250, 700, 20, 90
Starkey, Levi, 16, 150, 600, 10, 70
Smith, Ralph, 50, 135, 600, 20, 175
Baker, Meshack, 50, 275, 150, -, -
Beaty, John, 80, 1420, 2690, 120, 688
Stout, Nathaniel, 40, 210, 250, -, 78
Niswanger, Jacob, 60, 100, 1000, -, 100
McCay, Jacob, 45, 125, 1200, 75, 210
McQuown, Thomas, 35, 56, 450, 50, 115
Ankrom, John, 60, 980, 1500, 100, 244
Robinson, William, 4, 6, 1000, 50, 32
Jenkins, James, 20, 80, 500, 10, 130
Gregg, Thomas, 70, 2060, 2000, 60, 206
Martin, Joseph, 80, 120, 2500, 125, 110
Gregg, William, 30, 60, 300, 10, 310
Tredding, Benjamin, 100, 50, 1000, 100, 430
Gorman, William, 40, 127, 700, 15, 90
Haddox, Elijah, 25, 28, 400, 15, 100
Steward, William, 25, 200, 500, 40, 250

Price, William, 65, 222, 1500, 75, 250
Lucas, Swan, 5, -, 3000, 25, 150
Russell, Thornton, 75, 208, 2500, 100, 211
Jones, William, 70, 150, 2000, 30, 222
Heysham Thomas, 100, 69, 2000, 100, 448
Heysham, Abner, 10, 113, 500, -, 110
Cornell, William, 10, 70, 400, 10, 40
Morgan, Benjamin, 5, 37, 75, -, 95
Hissan, Levi, 80, 53, 1500, 20, 110
Martin, William, 60, 120, 1200, 15, 200
Cornel, Drusilla, 50, 1334, 500, -, -
Cornell, Aaron, 40, 290, 600, 40, 160
Core, David, 70, 80, 1800, 80, 180
Craig, John, 75, 31, 1000, 50, 170
Hafty(Hufty), Thomas, 25, 105, 350, 10, 80
Bonar, Thomas, 30, 106, 550, 10, 80
Kine, John, 80, 60, 900, 70, 210
Welker, Jacob, 60, 65, 800, 50, 165
Allen, Ash, 50, 68, 800, 65, 290
Morgan, Joseph, 120, 200, 2000, 40, 670
Eddy, William, 25, 27, 200, -, 60
Patterson, Jacob, 33, 180, 440, 10, 75
Smith, John, 100, 700, 3000, 100, 439
Conner, Elizabeth, 20, 228, 40, -, 50
Galloway, Jacob, 100, 380, 3000, 15, 486
Galloway, William, 80, 210, 3000, 120, 445
Gorrell, William, 50, 200, 500, 75, 150
Gorrell, Elias, 175, 675, 4000, 100, 729
Gorrell, George, 40, 119, 4000, 40, 180
Scott, Matthias, 30, 146, 500, 25, 75
Odell, William, 30, 70, 300, -, 110

Varner, William, 40, 56, 400, 20, 100
Morgan, David, 30, 220, 500, 10, 135
Wagoner, Joseph, 50, 77, 1000, 10, 300
Williamson, Isaac, 30, 106, 1000, -, 195
Smith, William, 80, 32, 1000, 50, 390
Wells, John, 25, 105, 250, -, 125
Gorrell, Thomas, 20, 150, 500, 40, 225
Seckman, Samuel, 100, 50, 1000, 80, 240
Gorrell, John, 60, 82, 1000, 80, 345
Martin, Abner, 65, 120, 1900, 70, 325
Wagoner, Christopher, 40, 200, 600, 10, 575
Flesker, Henry, 75, 135, 1470, 40, 270
Johnson, William, 50, 150, 700, 50, 295
Rains, Mahlon, 45, 100, 650, 75, 230
Boltz, David, 16, 108, 200, 10, 70
Crowse, Michael, 15, 85, 400, -, 115
Adams, John, 35, 104, 500, 20, 120
Gorrell, Ralph, 80, 97, 800, 80, 10
Gorrell, Ralph, 35, 65, 400, -, 100
Williamson, James, 30, 80, 300, -, 80
Williamson, John, 30, 285, 1000, 20, 185
Smith, Elzy, 30, 200, 450, 10, 200
Wells, Benjamin, 300, 440, 17000, 250, 2060
Hains, Daniel, 12, 108, 500, -, 38
Reed, Elijah, 10, 105, 100, -, 110
Ankrom, William, 5, 45, 10, -, 35
Allen, James, 15, 110, 308, -, 65
Trippett, William, 100, 200, 3000, 50, 320
Morgan, John, 100, 63, 642, 100, 245
Branan, Edmond, 35, 65, 700, -, 95
Ladie, John, 16, 24, 400, 15, 174

Thomas, George, 100, 63, 1200, 10, 500
Cox, Andrew, 20, 55, 300, 15, 74
Gorrell, John, 100, 109, 1800, 75, 705
Keller, John, 10, 230, 360, -, 220
Swan, Rowland, 90, 50, 1600, 50, 290
Lacy, John B., 15, 97, 600, 75, 296
Lacy, John B., 40, 160, 1000, -, -
Higgins, Ballis, 12, 450, 1000, -, 50
Kern, John, 4, -, 100, -, 95
Keck, Jeremiah, 60, 61, 800, 100, 345
Nicklin, Israel, 14, 5, 330, 50, 166
Fletcher, John, 30, 30, 400, 50, 170
Kramer, James, 2, 98, 100, -, 165
Billingsley, Samuel, 75, 125, 1600, -, -
Billingsley, Samuel, 15, -, 900, -, 35
Gill, Uriah, 25, 13, 600, 20, 215
Beeson, Jesse, 5, 60, 500, -, 75
Wilson, William, 5, 75, 300, -, 35
Woodburn, Peter, 50, 300, 1500, 50, 170
Howard, Samuel, 76, 68, 1000, 165, 480
Peoples, James, 60, 130, 4400, 40, 240
Simms, James, 70, 111, 1400, 30, 229
Smith, William, 60, 46, 700, 20, 150
Jones, Lewis, 40, 260, 600, 15, 690
Coe, Thomas, 20, -, 100, 10, 105
Hessam, Thomas, 40, 90, 100, 75, 194
Hessam, Thomas, 40, 326, 1600, -, 100
Archer, Neel, 6, 42, 100, -, 220
Kecker (Kelker), Adam, 60, 30, 900, 80, 195
Huggins, Rice, 25, 128, 700, 10, 95
Hains, William, 50, 313, 800, 25, -
Archer, Joseph, 100, 95, 1600, 70, 155
Vandyke, John, 80, 105, 2000, 150, 285
McGeorge, George, 50, 116, 700, 20, 144
Patterson, James, 12, 988, 1000, -, 100
James Patterson, 50, 950, 3000, -, -
Pierpoint, William, 25, 275, 500, 20, 80
Jazear, Thomas, 40, 44, 800, 20, 210
Smith, Enos, 60, 4000, 1500, 60, 352
Smith, James, 60, 317, 1200, 20, 235
Martin, John, 80, 105, 1100, 50, 315
McCoy, Joseph, 60, 130, 1800, 100, 517
McCoy, Joseph, 40, 220, 1300, -, -
Starkey, David, 60, 60, 800, 80, 200
Bayers, Josiah, 100, 220, 2400, 100, 640
Hartley, Peter, 70, 83, 1300, 20, 237
Thomas, Joseph, 2, 116, 250, 30, 200
Seckman, Charles, 25, 287, 1000, 85, 150
Coe (Cox), Samuel, 35, 140, 700, 10, 70
Thomas, Isaac, 50, 206, 1600, 50, 225
Archer, William, 140, 122, 1700, 50, 952
Buck, John, 80, 10, 20, 10, 348
Buck, James, 10, 233, 1600, 20, 160
McKay, John 70, 114, 1472, 100, 334
Ash, John, 100, 200, 2400, 60, 184
Stealy, Pery, 20, 100, 300, 15, 125
Davis, Alexander, 40, 110, 900, 20, 234
Davis, Johnathan, 60, 40, 700, 60, 215
Leomer, John, 80, 180, 1200, 50, 220
Barker, James, 8, 32, 200, -, 145
Davis, Absolem, 50, 100, 600, 20, 190
Hammond, John, 100, 748, 2400, 25, 780
Hammond, John, 35, 69, 800, -, -

Hill, Harrison, 50, 150, 800, 50, 288
Hill, Margaret, 60, 140, 1000, 20, 200
Owens, Vinson, 30, 154, 600, 20, 100
Hill, Benjamin, 25, 100, 500, 10, 100
Steel, Thomas, 40, 460, 900, 50, 260
Williamson, Charles, 27, 56, 500, 10, 150
Gorrell, Thomas, 60, 110, 800, 80, 327
Bolton, John, 60, 140, 700, 20, 265
Evans, Joseph, 28, 99, 400, 10, 100
Morgan, Jacob, 30, 70, 500, 10, 75
Maxwell, Smity, 50, 110, 2000, 80, 340
Cochran, Samuel, 60, 240, 900, 20, 75
Maxwell, Samuel, 70, 130, 1350, 25, 325
Morgan, Hugh, 40, 100, 600, 15, 510
Gorrell, A. S., 40, 130, 800, 20, 230
Williamson, David, 130, 70, 800, -, 40
Holland, Daniel, 35, 45, 400, 60, 194
Holland, Abra., 20, 61, 400, -, 115
Lamp, Joseph, 40, 160, 1000, 20, 25
Hurt, William, 20, 180, 500, 60, 150
Lock, Thomas, 35, 215, 700, 20, 75
Lock, John, 40, 260, 2000, 15, 50
Lamp, George, 30, 152, 800, 50, 140
Wilson, Ralph, 60, 62, 1000, 30, 260
Medley, William, 100, 200, 1500, 100, 290
Bailey, Daniel, 12, 72, 200, -, 40
Stout, Elias, 20, 160, 200, 30, 170
Lock, Harvy, 6, 144, 450, 10, 50
Bogard, Jesse, 25, 175, 600, 40, 310
Parker, Joseph, 25, 275, 800, 20, 160
Ruttincutter, William, 50, 100, 300, 10, 150
Dye, James, 60, 140, 1000, 20, 242
Reynolds, Isaac, 36, 65, 800, 20, 134
Bailey, Jane, 120, 265, 5000, 100, 619
Reynolds, Daniel, 50, 100, 3000, 70, 355
Riggs, Isaac, 60, 15, 3000, 10, 408
Tailor, Joseph, 100, 100, 5000, 200, 515
Riggs, G. B., 44, 61, 1500, 50, 220
Taylor, John, 30, 35, 1000, 20, 180
Bills, William, 80, 90, 300, 50, 399
Bills, Joseph, 36, 74, 1000, 15, 125
Riggs, Bazil, 50, 100, 2500, 50, 233
Hammond, William, 90, 70, 5000, 80, 227
Brouse, Thomas, 350, 2010, 1400, 100, 1166
Riggs, Edmond, 100, 20, 4500, 100, 569
Riggs, Josiah, 50, 1700, 3000, -, -
Parker, Clawson, 80, 237, 5000, 75, 844
Johnson William, 500, 1500, 1600, 150, 1700
Wells, Peregrine, 90, 224, 5000, 200, 325
Corbett, Samuel, 50, 110, 3000, 10, 105
Barker, John, 60, 240, 5000, 100, 398
Williamson, James, 50, 30, 2000, 30, 214
Williamson, Thos., 70, 130, 2000, 40, 136
Barkhimer, Joseph, 20, 72, 450, 10, 75
Morris, Mordicia, 140, 421, 3000, 75, 330
Williamson, Anderson, 30, 85, 700, 30, 100
Shook, William, 18, -, 80, 10, 80
Heysham, Elijah, 35, 90, 1100, 50, 130
Williamson, Thomas, 30, 85, 800, 10, 50
Urton, William, 100, 84, 3300, 100, 230
Williamson, William, 90, 70, 1000, 40, 210

Moore, John, 65, 265, 1100, 100, 330
Rose, Andrew, 15, 135, 520, 65, 80
Rice, John, 50, 250, 1000, 40, 235
Knight, David, 50, 86, 120, 50, 250
Rice, Andrew, 100, 192, 1000, 60, 308
McCandless, John, 40, 72, 1500, 50, 335
McCoy, John, 25, 95, 800, 20, 110
McCoy, Abram, 70, 130, 2000, 20, 118
Mason, George, 150, 125, 3000, 130, 430
Scott, George, 30, 145, 1000, 60, 238
Ingraham, Thomas, 170, 430, 8000, 100, 710
Williamson, James, 80, 220, 5000, 80, 485
Lazear, Joseph, 100, 250, 2000, 30, 318
Lazear, William, 25, 43, 700, 10, 74
Jacobs, Jonathan, 35, 65, 500, 60, 165
Mercer, Jeremiah, 20, 130, 500, 50, 140
Hains, Daniel, 85, 125, 1500, 20, 255
Stealey, Jacob, 60, 108, 1500, 75, 110
Gregg, Lurenia, 40, 37, 500, 30, 150
Patterson, Robert, 40, 10, 100, 15, 175
Corbitt, John, 118, 185, 1400, 60, 461
Scott, John, 50, 150, 1500, 50, 200
Workman, Andrew, 60, 75, 800, 50, 220
McCoy, Joseph, 40, 90, 1000, 20, 175
Russell, William, 130, 270, 10000, 100, 299
Wade, Joseph, 30, 103, 400, 30, 140
Jones, John, 100, 100, 3000, 125, 220
Ankrom, John, 35, 58, 1500, 15, 170
Ankrom, Richard, 100, 66, 5000, 150, 450

Wells, Eli, 600, 22, 25000, 250, 1475
McCoy, Sarah, 80, 70, 950, 50, 145
Hays, John, 75, 34, 1600, 30, 160
Hays, Adam, 60, 200, 3000, 100, 100
Buckhead, Ruth, 200, 232, 10000, 150, 900
Longstreth, Joel, 10, 240, 750, 100, 220
Stewart, Noble, 40, 60, 1000, 75, 225
Fry, Joshua, 30, 220, 950, 20, 100
Smith, Andrew, 50, 63, 1200, 15, 154
Covalt, Abram, 20, 55, 200, 20, 155
Covalt, Abram, 20, 55, 200, -, 15
Covalt, Silas, 15, 60, 400, 10, 75
Heckman, Jeremiah, 50, 336, 1200, 25, 190
Stealey, William, 100, 200, 2500, 100, 280
Mason, George, 60, 64, 1520, 20, 110
Keller, Thomas, 35, 165, 400, 20, 180
Allen, Francis, 50, 200, 1000, -, 145
Fallmer, James, 60, 200, 2500, 30, 305
Lazear, John, 75, 105, 2000, 30, 378
McCollough, Eleanor, 40, 60, 100, 10, 135
Met__, Henry, 15, 985, 1000, 10, 100
Martin, Maning, 50, 103, 1300, 100, 461
Watkins, Stephen, 30, 70, 400, 15, 245
Hill, James, 30, 120, 350, -, 80
Buchanan, Stephen, 20, 25, 250, 40, 115
Busher, Thomas, 30, 960, 1200, 50, 100
Thomas, John, 25, 71, 500, 30, 140
Mercer, Labin, 50, 200, 1000, 50, 40
Evans, John, 10, 63, 350, 40, 105
Ice, Isaac, 65, 134, 700, 20, 220
Buck, Elizabeth, 30, 120, 300, 10, 50

Kimble, William, 25, 45, 220, 10, 200
Slider, Jacob, 25, 75, 200, 10, 65
Slider, Solomon, 20, 100, 600, 10, 50
Kerby, Peter, 60, 140, 1000, 50, 175
Lowry, Thomas, 25, 55, 300, 40, 150
Fish, Elias, 40, 60, 800, 50, 190
McCoach, James, 60, 90, 800, 50, 200
Bryant, Jonathan, 40, 140, 450, 20, 65
Postlethwait, Samuel, 30, 20, 200, 10, 120
Ice, William, 10, 395, 800, -, 80
Covault, James, 40, 160, 800, 50, 225
Grandon, Omer, 40, 10, 600, 8, 150
McCormick, Wm., 40, 66, 800, 20, 200
Rice, Isaac, 25, 82, 500, 10, 100
Zippens, William, 50, 50, 300, 20, 175
Christian, John, 50, 50, 600, 20, 185
Porter, Nevin, 45, 129, 1000, 100, 200
Kimble, Mary, 150, 50, 1000, -, 80
Black, James, 25, 83, 600, 15, 120
Timmons, Robert, 13, 18, 200, 15, 100
Corbett, Samuel, 50, 50, 1000, 100, 150
Engle, Ezra, 32, 70, 1000, 20, 140
Stealey, James, 56, 20, 1600, 200, 310
Stealey, James, 100, 291, 3500, -, 220
Hissan, Jesse, 125, 245, 2000, 100, 425
Patterson, Jams, 25, 100, 500, 40, 100
Moore, Marcus, 150, 250, 4000, 70, 749
Hatfield, Jacob, 130, 100, 300, 150, 561
Hickman, David, 39, 65, 2000, 60, 434
Morris, James, 14, -, 1400, -, 200
Hanlon, John, 30, 319, 600, 10, 185

Wayne County, West Virginia
1850 Agricultural Census

The University of North Carolina at Chapel Hill filmed the 1850 agricultural census for Wayne County from originals in the West Virginia Department of Archives under a grant from the National Science Foundation in 1963. This county along with several others have been separated from Virginia records as West Virginia was created in 1863 when it seceded from the state of Virginia

Columns 1, 2, 3, 4, 5, and 13 represent the following information on the census:
1. Name of Owner, Agent or Manager of Farm
2. Acres of Improved Land
3. Acres of Unimproved Land
4. Cash Value of the Farm
5. Value of Farming Implements and Machinery
13. Value of Livestock

Lihue (Sihue) Luster, 15, 101, 300, 5, 160
William Asberry, 5, 70, 100, 15, 140
Elisha Ferguson, 10, 50, 75, 10, 107
Cintha Ferguson, 35, 635, 1060, 5, 192
Edmund Osburn, 40, 129, 433, 9, 120
John R. Stephens, 50, 450, 1190, 10, 283
John Osburn Sr., 35, 1965, 2000, 8, 212
John H. Watts, 35, 190, 550, 8, 350
James Williamson, 25, 125, 450, 10, 97
Patrick Nappier, 30, 100, 530, 15, 141
Thomas A. Wooton, 36, 114, 500, 10, 292
Samuel Isaacks, 12, 65, 150, 8, 109
William Napier, 47, 78, 450, 4, 50
Thomas F. Napier, 15, 100, 150, 10, 105
Robert Napier, 15, 100, 150, -, 185
John Osburn Jr., 25, 376, 800, 8, 193
Sampson Mainard, 15, 100, 1500, 15, 86
Simeon Mainard, 25, 25, 400, 15, 106
John Cox, 25, 40, 300, 6, 310
William Dixson, 20, 100, 350, 5, 93
Car Lacy, 30, 153, 400, 8, 46
Walter Queen, 30, 300, 700, 35, 290
Hezekiah Finley, 15, 135, 500, 15, 165
Hezekiah Adkins Jr., 50, 200, 2000, 80, 300
Richard W. McKan, 12, 28, 100, 20, 180
Hezekiah Wiley, 20, 50, 100, 10, 49
Hezekiah Frey, 15, 20, 80, 25, 200
Moses F. Napier, 35, 375, 1100, 8, 40
William Defo, 12, 133, 300, 5, 73
Corbin Estep, 40, 160, 600, 5, 114
Hughes Ross, 30, 24, 400, 10, 431
John W. Wampler, 25, 50, 200, 5, 75
George Hinkle, 60, 380, 440, 5, 190
William Wiley, 10, 120, 250, 5, 156
George Park (Pack), -, 100, 50, 10, -
James Park, 20, 140, 300, -, 241
Samuel Park, 20, 140, 300, -, 196
Isaac Nelson, 30, 95, 100, 4, 87
William Spry, 10, 90, 225, 5, 47
Henry Workman, 10, 65, 250, 5, 85
Absalom Queen, 36, 165, 800, 10, 246
James Queen, 35, 515, 1000, 4, 181

John Johnson, 10, 50, 150, 10, 114
Samuel Damson, 36, 458, 1580, 10, 290
James Mainard Jr., 24, 47, 500, 8, 126
Moses Ransom, 10, 20, 100, 10, 120
John Queen, 25, 275, 625, 8, 220
Daniel Witcher, 80, 800, 1732, 10, 318
Patrick Porter, 80, 30, 125, 6, 145
George Adkins, 100, 750, 2000, 115, 635
Owen Adkins, 3, 177, 300, 10, 135
Finly Thompson, 58, 662, 1350, 20, 293
William Loe, 75, 150, 1250, 15, 346
Ali Belsher, 75, 423, 1500, 15, 346
John Ferguson Jr., 15, 25, 100, 3, 172
Anderson Wilson, 60, 774, 1200, 12, 212
Samuel Damson Jr., 60, 1145, 2087, 20, 360
Forrister Mathis, 25, 50, 430, 6, 112
Kelly Ferguson, 25, 90, 600, 10, 201
Levi Romans, 10, 90, 200, 10, 73
Samuel Jarrel, 5, 50, 350, 5, 110
George Mainard, 25, 350, 800, 35, 451
Richard Damson, 14, 74, 300, 5, 112
Alexander Porter, 23, 126, 600, 5, 127
John Berburm, 20, 115, 375, 10, 74
Jacob May, 5, 145, 350, 15, 71
Jacob Loe, 70, 300, 2000, 10, 463
Henderson Huff, 15, 50, 100, 3, 18
Martha Strutton, 20, 220, 200, 8, 107
Sarah Ball, 30, 220, 900, 8, 107
James Vaugham, 15, 50, 100, 6, 61
Allen Wilson, 44, 516, 865, 15, 340
Stephen Workman, 100, 1200, 2000, 40, 735
Johnathan Dean, 40, 200, 600, 10, 448
William T. Pilphrey, 10, 25, 50, 5, 77
Stephen Dean, 25, 75, 500, 4, 5
Simpson Booton (Wooton), 60, 550, 2500, 85, 352
An___ Plymale, 169, 863, 4000, 50, 762
Atison Adkins, 6, 44, 150, 4, 166
Alen T. Brumfield, 10, 241, 300, -, -
Milton Brumfield, 30, 300, 1500, 10, 146
Christopher Keyser, 170, 125, 1900, 40, 405
John Dunkle, 50, 100, 300, 10, 34
James McGinnis, 7, 40, 800, 10, 157
John F. Barbour, 9, 207, 600, 10, 270
James Barbour, 15, 100, 150, 5, 159
Greenville Newman, 22, 42, 320, 5, 190
Joseph Newman, 25, 200, 300, 5, 123
George Piles, 40, 273, 946, 15, 302
John Newman, 150, 300, 2500, 25, 210
Ezekiel Bloss, 35, 180, 1500, 45, 276
Francis A. Spurlock, 45, 350, 1800, 10, 211
Jesse Spurlock, 50, 900, 2500, 40, 565
Jeremiah Wellman, 100, 265, 3500, 50, 700
John R. Bowen, 80, 266, 3000, 50, 385
John Plymale, 300, 1000, 7000, 127, 743
William Haney, 60, 473, 1268, 56, 276
Elliott Rutherford, 15, 150, 200, 12, 180
William Isaacs, 20, 175, 250, 35, 108
Samuel Hensley, 35, 46, 330, 5, 92
Thomas Syrias, 136, 105, 1300, 8, 55
John Hatfield, 30, 570, 1800, 12, 408
James W. McCormick, 20, 150, 200, 15, 318
Jesse Toney, 100, 250, 1800, 15, 250
William Wilson, 100, 330, 4200, 32, 760

Willis McKeane, 60, 400, 1500, 15, 400
Nance Lett, 30, 145, 2500, 15, 138
William Stuart, 100, 50, 2000, 65, 435
James Perdue, 30, 120, 800, 10, 267
Lewis Perdue, 30, 150, 700, 10, 46
James T. McKeane, 120, 380, 2300, 10, 343
Elias Hensley, 20, 150, 200, 5, 73
John Cartmill, 25, 200, 300, 10, 44
Richard R. Brown, 10, 20, 200, 15, 164
Thomas L. Jorden, 250, 250, 14000, 175, 962
William Williams, 222, 1665, 141100, 100, 1777
Mathew H. Bellaney, 200, 100, 500, 5, 210
William L. Hiners, 100, 400, 1500, 25, 101
Elias Stith, 5, 200, 400, 15, 119
Jeremiah Dixon, 25, 100, 250, 5, 44
William J. Dixon, 30, 36, 1200, 10, 75
Wiley Hatton, 60, 300, 2200, 50, 174
William G. Hatton, 25, 50, 100, 5, 37
William Hatton, 50, 230, 2000, 25, 568
James McSorly, 30, 100, 300, 20, 140
Ephraim Keyser, 41, 30, 150, 5, 200
Hiram Keyser, 85, 185, 2150, 15, 218
Anthony Hampton, 45, 95, 1200, 15, 320
Joseph Keyser, 25, 105, 950, 20, 85
David Keyser, 30, 85, 900, 5, 103
John S. Hutcheson, 90, 669, 3777, 50, 460
Allen Keyser, 60, 220, 2150, -, 96
Levi Hatton, 25, 50, 150, 10, 186
John L. Zigler, 70, 1450, 4000, 65, 526
Jane Wilcox, 50, 200, 800, 15, 130
George Holt, 15, 50, 100, 10, 8
William Hutcheson, 60, 179, 900, 70, 318
Riley Brumfield, 10, 40, 75, 4, 22
Joseph B. Malcom, 60, 400, 2000, 40, 112
Anthony W. Plymale, 25, 100, 700, 73, 394
Solomon Hatch, 20, 280, 2000, 20, 250
Charles Thacker, 15, 88, 400, 10, 110
Shockly Johnson, 2, 138, 200, 10, 113
Moses Riggs, 10, 30, 100, 5, 41
Zachariah Riggs, 30, 130, 500, 10, 107
Peyton Staley, 40, 174, 550, 20, 231
Hiram Rutherford, 40, 114, 600, 10, 128
Jesse Fuller, 16, 31, 125, 20, 255
Smith Syrus, 100, 500, 1500, 120, 500
John E. Paul, 20, 130, 400, 10, 50
Peter Hazelett, 75, 425, 1200, 15, 412
William J. Smith, 140, 140, 1500, 60, 355
William J. Merrick, 15, 25, 100, 9, 80
Henry Newman, 10, 240, 800, 50, 403
Jeremiah Lambert, 5, 105, 220, 5, 53
Harrison Smith, 25, 137, 500, 5, 108
Benj. Garrett, 85, 400, 2200, 15, 294
Henry Adkins, 60, 50, 800, 25, 411
John Bloss, 60, 400, 1150, 37, 60
Anderson Adkins, 20, 125, 600, 10, 137
Jefferson Booth, 13, 97, 50, 5, 174
John Piles, 60, 190, 1000, 15, 400
Jameson Booth, 12, 88, 300, 5, 104
John N. Smith, 100, 160, 2170, 37, 400
Burwell Spurlock, 150, 950, 5500, 40, 500
Levi Morris, 100, 350, 2000, 15, 318

Lewis S. Ferguson, 35, 550, 1000, 15, 190
Hugha Powers, 70, 130, 2000, 25, 218
Milton Ferguson, 127, 4708, 8100, 75, 328
Edmund Napier, 20, 100, 600, 10, 103
Pleasant Workman, 100, 450, 3000, 60, 570
Granville Thompson, 70, 50, 1000, 10, 65
Joseph Dean, 50, 350, 1400, 40, 570
Hiram Pauley, 80, 80, 3000, 30, 741
Reubin Booton, 70, 700, 2200, 47, 536
Isaac Bloss, 85, 465, 1750, 150, 850
William Wilkison, 30, 162, 1000, 40, 290
Robert Ward, 15, 50, 100, 5, 54
Absolom Ballinger, 163, 1035, 3000, 65, 700
Allen Christin, 20, 30, 200, 4, 76
Harrison Thacker, 75, 925, 3150, 15, 410
John Johnson, 15, 100, 150, 15, 170
Stephen Stayley, 100, 363, 1630, 80, 494
Albert Syrus, 15, 150,100, 20, 189
William Syras, 130, 151, 3169, 75, 354
Elias Hinds, 90, 230, 1500, 15, 246
William Morris, 15, 50, 100, 14, 75
Joshua Syras, 120, 320, 3150, 40, 631
Leah Chadwick, 132, 631, 3400, 38, 292
James Russell, 211, 1495, 6600, 110, 446
Abraham Syrus Sr., 85, 80, 3000, 50, 410
Mary Newman, 50, 200, 750, 15, 282
Abraham Syrus Jr., 62, 270, 1838, 15, 381
Cantmill C. Hatton, 20, 350, 800, 15, 440
Edward Hatton, 35, 90, 500, 16, 679
Lane Shannon, 16, 84, 300, 15, 342
Phillip Hatton, 70, 400, 1000, 20, 785
Elijah Hatton, 40, 467, 600, 10, 123
John Gilkerson, 204, 995, 5900, 115, 769
George W. Gilkerson, 30, 340, 750, 10, 161
Benjamin Davis Jr., 14, 246, 300, 12, 507
Peter Newman, 43, 113, 625, 10, 550
John Smith, 100, 400, 6240, 109, 585
Samuel Hatton Jr., 33, 112, 1050, 10, 303
Gooden Lykan 15, 130, 200, 30, 204
Samuel Hatton Sr., 12, 448, 4800, 81, 308
Cintha Hatton, 30, 50, 200, 5, 265
John Belomy, 20, 50, 100, 5, 127
John Belomy Jr., 15, 50, 100, 5, 84
David Perry, 25, 115, 1000, 10, 40
Stephen Strother, 25, 50, 100, 5, 370
Thomas Buskirk, 60, 634, 1988, 20, 211
Micager Frazier, 15, 30, 100, 8, 120
James S. Parker, 62, 1138, 2000, 10, 334
Martin Pury, 30, 82, 600, 10, 100
John Grizzel, 15, 113, 400,8, 125
James Camell (Carnell), 14, 336, 350, 10, 392
Hiram Crabtree, 12, 88, 300, 5, 110
Samuel Billips, 40, 260, 1000, 10, 41
John C. Frazer, 30, 400, 730, 7, 143
Ezekiel Roberts, 50, 150, 700, 10, 156
John Wellman Jr., 15, 130, 130, 10, 90
Elizabeth Short, 15, 30, 75, 5, 91
Elizabeth Loes, 25, 25, 150, 5, 86
Harmin Loes, 170, 1000, 5600, 70, 712

Andrew Loes, 96, 2698, 4850, 75, 720

Michael Burk, 75, 225, 4290, 35, 218

William S. Belomy, 45, 205, 800, 60, 330

Mathew S. Belomy, 10, 465, 1365, 55, 307

William Pery (Pusy), 50, 75, 1500, 70, 392

Jacob Dean, 66, 384, 2100, 49, 263

Abraham Vaughan, 45, 145, 618, 10, 195

Joseph Lett, 15, 50, 100, 50, 117

Joseph Thacker, 15, 50, 100, 5, 37

Allen Newman, 100, 441, 1500, 31, 640

Jarrett P. Riggs, 75, 360, 1000, 10, 225

Thomas Hutcheson, 60, 210, 1200, 18, 205

John Ferguson Jr., 40, 164, 800, 10, 262

Wegley Boothe, 30, 165, 400, 10, 160

Washington Ferguson, 30, 246, 492, 17, 176

Hiram Bloss, 80, 1000, 2700, 71, 684

Samuel Boothe, 40, 280, 1500, 25, 309

William Morris, 80, 1100, 3000, 40, 390

Samuel Ferguson, 12, 163, 400, 10, 75

Jefferson B. Bowen, 150, 750, 3500, 50, 590

Stephen Spurlock, 40, 650, 1500, 40, 260

Milton J. Spurlock, 20, 10, 500, 8, 84

William G. Davis, 45, 90, 1000, 30, 206

Solomon Hensley Sr., 16, 61, 308, 25, 37

Solomon Hensley Jr., 70, 50, 250, 25, 234

Jams M. McComas, 20, 60, 300, 10, 153

William Jarrell, 20, 30, 100, 3, 50

Patrick Hensley, 25, 125, 800, 50, 193

Alexander Hensley, 30, 200, 1300, 96, 250

Elisha Hensley, 30, 130, 1000, 90, 292

Cassander Spurlock, 50, 250, 1600, 75, 332

Morris Booth, 100, 423, 3500, 100, 459

John Blankenship, 50, 200, 1700, 40, 277

Andrew J. Crockett, 12, 68, 300, 5, 80

Tillman Adkins, 55, 220, 1000, 10, 232

Samuel Adkins, 60, 354, 1400, 10, 309

Asa Booton, 70, 860, 1500, 25, 450

Marshall Davis, 39, 375, 1000, 15, 224

Alderson Bowen, 65, 1100, 2800, 100, 465

Andrew Adkins, 100, 60, 2500, 20, 200

Nancy Adkins, 50, 200, 400, 10, 320

James E. Bowen, 55, 275, 1300, 29, 341

William Adkins Sr., 60, 676, 2000, 20, 222

Elijah Adkins, 90, 900, 2700, 40, 370

Hezekiah Adkins, 60, 1100, 2146, 32, 450

John Adkins, 34, 233, 600, 10, 237

Alexander Adkins, 32, 162, 750, 5, 227

Benj. Childers, 65, 707, 1200, 10, 257

Vincent Lucus, 20, 200, 1300, 10, 172

William Epline (Esline), 20, 175, 300, 10, 7

Frederick Epline, 20, 175, 300, 10, 80
Sylvester Adkins, 40, 175, 600, 10, 380
Robert Mays, 22, 7, 700, 8, 156
Little B. Adkins, 75, 600, 1600, 15, 925
Archibald Adkins, 35, 790, 1970, 20, 417
Parker Adkins, 60, 240, 1500, 23, 422
Sherod Adkins, 40, 300, 1500, 30, 216
Winchester Adkins, 20, 95, 150, 5, 168
William Bartrum, 19, 170, 400, 5, 400
John R. Adkins, 18, 100, 200, 5, 200
Sherod Adkins Jr., 26, 300, 800, 5, 238
Thomas Gilkerson, 60, 700, 1800, 10, 716
Jacob Adkins Jr., 100, 900, 4200, 50, 850
David Adkins, 15, 300, 500, 5, 190
Charles Adkins, 100, 700, 2000, 20, 968
James M. Ross, 100, 1300, 1700, 15, 345
John Ross Sr., 10, 65, 250, 5, 119
Covington Ross, 35, 650, 900, 10, 242
Morris Gilkerson, 30, 420, 400, 8, 177
Henry Ross, 15, 125, 800, 10, 100
Hiram Adkins, 30, 450, 1000, 10, 165
Parker L. Adkins, 15, 72, 300, 5, 48
Darby K. Elkins, 48, 160, 566, 25, 115
Bazzle Massey, 10, 165, 300, 8, 90
Jno. S. Ross, 60, 215, 1200, 5, 80
William Nixon, 40, 285, 450, 35, 132
Caleb Clay, 40, 250, 150, 10, 100
James Hobbs, 15, 100, 125, 5, 80
Cersis B. Adkins, 35, 220, 400, 5, 200
John Price, 28, 217, 253, 10, 244
James R. Morrison, 30, 260, 600, 10, 425
Thomas Mills, 75, 370, 1000, 30, 400
John Gilkerson, 15, 221, 200, 5, 168
Harrison Adkins, 15, 85, 3000, 3, 186
William Adkins Jr., 45, 475, 1350, 20, 340
Daniel Davis, 100, 1200, 3900, 15, 600
John Habak, 60, 240, 1000, 50, 339
Henry Barbour, 8, 121, 300, 5, 43
William Elkins, 7, 240, 550, 5, 75
John Bayly, 80, 598, 2210, 30, 433
Charles Lawhorn, 25, 150, 250, 4, 161
Thomas Eves, 15, 100, 125, 15, 125
James Habak, 20, 175, 200, 5, 133
Charles C. Orr, 50, 180, 300, 25, 283
Benj. Brown (Drown), 40, 310, 2000, 95, 379
Henry Luther, 55, 335, 2000, 55, 330
Hugh Bailey, 20, 5, 125, 3, 146
Alnas Carter, 125, 250, 2500, 34, 290
Benj. Ray, 45, 250, 1300, 15, 243
Samuel Barbour, 25, 150, 200, 4, 87
James P. Keyser, 60, 300, 1500, 25, 280
Asbin Walker, 95, 225, 250, 55, 428
Thomas Vaugan, 30, 50, 150, 10, 51
Stephen Bartrum, 40, 300, 600, 15, 299
James Stephens, 20, 40, 100, 13, 216
Meridy Workman, 30, 120, 350, 5, 146
Thomas W. Osburn, 50, 350, 900, 25, 297
Thomas Reed, 20, 222, 100, 5, 133
Leander Osburn, 15, 75, 150, 10, 115
Lewis Bartrum, 3, 700, 1000, 5, 86
Isaac Lambert, 30, 90, 500, 10, 150

Eli Lambert, 15, 50, 100, 5, 46
Elijah Lambert, 25, 135, 350, 8, 136
Pleasant Workman Jr., 20, 80, 250, 10, 77
Leander Wilson, 18, 157, 200, 3, 103
Enoch Serus, 15, 100, 150, 5, 17
John Roberson, 30, 30, 150, 5, 104
Joel Roberson, 20, 85, 250, 10, -
Jesse Roberson, 15, 125, 300, 20, 55
John Jarrell, 75, 200, 1500, 38, 478
Thompson Ratliff, 50, 140, 800, 23, 383
William Brumly, 100, 125, 1500, 10, 431
John Brumly, 100, 4000, 4000, 3, 637
Stephen Thompson, 35, 175, 1500, 10, 332
Aly Thompson, 75, 45, 1600, 70, 906
Henry Hampton, 35, 155, 975, 6, 183
Reuben Hampton, 20, 50, 100, 5, 27
Henry Hampton Jr., 15, 85, 100, 2, 92
Aly Watts, 60, 90, 1000, 10, 261
Jackson Wilson, 50, 450, 1000, 10, 163
Tolbert Huff, 10, 50, 100, 5, 65
Jesse Taylor, 22, 100, 300, 8, 97
John Pratt, 35, 100, 600, 15, 263
Clem__ Watts, 15, 50, 100, 7, 60
Stephen S. Marcrum, 20, 380, 500, 20, 438
Peter Marcrum, 15, 30, 75, 10, 110
James Ferguson, 200, 2000, 6000, 28, 969
Wiet E. Adkins, 15, 50, 100, 10, 93
Thomas Preston, 50, 400, 1600, 30, 444
Dennis Preston, 25, 60, 300, 5, 30
Daniel Mathis, 25, 94, 300, 10, 322
Henry Smith, 40, 393, 1200, 15, 133
James Smith, 25, 125, 600, 6, 94
George Damson, 35, 205, 80, 10, 290
James Romans, 42, 330, 1195, 30, 220
James H. Marcum, 15, 40, 100, 41, 90
Thomas B. Kirk, 10, 40, 250, 10, 100
Thomas Damson, 12, 38, 300, 8, 54
Arnold Perry, 14, 271, 500, 6, 335
David Crum, 42, 30, 600, 10, 48
Daniel Cox, 12, 88, 200, 5, 105
William Romans, 10, 89, 300, 20, 460
Green C. Caperton, 15, 50, 100, 5, 20
Cyras Copley, 12, 63, 250, 8, 110
William H. Coply, 15, 315, 300, 5, 178
Eli Johnson, 8, 122, 200, 7, 91
Leander Park, 7, 158, 200, 5, 114
Anthony Copley, 15, 50, 100, 10, 292
Samuel Park, 15, 50, 100, 5, 55
Jesse Pasley, 25, 375, 700, 10, 427
Pleasant Crum, 12, 50, 100, 5, 107
Cleming Spolden, 30, 300, 1000, 10, 05
William R. Spolden, 12, 100, 50, 5, 100
Joshua Marcrum(Marcum), 10, 83, 400, 8, 183
Jarrett Loe, 40, 224, 654, 9, 61
John C. Marcrum, 17, 220, 800, 10, 291
Samuel Munsey, 12, 50, 100, 5, 80
Joseph Marcrum(Marcum), 30, 450, 1000, 10, 500
Benjamin Evans, 10, 25, 50, 2, 28
John Kirk, 10, 60, 72, 10, 315
Jackson Spolden, 25, 75, 600, 10, 193
James Step, 30, 250, 600, 8, 90
John Sarten (Saxten), 10, 50, 100, 2, 10
Joseph M. Kirk, 10, 65, 500, 8, 183
William Crum, 40, 300, 2000, 15, 611
Jesse Crum, 15, 200, 400, 10, 207

Thomas Copley, 100, 200, 2000, 12, 12
Wiley D. Copley, 15, 25, 100, -, 40
John W. Whitt, 12, 12, 150, 5, 233
Stanley Chafin, 85, 300, 850, 50, 387
Jesse Hammons, 7, 250, 260, 10, 15
Mark Sumler (Lumler), 10, 50, 100, 5, 66
Harrison Jarrel, 50, 450, 700, 5, 178
James Copley, 25, 25, 600, 25, 156
Henly Copley, 7, 200, 250, 10, 70
James Copley Sr., 15, 27, 400, 4, 125
James Copley Jr., 17, 250, 400, 3, 309
William Ratcliff, 175, 300, 11000, 50, 1078
Joseph D. Yaho, 40, 700, 2000, 10, 591
James Stone, 4, 761, 965, 10, 223
Francis M. Vincen, 15, 40, 300, 10, 291
Ezekiel Stone, 45, 453, 1700, 10, 120
Thomas York, 12, 125, 50, 10, 90
Edward Baisden, 35, 405, 1500, 15, 520
Rhodah Vincen, 20, 20, 500, 5, 126
David Wellman, 60, 350, 1600, 20, 308
Samuel Webb, 100, 285, 1500, 35, 485
Alexander Wilson, 45, 300, 1000, 15, 215
William Vincen, 200, 3400, 6000, 80, 661
William Frazure, 35, 40, 1000, 5, 117
John Acres, 12, 121, 400, 5, 199
John L. Frazure, 80, 400, 2000, 60, 543
John Wellman Sr., 100, 75, 1760, 56, 458
Elisha Wellman, 15, 50, 200, 15, 100
William Artrep, 50, 120, 750, 10, 150
Green B. Hardy, 15, 50, 200, 10, 61

Jackson Artrip, 15, 50, 200, 8, 91
James Busher, 20, 50, 300, 5, 55
John Burchet, 15, 135, 500, 5, 362
William Friley, 15, 50, 150, 5, 55
George R. Miller, 15, 50, 150, 2, 38
James Musick, 15, 25, 80, 3, -
Elby Musick, 20, 100, 300, 4, 95
David Wilson, 60, 80, 500, 12, 280
Nath. Holt, 50, 126, 1200, 15, 395
Charles Wilson, 100, 200, 2000, 10, 293
William Ferguson, 50, 100, 1500, 20, 285
Jemima Sullivan, 10, 20, 250, 5, 94
Haroage Adkins, 10, 50, 150, 5, 54
Thomas Kirk, 25, 150, 350, 10, 213
William Pery, 10, 50,100, 1, 75
Jesse Mainard, 20, 76, 288, 10, 183
Charles Mainard, 2, 170, 400, 2, 256
William Copay, 15, 50, 150, 5, 132
Fleming Thompson, 40, 110, 600, 25, 75
Richard Roberson, 15, 255, 500, 17, 226
Haster Frazer, 25, 75, 400, 5, 200
David Webb, 60, 140, 600, 15, 134
Anthony M. Selvy, 30, 120, 150, 10, 123
Robert Wellman, 50, 200, 1000, 35, 355
James Wellman, 50, 300, 1800, 50, 323
Claborn Highton, 15, 50, 100, 5, 45
Frederick Moore, 156, 900, 40000, 150, 506
William Batrum, 100, 500, 1800, 55, 446
Flemon Wade, 15, 50, 100, 5, 61
Solloman Crabtree, 25, 340, 420, 6, 215
Hegby Crabtree, 15, 100, 250, -, 124
Abraham Owen, 12, 178, 400, 5, 130
Edmund Ferguson, 15, 50, 100, 5, -
Hiram Cazey, 60, 100, 1200, 65, 291
Jo__ Ferguson, 100, 1400, 1750, 75, 820

Isaac E. Handy, 12, 20, 200, 50, 140
Alexander Handy, 25, -, 1000, 50, 115
George McCormack, 70, 230, 5500, 70, 314
John Roberts, 50, 250, 4000, 90, 332
Samuel Kilgore, 80, 430, 3000, 45, 256
Nicholas Floyd, 50, 100, 700, 10, 100
Levi McCormack, 70, 150, 5000, 70, 283
Andrew Ratcliff, 20, 50, 100, 5, 80
William Allen, 15, 30, 50, 5, 100
William Swanson, 60, 40, 200, -, -
Nath. Melvin, 15, 40, 100, 5, 25
Isaac Frampton, 670, 970, 33000, 400, 1100

Wetzel County, West Virginia
1850 Agricultural Census

The University of North Carolina at Chapel Hill filmed the 1850 agricultural census for Wetzel County from originals in the West Virginia Department of Archives under a grant from the National Science Foundation in 1963. This county along with several others have been separated from Virginia records as West Virginia was created in 1863 when it seceded from the state of Virginia

Columns 1, 2, 3, 4, 5, and 13 represent the following information on the census:
1. Name of Owner, Agent or Manager of Farm
2. Acres of Improved Land
3. Acres of Unimproved Land
4. Cash Value of the Farm
5. Value of Farming Implements and Machinery
13. Value of Livestock

Louis Lantz (Lanty), 50, 127, 1500, 25, 100
Nimrod E. Wright, 15, 60, 150, 7, 50
Anthony Headly, 40, 260, 400, 10, 500
William Flaharty, 25, 75, 400, 10, 20
Elisha E. Bassett, 8, 42, 10, 1, 20
Hiram Tankery, 30, 45, 400, 10, 125
Samuel Booth, 18, 148, 300, 3, 132
Jams Mayfield, 25, 875, 800, 5, 45
Samuel Way, 20, 130, 600, 10, 20
William Noland, 50, 550, 1500, 25, 500
Joshua Noland, 2, 98, 114, 2, 150
Loucas Noland, 10, -, 60, 4, 50
George Wise, 12, 488, 1200, 2, 100
Samuel Carol, 15, 10, 100, 1, 150
Jesse Morris, 10, 90, 500, -, 3
Joseph Hammond, 2, -, 10, -, 25
Alisa Lantz, 200, 200, 3000, 200, 1000
James Harris, 4, -, 20, 2, 1
Morgan Morgan, 50, 110, 800, 50, 300
Charles N. Morgan, 12, 60, 1200, 2, 30
Isaac Steel, 30, -, 100, 10, 275
Jane. K. Straight, 3, 6, 60, 5, 100
Henry Flaharty, 40, 60, 600, 15, 100
Levi Booth, 8, 32, 200, 12, 25
John Alley, 100, 400, 3000, 100, 405
Jacob Rice, 30, 70, 300, 10, 150
Alea (Alen)King, 50, 150, 1000, 6, 300
Levi M. Lowe, 130, 175, 4000, 125, 1035
Simon P. King, 7, 75, 150, 5, 60
William King, 40, 60, 300, 8, 54
George Parks, 100, 1100, 1500, 5, 30
George B. Celebery (Eclebery), 20, 30, 50, 10, 82
James Lemasters, 23, 28, 300, 20, 125
Henry Kyle, 25, 150, 600, 100, 250
Augustus Wyatte, 2, 191, 200, 5, 125
Joseph Bland, 12, 188, 500, 15, 200
John King, 30, 45, 1000, 20, 350
Richard Anderson, 30, 75, 500, 25, 250
John E. Hayse, 30, 85, 500, 30, 407
Edmund W. Hayse, 40, 170, 1000, 30, 350
P. B. West, 60, 90, 1600, 360, 238
Sacker (Sackes) Wyatt, 40, 125, 1200, 60, 450
John Lee, 15, 85, 200, 5, 100
George Cumberledge, 20, -, 200, 15, 175

A. B. Lee, 30, 50, 200, 10, 200
David Barker, 8, 26, 60, 5, 210
Jacob Morgan, 50, 50, 1500, 25, 225
James Edgle, 25, 35, 200, 10, 175
Levi Starky, 50, 60, 800, 100, 385
John Price, 25, 108, 450, 30, 300
William Price, 30, 108, 600, 30, 150
Meriman Price, 12, 188, 500, 10, 150
Samuel Price, 25, 250, 800, 10, 175
John D. Snodgrass, 40, 300, 500, 10, 150
Levi Hayse, 40, 60, 1000, 15, 25
James F. Freland, 10, 140, 300, 10, 80
Abraham Copenhaver, 10, 20, 150, 20, 145
Isaac Shreve, 30, -, 300, 14, 150
James Morgan, 20, 180, 200, 10, 100
William Straight, 25, 25, 75, 5, 75
Alen Edgle, 15, 85, 300, 5, 175
Samuel Starkey, 16, 34, 300, 11, 150
Samuel Talkington, 80, 120, 2000, 125, 338
Elias Edgle, 8, 180, 180, 5, 50
David Trader, 14, 86, 100, 5, 100
Job Caviter, 15, -, 15, 5, 25
William Firtew (Firten), 15, 115, 400, 2, 40
Abraham Ice, 30, 95, 300, 10, 150
Abraham Ice, 30, 95, 300, 10, 150
George Lowe, 12, 38, 100, 5, 100
Sarah Edgle, 50, 100, 1000, 2, 125
Aden Bailes, 20, 30, 400, 5, 125
Jacob Talkington, 80, 120, 2000, 125, 138
Benjamin Martin, 130, 22, 3000, 125, 420
Ira Jolliffee, 25, 95, 200, 10, 260
John Rice, 25, 75, 800, 20, 250
Jones McMasters, 40, 60, 700, 80, 275
Samuel Postlewait, 8, 98, 300, 300, 20
Jacob Sole, 12, 270, 800, 10, 75
Nancy Hickman, 40, 60, 500, 5, 110
Alisa Minor, 25, 75, 400, 15, 137

Henry Yerme, 30, 180, 1200, 150, 155
Jacob Jackson, 40, 60, 1000, 20, 250
Caleb Jackson, 25, 41, 500, 30, 175
James Robeson, 54, 350, 1500, 125, 300
John Santee (Lantee), 70, 100, 900, 50, 120
Garret (Gamet) Jackson, 40, 60, 1000, 10, 125
Elial Loy (Lay), 30, 203, 1000, 60, 150
William Wade, 14, 36, 500, 10, 220
John Carney, 40, 260, 600, 50, 225
Wenman Wade, 12, 138, 500, 5, 125
Hezekiah Wade, 12, 88, 400, 6, 150
William Little, 10, 90, 600, 5,115
A. Croc (Croe), 8, 90, 100, 5, 85
Nicholas Cross, 60, 120, 1200, 25, 150
William Cross, 40, 145, 500, 45, 105
Mary Taylor, 50, 50, 1000, 500, 150
Amos Morris, 60, 150, 1200, 50, 275
Samuel Taylor, 30, 20, 400, 5, 100
Levi Payne, 25, 200, 700, 15, 130
John Payne, 30, 330, 1500, 100, 300
Charles Anderson, 30, 170, 1500, 20, 250
William Anderson, 70, 1080, 2200, 30, 175
Thomas B. Postlewait, 50, 300, 1875, 20, 425
Thomas Stansbery (Starstery), 10, 140, 300, 10, 142
Levi Anderson, 35, 65, 500, 60, 160
James P. Anderson, 3, 100, 300, 3, 18
Mathew Carney, 15, 15, 200, 5, 150
Henry Sharpneck, 75, 105, 1200, 60, 240
Crawford More, 40, 60, 500, 10, 120
Daniel Anderson, 50, 70, 1500, 100, 350
Daniel Anderson, 30, 135, 800, 50, 225

Josiah Anderson, 70, 103, 150, 150, 250
George Vanhorn, 13, 63, 200, 6, 75
Thomas McMasters, 20, 30, 300, 3, 25
John J. Anderson, 60, 60, 1500, 25, 150
Isaac Kimble, 4, 40, 100, 5, 15
John Lancaster, 20, 500, 500, 3, 30
William Little, 30, 77, 800, 12, 170
Henry Showaltors, 20, 90, 500, 50, 228
Peter Sole, 60, 500, 800, 100, 600
John Anderson, 10, 40, 600, 10, 100
Josiah Wood, 15, 245, 700, 2, 60
James Davis, 50, 50, 1000, 15, 220
Alfred Elm (Wem), 10, 90, 600, 20, 100
Stephen Wem, 40, 60, 1000, 15, 270
Joseph Allenbee, 10, 40, 100, -, 60
William Church, 20, 60, -, 3, 100
Abner Emerick, 2, 50, 150, 3, 15
George Hickenbough, 25, 75, 500, 10, 84
Thomas Reed, 8, 92, 250, 7, 300
Stacy Stephens, 50, 900, 2000, 75, 505
Caleb Headley, 12, -, 200, 10, 71
Jacob Miller, 40, 225, 1200, 30, 120
James Cochran, 80, 720, 5000, 150, 500
Amos S. Melborn, 15, -, 500, 10, 100
John King, 60, 40, 3500, 30, 200
Thomas P. King, 14, 20, 200, 4, 140
Elijah Alley, 100, 100, 3000, 150, 605
John Fourby, 55, 1442, 1500, 200, 324
Elisha Morgan, 35, 88, 1500, 25, 280
Hiram J. Morgan, 20, -, 200, 5, 200
Richard Morgan, 40, -, 480, 50, 712
Jeremiah Williams, 80, 480, 3920, 100, 450
Isaac Lemasters, 20, 41, 500, 6, 140
Morgan Morgan, 50, 200, 1200, 100, 235

W. W. Ashour, 12, 73, 400, 15, 20
John Klepstine, 25, 475, 3000, 50, 302
Elisha Farwel, 12, -, 300, 12, 25
John F. Wharty, 30, 37, 100, 3, 230
Uriah Springer, 10, 15, 100, 5, 126
John Shurman, 30, 105, 700, 10, 77
Elias Shreve, 25, 25, 300, 10, 178
Jonathan Shreve, 27, 175, 300, 30, 224
James G. West, 60, 200, 2000, 50, 768
Bushrod West, 20, 100, 500, 20, 167
Absolem Willey, 40, 193, 1000, 20, 162
James Wiley, 20, 80, 400, 8, 210
James D. Hayse, 25, 175, 500, 5, 35
H. Higgenbothon, 35, 345, 1000, 50, 145
John Parson, 60, 200, 1600, 20, 319
John Ryon, 40, 135, 1500, 40, 175
John More, 25, 351, 2000, 100, 400
James Baxter, 30, 95, 1000, 50, 240
Elizabeth Kirkhart, 75, 325, 2000, 50, 120
B. E. Walace, 12, 155, 500, 55, 142
Daniel Huff, 33, 117, 2000, 100, 150
Isaac Smith, 40, 200, 150, 100, 250
John Lahu, 30, 187, 600, 50, 150
Samuel Cormes, 30, 20, 800, 75, 125
Samuel Earlewine, 20, 30, 500, 20, 90
Hezekiah Wayman, 25, 75, 500, 25, 72
Thomas Lowery, 40, 160, 2000, 150, 300
Nathaniel Midap, 28, 72, 1000, 30, 161
Jacob More, 70, 200, 4000, 150, 425
John Kirkhart, 25, 95, 650, 5, 44
Harvy Howard, 12, 85, 300, 5, 15
William Leeb, 35, 55, 60, 20, 220
Henry Lambert, 17, 109, 300, 30, 35
Joseph Bland, 20, 55, 400, 10, 170
H. E. Camp, 25, 2787, 5000, 10, 300
Jacob Flaharty, 20, -, 100, 10, 200

William Allen, 120, 505, 3000, 100, 428
Friend Cox, 25, 150, 4000, 100, 250
B. F. Martin, 65, 370, 4500, 60, 320
George C. Martin, 50, 50, 5000, 100, 200
Robert W. Cox, 200, 300, 10000, 200, 300
John Jennings, 25, 270, 1000, 5, 100
L. W. Cox, 60, 160, 1000, 12, 75
Thomas J. Hackin (Harkin), 20, 230, 500, 100, 66
James Watters, 17, 100, 600, 5, 30
Rebecca Furnel, 20, 108, 600, 10, 25
Elijah Morgan, 3, 5, 100, 20, 120
Thomas Shephard, 30, 125, 1600, 10, 225
C. W. Snodgrass, 20, 85, 400, 10, 50
Pursley Martin, 150, 200, 15300, 50, -
Lowis Williams, 100, 300, 4000, 60, 270
Hiram Colm, 8, 42, 200, 3, 6
Achles Morgan, 20, 400, 2500, 50, 233
John Buckhanon, 45, 125, 3000, 25, 137
William Jennings, 8, 62, 140, 5, 40
John Moony, 24, 425, 1000, 15, 120
Colimon C. Groce, 25, 75, 700, 100, 190
George Levitez, 40, 150, 1000, 15, 150
Thomas Steel, 100, 300, 4000, 100, 650
Robt. Gwthrey, 40, 103, 500, 100, 157
John C. Hart, 30, 75, 500, 10, 178
John Snodgrass, 10, 40, 300, 10, 212
Thomas Snodgrass, 15, 245, 801, 15, 230
Elias Earl, 45, 354, 2000, -, 112
James E. King, 6, 116, 100, 10, 100
David Bland, 20, 80, 800, -, 100
Samuel Dean, 20, 90, 700, 15, 75
Robert Leep, 80, 176, 2000, 75, 473

John B. Roberts, 170, 830, 3000, 50, 400
William Huff, 65, 179, 900, 20, 211
William Gorby, 20, 132, 400, 15, 104
John McCowel, 100, 65, 600, 60, 400
William McMun, 40, 60, 600, 200, 248
Jacob Kirkhart, 40, 75, 300, - ,100
Mansfield Robinson, 2, 3, 100, 10, 100
John Carol, 40, 210, 700, 30, 300
Ebenezer Clark, 170, 830, 3000, 150, 400
David Brigs, 45, 225, 1000, 25, 321
William Courtney, 30, 70, 900, 50, 200
Daniel Kirkhart, 20, 120, 400, 15, 24
Thomas Huff, 40, 160, 100, 10, 150
John Huff, 40, 135, 600, 15, 245
Josiah Brigs, 40, 26, 500, 7, 125
Homes (Homer) Hill, 40, 160, 1000, 50, 186
Abraham Hanes, 25, 485, 4000, 150, 630
Nancy Hyder, 25, -, 3000, 50, 125
William Brown, 140, 360, 1000, 150, 300
S. C Hoskinson, 140, 80, 12000, 75, 300
John H. Reid, 30, 50, 1200, 100, 220
Sampson Thistle, 220, 807, 17604, 300, 788
Francis E. Williams, 75, 325, 7050, 75, 227
Susanna Witten, 65, 80, 5000, 80, 750
Jonathan McCollough, 65, 85, 5000, 100, 200
Samuel Mcledowney, 55, 74, 4500, 150, 400
Andrew McLedowne, 150, 150, 15000, 150, 400
John Travise, 100, 200, 9000, 150, 700

Thomas Higgenbothen, 35, 450, 1600, 12, 315
William Willy, 25, 150, 1000, 15, 280
Jane Willey, 40, 250, 1200, 75, 200
J. Higgenbothan, 15, 85, 500, 10, -
John H. Morgan, 5, 100, 900, 100, 671
Joseph Higgins, 40, -, 210, 20, 50
Theopelus Minor, 45, 300, 1000, 100, 250
Wm. S. Sarrah, 70, 92, 600, 10, 100
Samuel Teagarden, 25, 225, 1000, 25, 250
Jacob Stoneking, 70, 100, 1000, 3, 227
Jacob Stoneking, 30, 120, 500, 10, 188
Adam Stoneking, 25, 25, 300, 10, 70
Charles Harner (Horner), 25, 165, 1000, 20, 100
Mildredge Showalter, 35, 165, 800, 20, 255
William Niven, 12, 120, 500, 10, 127
Michael Hinegardner, 25, 76, 125, 15, 123
Thos. Glover, 25, 171, 500, 30, 120
John Sole, 30, 70, 300, 120, 269
J. B. Bertrug, 8, -, 80, 9, 108
George N. Herman, 9, 90, 200, 5, 45
George Bartrug, 60, 190, 1600, 50, 282
Sarah Bartrug, 20, 80, 500, 5, 40
Joseph Horner, 70, 140, 1500, 11, 45
Moses Roberts, 12, 38, 250, 10, 100
John Vieliers, 60, 250, 1600, 20, 239
Charles Horner, 12, 38, 105, 5, 21
William Warren, 15, 80, 500, 5, 10
Josiah Brackaner, 15, 52, 900, 5, -
James Anderson, 12, 188, 1000, 20, 100
Eugene Tracy, 12, 188, 1000, 20, 140
Isaac Glover, 10, -, 80, 3, 50
Stephen Roberts, 25, -, 300, 60, 120
Nehemiah Glover, 30, 60, 500, 10, 83
Christian Leizure, 100, 150, 170, 200, 500
Thomas Sawgon, 40, 90, 1000, 20, 225
Daniel Barbrey, 30, 300, 800, 10, 288
George Lemby (Lemly), 10, 110, 500, 5, 40
William Merriman, 25, 75, 600, 10, 80
Absalom Right, 50, 175, 1000, 30, 100
Absalom Hemerick, 20, 105, 400, 5, 50
Alesea Hemerick Sr., 30, 70, 400, 10, 150
John Hosetutle, 50, 100, 800, 50, 150
Peter Gilmore, 15, 105, 600, 9, 50
Joseph Chine, 20, 40, 400, -, 100
James H. Butcher, 20, 30, 100, 3, 50
Mathew H. Butcher, 15, 35, 200, 5, 65
Zachariah Blue, 30, 270, 600, 10, 256
Robert Butcher, 50, 96, 1200, 25, 140
David Lough, 50, 162, 800, 10, 250
Amos Hemerick, 25, 100, 400, 10, 50
Henry Church, 50, 300, 1000, 15, 195
Henry Church, 30, 150, 1000, 125, 200
Saml. Stottlemire, 60, 270, 1500, 100, 150
Nathaniel Hosetutle, 24, 526, 750, 15, 80
Sarah Cavalt, 25, 100, 600, -, 55
James Villers, 23, 413, 1500, 50, 227
Lemuel Shrock, 20, 150, 500, 15, 40
John Roberts, 40, 320, 1200, 150, 180
Margaret Roberts, 60, 64, 600, 150, 250

Enoch Roberts, 15, 76, 500, 250, 150
Amanda Sharpneck, 70, 50, 1500, 35, 300
Samuel Sharpneck, 50, 70, 800, 20, 60
John Byard, 25, 49, 1000, -, 100
William Habs (Hobs), 40, 137, 100, 13, 200
James Anderson, 80, 20, 1000, 50, 325
Josephas Anderson, 14, 80, 600, 20, 150
Learaie Stephens, 20, 90, 500, 50, 138
Henry Six, 9, 66, 150, 5, 30
Isaac Byard, 25, 500, 500, 2, 150
George Laudenslaker, 30, 140, 600, 100, 200
John M. Ellager, 31, 66, 500, 70, 32
William Shuman, 50, 250, 1000, 10, 368
Samuel Bland, 25, 70, 500, 10, 600
George Bland, 25, 75, 450, 12, 175
Perey Hartley, 8, 42, 100, 5, 108
Richard Cooli, 100, 72, 268, 100, 350
Frederick G. Steel, 125, 475, 5000, 25, 430
William Watson, 5, -, 100, 5, 24
Samuel Cogs, 60, 60, 500, 8, 50
William Anderson, 5, 20, 75, 5, 65
John Selany, 30, 71, 300, 20, 225
A. G. Postlewait, 5, 86, 400, 5, 75
Thomas Delaney, 16, 109, 300, 12, 75
W. B. Postlewait, 9, 123, 250, 5, 20
Amanuel Postlewait, 50, 550, 1200, 5, 282
John Delaney (Delancy), 75, 147, 1000, 50, 281
John Strosnider, 150, 95, 1000, 150, 578
Jacob Kirkpatrick, 50, 150, 1200, 100, 300
Jonathan Moris, 50, 325, 2000, 12, 150
John R. Gorby, 20, 84, 300, 10, 156
William Miller, 40, 60, 500, 30, 200
John Gorby, 30, 120, 1000, 10, 144
Jeremiah Long, 20, 80, 520, 12, 150
Thomas W. Gorby, 20, 80, 100, 25, 150
Joseph Jeho, 20, 100, 500, 20, 130
Isaac Miller, 35, 383, 800, 30, 150
James Delaney, 12, 88, 300, 8, 110
William Wood, 25, 110, 600, 8, 130
Westly Wood, 60, 120, 500, 20, 80
Joshua Chambers, 20, 55, 400, 3, 120
Isaac Hostuttle, 30, 136, 600, 10, 75
George W. Davice (Davil), 12, 88, 600, 6, 40
Stephen Carney, 40, 390, 1000, 20, 300
Isaac Lemasters, 60, 140, 1500, 50, 250
Anthony Lemasters, 30, -, 700, 10, 175
Achless Lemasters, 12, 38, 200, 15, 30
Samuel Lemasters, 28, 50, 600, 20, 185
Shelton Lemasters, 30, 121, 800, 30, 100
W. M. Ashlea, 10, 110, 300, 10, 100
Wm. Postlewait, 25, 109, 400, 20, 125
Joseph Rusk, 12, 138, 500, 10, 120
Mathuel Rusk, 30, 70, 1500, 15, 225
Hezekiah Alley, 50, 375, 1000, 40, 176
James Dunham, 50, 100, 600, 20, 250
G. W. Postlewait, 25, 185, 500, 15, 175
Jonathan Higgins, 30, 70, 500, 25, 125
Anthony Moris, 28, 188, 400, 10, 91
Absalom Postlewait, 60, 187, 1000, 30, 322
Waitman Fourby, 50, 20, 60, 20, 350
Ros Postlewait, 15, 35, 300, 5, 800

Elizabeth Calvert, 30, 130, 600, 5, 200
George White, 8, 152, 450, 5, 70
John J. Birk, 12, -, 60, 5, 75
Samuel Furby, 30, 70, 400, 10, 600
Kathrine Johnson, 20, 125, 575, 10, 110
John Knisely, 14, 36, 350, 35, 135
John Goddard, 30, 10, 400, 80, 250
Gawen Huggins, 12, 88, 300, 4, 60
Harison Yoho, 23, 67, 400, 14, 20
William Goddard, 25, 15, 300, 30, 85
Francis Goddard, 15, 25, 300, 30, 80
Joshua Goddard, 40, 25, 300, 15, 100
Joshua Goodard, 12, 28, 200, 2, 40
Jesse Goddard, 15, 15, 150, 3, 30
Sargent Wade, 16, 54, 300, 2, 10
Isaac Horner, 18, 42, 300, 12, 100
Moses Delancy, 40, 160, 600, 40, 178
Peter Coon, 50, 520, 800, 60, 235
Charles Rusk, 70, 234, 2400, 50, 360
George Kiger, 20, 80, 200, 15, 100
William Laflin, 40, 133, 1000, 100, 262
Isaac Coon, 25, 75, 500, 5, 126
William Chanler, 5, 95, 75, 10, 75
Benjamin Johnson, 18, 82, 600, 25, 35
William Baker, 18, 82, 200, -, 28
Amanuel Amos, 18, 112, 480, 30, 150
George Palmer, 25, 175, 2000, 50, 150
Ephraim Palmer, 20, 30, 200, 2, 55
Elijah Huggins, 40, 60, 600, 40, 268
Michael W. Gidley, 27, 67, 500, 15, 115
Samuel Courtney, 45, 35, 600, 80, 223
Isaac Paugh, 25, 105, 600, 20, 118
George Yeho, 60, 270, 1665, 150, 425
Jacob M. Clark, 20, -, 3000, 150, 125
Henry Garner, 100, 400, 2000, 100, 422
Thomas Leep, 25, 50, 750, 50, 150
Thomas Huggins, 35, 45, 500, 30, 140
Thomas Kirkpatrick, 14, -, 112, 50, 60
Jackson Wise, 118, 182, 1500, 50, 400
Gabril Leep, 50, 82, 30, 2, 144
Ephraim Hall, 45, 154, 1200, 25, 171
John Glasgow, 10, 32, 300, 15, 75
Jesse Paden, 100, 200, 7000, 200, 160
Joseph Peydon, 150, 106, 7680, 50, 259
J. P. Peyden, 200, 100, 7000, 200, 695
Ann Chapman, 55, 645, 4200, 200, 304
John Michetree, 13, 53, 500, 20, 140
John Van Camp, 35, 200, 1500, 75, 268
Ralen Martin, 16, 25, 300, 4, 50
James Young, 100, 400, 6000, -, -
Nelson Van Camp, 30, 20, 700, 125, 238
William Van Canda, 10, 20, 300, 5, 144
Joseph Jenkins, 27, 80, 695, 18, 276
Rolley Van Camp, 20, 80, 600, 20, 125
Thos. Kirkpatrick, 20, 380, 2000, -, 300
Rhea Venons, 10, 18, 100, 8, 100
James Van Camp, 10, 40, 250, 7, 75
B. F. Van Camp, 18, 132, 700, 70, 285
James Buckhannon, 25, 25, 300, 8, 112
John Martin, 35, 65, 700, 50, 163
Indiana Tumbbson, 50, 50, 1000, 50, 100
Elias Backhannon, 14, 86, 800, 25, 232

Joshua Hawkins, 40, 80, 800, 40, 412
Levi Cox, 40, 60, 800, 11, 200
Hezekiah Jolliffe, 40, 20, 1500, 20, 266
Providence Wood, 18, 82, 440, -, 40
Ezra Stacy, 71, 425, 1500, 78, 185

Jacob Swisher, 45, 105, 2000, 40, 150
John Milbourn, 30, 30, 500, 15, 150
William Milburn, 10, 62, 360, 10, 150
Job H. Morgan, 28, 225, 600, 25, 175
Jo_ Shuman, 40, 75, 1000, 40, 200

West County, West Virginia
1850 Agricultural Census

The University of North Carolina at Chapel Hill filmed the 1850 agricultural census for West County from originals in the West Virginia Department of Archives under a grant from the National Science Foundation in 1963. This county along with several others have been separated from Virginia records as West Virginia was created in 1863 when it seceded from the state of Virginia

Columns 1, 2, 3, 4, 5, and 13 represent the following information on the census:
1. Name of Owner, Agent or Manager of Farm
2. Acres of Improved Land
3. Acres of Unimproved Land
4. Cash Value of the Farm
5. Value of Farming Implements and Machinery
13. Value of Livestock

Joseph Ott, 40, 110, 1000, 12, 150
Michael Thorn, 40, 60, 900, 25, 300
John Lockhart, 280, 500, 2000, 50, 300
Calep Wiseman Jr., 70, 55, 1500, 4, 250
Susane Bewell, 30, 70, 600, 30, 150
Elisha Cashney (Ceshney), 8, 142, 150, 5, 30
Elizabeth Woodyard, 60, 70, 1000, 10, 100
William Lockhart, 20, 80, 300, 6, 100
James Woodyard, 30, 120, 450, 10, 128
Chapman C. Grant, 20, 380, 600, 5, 100
John Harris, 10, 40, 175, 5, 130
Manyard Harris, 75, 47, 1200, 3, 130
Samuel Somerville, 25, 195, 600, 10, 240
Jonathan Somerville, 40, 110, 650, 30, 230
Andrew Somerville, 50, 350, 2000, 15, 435
Martin Sims, 20, 80, 300, 10,117
Jacob Bungarner, 200, 350, 4000, 100, 1454
Isaac Enocks, 40, 173, 800, 10, 190
William P. Enocks, 6, -, 30, 8, 85
Jonathan Sheppard, 15, 100, 250, 5, 73
Reuben Full, 30, 272, 900, 44, 325
Michael Curfman, 20, 480, 500, 5, 200
John Thorn, 20, 60, 200, 3, 125
Thomas Thorn, 40, 200, 595, 10, 175
Otho Richards, 15, 35, 100, 3, 35
Lewis Woodyard, 100, 200, 2000, 80, 569
Mary Ball, 20, 649, 4000, 150, 475
John Wallers, 25, 90, 200, 8, 108
Thomas Boice, 70, 265, 2000, 100, 215
Joseph Boice, 20, 80, 600, -, 100
Arnold W. Bennett, 45, 163, 1500, 32, 164
Tompson Gates, 45, 140, 1400, 50, 165
John Wine, 3, 147, 150, 5, 137
William D. Richards, 50, 245, 1500, 75, 160
Isaac Barnes, 20, 80, 500, 10, 140
Thomas Ruble, 18, 84, 300, 10, 100
John Hollaran, 25, 91, 200, 15, 156
William Sheppard Jr., 25, 65, 300, 10, 100

William Sheppard, 190, 500, 5800, 200, 1522
George W. Dobson, 60, 1140, 2400, 12, 479
Francis A. Sims, 16, 94, 200, 10, 75
Samuel Waggoner, 10, 141, 350, 5, 65
Brand Utter, 20, 130, 300, 10, 55
James Masters, 15, 85, 150, 8, 100
William Burdett, 5, 401, 600, 10, 150
Jesse B. Knapp, 18, 116, 500, 12, 100
Ira S. Chenoweth, 25, 112, 350, 10, 168
Joseph Miller, 10, 190, 300, 5, 100
John Greathouse Jr., 20, -, 100, 7, 167
John Wright, 40, 392, 1200, 30, 350
Lewis Miller, 20, 80, 300, 5, 97
Benj. Doddle, 15, -, 150, 10, 100
William Riddle, 40, 602, 3000, 5, 108
William K. Board, 20, 112, 250, 5, 107
Benjamin Riddle, 60, 3226, 1600, 10, 462
Pleasant H. Thompson, 30, 165, 2000, 10, 183
Mordica J. Thompson, 30, 440, 2000, 10, 109
James E. Burdett, 30, 970, 3000, 75, 287
Jane Riddle, 40, 100, 500, 100, 165
William Hardman, 100, 800, 400, 8, 129
Thomas Hardman, 40, 360, 2000, 8, 208
Elijah Burdett, 40, 91, 600, 10, 255
Albert G. Ingraham, 50, 330, 1600, 15, 235
James Brown, 10, 60, 150, 5, 30
John G. Goff, 4, 196, 300, 3, 72
George S. Goff, 25, 223, 500, 10, 100
John Staats, 50, 150, 500, 10, 150

William Roach, 100, 200, 3000, 20, 550
Charles Roach, 25, 1125, 700, 5, 4
Spencer Carney, 25, 215, 500, 25, 240
Hiram Chaney, 80, 120, 1500, 25, 375
David Seaman, 30, 19, 250, 12, 128
Silas B. Seaman, 150, 2850, 3000, 200, 583
John W. Steward, 30, 281, 500, 20, 154
Elizabeth Board, 23, 77, 500, 2, 153
Willis Burdett, 16, 984, 500, 5, 59
Samuel Hale (Hall), 10, 70, 200, 10, 72
John Stalknaker, 40, 460, 80, 12, 100
Travis Parsons, 30, 270, 800, 10, 114
Joseph Steward, 5, 25, 100, 35, 109
William Steward, 70, 400, 1500, 100, 255
Alfred Cain, 50, 30, 800, 8, 190
William W. Watts, 25, 223, 1200, 100, 162
Dempsey Flesher, 60, 121, 2000, 100, 581
John W. Cain, 40, 100, 600, 35, 153
Thomas H. Cain, 35, 45, 500, 20, 168
Samuel Wyatte, 20, 60, 300, 6, 55
Alpheus Steward, 27, 175, 720, 12, 57
William H. Thorn, 25, 117, 400, 10, 181
Samuel Sheppard, 200, 80, 1000, 12, 380
John Ott, 100, 80, 1000, 12, 380
Calep Wiseman, 50, 325, 2000, 12, 480
Fedelles Ott, 50, 180, 2000, 125, 392
Presly Morehead, 25, 175, 1200, 4, 85
James D. Morehead, 90, 50, 2000, 30, 231
Nathaniel Morehead, 70, 64, 1000, 10, 180

Eugenas Thorn, 10, 90, 200, 8, 146
Michael Thorn, 35, 65, 600, 30, 227
William Spraig, 10, 194, 600, 5, 65
Wesly Baker, 80, 173, 2500, 20, 206
Thomas C. Leachman, 12, 4500, 4000, 3, 244
Henry Gebbins, 60, 100, 1500, 150, 370
Peter Conrod, 100, 350, 3000, 50, 808
Thomas Lee, 20, 27, 300, 30, 169
Charles C. Boggs, 20, 64, 400, 15, 224
Jno. L. Boggs, 75, 91, 2000, 100, 647
Salathiel G. Goff, 70, 30, 2000, 150, 455
Robert Steward, 30, 70, 800, 10, 100
William Greathouse, 75, 325, 2000, 100, 152
John Boggs, 75, 258, 2000, 30, 241
William Boggs, 100, 1064, 2200, 12, 336
Washington Burr, 90, 502, 2000, 20, 209
Thomas Boggs, 150, 2175, 4455, 50, 250
Leonard Simmons, 100, 301, 1800, 150, 894
Beniah Depew, 100, 2700, 3800, 25, 637
James Simmons, 60, 292, 1000, 4, 103
John C. Collins, 20, 250, 500, 10, 50
John D. Vandle, 30, 325, 800, 10, 180
Willis Walker, 14, 154, 500, 10, 209
David McGloughlin, 45, 214, 900, 10, 238
William Perrill, 15, 260, 600, 56, 137
William B. Vandle, 75, 256, 600, 125, 125
Adam D. Hedam, 15, 119, 400, 50, 213
Cives Heckman, 30, 170, 600, 4, 145
_. D. U. Boggs, 100, 500, 3000, 100, 355
Jacob Booker, 20, 80, 300, 16, 138
Rebecca Corbit, 20, 280, 300, 5, 103
Samuel C. Davis, 25, 39, 400, 8, 80
Joshua Lee, 50, 189, 1500, 100, 230
Thos. T. Hall, 20, 48, 2000, 12, 55
George W. Cline, 20, 3280, 2000, 10, 100
Elisha Heckman, 10, 70, 500, 10, 120
James Clark, 15, 85, 400, 5, 100
Aldophus Peck, 3, 27, 300, 2, 100
Reeves Coe, 30, 70, 1500, 75, 236
Franklin Trippet, 134, 420, 3000, 20, 300
Cosusway Dye, 50, 30, 800, 50, 270
Amos Dye, 65, 30, 1000, 12, 425
Samuel Edwards, 100, 900, 4000, 60, 420
Mary Edwards, 20, 36, 300, 100, 87
Samuel W. Wilkinson, 100, 500, 3500, 30, 306
Hiram Sharpneck, 25, 85, 2000, 10, 25
John Robinson, 20, 128, 1200, 13, 87
Margaret McFarland, 50, 500, 3000, 32, 190
John E. Williams, 10, 90, 200, 8, 95
George Owens, 80, 395, 4000, 60, 334
Enoch L. Lockhart, 4, 331, 600, 2, 104
Washington Lott, 40, 320, 1100, 10, 100
Catharine Fought, 50, 150, 1500, 40, 360
Samuel Thornton, 38, 176, 1200, 15, 334
Thornton Baker, 15, 289, 1000, 20, 237
Thomas Lee, 80, 157, 4000, 75, 342
James Baker, 70, 195, 2000, 65, 289
Jacob G. Steward, 35, 200, 1000, 5, 30

Hays A. Paxton, 40, 155, 1000, 10, 143
William R. Goff, 100, 1785, 3000, 150, 1085
Jess Tanner, 75, 125, 1500, 100, 234
John Greathouse, 150, 275, 2000, 50, 594
Samuel C. Morehead, 50, 35, 1500, 40, 290
Edward Coe, 40, -, 50, 15, 60
Owen J. Morehead, 72, -, 700, 3, 100
John Coe, 200, 100, 4800, 70, 350
William Wesly, 50, 63, 750, 25, 273
James Moss, 20, 30, 130, 6, 38
Elisha Baker, 60, 140, 1500, 12, 165
Isaac Tavener, 120, 92, 3000, 12, 374
Edward Notts, 135, 185, 3000, 5, 376
James T. Leachman, 30, 21, 350, 10, 125
David Hopkins, 75, 47, 2000, 75, 236
George Dent, 120, 80, 3000, 250, 443
Philip D. Williams, 25, 30, 700, 11, 135
Daniel Pickering, 75, 375, 2000, 10, 340
Jno. M. Rockhall, 35, 115 800, 15, 219
Tompson Cosser, 50, 105, 1000, 30, 300
Nicholas Martin, 6, 44, 125, 10, 54
James Robinson, 35,15, 800, 10, 286
Charles W. Fisher, 40, 10, 1000, 15, 273
David Devers, 60, 90, 600, 10, 12
Ira Haught, 16, 184, 400, 5, 71
Peter Haught, 40, 245, 600, 8, 116
Ely Willson, 15, 185, 300, 5, 62
James L. Willson, 20, 180, 300, 5, 90
Harrison Rogers, 18, 6382, 3200, 6, 136
Silas Bett, 15, 74, 500, 10, 273

John B. Roberts, 100, 221, 1200, 30, 150
James Kaylar, 80, 420, 2000, 25 189
Zackquell West, 30, 370, 80, 20, 141
Amos Roberts, 18, 52, 300, 10, 149
Hiram Depue, 50, 100, 3000, 30, 234
David Depue, 35, 65, 1600, 20, 223
Hiram Bewell, 12, 90, 80, 12, 138
Jonathan Depue, 80, 110, 2000, 100, 466
Napoleon B. Vanale, 18, 132, 700, 5, 90
Archibal Depue, 18, 82, 700, 5, 157
James Peta, 6, 109, 300, 8, 40
Owen Recter, 100, 17, 2500, -, 565
Charles Recter, 80, 195, 2000, 133, 60
William Merrill, 12, 38, 300, 5, 42
George W. Buffington, 15, 135, 3000, -, 65
Francis Doolin, 25, 205, 500, 15, 188
Alexander Beaty, 35, 133, 1000, 80, 345
Jno. F. Petta, 60, 347, 300, 4, 224
James Corbet, 10, 40, 400, 30, 184
William P. Rathbone, 150, 330, 5000, 200, 500
Roland Petta, 40, 116, 1200, 3, 286
Elijah Petta, 20, -, 100, 8, 95
William Petta, 30, 140, 1000, 50, 171
Dususuay Dye, 16, 72, 300, 10, 156
Alpheas Dent, 12, 38, 250, 10, 117
Aaren Ruble, 25, 75, 60, 20, 255
Benjamin T. Reynolds, 25, 25, 400, 10, 208
William Moss, 38, 38, 350, 9, 100
Elijah Moss, 37, 37, 350, 8, 45
Samuel McFee, 20, 100, 700, 60, 153
Jacob Coon, 90, 260, 2000, 100, 413
James Fisher, 80, 180, 3000, 150, 333
George W. McCan, 20, 47, 600, 2, 67
Sarah King, 20, 180, 500, 10, 145

John R. Callow, 45, 225, 1500, 30, 319
George A. Flesher, 60, 640, 2000, 80, 362
Stawther Coe, 40, 20, 600, 10, 83
William D. Tims, 75, 75, 1600, 50, 193
Matte W. Rockhold, 10, 105, 400, 6, 49
William C. Wills, 60, 120, 1800, 60, 268
John Petta, 30, 20, 1000, 50, 178
Mark Cestney(Costney), 150, 50, 3400, 100, 350
Jane Barnes, 30, 37, 800, 5, 154
Johna Barnes, 40, 49, 900, 5, 194
Benjamin Roberts, 65, 48, 1200, 20, 352
Calvin Crawford, 50, 50, 400, 5, 67
Levi Wells, 50, 50, 1500, 40, 212
Thomas S. Robinson, 14, 86, 2000, 30, 260
John Barnes, 40, 107, 2100, 75, 180
Chas. H. L. West, 30, 365, 2000, 10, 120
Richard Tims, 80, 20, 2000, 50, 241
Nancy Tims, 100, 50, 1000, 30, 104
Martin Baker, 30, 724, 2000, 30, 298
Henry Steel (Steed), 88, 492, 3200, 100, 338
Daniel Miller, 50, 50, 1000, 73, 300
Mary Saunders, 70, 10, 800, 15, 80
Michael Hammon, 40, 160, 1000, 50, 195
Abraham Vaught, 10, -, 50, 4, 10
Henry Forbs, 30, 200, 800, 50, 145
Adam Foughty, 50, 250, 1000, 100, 52
Thomas P. Foughty, 50, 350, 1600, 24, 217
William Foughty, 60, 40, 1000, 80, 417
Catharine Foughty, 33, 67, 1000, 100, 251
James Fought, 75, 130, 2700, 115, 596

Jacob Foughty, 40, 185, 1000, 15, 204
Abraham Fought, 50, 182, 1000, 20, 163
David S. Cozad, 25, 145, 500, 7, 68
Wilson Balis Jr., 20, 94, 200, 12, 193
Daniel Foster, 80, 140, 3000, 20, 244
John Foster, 75, 7, 3500, 100, 375
Wilson Balis, 40, 100, 600, 12, 260
Thomas Pickering, 76, 15, 3000, 20, 354
John Hickman, 40, 40, 500, 30, 148
Joseph W. Hale, 30, 90, 800, 100, 100
Hiram Prebble, 15, 90, 4000, 50, 105
Hedgman Pribble, 35, 52, 1500, 10, 252
Henry Pribble, 53, 10, 1200, 30, 174
George Peck, 10, 50, 200, 5, 77
Alva Leap, 15, 72, 500, 10, 139
John Leap, Jr., 30, 70, 800, 15, 184
John Leap, 20, 80, 1000, 7, 175
Samuel Leap, 30, 72, 800, 30, 172
Samuel Robinson, 9, 41, 100, 75, 140
William Robinson, 30, 170, 500, 10, 181
James W. Rockenbaugh, 10, 90, 100, 10, 75
David Deems, 10, 140, 800, 5, 83
Jumper Deems, 45, 425, 2000, 75, 276
William Wade, 20, 60, 500, 25, 74
Jess Willson, 30, 116, 800, 5, 253
Thomas W. Hickle, 9, 91, 500, 3, 80
Umphry Nutter, 10, 30, 80, 10, 70
George Hagle, 3, 37, 100, 3, 40
John Lewis, 30, 40, 500, 30, 276
Barnet O. Neal, 12, 125, 500, 2, 164
Leeman Waling, 63, -, 1000, 60, 194
George W. Foughty, 27, 116, 900, 10, 138
Josiah Lee, 15, 67, 700, 200, 218
Isaac Thornton, 40, 60, 1000, 80, 316

Abraham P. Enocks, 17, 43, 400, 20, 57
William L. Enocks, 25, 75, 500, 20, 64
John Malcum, 35, 65, 400, 5, 53
John M. Willson, 65, 135, 1000, 20, 275
Jacob G. Deems, 16, 44, 400, 15, 123
John Deems, 30, 70, 500, 20, 96
Jesse C. Roach, 90, 275, 5000, 60, 260
Simeon Thornton, 40, 125, 1800, 40, 211
Calvin H. Cain, 18, 155, 350, 5, 85
David Tice, 20, 330, 1000, 50, 185
James Hanlin, 70, 57, 1000, 15, 105
Abraham Enock, 50, 450, 2000, 100, 393
Martin Tice, 20, 180, 1500, 50, 230
Thomas Tucker, 20, 33, 700, 30, 38
William Buffington, 50, 250, 5000, 15, 192
Mary Darnel, 45, 27, 1500, 120, 187
Benjamin Mount, 30, 51, 1500, 8, 175
Alfred Fought, 65, 32, 2000, 200, 290
Sarah Woodyard, 30, 320, 2500, 10, 180
Alfred Beauchamp, 130, 405, 8400, 60, 313
Jesna (Jefna) Wiseman, 75, 172, 2500, 50, 460
Rawley M. Kyger, 60, 600, 2000, 30, 115
Hugh Kyger, 50, 2300, 6000, -, 180
Henney Buckly, 30, 150, 500, 20, 160
Robert H. Simpson, 30, 320, 700, 3, 200

Wood County, West Virginia
1850 Agricultural Census

The University of North Carolina at Chapel Hill filmed the 1850 agricultural census for Wood County from originals in the West Virginia Department of Archives under a grant from the National Science Foundation in 1963. This county along with several others have been separated from Virginia records as West Virginia was created in 1863 when it seceded from the state of Virginia

Columns 1, 2, 3, 4, 5, and 13 represent the following information on the census:
1. Name of Owner, Agent or Manager of Farm
2. Acres of Improved Land
3. Acres of Unimproved Land
4. Cash Value of the Farm
5. Value of Farming Implements and Machinery
13. Value of Livestock

T. J. Cook, 80, 80, 3500, 200, 500
Elias Gates, 50, 52, 3000, 30, 80
Henry Beason, 40, 20, 2000, 21, 100
Jeremiah Collet, 20, -, 1000, -, 50
Benj. Collett, 110, 70, 4400, 150, 350
Saml. Collett, 10, 90, 500, -, 25
B. T. Beeson, 83, 20, 4000, 25, 400
Alexr. Smitherman, 65, 55, 5000, 70, 250
Henry H. Harper, 30, 114, 700, 10, 120
J. J. Sutherland, 65, 25, 2500, 25, 180
Shelton Rice, 80, 25, 6000, 150, 200
Wiret Neal, 35, 20, 2500, 15, 150
Wm. Rice, 105, 77, 4000, 40, 200
Wm. Spencer, 400, 30, 5000, 100, 600
David Morrison, 24, 8, 1200, 55, 155
Zebedia Brown, 100, 170, 8000, 100, 200
Saml. Spencer, 100, 100, 7000, 100, 300
David. V. Uhl, 25, 90, 1200, 75, 200
James Hiatt, 140, 60, 8000, 200, 450
Obadiah Hiatt, 50, 50, 2000, 75, 200
Jacob Uhl, 25, 35, 600, -, 90
Sardis Cole, 45, 515, 4500, 75, 500

John H. Bendle, 5, -, 250, 10, -
John Uhl, 40, 35, 1000, 200, 150
Seth Pugh, 12, 13, 300, 10, 60
David Brookover, 25, 125, 1200, 10, 75
John Maceter, 20, 50, 500, 20, 200
Wm. Johnson Jr., 150, -, 5200, 40, 250
James F. Uhl, 40, 10, 2000, 125, 240
Elias Keller, 55, 100, 3200, 100, 200
Granville Ogden, 35, 115, 800, 50, 200
Wm. Cornell, 35, 15, 500, 8, 60
Martin Brookover, 10, 35, 250, 10, 60
Ezekiel Varner, 6, 50, 200, 6, 50
Silas Starling, 4, 3, 25, -, 14
John V. Uhl, 30, 1300, 1600, 25, 70
John Johnson, 31, 75, 6000, 100, 440
Mathew Campbell, 50, 343, 1600, 20, 100
Morgan Henry, 20, 85, 800, 60, 100
John Pugh, 50, 20, 2500, 125, 170
Armisted Kenard, 50, 125, 1000, 30, 75
Lewis Roe, 80, 175, 2000, 100, 175
Walter Athy, 6, 280, 3400, 100, 300
Benson Athey, 100, 200, 3000, 100, 200

Samuel Athey, 70, 9, 600, 7, 75
John H. Locker, 30, 4, 700, 10, 100
Allen Way, 40, 285, 1000, 40, 470
Thos. W. Locker, 175, 382, 5200, 60, 570
Daniel Holder, 100, 82, 546, 70, 294
Hiram Maceter, 25, 25, 150, 10, 30
Benj. Athy, 25, 75, 500, 20, 150
John Owens, 30, 120, 600, 5, 500
Martin Mires, 10, 30, 400, 10, 20
Isaac Owens, 20, 120, 1000, 5, 100
Owen Owens, 30, 170, 330, 20, 75
Daniel Varner, 20, 80, 1000, 10, 200
Cornelius Hoff, 20, 52, 300, 100, 100
Jacob White, 15, 28, 400, 10, 75
Fredk. Plympton, 65, 65, 1500, 65, 400
Joshua Johnston, 45, 255, 1500, 40, 180
Saml. Shepherd, 18, 90, 400, 5, 75
John Anderson, 45, 155, 1000, 30, 50
John L. Tims, 60, 90, 4000, 75, 475
Enoch Rector, 150, 150, 3500, 15, 115
Ezekiel Dye, 10, 50, 300, 7, 9
Jacob Cornell (Cowell), 16, 109, 1200, 75, 90
Redapon Wood, 18, 8, 400, 5, 120
Jerry Woodyard, 40, 100, 1200, 75, 60
Wm. Smith, 40, 46, 1200, 80, 75
Lodwick Mott, 45, 35, 2500, 150, 174
Edwin Taylor, 50, 38, 2500, 65, 156
Harrison Woodyard, 65, 100, 1500, 75, 200
Lysander Dudley, 175, 42, 4500, 150, 400
James Hunter, 6, 65, 1740, 140, 261
Samuel Reed, 100, 560, 3500, 100, 525
James Patten, 11, 189, 1600, 3, 50
John Henry, 25, 200, 800, 60, 140
Samuel Grayson, 55, 45, 1000, 20, 100
Henry Moon, 20, -, 100, 10, 100
Edwd. Council, 35, 45, 800, 20, 125
Seth Ely, 30, 70, 800, 10, 105
James Padgett, 1255, 370, 6000, 50, 215
James S. Davis, 90, 150, 2000, 100, 200
Hiram Shafer, 38, 90, 430, 40, 50
William Hunter, 65, 50, 1300, 100, 275
Alpheus Griffin, 11, 125, 400, 5, 88
Barnet Bryant, 30, 80, 1000, 50, 12
Rufus Holbrook, 50, -, 500, 15, 180
Garret Griffin, 25, 100, 500, 35, 125
Geo. W. Trout, 30, 1970, 4000, 20, 85
Michael Smith, 25, 105, 1000, 40, 100
John Hazelrig, 25, 4, 300, 60, 165
Drusilla Bakey, 100, 150, 1000, 65, 240
Rufus Kenard, 80, 2000, 5600, 75, 295
Samuel Davis, 40, 100, 1500, 75, 260
Henry James, 50, 250, 6000, 50, 175
George Compton, 100, 500, 5000, 100, 400
Chas. Williamson, 20, 175, 2500, 50, 255
Sarah Sassor (Sasson), 90, 126, 3000, 150, 100
Henry McGregor, 50, 70, 2000, 10, 175
George Goff, 25, 45, 500, 25, 150
John Sharp, 16, 110, 3000, 50, 190
Jameson Ingram, 35, 64, 600, 15, 163
Abraham Ingram, 100, 800, 4000, 100, 430
Adam Darling, 163, 205, 2000, 150, 840
Nathan Rolston, 122, 275, 6000, 75, 630

R. Rolston, 100, 80, 7000, 2225, 553
Wm. McKinney, 50, 50, 2000, 80, 200
H. Cunningham, 15, 615, 1500, -, -
Lewis Ogden, 40, 60, 2000, 100, 200
Robt. S. Corbett, 100, 40, 4000, 300, 450
Abel Jones (James), 250, 174, 1000, 50, 660
Salome Harness, 160, 250, 7000, 100, 1173
Robert Martin, 17, 180, 1500, 20, 1
Bever Triplett, 100, 300, 4000, 80, 350
Amedia Johnson, 20, 30, 500, 15, 100
J. H. Prince, 30, 120, 1200, 75, 75
Geo. W. May, 50, 80, 1400, 65, 222
Jesse Pride, 60, 120, 3000, 60, 408
Moses Rutman, 125, 173, 900, 100, 585
Ruel Johnson, 125, 175, 870, 75, 366
George Henderson, 300, 250, 12000, 300, 1000
James Hunter, 150, -, 1500, 50, 125
Stephen Ray, 20, 30, 200, 15, 135
Jacob Varner, 40, 9, 1000, -, 50
Thomas Pugh, 30, 38, 1000, 100, 40
Enoch Pugh, 30, 50, 2000, 50, 150
Robert Pugh, 30, 70, 700, 25, 200
Jos. Tomlinson, 240, 760, 30000, 100, 550
Paschal Kenard, 60, 340, 2000, 150, 250
Alfred Kenard, 80, 380, 8000, 100, 75
Joseph Pugh, 50, 200, 400, -, 80
Jesse Mordie, 10, -, 300, 5, 60
Daniel Kenard, 100, 100, 2000, 75, 414
Thos. Maddox, 100, 100, 200, 20, 200
Roger Seffens, 100, 100, 2000, 100, 405
Alexr. Pilcher, 150, 150, 4500, 100, 460
Wm. H. Neale, 58, -, 3000, 40, 306
F. A. Cook, 60, 48, 5000, 90, 245
Elijah Murray, 20, 80, 500, 75, 135
Thos. Stevens, 50, 20, 2000, 40, 207
Jonathan Johnson, 100, 300, 3200, 90, 245
Ezra Johnson, 25, 35, 300, 10, 90
Ellis Johnson, 18, -, 90, 20, 125
Thos. Sinclair, 50, 90, 500, 30, 170
Hubbard Prince, 25, 50, 500, 25, 150
Harrison South, 30, 70, 300, 40, 100
Henry Dye, 40, 100, 280, 15, 120
Lemuel Sinclair, 20, 95, 1000, 40, 60
Saml. Hendershot, 20, 97, 800, 18, 115
John King, 14, 36, 200, 10, 115
William King, 30, 70, 800, 10, 80
Wm. Wood, 11, 80, 247, 5, 60
Absm. Holderman, 12, 38, 400, 10, 75
Stephen King, 40, 160, 1000, 40, 90
James Lyons, 75, 75, 2000, 50, 75
Middleton Davis, 50, 45, 300, 25, 270
William Baily, 50, 150, 2000, 75, 100
Wm. Woodyard, 40, 160, 2000, 30, 80
Isaac Yates (Gates), 4, 96, 150, 5, 45
William Lutz, 50, 16, 2000, 20, 100
Edward Rice, 30, 125, 1000, 15, 75
Edwd. Ferguson, 30, 270, 900, 5, 60
Danl. O'Neill, 120, 180, 3000, 75, 385
Christopher Wells, 25, 75, 600, 7, 125
Edwd. McPherson, 50, 70, 1000, 50, 220
John Turner, 20, 30, 150, 30, 135
Laurence Kincheloe, 100, 300, 4000, 40, 393
Benj. Chandler, 50, 140, 2000, 20, 160
Catherine Johnson, 100, 400, 2700, 100, 253
Paul Cook, 100, 40, 2800, 100, 495

Stephen Dils, 40, 60, 1500, 100, 50
Alfred Collett, 9, -, 300, 50, 150
James Inman, 30, 84, 700, 100, 185
David Hopkins, 125, 200, 4000, 200, 300
William Stagg, 75, 88, 2500, 150, 220
E. J. Sutherland, 50, 25, 500, 75, 125
John Supe, 36, 178, 1000, 10, 100
Saml. Kibbler, 20, 80, 500, 10, 120
Nathl. Mann, 25, 92, 700, 50, 90
Zach. Turner, 30, 125, 1000, 50, 147
Stenson Harper, 20, 70, 400, 5, 90
Joseph Martin, 75, 32, 1080, 50, 50
John Martin, 10, 50, 200, 8, 60
Edwd. Leach, 15, 50, 200, 8, 60
Stephen Radcliff, 15, 35, 200, 10, 45
Henry Farsons, 30, 150, 50, 20, 100
William Coyle, 55, 183, 1180, 100, 180
John Callehan, 14, 146, 900, 10, 80
Samuel Alton, 40, 260, 1800, 100, 312
Jesse Dallison, 130, 196, 4500, 75, 200
Wm. Roods, 50, 40, 1000, 20, 100
David Gobbard, 150, 20, 600, 60, 190
Elizabeth South, 50, 150, 600, 60, 135
Saml. Barmore, 40, 160, 1200, 10, 195
Jacob Lumly, 30, 70, 400, 10, 155
John Rowly, 18, 107, 250, 5, 70
George Stoops, 40, 300, 1000, 20, 400
W__ Stoops, 20, 260, 600, 10, 168
Isaac Clark, 12, 89, 400, 8, 100
George Lumly, 40, 100, 1000, 75, 190
John Bradford, 30, 70, 500, 15, 122
John Pugh Jr., 20, 180, 500, 25, 125
Enos Rutman, 14, 86, 300, 20, 125
John Huey, 60, 81, 800, 100, 443
Elizabeth Malone, 40, 260, 100, 15, 165

Stephen Ransom, 100, 200, 2000, 50, 410
Elliott Ransom, 50, 250, 1000, 60, 1410
Saml. Hendershot, 14, 86, 300, 8, 78
Francis Triplett, 80, 120, 200, 21, 220
Wm. Maston, 35, 65, 1000, 100, 350
Alfred Robinson, 25, 130, 650, 75, 260
Benj. Willard, 300, 2000, 7000, 150, 372
Edwd. McTagart, 125, 35, 3200, 95, 580
Wm. Irwin, 240, 160, 12000, 100, 1055
Thos. L. Bammel, 35, 365, 1500, 100, 200
Wm. McTagart, 400, 200, 25000, 500, 3440
Saml. Hammett, 250, 250, 15000, 200, 920
Giles Hammett, 100, 400, 5000, 150, 700
B. M. Baker, 30, -, 300, 30, 157
Daniel Powell, 25, 49, 468, 10, 6
George A. Sharp, 60, 190, 1500, 20, 300
John Moody, 18, -, 180, 50, 55
Wm. Outward, 15, 850, 300, 15, 145
Isaiah Morgan, 16, 81, 300, 15, 115
Alpheus Ingram, 15, 85, 500, 20, 115
Abram Ingram, 25, 135, 600, 40, 150
John Dye, 30, 300, 1500, 125, 510
George Reynolds, 100, 7, 1000, 60, 408
Thos. Randolph, 20, 200, 1760, 15, 75
John Reed, 12, -, 120, 61, 255
James Henderson, 100, 93, 6000, 55, 192
Robert Parker, 150, 90, 1000, 100, 717
Joseph Wood, 85, -, 300, 50, 475
James Wood, 500, 500, 20000, 150, 2510

Edmund Riggs, 100, 100, 3000, 15, 230
Saml. Pickens, 150, 100, 5000, 150, 525
Wm. B. Rymer, 35, 370, 720, 100, 535
Thos. Brown, 30, 70, 900, 75, 150
Richd. Gattrell, 20, 80, 500, 20, 153
George Hudkins, 12, 100, 200, 12, 147
Saml. Backwell (Barkwell), 60, 2840, 3000, 35, 220
Daniel Armstrong, 30, -, 300, 75, 520
James Benson, 55, 550, 1200, 40, 228
Abijah Cady, 40, 1210, 2500, 75, 225
Isaac Cecil, 15, 535, 800, 25, 95
James Putman, 100, 600, 2500, 50, 460
Thomas Finney, 25, 75, 600, 10, 295
Ephraim Cornell, 20, 30, 400, 60, 155
Geo. Hendershott, 20, 170, 1000, 25, 152
Wm. Hendershott, 25, 75, 500, 6, 30
John Dodd, 80, 40, 1400, 25, 152
Susan Miller, 30, 120, 1000, 30, 135
Thomas Hasman, 15, 299, 314, 8, 102
John Bills, 60, 388, 800, 20, 135
G. W. Bills, 50, 150, 1500, 20, 160
Stephen Outward, 70, 230, 1500, 20, 160
Wm. Newlan, 25, 75, 500, 100, 375
Thornton James, 16, 128, 500, 25, 300
Emanuel Andrew, 25, 75, 450, 15, 56
George W. Baily, 15, 85, 200, 6, 70
James H. Ewing, 18, 90, 500, 50, 100
Henry Ewing, 50, 275, 1500, 25, 75
Zena Jones, 60, 440, 1000, 20, 30
Thomas Bennett, 24, 276, 600, 70, 173
Jeremiah Singleton, 30, 80, 700, 12, 97
Elijah Whitlock, 16, 82, 500, 10, 60
J. M. Farnsworth, 30, 30, 500, 30, 50
G. W. Locker, 35, 68, 1000, 20, 100
Jacob Cock, 125, 225, 3500, 55, 540
McJoy King, 15, 105, 150, 85, 148
George Harris, 50, 310, 1400, 50, 278
Daniel Mann, 70, 90, 3000, 80, 158
Henry Lowers, 80, 120, 2000, 110, 228
Saml. Barrett, 45, 90, 2000, 150, 253
John Mann, 65, 135, 2000, 80, 250
Eli Mann, 12, 38, 200, 5, 87
Attwell Vaughn, 75, 275, 2450, 100, 260
John Harris, 30, 30, 500, 20, 233
Wm. Capen, 25, 75, 500, 100, 270
Harrison Morrison, 60, -, 300, 75, 230
B. F. Steward, 20, 16, 650, 60, -
Hugh Dils, 300, 250, 8250, 100, 471
George A. Creel, 53, 40, 930, 30, 157
Thomas Creel, 100, 113, 2130, 25, 285
Jeptha Kincheloe, 180, 70, 1600, 200, 463
John Phelps, 72, 20, 960, 120, 67
Charles P. Baily, 75, 518, 4000, 250, 348
Benj. Butcher, 40, 100, 4000, 30, 612
B. Butcher Jr., 25, -, 250, 150, 162
Joshua Riley, 25, 470, 1000, 75, 237
Andrew Pery, 12, 248, 781, 15, 151
Jackburn Wilson, 20, 30, 200, 8, 165
Abraham Crispen, 25, 75, 300, 20, 160
Saml. Bushong, 25, 75, 300, 10, 47
David Jones, 15, 193, 300, 15, 153

Elias Thornton, 25, 22, 292, 35, 200
Ezekiel Mounts, 50, 100, 1000, 75, 368
Wm. Thrash, 30, 110, 1120, 15, 25
Richd. Curry, 20, 268, 576, 20, 97
Edwd Maguire, 32, 300, 996, 100, 307
Morgan Jones, 50, 950, 2000, 50, 175
___. Standifield, 30, 70, 200, 50, 125
William Hall, 25, -, 125, 50, 76
Bushrod Hall, 8, 70, 400, 30, 85
William Devon, 25, 25, 200, 40, 320
Thomas Devon, 12, 9, 105, 20, 138
Guthrie Buckner, 200, 150, 3500, 150, 473
Henry Stud(Steel) Jr., 35, 165, 500, 20, 240
John Hanneman, 175, 225, 5000, 100, 535
Jesse P. Farrer, 85, 15, 1500, 300, 541
Jeptha Bibbee, 50, 33, 3000, 15, 195
John Bibbee, 75, 25, 2000, 50, 395
Geo. R. Tucker, 9, 91, 500, 9, 117
Richd. Howard, 18, 32, 200, 8, 121
James Robinson, 50, 70, 2400, 15, 94
Dexter Parmenter, 30, 70, 1700, 25, 126
Charles Bibbee, 45, 15, 600, 10, 235
Edward Stagg, 60, 40, 1500, 75, 325
Bushrod Buckner, 15, 85, 1500, 8, 80
Elias Hickman, 85, 145, 1300, 50, 207
Thompson Bird, 100, 300, 2000, 100, 310
Franklin Dulin, 200, 50, 1250, 80, 340
Nathan Hutchinson, 300, 200, 4000, 150, 1305
Thomas Butcher, 200, 400, 4000, 150, 271
Henderson Deems, 46, 60, 400, 10, 44
George Barnett, 125, 55, 720, 30, 425
Aquila Elliott, 50, 12, 1000, 12, 111
John Barnett, 300, 100, 2000, 100, 450
___. Hoy, 150, 50, 1600, 50, 140
John Dockins, 150, 220, 1500, 50, 347
Charles Price, 65, 85, 1000, 100, 247
Moses Tracewell, 40, 60, 1000, 30, 245
John Barnett Jr., 130, 70, 1200, 50, 358
Thomas Lawkins, 50, 289, 3000, 100, 334
Benj. Cooper, 70, 130, 1000, 30, 174
Ashby Montgomery, 75, 100, 1500, 75, 225
Gole__ McPherson, 75, 75, 1000, 25, 193
Richd. Marsh, 20, -, 100, 15, 150
Workman Kinchloe, 30, -, 120, 95, 155
Ralph Black, 25, 110, 600, 30, 176
Wm. Hickman, 40, 30, 2500, 10, 265
James Marshal, 12, 88, 300, 10, 80
John Langfelt, 75, 40, 1500, 100, 235
Jestor Kinchloe, 280, 300, 4680, 150, 550
Danl. Kinchloe, 400, 384, 7840, 400, 1250
Mathias Chapman, 60, 80, 3500, 125, 380
Elis McPherson, 50, 120, 1000, 30, 378
Caleb Barrett, 110, 50, 3500, 300, 330
Dorastus Hill, 300, 400, 6500, 200, 505
Isaac McPherson, 100, 154, 3000, 50, 215
Franklin Tavener, 50, 250, 3500, 40, 215
Wm. T. McClintic, 50, 90, 2000, 50, 200

John Coldwell, 160, 76, 5000, 300, 358
Wm. Willett, 225, 225, 6000, 300, 379
Littleton Hall, 40, 50, 1200, 50, 105
Jacob Deams, 70, 40, 2000, 100, 123
Poulson Ruble, 50, 68, 1000, 30, 180
Jacob Ropp (Ross), 60, 140, 1100, 75, 265
James Cooper, 100, 200, 1800, 75, 240
Zacharia Mann, 18, 132, 1000, 15, 110
Stephen Lee, 20, 180, 600, 50, 109
James Stephens, 60, 100, 1500, 10, 112
Jacob Coplinger, 25, 105, 400, 5, 30
Jonah Athey, 46, 46, 1000, 40, 165
Wm. Coplinger, 40, 40, 500, 50, 72
John Cooper, 75, 65, 1500, 75, 293
Jonathan Steele, 30, 220, 1000, 60, 171
George Page, 90, 400, 1500, 100, 226
Henry Cooper, 75, 45, 1500, 40, 220
Wm. Compton, 100, 500, 6000, 125, 355
Lewis Page, 50, 54, 1000, 100, 213
Henry Page, 30, 594, 800, 80, 200
Robert Page, 60, 140, 1600, 75, 462
Hiram Deems, 150, 80, 1000, 75, 368
Edwd. Piggott, 20, 52, 400, 25, 15
Peter Deams, 50, 150, 1000, 20, 180
Wm. Deams, 93, 1200, 1300, 25, 488
John Page, 60, 100, 1500, 150, 242
Henry Pool, 40, 129, 600, 15, 75
Abnor Wharton, 60, 30, 1000, 40, 234
Tandy Sprouse, 14, 84, 500, 50, 195
Amenadab Moore, 30, 27, 1140, 10, 192
George Bice, 15, -, 200, 10, 175
Basil Watson, 30, 20, 125, 10, 129
Thos. Hopkins, 17, 83, 400, 10, 40
Washington Bery, 40, 72, 1000, 10, 293
James Golden, 40, 20, 1000, 75, 196
Willis Foley, 30, 135, 600, 100, 346
Alexr. Deams, 20, 1115, 11200, 25, 366
John Stevens Jr., 35, 90, 1000, 75, 314
Richd. Anderson, 30, 470, 600, 150, 260
Lemuel Jenny, 30, 970, 2000, 75, 360
Wm. Baird, 30, 170, 1000, 75, 172
Abednego Florence, 25, 125, 225, 10, 60
John Macinter, 16, 304, 260, 10, 45
Adam Snider, 150, 150, 650, 10, 300
Elijah Snider, 10, 190, 400, 5, 105
John Sheets, 13, 287, 400, 15, 128
Ed. A. Welling, 40, 133, 800, 60, 100
John Milrose, 40, 410, 1000, 20, 185
Jacob Deans of P, 16, 100, 400, 10, 155
Alfred Reeder, 34, 490, 3000, 100, 265
John Stevens, 50, 1450, 750, 50, 150
Ozias Stevens, 50, -, 250, 75, 138
James Melrose, 80, 520, 5000, 100, 476
Mark A. Melrose, 30, 1170, 2500, 50, 195
George Stevens, 25, 125, 1000, 10, 164
James M. Leach, 60, 140, 1500, 15, 86
Geo. Johnston, 40, 75, 575, 15, 143
Wm. Melrose, 30, 70, 400, 60, 175
Sarah Stevens, 50, 50, 1300, 5, 191
James Melrose, 80, 80, 400, 14, 75
Jonathan Lams, 30, 70, 500, 5, 60
Nancy Loyd, 20, 80, 1000, 4, 10
Jacob Rubble, 40, 60, 1000, 15, 167
John Hill, 150, 250, 2800, 100, 372
Wm. Amend, 60, 20, 1600, 100, 277

Thos. Tavenner, 500, 560, 10750, 200, 919
Abram Samuels, 90, 170, 3000, 100, 200
Harden Neal, 125, 135, 7000, 100, 375
Joseph Cook of B, 15, 190, 500, 30, 125
Samuel Given (Gwin), 20, 80, 200, 25, 95
David Gwinn, 25, 175, 500, 35, 160
George Howard, 50, 20, 3500, 150, 320
James Howard, 70, 40, 3800, 75, 385
Jams T. Tice, 15, 85, 300, 50, 71
Moore Hait, 80, 270, 3000, 125, 186
Wm. Maddox, 200, 200, 5000, 125, 1062
Daniel Stone, 60, 40, 1500, 50, 270
Henry Paugh, 50, 50, 400, 75, 216
James Tredway, 50, 113, 1000, 60, 78
Jesse Allen, 163, 100, 2000, 100, 275
Elliot Deems, 80, 110, 1000, 100, 273
Abram Badgely, 30, 70, 500, 100, 226
Robert Doak, 50, 68, 1090, 15, 174
Scarlet Foley, 65, 200, 800, 100, 214
Masee Foley, 130, 70, 3000, 100, 675
Robt. L. Fleming, 50, 50, 750, 50, 200
Wyatt Lewis, 130, 70, 6000, 100, 205
John Purey (Pusey), 12, 48, 180, 10, 90
John Edelin, 90, 137, 1500, 75, 350
James Kirby, 6, -, 800, 60, 25
Wm. Oliver, 65, 15, 500, 20, 187
Allen Davis, 30, 270, 1000, 50, 156
J. M. Stephenson, 400, 200, 20000, 200, 818
Peyton Reeder, 20, 30, 400, 12, 80
William Sams, 13, 92, 500, 10, 56
Susan Mahue, 50, 50, 100, 75, 27
Thos. Herdman, 70, 43, 1200, 100, 108
Richd. Reeder, 130, 60, 2000, 60, 425
Sarah Sams, 17, 53, 240, 30, 77
James Sams, 30, 70, 1000, 25, 150
John Kincade, 10, 240, 500, 10, 86
David Dye, 25, 75, 500, 12, 45
Thos. H. Reeder, 30, 84, 900, 75, 205
William Black, 15, 85, 400, 10, 116
John Dye, 25, 75, 500, 5, 40
Joseph Gwinn, 25, 200, 400, 10, 202
John Henry, 16, 59, 200, 5, 12
James Marlow, 15, 135, 500, 40, 122
Philip Wigle Jr., 80, 360, 4000, 200, 236
Hiram Henry, 10, 50, 300, 8, 43
Hiram Henry Jr., 12, 68, 400, 11, 83
Alexr. Woodyard, 200, 580, 4000, 150, 632
Ephraim Woodyard, 30, 150, 25000, 70, 200
B. Beckwith Jr., 40, 60, 500, 25, 237
Adam Matheney, 40, 60, 500, 25, 237
Robert Sharp, 15, 75, 5, 500, 5, 100
Cyrus Woodyard, 40, 85, 800, 8, 66
Henry Bonifield, 18, 182, 400, 8, 80
Enathan L. Davis, 70, 520, 1800, 100, 337
John Posey, 40, 60, 400, 100, 210
James Armstrong, 40, 110, 1000, 5, 85
Enathan Robbins, 80, 255, 1675, 100, 200
Walker Mahue, 100, 30, 1000, 75, 240
Benj. Robinson, 110, 135, 2500, 70, 184
James Romine, 40, 160, 1500, 75, 160
Saml. Smitherman, 60, 90, 1000, 50, 293
Thomas Davis, 6, 94, 200, 3, 41

Jon. B. Beckwith, 170, 642, 6000, 175, 650
David Sam, 10, 74, 500, 30, 100
Romine Weiser, 33, 17, 400, 8, 124
Daniel Wigle, 90, 400, 3000, 100, 315
Thomas Lawles, 75, 125, 800, 100, 426
Isaiah M. Lever, 10, 90, 500, 5, 25
Bennet Barton, 25, 75, 600, 10, 50
John Lowers, 50, 158, 1000, 100, 250
Thos. R. Jackson, 100, 750, 5200, 100, 285
Drury Grogan, 40, 860, 1500, 40, 220
George Wigle, 90, 110, 2000, 100, 585
John Wigle, 100, 300, 2500, 100, 418
John Lott, 25, 175, 400, 25, 175
Wm. Smith, 30, 170, 600, 60, 130
Elizabeth Small, 15, 85, 200, 40, 137
Justice Hanes, 10, 262, 500, 10, 130
Orange Lemon, 25, 375, 400, 40, 136
Wm. Bucanon, 35, 265, 800, 30, 165
David Bowers, 8, 92, 400, 10, 95
James Low, 30, 370, 1000, 30, 320
John Wallen, 25, 370, 100, 30, 320
Abraham Lent, 25, 75, 1000, 20, 190
William Davis, 7, 143, 400, 10, 150
Henry Sheets, 10, 167, 250, 15, 64
Daniel Justice, 25, 285, 300, 15, 175
Martin Birch, 25, -, 125, 15, 114
James Braham, 14, 186, 600, 30, 77
Elizabeth Stolts (Stotts), 40, 110, 500, 5, 45
Solomon Buffington, 20, 880, 2000, 40, 160
Thomas Sewall, 6, 494, 700, 5, -
Aaron Freeland, 30, 170, 800, 10, 122
Solm. Braham Jr., 20, 180, 300, 20, 240
William Stotts, 12, 154, 400, 5, 100
James Braham, 20, 100, 600, 12, 175
Richd. Arnold, 10, 90, 600, 10, 55
Samuel Smith, 30, 50, 1000, 16, 185
James Brown, 30, 100, 540, 4, 95
John Bosso, 15, 42, 500, 20, 157
John Flinn, 130, 1200, 5000, 100, 672
Hiram Dewey, 10, 10, 100, 4, 20
Geo. W. Flinn, 50, 25, 800, 60, 175
Willard Dewey, 70, 90, 1500, 50, 290
William Mills, 66, 170, 1500, 40, 143
John Bosso, 80, 200, 2000, 10, 290
James Smith, 80, 288, 1800, 20, 220
Heyland Smith, 16, 40, 300, 5, 35
George White, 65, 350, 1500, 50, 225
David Lane, 60, 150, 2000, 80, 280
Saml. Williamson, 80, 30, 5000, 200, 245
James Matlock, 7, -, 280, 5, 16
S. Williamson Jr., 12, 55, 700, 12, 145
Saml. Anderson, 13, 87, 700, 20, 161
Mary Flinn, 40, 130, 1000, 10, 300
Edwd. Anderson, 50, 58, 3000, 30, 281
Horatio Crooks, 150, 50, 450, 100, 312
Henry Congo, 15, 35, 400, 90, 233
Anson Stone, 30, 73, 1000, 20, 140
B. Dumbarger, 20, 80, 700, 40, 122
W. C. Treuse, 20, 80, 450, 5, 63
Hugh Riall, 20, 180, 1200, 75, 243
Nancy Buckley, 7, 55, 250, 3, 12
Jacob Flinn, 100, 370, 2000, 80, 215
James Bibber, 30, 20, 400, 20, 63
John Sheets, 80, 120, 400, 20, 222
J. W. Mitchell, 6, 89, 1200, 100, 283
Edwd. Johnston, 62, 25, 4000, 70, 150
S. A. Beckwith, 80, 342, 4200, 100, 270
Edwd. Tracewell, 300, 250, 6000, 100, 855

Fredk. Keyser, 6, 124, 600, 5, 50
Abraham Sheets, 10, 90, 500, 20, 125
Washington Buckley, 16, 144, 800, 20, 150
Joseph Johnston, 12, 90, 500, 100, 93
John C. Harris, 20, 180, 700, 65, 118
Samuel Gilpen, 20, 380, 400, 10, 40
William Flinn, 25, 51, 500, 15, 276
John Fleak, 35, 75, 700, 50, 209
George Fortner, 25, 125, 500, 12, 156
Harrison Buckley, 35, 600, 2000, 100, 344
Philip Wigle, 40, 210, 2000, 100, 270
George Woomer, 20, 130, 600, 15, 177
Abram Blevens, 7, 493, 1600, 15, 55
Oliver Morgan, 50, 250, 1000, 30, 220
Isaac Bibber, 8, 72, 240, 10, 80
Wm. Lowers, 30, 70, 1000, 10, 177
John Lary, 20, 210, 500, 10, 40
John Kellard, 7, 36, 150, 5, 25
Smith Covert, 40, 70, 600, 10, 112
Mary Hupp, 15, 105, 600, 50, 186
Mounts Penybecker, 15, -, 1600, 100, 105
Garoway Howard, 170, 215, 16000, 200, 1178
John Kincheloe, 120, 100, 600, 150, 430
Caleb Wells, 100, 400, 4000, 150, 450
John P. Mabery, 367, 333, 12000, 200, 1950
John Dumbarger, 10, 84, 100, 55, 150
Samuel Dewey, 25, 25, 1000, 20, 165
John Harris, 40, 45, 1500, 100, 305
Wm. White, 20, 36, 700, 3, 61
Michael Sheets, 60, 115, 1500, 25, 130
George Dumbarger, 100, 80, 3000, 75, 285
Abram Pennybecker, 30, 70, 350, 20, 181
Hiram Pennybecker, 40, 110, 1000, 75, 140
Robert Selby, 12, 158, 224, 5, 65
Wm. Lowers Jr., 25, -, 100, 5, 38
Fredk. Marlow, 40, 260, 1000, 25, 111
Patrick Cavenaugh, 45, 355, 1500, 90, 224
Jefferson Grogan, 50, 156, 1000, 25, 115
Drury Grogan, 50, 500, 2500, 75, 180
George Birch, 18, 28, 100, 6, 90
Richd. Moore, 16, 184, 1000, 30, 95
Reuben Spencer, 100, 150, 5000, 100, 425
Henry Hall, 20, 230, 2500, 100, 131
Grafton Spencer, 14, 66, 480, 3, 15
Wm. Penybecker, 35, 65, 600, 60, 160
Wm. Wigle, 45, 88, 1000, 100, 416
Clayton Swindler, 40, 8, 1500, 50, 282
George Wigle, 20, -, 600, 75, 147
James Dugan, 10, -, 250, 100, 125
A. F. Meryman, 40, 135, 2000, 65, 120
Joseph Levitt, 25, 200, 2500, 50, 215
Quarter Hitchcock, 15, 150, 1320, 50, 96
Asa Pease, 25, 93, 600, 10, 64
Saml. Lightner, 5, 45, 500, 8, 124
Jededia Lathrop, 10, 90, 1000, 10, 88
Henry Tredway, 24, -, 840, 75, 110
B. F. Walker, 170, 195, 5000, 200, 610
F. M. Keen, 200, 47, 8000, 200, 860
John A. Baily, 200, 300, 8000, 250, 540
O. P. Lewis, 164, 60, 6000, 250, 905
O. L. Bradford, 20, 60, 5000, 100, 134

John H. Coffer, 85, 48, 1500, 100, 380
E. T. Mitchell, 75, 125, 500, 10, 280
John B. Gaston, 25, 150, 500, 10, 80
Lewis Neale, 140, 60, 8000, 150, 790
Jacob Dilley, 170, 140, 1000, 235, 477
Charles Reder, 350, 335, 9000, 120, 730
John H. Harwood, 100, 160, 3500, 225, 638
Bryant Johnson, 20, 40, 600, 10, 77
Wm. Killings, 10, 390, 1600, 30, 146
James Reed, 5, 75, 480, 40, 111
George Cummins, 30, 20, 450, 100, 173
Thomas Romine, 75, 132, 2500, 100, 270
Wm. Bridges, 60, 16, 700, 50, 232
Peter Romine, 85, 15, 1500, 15, 222
Spencer Smith, 15, 35, 600, 10, 52
James Smith, 25, 25, 1000, 75, 77
Joseph Lyons, 60, 70, 2000, 200, 282
Wm. L. Lewis, 125, 375, 4000, 100, 341
Alfred Neal, 53, -, 4600, 100, 165
Bennet Cook, 60, 82, 8000, 100, 363
B. H. Foley, 100, 100, 5000, 75, 404
Nancy Lee, 60, 120, 2500, 10, 122
Weeden H. Sharp, 100, 100, 8000, 300, 208
Saml. Romine, 75, 132, 2500, 100, 270
George Neale Jr., 170, 12, 6000, 40, 650
Robt. L. Campbell, 200, 400, 1500, 12, 450

Wyoming County, West Virginia
1850 Agricultural Census

The University of North Carolina at Chapel Hill filmed the 1850 agricultural census for Wyoming County from originals in the West Virginia Department of Archives under a grant from the National Science Foundation in 1963. This county along with several others have been separated from Virginia records as West Virginia was created in 1863 when it seceded from the state of Virginia

Columns 1, 2, 3, 4, 5, and 13 represent the following information on the census:
1. Name of Owner, Agent or Manager of Farm
2. Acres of Improved Land
3. Acres of Unimproved Land
4. Cash Value of the Farm
5. Value of Farming Implements and Machinery
13. Value of Livestock

Jacob Cooke, 50, 75, 1000, 50, 800
John Cooke Jr., 70, 100, 1500, 50, 2000
Mitchel Cooke, 20, 316, 300, 15, 80
Thomas Cooke Jr., 100, 100, 1500, 50, 500
Thomas Bailey, 30, 100, 1200, 25, 400
James Cooke Esquire, 50, 700, 450, 75, 500
William Cooke, 100, 150, 1500, 50, 200
Elliot Cooke, -, -, -, -, 200
Henry Fink, 17, -, 150, -, -
Paris Cooke, 9, 44, 25, 5, 75
Henry Clay, 4, -, 40, 2, 58
Molison Ellison, 20, -, 180, 10, 250
Isaac D. Brooks, 18, -, 180, 5, 100
Ruben R. Roach, 20, -, 200, 20, 200
William Roach, 30, 63, 400, 50, 350
William Stewart, 50, 100, 1000, 15, 200
Andrew Junnoc, 20, 50, 500, 20, 200
John Canterbury, 35, 33, 500, 5,75
David Toler, 15, -, 150, 3, 180
James Mandeville, 30, 2000, 2000, 100, 200
David Canterbury, 7, 93, 200, 5, 200
Joseph Farly, 15, -, 150, 5, 20
William Elswick, 20, 500, 200, 10, 80
William Cooke, 25, 35 400, 10, 150
Elizabeth Allen, 15, 50, 250, 10, 150
James Cooke Sr., 40, 50, 1200, 10, 300
Ruben Blankenship, 6, -, 35, -, -
Nancy Allen, 50, 100, 1000, 5, 300
Jane Allen, 20, 80, 300, 5, 125
Amos Shumate, 20, 80, 700, 5, 200
Allen Morris, 12, 100, 500, 5, 60
Abraham Smith, 12, -, 100, 5, 60
Britter Allen, 30, -, 600, 10, 200
Josiah Cooke, 18, -, 500, 5, 140
James Cooke Jr., 20, -, 200, 5, 150
Jacob Walker, 15, -, 50, 5, 250
Robinson Cooke, 15, -, 100, 6, 100
Isaac Bailey, 25, -, 250, 10, 123
John Cooke Esquire, 40, 100, 5000, 150, 500
Isaac Cooke, 25, 100, 1200, 10, 300
Levi Bailey, 8, -, 50, 5, 43
Loudon Bailey, 14, -, 140, 5, 80
Banister Meader, 13, 177, 500, 10, 100
William Cooke Jr., 70, 600, 2000, 100, 1000
Lewis McDanold (McDonald), -, -, -, -, 120

George P. Stewart, 46, 25, 800, 50, 150
William Toler, 15, 40, 300, 5, 150
Charles Toler, 12, -, 150, 5, 125
Thomas Toler, 15, 132, 848, 5, 350
Elisha Toler, 10, -, 150, -, 100
James H. Shannon, 50, 200, 325, 150, 270
Joshua Harvy, 32, 15, 300, 25, 169
John Harvy, 30, 90, 480, 5, 300
William Harvy, 20, 55, 575, 15, 125
William Toler, 25, 125, 529, 3, 400
Jane Harvey, 14, 15, 150, 10, 160
Cabron Blankenship, 18, 64, 175, 7, 110
Henry Harvy, 19, 81, 250, 5, 74
James Harvy, 25, -, -, -, 55
Levi Goare, 35, 25, 200, 8, 191
Henderson Bailey, -, -, -, 5, 128
Addison Milum, -, -, -, -, 17
John Toler, 12, 21, 200, 6, 111
Squire Toler, 20, 25, 200, 40, 130
James Hatfield, 15, 79, 350, 5, 113
Joseph Walls, 25, 25, 200, 5, 275
Bluford Johnson, 12, 21, 100, 3, 100
David Morgan, 100, 42, 1200, 10, 354
Anthony Morgan, 25, 50, 525, 5, 216
Jesse Blankenship, 11, -, 100, 10, 115
Henry Blankenship, 5, 15, 100, 5, 50
George Johnson, 40, 374, 3250, 20, 337
Mary Willis, 11, -, 100, 5, 44
Edward Massie, 5, 40, 100, 5, 40
Hiram Lambert, 20, -, 100, -, 181
William Roach, 19, -, 200, 12, 114
David Cooke, 75, 200, 2000, 100, 2000
Richard M. Cooke, 5, 64, 150, 5, 40
Duddley McMelor, 15, -, 100, 10, 100
Abel W. Duncan, 12, 63, 150, 10, 30
Jonathan Blankenship, 14, 38, 92, 5, 120
Allen Marshal, 12, 38, 100, 5, 100
James Bailey, 70, 200, 1500, 250, -
John Blankenship, 9, -, 100, 5, 40
Lain Shannon, 75, 145, 1000, 75, 480
Henry Blankenship, 30, -, 300, 10, 154
Ausher McKinny, 40, -, 160, 5, 75
William Shield, 2, 23, 50, 5, 242
James St. Clair, 5, -, 25, -, 45
Pleasant Lester, 8, -, 315, 10, 235
Joseph Lester, 60, 95, 573, 100, 467
Eli Lusk, 50, 90, 880, 50, 622
William Rife, 20, 80, 500, 5, 78
Lewis Rife, -, -, -, -, 100
Isaac Roberts, 30, -, 300, 10, 100
Marshal Roberts, 15, -, 150, 6, 349
Bird Lockhart, 20, 130, 200, 5, 125
James Cline, 5, 45, 200, 5,125
George White, 10, 2, 100, 5, 60
Michiel Cline, 2, -, 20, 5, 55
Michiel Cline Jr., 15, 78, 150, 10, 450
John Cline, 20, -, 300, 10, 30
Maston Lester, 8, -, 100, 5, 160
Jesse Roberts, 12, -, 100, 100, 90
Joseph Roberts, 8, 67, 300, 5, 125
Harvey Stacey, 10, 15, 300, 5, 225
Henry Ellis, 60, 290, 1600, 20, 647
Gorden Lusk, 20, 105, 250, 5, 200
Polley Godfrey, 17, 117, 500, 10, 336
Thomas Godfrey, 25, 75, 500, 10, 331
Rece T. Lusk, 20, 130, 325, 6, 415
Hiram Robbinett, 10, 40, 150, 5, 96
George Morgan, 20, 55, 345, 10, 328
Melton Morgan, 60, 20, 560, 70, 600
Matison Farly, 8, 19, 81, 4, 75
Jonathan Morgan, 50, 24, 296, 15, 337
Larkin Bishop, 12, 37, 260, 5, 350
John Sizemore, 20, -, 250, 10, 100
Edward Sizemore, 15, 85, 500, 10, 40
Arthor Buchannon, 15, 35, 500, 15, 450

Tobias Sizemore, 5, 142, 150, -, 15
Simeon Green, 6, -, 30, 3, 26
Joshua Green, 8, 192, 500, 10, 300
John Mitchel, 16, 204, 225, -, 194
Nathaniel Young, 25, 52, 300, 10, 245
Joseph Prewet, -, -, -, -, 20
Joseph Mitchel, 7, -, 25, -, 80
Daniel Perdew, 8, 230, 238, 5, 110
John Lowery, -, -, -, -, 23
George B. Sizemore, 40, 40, 450, 125, 100
Solomon Cooke, 10, -, 50, 5, 25
Nathaniel Perdew, 8, -, 40, 2, 40
Abejath Baldwin, 20, -, 100, 10, 85
Sanders Mullins, 15, 20, 300, 5, 150
Matthew Ranah, 12, 63, 300, 3, 75
Wyatt Straton, 20, 35, 220, 20, 450
William Evans, 20, 60, 400, 15, 225
Rheuben B. Baily, 20, 48, 100, 5, 76
Thomas Denford, 9, 37, 165, 10, 138
Marshal Mullins, 7, -, 100, 20, 170
Silvester Cooke, 10, 65, 223, 5, 125
Elias McKinney, 6, 40, 200, 3, 20
William K. Mullins, 10, 15, 150, 5, 50
John S. Mullins, 40, 50, 1200, 5, 455
Ephraim Meadows, 50, 50, 1000, 5, 100
John Meadows, 14, 36, 300, -, -
Matison Workman, 10, 40, 200, 5, 40
Wiley Phillips, 20, 85, 325, 5, 225
Abraham Young, 8, -, 50, 5, 60
William Birchfield, 5, -, 35, 12, 65
Abraham Perry, 4, -, 35, 12, 65
Joseph Workman, -, -, -, -, 60
Franklin Sizemore, 28, 80, 200, 5, 15
George Sizemore, 20, 180, 300, 20, 70
Owen Sizemore, 5, 95, 100, 5, 25
Edward Sizemore, 5, 95, 100, 5, 18
Garret Lambert, 30, 147, 300, 5, 60
William Tolten, 12, -, 50, 5, 81
Masten Bailey, 30, 172, 500, 40, 150

William Bailey, 45, 115, 350, 15, 150
James M. Bailey, -, -, -, -, 100
John Stafford, 25, 96, 283, 15, 168
Anderson Adkins, 10, 65, 150, 4, 125
Underwood Walker, 4, 16, 75, -, 55
John Rinehart, 15, 117, 250, 60, 151
John Clendenon, 25, 75, 250, 5, 176
John Jones, 4, 30, 30, 15, 34
Green Goare, 30, 125, 390, 10, 130
Joseph McKinney, Jr., 4, -, 40, 5, 60
John Howerton Esq., 12, 201, 639, 150, 175
Joseph McKinny, Sr., 50, 310, 720, 10, 250
Samuel McKinny, 10, -, 100, 5, 142
Luke Graham, 15, 85, 250, 5, 150
Jacob Akers, 5, -, 40, 5, 75
Pawaton McKinny, 12, -, 100, 5, 200
William Mills, 20, 60, 200, 10, 240
Henry Clark, 16, 307, 800, 5, 150
Jeramiah Salesbury, 65, 725, 1600, 16, 461
Robert Mills, 20, 180, 600, 100, 410
Josiah Cooper, 5, 138, 400, 5, 71
Christy A. Walker, 28, 328, 1500, 120, 260
Christian Walker, 20, 126, 800, 5, 120
James Westey, 40, 333, 2000, 10, 300
William C. Jestice, 15, 185, 200, 10, 103
Aclis Fanning, 17, 49, 200, 5, 250
Garlan Fanning, -, -, -, -, 81
Jonas Bragg, 25, 152, 600, 10, 124
William A. Fink, 25, 200, 550, 30, 400
Michiel Hail, -, 100, 100, 3, 79
William Cole, 8, 92, 200, 5, 100
Thomas Cole, -, -, -, -, 45
John Farly, -, -, -, -, 50
Thomas Cadle, 16, 109, 500, 100, 150
Joseph Goare, 25, 225, 500, 10, 300

Josiah Meader, 15, 285, 300, 2, 15
William Meader, 5, -, 50, 5, 75
William Bragg, 8, -, 75, 3, 68
John Cooper, 10, -, 150, 15, 130
James Cadle, 10, -, 100, 15, 196
William Moye, 5, -, 50, 5, 100
Christian Cline, 20, -, 300, 5, 160
Jorden McKinney Esq., 18, 132, 300, 60, 414
Solomon Ausbran, 10, 40, 100, 5,80
William Mullins, 25, 300, 2000, 10, 550
Jackson Salesbury, 5, -, 50, 5, 75
Isaac Curnell, 7, -, 50, 30, 83
George Webb, 20, -, 200, 8, 135
Shenton Workman, 15, -, 80, 6, 65
Alden Williamson, 5, -, 30, 18, 150
James Smith, 7, -, 50, 2, 65
William Griffits, 9, -, 70, 2, 20

John D. Cook, 50, 190, 2060, 150, 281
Joseph McDonald, 350, 1826, 10000, 200, 2986
William McDonald, 450, 1276, 8696, 250, 3582
Leroy B. Chambers, -, -, -, -, 290
Thomas M. Cooke, 12, 30, 150, 15, 75
William A. Cooke, 60, 200, 1760, 60, 1000
Stephen McDonald, 450, 389, 5580, 250, 3840
Chares Stewart, 50, 76, 852, 30, 711
James Shannon Esq., 200, 562, 1666, 150, 1631
John L. Cooke, 15, 130, 400, 10, 135
Joel Rose, 4, -, 20, 5, 23
Edward Webb, 2, -, -, 3, -

Index

Abbot, 32, 155, 174
Abercrombie, 23, 56
Abernathy, 85
Abshear, 45
Abston, 35
Acord, 156
Acres, 200
Adair, 70-71
Adams, 38, 144, 161, 169
Addison, 55
Adkins, 94, 155-156, 193-295, 197-200, 229
Adkison, 119-121, 155
Agee, 43
Ahais, 47
Ahy, 217
Ailstock, 35
Akers, 229
Alban, 67
Albright, 127, 131, 133, 140
Alderman, 119
Alderson, 71
Alderton, 87-88
Alen, 67, 205
Alexander, 17, 24, 34, 60, 78, 82, 146, 151
Alford, 69, 77-78, 135
Allebaugh, 85
Allen, 18, 21, 26-27, 30, 32, 70, 72-74, 78, 87-88, 122, 146, 152, 179, 188, 191, 201, 223, 227
Allenbee, 204
Alley, 202, 204, 207
Alliman, 86
Allison, 7, 104
Alman, 20, 25
Alt, 109
Alton, 8, 219
Ambler, 127
Ambrouse, 83-86, 88-89
Amend, 222
Ames, 146, 148
Amise, 23
Amiss, 118

Ammel, 98
Ammons, 8, 62-63
Amos, 7-9, 11, 148, 208
Amoss, 35, 40
Amrick, 91
Amsbery, 42
Anderson, 6, 18, 24, 27-28, 30, 38, 44, 60, 63, 88, 95, 107, 156, 159, 185, 202-204, 206-207, 217, 222, 224
Andrew, 220
Anguish, 30
Ankrom, 186-188, 191
Anville, 161
Arbaugh, 110, 119
Arbogast, 111, 113-114, 122-123, 125, 159
Archer, 189
Archie, 79
Argabright, 69, 71
Armenstrout, 109
Armentrout, 112
Armonstrout, 47
Armontrout, 75, 94
Armsey, 5
Armstrong, 23, 120, 133, 140, 220, 223
Arnett, 7, 10, 16, 59, 63-64, 67, 69
Arnold, 19, 22-23, 28, 75, 163, 224
Artez, 129
Arthur, 75, 147, 181
Artrep, 200
Artrip, 200
Asberry, 193
Asbury, 149, 182
Ash, 87-88, 189
Ashburn, 130
Ashby, 130
Ashcraft, 7, 14
Ashcroft, 174
Ashenhorst, 101
Ashlea, 207
Ashley, 93
Ashly, 131

Ashour, 204
Ashworth, 47
Athey, 10, 216-217, 222
Athy, 216
Atkinson, 86, 102, 104, 147
Auldridge, 119-121, 123, 125
Aulls, 71
Ausbran, 230
Austin, 53-54, 177, 183
Awmin, 137
Ayres, 71, 109-110, 168-169
Baber, 69, 76
Bachard, 180
Backhannon, 208
Backhouse, 92-93
Backwell, 220
Bade, 101
Badlely, 223
Bagley, 41
Baham, 46
Bailes, 90, 93, 96, 135, 203
Bailey, 45, 47-50, 85, 149-150, 154-155, 174-176, 180-181, 190, 198, 227-229
Baily, 156, 180, 218, 220, 225, 229
Bainbridge, 4, 6-7
Baird, 24, 55, 99, 222
Baisden, 200
Baison, 23
Baker, 2, 8, 12-14, 16, 20, 29, 32, 39, 45, 56-58, 67, 70, 76, 84, 87, 129, 170, 185-187, 208, 212-214, 219
Bakewell, 31
Bakey, 217
Balden, 127
Baldwin, 56, 229
Balentine, 79
Balis, 214
Ball, 39, 41, 98, 102, 127-128, 132, 194, 210
Ballah, 8
Ballard, 46, 67-69, 73
Ballenger, 70
Ballinger, 71, 196
Balow, 135
Balsmin, 27

Baly, 132, 139
Bammel, 219
Bane, 21, 25-26, 46, 48
Banes, 1
Banjay, 107
Banner, 158
Banning, 28, 30
Bannull, 57
Barb, 54, 61, 64, 137
Barbour, 147, 194, 198, 206
Barcus, 25
Bard, 67
Bare, 67
Barens, 25
Barger, 35
Barker, 43-44, 46, 60, 63, 85-87, 166, 171, 175, 186, 189-190, 203
Barkhimer, 190
Barkly, 110
Barkwell, 220
Barley, 79
Barlow, 120
Barmore, 219
Barnes, 1-2, 5, 16, 32, 210, 214, 221
Barnett, 32-33, 41, 60, 112, 122, 150
Barney, 86, 89
Barnhouse, 10
Barns, 173
Barrack, 127
Barrett, 220-221
Barrickman, 61-62
Bartlett, 28, 173-175, 179-180
Barton, 72, 224
Bartrum, 198
Basham, 45, 157
Basker, 85-86
Baskins, 86
Basnett, 8, 60
Bassett, 202
Bassham, 73
Bateman, 40
Baton, 175
Batrum, 200
Batson, 11, 182
Batton, 12
Baughman, 96

Baxley, 85-86
Baxter, 120, 204
Bayly, 198
Bayuers, 189
Beagle, 100, 181
Beal, 98, 121
Beale, 39-40, 150
Beall, 55
Beals, 56
Beamer, 77-78, 80-81
Bear, 108
Beard, 42, 71, 101, 118, 126
Bearden, 177
Bears, 57
Beason, 216
Beattie, 13
Beaty, 57, 130, 139, 141, 187, 213
Beauchamp, 215
Beavers, 131, 154
Bechtell, 36
Beck, 101
Becket, 74
Beckett, 18, 79, 152
Beckley, 157
Beckly, 157
Beckner, 69
Becktall, 88
Becktoll, 88
Beckut, 78
Beckwith, 223-224
Bee, 169
Beene, 75
Beerbauer, 142
Beeson, 189, 216
Beggs, 69
Beirne, 80, 82
Belcher, 44-45, 47, 49-50
Bell, 17, 28, 49, 52-54, 57, 62-64, 91-92, 99-100, 102, 131-132, 159, 167-168
Bellaney, 195
Belomy, 196-197
Belsher, 194
Belville, 98
Bendle, 216
Bennet, 45, 113, 129, 156

Bennett, 95-96, 111, 114, 162, 181, 184, 220-221
Benson, 137, 145, 220
Berburm, 194
Berkshore, 60
Berldy, 143
Berrch, 146
Berriage, 36
Berry, 26, 62
Bertrug, 206
Bery, 222
Best, 27
Betelion, 102
Bett, 213
Beverage, 121-122
Beveridge, 135
Beverlee, 185
Bevur, 176
Bewell, 210, 213
Bias, 151
Bibbee, 221
Bibber, 224-225
Bible, 110, 112
Bice, 222
Biddle, 29
Bigerstaff, 87
Biggs, 24, 145
Billingsley, 8-10, 13, 15, 189
Billips, 196
Billiter, 19
Bills, 190, 220
Billups, 149, 151-152
Binegar, 180
Birch, 224-225
Birchfield, 229
Bird, 93, 98, 123, 146, 221
Birk, 208
Birtcher, 61
Bishoff, 135, 140
Bishop, 86, 127, 131, 142, 228
Black, 41, 192, 221, 223
Blackman, 163
Blackshire, 11
Blackwell, 146
Blackwood, 132
Bladen, 40

Blair, 27
Blake, 18-19, 23-24, 26, 146-147, 151, 155
Blakemore, 28, 31
Blakeney, 150
Bland, 80, 111-113, 202, 204-205, 207
Blane, 42
Blaney, 57, 98-99, 101, 128
Blankenship, 150, 197, 227-228
Blankinship, 48, 50
Blany, 131
Blare, 118
Blemple, 136
Blessing, 35
Blevens, 225
Blizzard, 96, 110
Bloss, 194-197
Blud, 176
Blue, 175, 182, 206
Board, 211
Boardman, 147
Bobbet, 71
Bobbitt, 97
Bock, 13, 15
Bodell, 50
Bodily, 59
Bogan, 82
Bogard, 190
Boger, 138, 140, 143
Boges, 143
Boggess, 8, 10, 34
Boggs, 101, 111-112, 117, 123, 212
Bohannen, 17
Bohannon, 85
Bohrer, 85-86, 89
Boice, 1, 21, 174, 177
Boley, 77
Bolton, 108
Boltz, 188
Bolyard, 129, 131, 138-139
Bonar, 17-19, 26, 28, 188
Bond, 185, 187
Boner, 3-4, 7, 103
Bonifield, 223
Bonner, 162

Bonor, 109
Booker, 185, 212
Boon, 82, 103
Boor, 7-9, 14
Booth, 174, 195, 197, 202
Boothe, 197
Booton, 194, 196-197
Boran, 151
Bord, 9
Bosly, 180
Bosso, 224
Bostic, 68
Bostick, 78-80
Botkin, 115-116
Botlon, 190
Bourne, 98
Bouse, 113
Bowen, 27, 194, 197
Bower, 2, 78, 131
Bowermaster, 143
Bowers, 26, 57, 61, 109-110, 115, 119, 133, 136
Bowes, 224
Bowinfield, 162
Bowlby, 56, 59
Bowling, 47, 49-50, 148
Bowls, 88
Bowlse, 167
Bowman, 13, 15, 145, 161
Bowyer, 69, 76, 150
Boyce, 6, 177
Boyd, 55, 78-80
Boydston, 11
Boyers, 6, 60
Boyles, 4, 55, 83, 139, 143
Boyls, 63
Brackaner, 206
Braden, 169
Bradey, 121
Bradford, 75, 219, 225
Bradley, 177
Bradly, 157, 164
Bradshaw, 143, 158
Brady, 103
Braffee, 123
Brafford, 136

Bragg, 50, 156, 229-230
Braggs, 155
Braham, 138-139, 224
Brain, 4, 134
Brake, 14
Brammer, 46
Branan, 188
Branaugh, 146
Brand, 1, 58-60
Brandon, 141
Bratton, 49
Brayles, 45
Brettyman, 99
Brewer, 60-61, 146
Brians, 43
Briant, 77
Brice, 6
Bridges, 121-122, 125, 226
Bright, 57, 60, 95, 106, 133, 141-142, 162
Brigs, 205
Brindley, 123
Brisco, 150
Briscoe, 152
Brisen, 156
Britt, 57, 134
Britton, 130, 175
Broadwater, 171
Brock, 63, 95, 121
Brooke, 144, 160
Brookover, 216
Brooks, 40, 129, 178, 227
Broomer, 98
Brouse, 190
Brown, 2, 10, 21, 25-26, 29, 33, 35, 38, 43-44, 53, 60-61, 63, 69, 74, 77, 79, 91, 93, 95-96, 103, 105, 121, 124, 127, 131-132, 134, 139, 149, 151, 157, 173, 176, 187, 195, 198, 205, 211, 216, 220, 224
Browning, 46
Broyles, 69, 73-74
Bruce, 48, 81, 87
Bruffy, 75, 124
Bruice, 34
Brumfield, 194-195

Brumly, 199
Brummage, 5, 12-13
Bruner, 104
Bryan, 33-34, 40
Bryant, 94-95, 192, 217
Bryne, 127
Bucanon, 224
Buchanan, 99-100, 158, 191
Buchannan, 23
Buchannon, 22-23, 228
Buck, 85, 88, 189, 191
Buckaloo, 135, 140-141
Buckbee, 112
Buckhannon, 208
Buckhanon, 205
Buckhead, 191
Buckland, 68, 70, 72
Bucklew, 141
Buckley, 121, 224-225
Buckly, 163, 215
Buckman, 135
Buckner, 69, 221
Buffington, 213, 215, 224
Bukey, 103
Bull, 124
Bullman, 187
Bumbee, 181
Bumgarner, 36, 38
Bungarner, 210
Bunker, 38
Bunnell, 57
Bunner, 55
Burch, 29, 41, 147
Burchet, 200
Burchett, 182
Burdet, 71
Burdett, 49, 179, 211
Burditt, 78-79
Burgar, 72
Burge, 20
Burges, 30
Burgess, 46, 49, 57-58, 120, 154
Burgiss, 35
Burgoyne, 8, 110
Burk, 138, 142, 197
Burke, 69, 71

Burkes, 1
Burkham, 103
Burkman, 135
Burley, 21, 27, 31
Burly, 25
Burner, 123
Burnes, 24, 104, 138
Burns, 9, 174
Burnside, 124
Burnsides, 152
Burr, 125, 212
Burton, 29, 151
Busher, 191, 200
Bushong, 220
Buskirk, 196
Butcher, 96, 163, 169-170, 206, 220-221
Butler, 29, 125
Butoney, 86
Butt, 83, 88
Buzzard, 84, 121, 124-125, 150
Byard, 207
Byba, 34
Byrne, 139
Byrnsale, 79
Byrnside, 43
C_rihfield, 59
Cackley, 118, 126
Cackly, 126
Caddy, 220
Cadle, 45, 229-230
Cain, 86, 167, 169, 211, 215
Calaway, 48, 69, 72, 74
Calawell, 19
Caldwell, 46, 104
Cale, 133, 143
Cales, 154
Calfee, 45, 47-48, 50
Calhoon, 114, 133, 170
Call, 68, 150
Callaghan, 95
Callaway, 43
Callehan, 219
Callison, 92, 118, 126
Callow, 214
Caln, 179
Calowell, 18, 23
Calvert, 208
Calwell, 34
Cam, 170
Camblin, 60
Camden, 163
Camel, 40
Camell, 196
Camp, 58, 66, 169, 204
Campbell, 11-12, 19, 22-23, 29, 44, 66-68, 76-79, 92-93, 104, 126, 171, 216, 226
Campher, 106
Campton, 83
Cane, 21, 25-26, 30
Canfield, 160, 162
Cann, 87
Cantabery, 158
Canterberry, 67, 70
Canterbery, 66
Canterbury, 157, 227
Cantly, 157
Capehart, 35, 38
Capen, 220
Caperton, 43-44, 47, 74, 80, 82, 190
Caplinger, 164
Carcle, 24
Carden, 70
Carder, 70, 175-176, 179, 181
Carmac, 72
Carmer, 136
Carmichael, 25, 28, 30
Carn, 170
Carnell, 195
Carner, 44
Carney, 203, 207, 211
Carol, 176, 202, 205
Carothers, 3
Carpenter, 1-3, 75, 123-124, 126, 152, 172
Carper, 155, 165
Carr, 24, 28, 45-46, 48, 50, 88, 112, 146, 162, 170, 182
Carran, 95
Carrico, 131
Carroll, 23, 25, 101, 130-131, 143

Carson, 76, 100
Carter, 4, 52, 78, 102, 149, 198
Cartmell, 150
Cartmill, 195
Cartright, 33
Cartwright, 53
Caruthers, 148
Carver, 20
Case, 128, 131, 186
Casebolt, 119, 122
Casel, 41
Casey, 41, 148
Cash, 147, 149
Cashney, 210
Caslton, 176
Cass, 28
Cassaday, 132
Casseday, 134
Cassel, 111
Cassida, 49
Castle, 122
Casuss, 29
Cather, 174, 180-181
Catlett, 83, 85, 87
Caton, 87, 143
Caully, 57, 157
Cavalt, 206
Cavenaugh, 225
Cavenish, 91
Caviter, 203
Cawley, 43
Cawthers, 23
Cayton, 37
Caytor, 37
Cazadd, 130
Cazey, 200
Cecil, 19, 22, 29, 166, 220
Celebery, 202
Cerny, 179
Ceshney, 210
Cestney, 214
Chadwick, 196
Chafin, 200
Chamberlain, 36, 38
Chamberlin, 36

Chambers, 21, 23-25, 28, 73, 77, 207, 230
Chambord, 100
Chandler, 218
Chaney, 211
Chanler, 208
Channel, 159
Chapline, 103-104
Chapman, 41, 91, 93, 96-97, 147, 149-152, 208, 221
Charlton, 79, 81
Charnet, 165
Charsock, 23
Charsuck, 23
Charys, 109
Chenoweth, 163-164, 211
Chesney, 61
Chewming, 74
Chewning, 73
Chidester, 140-141
Childers, 150, 197
Chiles, 139-140
Chine, 206
Chipps, 60
Chips, 53
Chrisman, 82
Christe, 39
Christian, 44, 192
Christin, 196
Christopher, 141
Christy, 82
Church, 204, 206
Clagg, 39
Clare, 54
Clark, 29, 35, 43, 54, 56, 59, 68, 77, 80, 86, 102, 105, 118, 169, 205, 208, 212, 219, 229
Clarke, 6, 134
Clauston, 19, 27
Clay, 155-157, 198, 227
Clayton, 7-9, 14-16, 108, 170, 186
Cleavenger, 168
Cleek, 119
Clegg, 25
Cleland, 178
Clelland, 4, 10, 52

Clem, 160
Clemens, 94
Clendenan, 36
Clendenen, 36, 148
Clendenin, 48
Clendennen, 124, 126
Clendenning, 26
Clendenon, 229
Cline, 170, 212, 228, 230
Clinn, 139
Cloughan, 136
Clover, 84
Clovis, 171
Clunan, 121
Clutter, 123, 167
Coalter, 74
Coats, 146
Coberly, 162
Coburn, 49, 56, 127, 144
Cochran, 15, 93, 119-120, 123, 126, 171, 190, 204
Cock, 46, 93, 220
Cockoyew, 31
Cockran, 15
Cockrun, 1
Coe, 19, 21, 27, 189, 212-214
Coffer, 226
Coffield, 20, 25
Coffman, 26, 39, 42, 175, 179
Cofield, 23
Cogan, 158
Coger, 90
Cogs, 207
Cohen, 144
Cohlund, 84
Cokeley, 166-168, 172
Colbert, 186
Coldwell, 222
Cole, 10, 60-61, 174, 216, 229
Coleman, 49
Coles, 154
Colins, 26
Collet, 216, 219
Collett, 163, 216
Collier, 139
Collings, 157
Collins, 11, 16, 45, 64, 122, 130, 141, 169-171, 212
Collison, 126
Colm, 205
Colter, 118
Colton, 72
Colus, 41
Colwell, 40
Combes, 69
Combs, 58, 156, 174
Comer, 47
Compton, 217, 222
Conant, 104
Conaway, 8-10, 12, 137, 184, 187
Congo, 224
Conly, 128, 130-131, 143
Conn, 14, 56-57, 178
Connaway, 24
Connell, 166
Connelly, 20, 30, 104
Conner, 21, 23, 26, 75, 132, 137, 151-152, 188
Conners, 87
Conrad, 124
Conrod, 107, 109, 113, 159, 212
Constable, 2
Conway, 55, 63, 139
Coogle, 16
Cook, 43-44, 50, 67, 91, 98, 131, 155-156, 216, 218, 223, 226, 230
Cooke, 227-230
Cool, 128, 138
Cooli, 207
Coon, 15, 157, 208, 213
Coonce, 79
Cooper, 5, 17, 33, 38, 42-43, 45-46, 55, 83-84, 122, 155, 162, 221-222, 229-230
Copay, 200
Copeland, 68, 72-73
Copenhaver, 95-96, 171, 203
Copland, 176, 179, 182
Copler, 86
Copley, 199-200
Coplinger, 163, 22
Coply, 199

Corbet, 213
Corbett, 190, 192, 218
Corbin, 171, 175, 178, 182-183
Corbit, 212
Corbitt, 191
Corbly, 186
Corburn, 55, 144
Cordry, 50, 64
Core, 63, 128, 169, 183, 188
Corley, 135
Cormes, 204
Cornel, 188
Cornell, 6, 166, 188, 216-217, 220
Cornwell, 56, 88
Corothers, 57
Corrick, 162
Cosbly, 186
Cose, 183
Cosler, 87
Cosnell, 166
Cosser, 213
Costello, 132
Costelo, 55, 57
Costney, 214
Cottle, 67, 95, 97
Cotton, 64, 72
Couch, 40-41
Cougar, 158
Council, 217
Courtney, 1, 60, 86-88, 121, 205, 208
Courtwright, 57
Covalt, 21, 191
Covanett, 28
Covault, 192
Cove, 61-63
Cover, 145
Covert, 225
Covey, 17
Cowan, 28
Cowell, 217
Cowgar, 158-159
Cowger, 107
Cowley, 74
Cox, 25-27, 44, 46, 58, 61, 69, 96, 101, 103, 109-110, 128, 131, 147-148, 150, 156, 169, 189, 193, 199, 205, 209
Coxland, 178
Coyle, 219
Cozad, 214
Crabtree, 196, 200
Craft, 102
Craig, 34, 42, 96, 99, 126, 146-148, 188
Craige, 30
Cramer, 9, 133
Crane, 42, 85, 132, 137, 140
Crawford, 17, 48, 72, 104, 142-143, 165, 214
Crawley, 184
Creamer, 148
Creel, 220
Creighton, 99
Cresaps, 127
Cress, 129
Crihsee, 173
Crimm, 14
Cripp, 133
Crisass, 29
Crispen, 220
Criss, 6, 13, 101, 140-141
Criswell, 21, 28-29, 98
Crites, 131
Crizwell, 19
Croc, 203
Croce, 89
Crockett, 197
Croe, 203
Crolley, 169
Crommet, 116
Crommett, 116
Crookham, 34
Crooks, 224
Crookshanks, 123
Crosier, 74-75, 77, 80
Crosley, 15
Cross, 63, 169, 171, 181, 203
Crosson, 130
Crosue, 84
Crouch, 41-42, 159, 163-165
Crouse, 85-86, 89

Crow, 15, 18-20, 23-25, 31, 100
Crowel, 58
Crowse, 188
Cruchall, 132
Crugar, 101
Cruikshanks, 92
Crum, 199
Cruzer, 70
Culp, 88, 166
Culver, 98
Cumberledge, 202
Cumbridge, 64, 67
Cumeen, 40
Cummings, 68, 73
Cummins, 23, 28, 75, 226
Cumpton, 83
Cundiff, 3, 53
Cunningham, 9-10, 12, 14-16, 25, 59, 113-114, 122, 166-169, 171-172, 218
Cupp, 137-138
Cuppett, 142-143
Curence, 159
Curfman, 210
Curnell, 230
Curran, 95
Currence, 160, 163
Current, 176
Currey, 173, 179
Currie, 76, 79
Curry, 119, 122, 174-175, 181-182, 221
Curtis, 31, 101-102, 156
Custard, 45, 50
Custer, 27, 109, 148
Cutlip, 91, 95
Cutliss, 91, 95-96
Cutramp, 135
Cutty, 108
Cyrus, 152
Dabney, 39, 42
Dague, 24
Dahmer, 108
Daigh, 35
Dallas, 18
Dallison, 219

Damson, 194, 199
Danalson, 67
Dancer, 139
Dane, 25
Daniel, 40, 155-156
Daniels, 88, 112, 133, 141, 162-163
Darbey, 134
Darby, 133
Dare, 47, 155
Darling, 217
Darnel, 215
Darnell, 54-55
Darrah, 19
Dasher, 107
Daugherty, 81, 169
Davice, 207
Davidson, 26, 45, 48-49, 175, 178
Davidson, 69
Davil, 207
Davis, 2, 6-8, 12-15, 17, 19-22, 24, 45, 47-49, 54-55, 59-60, 70, 83, 91, 99-100, 106-107, 110, 113, 130-131, 134, 143, 150-151, 155-156, 174, 180-181, 185-186, 187, 189, 196-198, 204, 212, 217-218, 223-224
Davison, 179-181, 183
Dawes, 176
Dawsey, 125
Dawson, 9-10, 85-88, 136, 168
Day, 33, 108, 111-112, 164
Daylong, 36
Deacre, 135
Deadmore, 72
Deakins, 131
Deal, 151
Deams, 222
Dean, 7, 18, 59, 108, 194, 196-197, 205
Deane, 135
Deans, 222
Dearden, 155
Dearn, 167
Deattee, 12
Deberry, 136-137
Deboys, 70, 73
Deeds, 45

Deem, 167
Deems, 214-215, 221-223
Defo, 193
Degarmine, 26
Degarmore, 26
Dehart, 79
Deitz, 95
Delancy, 207-208
Delaney, 207
Dellion, 73
Deloit, 184
Dement, 102
Demos, 160
Demoss, 175-175, 178
Dempsey, 71
Denford, 229
Dennis, 142
Dennison, 23, 99, 102
Dent, 12, 213
Depew, 212
Depue, 213
Dering, 55
Dermady, 84
Desire, 17
Devault, 52-53
Devers, 213
Devin, 175
Devine, 62
Devon, 221
Dewett, 39
Dewey, 224
Dewitt, 141
Dexter, 7
Deyley, 182
Dice, 107, 113, 117
Dick, 87
Dicken, 16
Dickenson, 106
Dickey, 26
Dickings, 155, 157
Dickinson, 73-74
Dickson, 76, 78
Diggs, 122, 173, 180
Dilley, 120, 226
Dilliner, 57
Dillion, 45, 48, 50, 74, 178, 180

Dilly, 96, 120, 125-127
Dilmer, 57
Dils, 219-220
Dinkle, 160
Disworth, 168
Diving, 63
Dixon, 102, 184, 195
Dixson, 193
Dizzard, 161
Doak, 185, 223
Dobbs, 18, 28
Doberty, 22
Dobson, 211
Dockins, 221
Dodd, 2, 25, 69, 75, 95, 220
Doddle, 211
Dodge, 142
Dodrill, 91
Dodrille, 158
Dodson, 24
Dodville, 158
Doherty, 28, 30
Doland, 76, 88
Doll, 142
Dolly, 111-112
Donahue, 120
Donaldson, 92, 94
Donally, 78
Donelson, 57
Donnelly, 16
Doolin, 213
Doolittle, 3
Doornie, 22
Doran, 98
Dorrah, 63
Dorsey, 17, 22, 24-25, 54-55, 91-96
Dorson, 93
Dorton, 54
Dortzel, 37
Doss, 35, 39
Doster, 107
Dotson, 94-95, 169, 171, 181, 185
Doty, 29
Dougherty, 104
Douglas, 23, 159
Douglass, 145, 166

Dove, 116
Dowler, 17, 21, 29, 102
Downey, 4
Downie, 22
Downing, 21
Downs, 11, 13, 15, 33
Drabell, 54
Dragger, 5
Draggoos, 9
Drake, 168
Draper, 136
Drinnen, 91
Drown, 198
Drummond, 76
Dryer, 96
Duckvatt, 84
Duckworth, 185
Dudding, 148-149, 152
Dudley, 9-10, 217
Duffield, 120
Duffy, 95-96
Dugan, 225
Dulin, 221
Dumbarger, 224-225
Dumire, 136, 161-162
Dunahoo, 75
Dunbar, 46, 69, 75, 91-92
Duncan, 20, 40, 120, 147, 228
Dunfield, 146
Dunham, 6, 178, 181-182, 207
Dunington, 179
Dunkle, 10, 107, 194
Dunkum, 122
Dunlap, 27, 74, 76, 103, 125
Dunn, 37, 55, 58, 67, 73-74, 154
Dunning, 181
Dunsmore, 81
Durr, 55
Durst, 36
Dusenberry, 60-6
Duty, 187
Duvall, 140
Dyche, 83, 88
Dye, 168, 190, 212-213, 217-219, 223
Dyer, 90, 107-109, 117

Eades, 35, 39
Eads, 78
Eagle, 93, 110
Eags, 79
Eakin, 63
Earl, 205
Earle, 163
Earlewine, 204
Earliwine, 23-25, 27
Early, 146
Easter, 87
Eastham, 39
Echols, 19
Eckard, 34-35, 56
Eckart, 116
Eclebery, 202
Eddleman, 20
Eddy, 7-8, 62-63, 82, 188
Edelin, 223
Edgington, 102
Edgle, 203
Edmiston, 92, 119, 124
Edmunds, 40
Edwards, 35-36, 38, 141, 157, 174, 212
Efall, 6
Efling, 88
Eisix, 18
Elder, 178, 81, 184
Elison, 67
Elkins, 198
Ellager, 207
Ellenbergar, 86
Elliot, 179
Elliott, 23, 99, 130, 168, 221
Ellis, 67, 69, 71, 73, 92, 151-152, 228
Ellison, 15, 44-46, 51, 68-69, 74, 155, 227
Elm, 204
Elmore, 41
Elswick, 227
Ely, 217
Elza, 162
Elzey, 135, 141
Embriser, 143

Embry, 34
Emerick, 204
Emory, 98, 100
Engle, 192
Engle, 86
Enix, 20
Enock, 215
Enocks, 210, 215
Entsminger, 34
Enuine, 58
Epline, 174, 197-198
Erskin, 76, 78
Ervin, 81, 123, 130, 161
Ervine, 123-125, 137
Erwin, 28, 147, 149, 151
Esline, 197
Esque, 147
Estep, 193
Estes, 151
Evan, 79
Evans, 5, 10, 18, 21, 30, 52, 56-59, 61, 70, 73, 77, 95, 129, 132, 143, 168, 177, 190-191, 199, 229
Everett, 166
Everhart, 187
Everley, 133, 141
Everly, 59, 84, 131, 141
Eves, 198
Ewing, 23, 77, 91, 94, 120, 131, 220
Exley, 104
Exline, 58, 174
Eye, 91, 107, 113, 115-117, 168
Faddy, 39
Fagget, 75
Fair, 20
Fairfax, 127-129
Falkenstine, 132, 136, 141, 144
Fallmer, 191
Falon, 149
Falx, 158
Fanning, 229
Fannington, 47
Fanon, 48
Fansler, 136
Fanster, 162
Fargison, 161

Fargo, 35
Farinsworth, 122
Faris, 84, 102-104
Farley, 31, 44-46, 50
Farly, 29, 44, 227-229
Farmer, 104, 156
Farnsworth, 220
Farr, 27
Farrell, 87
Farrer, 221
Farrow, 33
Farsons, 219
Farver, 88
Farwel, 204
Fast, 3-4
Faster, 68
Fathers, 137
Faulkner, 54
Fawcet, 128, 130
Fay, 99, 101, 110
Fear, 143
Feathers, 130, 136-137, 143
Feay, 99, 101
Felton, 144, 173
Fenner, 84
Fenour, 85
Fenton, 81
Fergasin, 146
Fergison, 161
Ferguson, 43, 47, 50, 183, 194, 96-197, 199-200, 218
Fernour, 84, 86
Fernous, 85
Ferrall, 103
Ferrel, 72
Ferrell, 3, 57, 100, 184
Fetty, 9-10, 33, 60, 64, 126
Fichner, 102
Field, 131
Fields, 96, 128, 135, 143
Fife, 146
Fike, 142-143
Finamore, 33
Finch, 47
Fink, 155, 227, 229
Finley, 102, 173-174, 180, 182, 193

Finly, 179-180
Finmacal, 34
Finnell, 60
Finney, 220
Finton, 81
Firten, 203
Firtew, 204
Fis__, 32
Fish, 18-20, 25, 31, 192
Fisher, 3, 22, 36-37, 39, 61, 69-70, 82-83, 108, 148-149, 213
Fitcharall, 133
Fitzsimmons, 25
Fitzwater, 92, 94-97
Fizer, 152
Flaharty, 202, 204
Flanagan, 21, 162
Flanegan, 170
Flannigan, 19
Fleak, 225
Fleece, 84
Fleming, 2, 13, 15, 55, 60-61, 99, 173, 176, 180, 223
Flemmin, 120
Flesher, 211, 214
Fleshman, 47, 74
Flesker, 188
Fletcher, 6, 13, 15, 25, 173, 182, 186, 189
Flinn, 111, 113, 132, 224-225
Flint, 69-71
Flock 22
Florence, 222
Floyd, 9, 14-16, 201
Fluharty, 8, 10-11, 62
Foggy, 163
Fogle, 60
Foglesong, 136
Foglisong, 35
Foley, 222-23, 226
Folter, 135
Forbs, 214
Ford, 70, 139, 144, 151, 174, 177
Forde, 174-175, 178-179, 181
Fordice, 186
Forehand, 79-80

Foreman, 130, 133, 140, 142, 144
Forest, 42
Forester, 37, 185
Forgueson, 149
Forker, 132, 136
Forman, 133, 143
Forney, 103
Forth, 151
Fortner, 225
Fortney, 60, 128-130, 135
Foster, 20, 27, 43, 68-69, 72, 77, 81, 92, 100, 151, 214
Fotter, 135
Fought, 212, 214-215
Foughty, 214
Foult, 5
Founds, 28
Fourby, 204, 207
Foushire, 7
Fout, 40
Fowler, 36, 41, 57, 96, 181
Fox, 64
Foy, 54
Frader, 29-30
Frampton, 201
France, 96
Frances, 31
Francis, 19, 37, 77, 82
Francisco, 128, 130
Frankhouser, 137, 142
Frankleberry, 57
Franklinburg, 5
Franks, 56
Frazer, 196, 200
Frazier, 98, 100, 102, 104, 128, 151, 196
Frazure, 200
Frealy, 139
Frederick, 168
Freeburn, 130
Freeland, 11, 19-20, 130, 134-135, 142, 224
Freeman, 126, 178-179, 182
Freil, 120-121
Freland, 203
Frembly, 140

French, 43-44, 47048
Frend, 38
Frenour, 83
Fresh, 138
Freshour, 86, 88
Freshwatter, 101
Freul, 38
Frey, 193
Friedman, 83
Friem, 54
Friese, 135
Frike, 137
Friley, 200
Frimbley, 135
Fritz, 26
Frum, 54
Frun, 53
Fry, 22, 26, 35, 37-38, 191
Fryer, 88
Fugate, 94
Fulk, 30
Fulkineer, 81
Full, 109-110, 210
Fuller, 77, 195
Fulmar, 98
Funk, 131, 139
Furbee, 7, 11-12, 186
Furby, 208
Furgerson, 74
Furgison, 161
Furnel, 205
Furney, 137
Fury, 82
Gabert, 179, 181
Gable, 140
Gadden, 135
Gage, 41
Gaines, 28, 166
Galagher, 3
Gale, 88
Galford, 121, 123-124
Gallager, 58
Gallaher, 22
Gallihere, 5
Gallihue, 2
Galloway, 188

Gandy, 128
Gannon, 85
Ganoe, 50
Gapen, 186
Gappin, 59
Gardner, 36
Garlock, 134, 142
Garlon, 31
Garlow, 18, 31, 59
Garner, 20, 128, 130-131, 138, 140, 161, 171, 208
Garnet, 128
Garnnet, 176
Garretson, 43, 48-49
Garrett, 180, 195
Garrison, 126, 167
Garten, 69-70, 72, 146, 149
Garter, 43, 70, 72
Garver, 66
Garvin, 23, 98
Gasney, 27
Gaston, 102, 226
Gates, 18, 89, 173-176, 179-180, 182-183, 210, 216, 218
Gattrell, 220
Gatts, 20, 26, 29-30
Gawthrop, 175, 179, 181, 183
Gay, 28, 120-122
Gayner, 129
Geary, 153
Gebbins, 212
Gebbs, 38-39
Geiger, 122
George, 39, 42, 47, 186
Gibbs, 38, 89, 142
Gibson, 28-29, 69, 100, 102, 121, 131, 133
Gidley, 208
Giffin, 102
Gilbert, 21, 26
Gilder, 4
Giles, 101, 147
Gilkerson, 196, 198
Gill, 189
Gillaspie, 23, 33, 124, 150-151, 154
Gillilan, 118

Gilmon, 100-101
Gilmore, 164, 206
Gilpen, 225
Gilpin, 5
Gipson, 151
Giveden, 147-148
Given, 90, 96, 223
Givens, 75
Glascock, 64
Glasgow, 208
Glaso, 142
Glasscock, 15
Glendenen, 175
Glendenning, 139
Glover, 11, 14, 78, 137, 143, 168, 206
Goade, 156
Goare, 228-229
Gobbard, 219
Goddard, 208
Godfrey, 228
Godfry, 49-50, 167
Godnight, 58
Godwin, 59
Goff, 90, 127, 138, 144, 149, 161-162, 168-169, 179, 211-213, 217
Golden, 135, 222
Gooch, 12, 103
Good, 148
Goodall, 154
Goode, 156
Gooden, 58, 160
Gooding, 99
Goodman, 89
Goodrich, 18
Goods, 103
Goodwin, 141, 174-176, 178-179, 181
Goody, 134
Gopling, 149
Gorby, 18, 21, 28, 205, 207
Gordon, 118
Gordy, 19
Gore, 44, 72, 155
Gorley, 18
Gorly, 18-21

Gorman, 187
Gorrell, 17, 22, 184, 187-190
Gory, 118
Goshen, 83
Goshorn, 105
Gosling, 149
Gosney, 18
Gossling, 149-150
Graham, 2, 20, 71, 84, 102, 131-134, 138, 143, 229
Grandon, 192
Granit, 152
Grant, 49, 210
Grass, 72, 134, 149, 152
Gray, 21, 27, 33, 54, 60, 84-85, 92, 99, 147, 161, 173, 181
Grayham, 108, 110
Grayhand, 109
Grayson, 166, 217
Greaser, 128, 132
Greathouse, 19, 21, 30-31, 57, 133, 140175, 178, 183, 211-213
Green, 32, 41, 68, 70, 96, 229
Greenlee, 32-33, 98
Greer, 32
Gregg, 20, 26, 40, 105, 128, 171, 185, 187, 191
Gregory, 90, 96, 122, 158
Grenawatt, 108
Gribble, 134, 141, 170
Grice, 39
Grier, 38, 102
Griffin, 120, 136, 138, 172, 217
Griffis, 6
Griffith, 19-20, 54, 129
Griffits, 230
Griggs, 52
Grim, 35, 138, 178, 187
Grimes, 25, 100, 125, 132, 136, 138, 176, 179
Grimm, 3
Grimmet, 70
Grindle, 27
Grindstaff, 22
Grizzel, 196
Groce, 88, 205

Grog, 117
Grogan, 224-225
Grogg, 116
Gromes, 125
Grose, 91-92, 96
Grover, 82, 185
Groves, 85, 87, 89-90, 92, 94-97, 133, 140, 144, 160
Grow, 182
Grubb, 7, 54
Gudeman, 5
Gull, 128
Gum, 122-123, 138
Gump, 14
Guseman, 136, 176
Gusen, 41
Guson, 41
Guthrie, 137-138, 142
Guthry, 108
Gwin, 223
Gwinn, 66, 69-71, 223
Gwthrey, 205
Ha__l, 76
Ha_nug, 83
Habak, 198
Habs, 207
Hackin, 205
Hadden, 125
Haddox, 170, 187
Hads, 14
Hafty, 188
Hagans, 127, 142
Hagel, 161
Hagennaur, 19
Hager, 49
Hagerman, 20, 30
Hagle, 167, 214
Hagmond, 170
Haigle, 112
Haigler, 110, 163
Hail, 229
Haines, 11, 50
Hains, 188-189, 191
Hait, 161, 163, 223
Haitt, 167
Hake, 76, 106

Halberd, 168
Haldren, 44
Hale, 45, 155, 211, 214
Hall, 3-5, 7-9, 13, 16, 20, 42, 44, 54, 58, 100, 132, 144, 151, 155, 166-167, 169, 174, 177-178, 181-182, 208, 211-212, 221-222, 225
Halstead, 45, 67, 99
Hambrick, 47
Hamilton, 11, 13, 16, 54, 61, 78, 81, 95-96, 121, 129, 134, 159
Hammer, 109-110, 115
Hammett, 219
Hammister, 108
Hammon, 214
Hammond, 20, 28, 171, 189-190, 202
Hammons, 200
Hampton, 195, 199
Hamrick, 90, 93, 158
Hanaway, 139
Hand, 22
Handley, 149-150
Handly, 78, 81, 146
Handy, 201
Hanes, 224
Haney, 160, 194
Hanford, 40
Hanger, 127, 137
Hank, 83
Hankshaw, 93
Hanley, 149
Hanlin, 215
Hanline, 136
Hanlon, 192
Hanly, 181
Hanly, 40
Hann, 4, 143
Hanna, 40, 90, 94-95, 108
Hannah, 42, 121, 124
Hanneman, 221
Hannon, 40, 148
Hanoton, 129
Hansel, 56, 117
Hanshaw, 151
Harbosar, 29

Harden, 89, 137, 145
Hardesty, 6, 135, 141-142
Harding, 68
Hardman, 168, 186, 211
Hardson, 177
Hardway, 92, 94
Hardy, 83, 88, 200
Hare, 1, 56, 178, 182
Harelson, 177
Harford, 69
Harick, 158
Haris, 90, 104, 161, 169, 202
Harker, 63
Harkin, 205
Harman, 84, 148-149
Harmon, 109, 111, 148
Harned, 133
Harner, 55, 206
Harness, 218
Harney, 66
Harod, 115
Harold, 114-115
Harper, 109, 111-115, 119, 155-156, 61, 163-164, 216, 219
Harpool, 19, 21
Harrader, 143
Harrel, 142
Harrington, 128
Harris, 4-5, 11, 18, 22, 24, 26-29, 127, 186, 210, 220, 224-225
Harrison, 83, 88, 146-148
Harrow, 174
Harsh, 129, 136
Hart, 37, 44, 90, 129, 164, 205
Harter, 14, 107, 114
Hartley, 2, 5, 18, 20, 23, 143-144, 189, 207
Hartman, 55, 107-108, 110, 112-112, 123, 135, 137, 140
Hartong, 99
Hartour, 149
Hartzell, 26, 131, 135
Harvel, 115
Harvey, 25, 46, 60, 62, 68, 73, 102, 104, 137, 146, 228
Harvy, 58, 67, 152, 228

Harwood, 226
Hasker, 63
Hasman, 220
Hasser, 176
Hastings, 58
Hatch, 195
Hatcher, 45, 47-48, 50-51
Hatfield, 192, 194, 228
Hathaway, 160
Hatten, 149-150
Hatton, 195-196
Hatzell, 23
Haudlerman, 128
Haught, 12, 62, 184
Haughty, 64
Hauhurst, 65
Haunsucker, 5
Hauvremail, 84
Havermail, 85
Havermill, 85-86
Haversmill, 84
Hawker, 13, 60
Hawkes, 13-14
Hawkins, 8, 10-13, 16, 35, 41, 64, 81, 176, 181, 209
Hawley, 135
Hawthorn, 41, 54, 56
Hayden, 169
Hayes, 135, 142
Hayhurst, 2-6, 12, 16, 64
Haymand, 176-177
Haymon, 176
Haymond, 5, 7, 170
Haynes, 69-71, 78
Hays, 13, 37, 39, 42, 55, 147, 160, 191
Hayse, 202-204
Hayslett, 42
Hazelett, 195
Hazelrig, 217
Hazilett, 152
Headley, 184, 187, 204
Headly, 202
Hearn, 48
Heartly, 5
Heaton, 167

Hebb, 131, 174
Hebbs, 131
Heck, 16
Heckert, 130, 135, 137
Heckman, 191, 212
Hedam, 212
Hederick, 148, 150
Hedges, 102
Hedrick, 108-109, 111-113, 147
Hefner, 106, 112, 158
Heilebenson, 66
Heister, 91, 106
Heldreth, 14
Helmes, 18
Helmick, 110-111, 113-114, 117
Helms, 28, 75
Helton, 154
Hemerick, 206
Hemphill, 102
Hendershot, 218-219
Hendershott, 220
Henderson, 3, 22, 41, 49, 54, 56, 62, 96, 105, 152, 176, 179, 182, 218-219
Hendric, 154-155
Hendrick, 91
Hendrickson, 166
Henkel, 39
Henkle, 107, 111, 113-114
Henline, 99
Hennon, 30
Henry, 30, 39, 55, 83-85, 87, 216-217, 223
Hensley, 148, 194-195, 197
Hensly, 148, 152
Henson, 147, 150
Hensroach, 87
Hepler, 75
Herbert, 78
Herdman, 223
Hereford, 40
Herman, 64, 206
Hermon, 64
Herndon, 127, 144
Herold, 91, 119, 121
Herrader, 143
Herring, 58, 119

Herrington, 19, 58
Herron, 138
Herseman, 129
Herskill, 2
Hersman, 127, 138
Hertzog, 175
Hervey, 103
Hervy, 102
Hesckar, 34
Heshman, 73
Hess, 14-15, 55, 58
Hessam, 189
Hevener, 108, 112
Hevner, 107
Hewlit, 155
Hexenbaugh, 64
Heysham, 188, 190
Hiatt, 36, 216
Hibbs, 7-8, 12, 134
Hickenbotham, 147-148
Hickenbothan, 148
Hickenbough, 204
Hickle, 214
Hickman, 90, 171, 192, 203, 214, 221
Hicks, 21, 27, 124, 149-150, 152
Hiett, 128
Higenbothan, 206
Higgans, 14
Higgenbothen, 206
Higgenbothon, 204
Higginbotham, 44-45
Higginbottom, 11
Higgingbotham, 155
Higgins, 88, 122, 167, 189, 206-207
Higgs, 29, 104
Hight, 58
Highton, 200
Hildebrand, 52
Hilderbrand, 56
Hile, 108, 135
Hiles, 86
Hill, 3-6, 21, 26, 32-33, 35, 42, 48, 55, 70-71, 90, 94, 96, 118, 123-124, 126, 147, 164, 168, 184, 190-191, 205, 221-222

Hilson, 128
Himes, 70
Himler, 69
Hinchman, 71
Hindes, 71
Hinds, 196
Hine, 24
Hinegardner, 206
Hiner, 107, 117
Hiners, 195
Hines, 71, 84, 88
Hinkle, 95, 163-164, 193
Hinter, 72
Hinton, 45, 69
Hire, 116, 135
Hirer, 116-117
Hissan, 188, 192
Hitchcock, 225
Hitchcox, 172
Hively, 107
Hixon, 164
Hizer, 107-108
Hobbs, 13, 38, 198
Hobday, 85, 89
Hobs, 207
Hock, 38
Hockenberry, 9
Hockings, 1-2
Hodge, 157
Hodges, 150-151
Hodler, 217
Hoff, 217
Hoffman, 37, 82, 138
Hogan, 19
Hogg, 35-36
Hoghead, 79
Hogsett, 26, 39, 119, 121, 124
Hogshead, 79-81
Hoke, 76, 79-80, 84
Holalid, 155
Holbert, 6-7, 11, 14, 180
Holbrook, 217
Holcom, 93, 96
Holden, 13, 125
Holderman, 218
Holestine, 50

Holiday, 224
Holingshead, 18, 24
Holland, 52-55, 57, 190
Hollaran, 210
Hollingsworth, 154
Hollister, 90
Holloway, 109
Holly, 33, 40
Holmes, 18, 110, 123
Holper, 37
Holsapple, 80-81
Holstine, 43, 45
Holt, 131, 178, 195, 200
Holzman, 130
Homes, 74, 84
Homick, 96
Hood, 7, 21, 58
Hoofman, 47
Hooker, 96
Hooten, 144
Hoover, 59, 106, 110, 112-113, 115-116, 168
Hoovra, 168
Hope, 147
Hopkins, 44, 58, 109, 135-136, 213, 219, 222
Hopson, 42
Hord, 57
Hornbeck, 164
Hornbrook, 20
Hornby, 143
Horner, 55, 206-207
Horr, 141
Horrow, 109
Horton, 38, 150
Hosack, 99-100
Hose, 128
Hosetutle, 206
Hoskins, 61
Hoskinson, 205
Hostetter, 168
Hostuttle, 207
Houchens, 67, 123, 148
Houchins, 43, 51
Houge, 64
Hought, 12, 213

Hoult, 11, 16
House, 56, 87
Houser, 136
Housholder, 87, 89
Houston, 56
Houver, 96
Howard, 21, 27, 48, 76, 99, 101, 128, 138, 189, 204, 221, 223, 225
Howell, 54-55, 158
Howerton, 229
Howver, 96
Hoy, 221
Hubbard, 98, 149
Hubbs, 18-19, 25-26
Huchins, 50
Huddleson, 134
Hudkins, 171, 220
Hudson, 33, 52, 124
Huey, 219
Huff, 87, 99, 194, 199, 204-205
Huffman, 52, 59-60, 71, 80-81, 88, 110-112, 175, 180, 182
Hufman, 120
Hufty, 188
Huggins, 62, 128, 143, 189, 207-208
Hughes, 2, 5-6, 93-94
Hughey, 146
Hughs, 40-41, 87, 94
Hul, 178
Hull, 7, 9, 17, 76, 107, 155, 174, 177, 185
Humes, 102, 131
Humphrey, 101
Humphreys, 66-67, 69, 81
Humphrys, 75
Hunsford, 162
Hunt, 59, 128-129, 160
Hunter, 9, 41, 84-85, 143, 156, 217-218
Hupp, 225
Hurmes, 86
Hurst, 25
Hurt, 44, 155, 190
Husk, 62
Hustead, 173, 181-182, 185-186
Hutcherson, 52, 157
Hutcheson, 195, 197
Hutchinson, 221
Hutchison, 24, 53, 67, 72-73, 82, 87-88, 96-97
Hutten, 148
Hutton, 159
Hyder, 205
Hylyard, 176
Hyre, 158, 161-162
Ice, 9-10, 12-13, 171, 191-192, 203
Ingraham, 191, 211
Ingram, 18, 26-27, 217, 219
Ingrim, 61
Inman, 219
Inser, 163
Inter, 154
Ireland, 170, 185
Irons, 1, 76-77
Irskine, 152
Irvine, 119, 121
Irwin, 219
Isaac, 70
Isaacks, 193
Isaacs, 194
Isey, 27
Isner, 162-164
Itzwater, 96
Jack, 83, 132
Jackson, 6, 79, 127, 167, 203, 224
Jaco, 129
Jacobs, 53-54, 103, 122, 191
James, 34, 45, 123, 146, 161, 166, 217-218, 220
Jameson, 126
Jamison, 60, 62
Jandercraft, 72
Janes, 141, 146
Janney, 21
Jannings, 150
Jaradd, 134
Jardon, 122
Jarrel, 157, 194, 200
Jarrell, 49, 154, 197, 199
Jarrett, 56-58, 93
Jarvis, 75, 170
Jaskine, 152

Jazear, 189
Jeemes, 123
Jeffers, 137, 144
Jefferson, 20, 22
Jefferys, 137
Jeffreys, 32, 147-148
Jeffries, 169
Jeho, 22, 207
Jemison, 71
Jenkins, 2, 54-57, 129, 133, 1390140, 151, 187, 208
Jenks, 47, 158
Jennings, 205
Jenny, 222
Jestice, 229
Jett, 170
Jimeson, 23
Jimison, 9
John, 56, 184
Johns, 56-57
Johnson, 1, 4, 16, 36, 38, 42, 53-55, 57, 69-71, 77, 83, 86-89, 98, 107, 117, 121-122, 134, 150-152, 176, 178-179, 183, 187-188, 190, 194-196, 199, 208, 216-218, 226, 228
Johnston, 11, 18, 21, 25, 43, 48, 66, 69, 78, 93, 155, 222, 224-225
Jolliffe, 2, 209
Jolliffee, 11, 54, 203
Jomson, 80
Jones, 3, 5-7, 9-10, 12-13, 16, 18-19, 21-23, 26, 34, 37, 42, 45, 52-53, 57, 59, 64, 67, 77, 79, 93-95, 99-100, 133, 140, 147, 150-151, 155, 161, 169-170, 174, 177-178, 186-189, 191, 218, 220-221,229
Jordan, 130
Jorden, 195
Jordon, 110, 122
Joseph, 56, 141, 185, 187
Jourdan, 151
Jourden, 33, 41
Judkins, 144
Judy, 109-111, 114
Junnoc, 227
Jurard, 64

Justice, 48, 224
Kalar, 162
Kale, 75
Kaler, 155
Kanar, 91
Karnes, 50, 67
Kator, 164
Kaylar, 213
Keadle, 77
Kealley, 71
Kealty, 51
Kearnes, 28. 167
Kearns, 84, 88
Keaton, 44-46, 50, 66, 68
Keatting, 67
Keck, 171, 189
Kecker, 189
Kedins, 88
Kee, 115, 121, 170
Keen, 225
Keenan, 79, 91
Keene, 174
Keener, 62, 174, 176-177, 182
Kegle, 24
Kelker, 189
Kellar, 88, 189, 191
Kellard, 225
Keller, 6, 22-23, 27, 70, 112, 216
Kelley, 19, 103-104, 136-137, 140
Kellison, 120, 123, 125
Kelly, 21, 29, 53, 82, 119, 125, 134, 137, 148-149, 159, 161, 164, 166, 175
Kelse, 27
Kelso, 27, 141
Kemple, 21, 26
Kenard, 216-218
Kendall, 12, 168
Kenemore, 112
Kener, 176
Kennedy, 22, 54, 62, 64
Kerbey, 68
Kerby, 67, 192
Kern, 189
Kerne, 3
Kerns, 13, 54, 187

Kerr, 48-49, 122-123, 125
Kesler, 92-93
Kesner, 109
Kessel, 111
Kessinger, 67, 82
Kester, 184
Ketherington, 49
Ketterman, 112, 114
Kettle, 25
Keysecker, 88
Keyser, 194-195, 198, 225
Kibbler, 219
Kidd, 100
Kidwell, 84, 154
Kiger, 98, 208
Kile, 108-109
Kilgore, 201
Killings, 226
Kimberling, 33-34, 42
Kimble, 182, 192, 204
Kimmond, 99
Kincade, 223
Kincaid, 3-4, 35, 53, 92
Kincheloe, 218, 220, 225
Kinchloe, 221
Kindall, 15
Kine, 188
King, 5, 12, 32, 59, 87, 93, 104, 131, 141, 151, 171, 202, 204-205, 213, 218, 220
Kinkade, 70
Kinnard, 152
Kinnison, 118, 122, 124
Kirby, 223
Kirk, 2, 199, 200
Kirkhart, 204-205
Kirkpatrick, 147, 207-208
Kirtland, 21
Kirtly, 152
Kisbumger, 70
Kisen, 131
Kiser, 18, 115-116
Kislinger, 70
Kisner, 4
Kisnet, 53
Kitle, 160

Kittle, 160, 164
Klemshadow, 131
Klemshalon, 131
Klepstine, 204
Knap, 28, 33, 121, 125
Knapp, 211
Knight, 1, 16, 39, 173, 179, 181, 191
Knisely, 208
Knop, 41
Knopp, 36
Knotts, 3, 6, 136, 144, 174, 177
Knox, 24-25, 58
Koon, 6
Koonts, 147
Koontz, 1, 95
Kouns, 34
Kowan, 75
Krallenger, 70
Kramer, 189
Kross, 53
Kuykendal, 169
Kyger, 215
Kyle, 24, 92, 95-96, 202
Kysermore, 112
Lacey, 171
Lacy, 170, 189, 193
Ladie, 188
Laflin, 208
Lahu, 204
Lahugh, 28
Laidly, 10
Lair, 86
Laird, 168
Laishley, 55
Lake, 3, 25, 173
Lakeman, 152
Lam, 63
Lamaster, 63
Lamb, 6, 110, 114, 116, 123
Lambert, 110-111, 114, 167, 172, 178, 195, 198-199, 204, 228-229
Lamp, 190
Lams, 222
Lancaster, 204
Landers, 76, 136, 148
Lane, 43, 63, 224

Langfelt, 221
Lanham, 7, 53, 148-149, 160
Lantee, 203
Lanty, 202
Lantz, 113, 135-136, 144, 170, 202
Larck, 72
Larek, 72
Largent, 87, 141
Larret, 114
Larue, 157
Lary, 225
Lash, 162
Latham, 179-180
Lathrop, 225
Laudenslaker, 207
Laughlin, 178
Laurence, 67, 114
Law, 169
Lawhorn, 198
Lawkins, 221
Lawler, 176, 178
Lawles, 224
Lawlis, 60
Lawson, 34, 134, 141, 180
Layfield, 167
Layman, 175
Lazear, 191
Lazzell, 59
Leach, 77-78, 80, 117, 219, 222
Leachman, 212-213
Lealereg, 39
Leap, 214
Lece__, 32
Lee, 2, 22, 84, 159, 162, 164, 181, 202-203, 212, 214, 222, 226
Leeb, 204
Leech, 19
Leep, 205, 208
Leeper, 173
Leevy, 84
Leg, 69
Legg, 91-92, 148
Leggett, 166, 170
Leizure, 206
Lemaster, 34
Lemasters, 184-185, 202, 204, 207

LeMasters, 24
Lemby, 206
Leming, 60
Lemly, 60-63, 206
Lemmon, 29-30, 78-79, 87, 167-168
Lemmons, 79, 81
Lemon, 159, 224
Lent, 224
Leomer, 189
Leonard, 2, 39
Lester, 228
Lett, 148, 195, 197
Letwiller, 38
Lever, 224
Levetig, 67
Levilig, 67
Levitez, 205
Levitt, 225
Lewallen, 82
Lewellen, 29, 55, 57

Lewis, 19, 27, 34-36, 38-39, 42, 62-63, 66, 76, 83, 98, 104, 109, 118, 146, 157, 214, 223, 225-226
Lichan, 173
Liford, 117
Light, 87
Lightle, 23
Lightner, 18, 119, 121-122, 158, 225
Lilly, 43-47, 51, 155-156
Liming, 61
Linauraven, 83
Linch, 64, 90, 96
Linder, 177
Lindsey, 24, 124
Linn, 1, 3, 7
Linsey, 148
Linton, 75, 134
Lions, 57
Liper, 5
Lipscomb, 86, 136, 139, 144
Liston, 129, 133
Litterell, 86
Little, 7, 33, 43, 49, 98, 164, 203-204
Liveley, 72
Lively, 67, 73, 96

Livingood, 137-138
Livy, 92
Lock, 41, 190
Lockart, 40
Locker, 217, 220
Lockhart, 210, 212, 228
Lockridge, 119
Loe, 194, 199
Loes, 196-197
Logan, 159
Logsden, 17
Logsdon, 17, 20, 25
Lohe, 145
Long, 17, 23, 36-7, 39-42, 73, 82, 112, 114, 162, 164-165, 184, 187, 207
Longacres, 56
Longstreth, 191
Lonunburger, 175
Looman, 13
Looper, 173
Lord, 71
Lott, 212, 224
Louchnay, 5
Louchray, 5
Louck_, 159
Loudenslager, 25, 27
Lough, 8, 60-61, 107-110, 112, 160, 168, 206
Loughridge, 129
Loughry, 161
Louphy, 179
Lovan, 58
Love, 33-34, 150, 175
Loverns, 140
Loving, 92
Lovingood, 184
Lovman, 12-13
Low, 18-19, 58, 65, 224
Lowe, 7, 57, 77, 202-203
Lowers, 220, 224-225
Lowery, 80, 204, 229
Lowry, 22, 125, 192
Lowther, 166, 170, 172
Loy, 203
Loyd, 222

Lucas, 25, 188
Lucus, 197
Ludington, 176
Ludwick, 177
Luellen, 178
Luke, 23
Lumler, 200
Lumly, 219
Lunsford, 98, 162
Lusk, 46, 50, 228
Luster, 30, 46, 193
Luters, 17
Lutes, 19-20
Luther, 198
Lutman, 7, 85
Lutz, 218
Luzader, 3, 173, 176-178
Lydeck, 28
Lykan, 196
Lym, 179
Lynbury, 87
Lynch, 79
Lynn, 181
Lyons, 185, 218, 226
Lypolt, 127-128, 130
Mabery, 225
Mace, 159
Maceter, 216-217
Machir, 42
Macinter, 222
Mackey, 22
Mackie, 20
Mackinney, 49
Mackins, 69
Mackinsey, 49
Mackintire, 185
Madden, 39
Maddes, 70
Maddey, 73
Maddig, 68, 73
Maddo, 218
Maddox, 223
Maddy, 45, 73
Madey, 50
Madity, 81
Madous, 72

Madows, 48
Magan, 80
Maggeri, 98
Magill, 139
Magors, 31
Maguire, 221
Mahaffey, 3
Mahoney, 183
Mahue, 223
Mail, 179
Mainard, 193-194, 200
Majors, 20, 26
Makinsy, 49
Malcom, 90, 92, 195
Malcum, 215
Male, 127
Mallon, 108-109, 113
Mallot, 4
Mallow, 108-109, 113
Malone, 52, 167, 169, 179, 219
Maloney, 173
Mandeville, 227
Mann, 43, 46, 67-68, 72-74, 81, 219-220, 222
Manning, 20, 24, 28
Manoly, 6
Manor, 154-155
Mansfield, 30
Mapp, 7
March, 170
Marcrum, 199
Marcu, 199
Marcus, 138
Maren, 74
Marker, 140
Markie, 21
Markins, 156
Markley, 35
Marling, 100, 103-104
Marlow, 99, 130, 223, 225
Maron, 96
Marpool, 23
Marquess, 129
Marquis, 177
Marriner, 99
Marsh, 22-24, 146, 161, 171, 221

Marshal, 221, 228
Marshall, 24-26, 47, 78, 88, 167
Marsteller, 163
Martency, 164
Martin, 5-610-11, 13-15, 17-18, 20, 24-25, 27-28, 40, 42, 44, 46-50, 53, 60, 71-73, 92-94, 96, 99, 101, 103, 130-136, 139, 141, 144, 148-149, 154, 156, 170-171, 175, 178, 181, 187-189, 191, 203, 205, 208, 213, 218-219
Masing, 27
Mason, 2, 8, 12, 14, 20, 30, 39, 62-63, 91, 129, 131, 135, 139-140, 144, 167, 179, 181-182, 191
Massee, 156-157
Massey, 43, 198
Massie, 78, 228
Masters, 31, 211
Mastin, 2
Maston, 219
Matchel, 107, 117
Matheney, 12, 22
Matheny, 141
Mathes, 53
Mathew, 182
Mathews, 3, 28, 70, 118, 124, 152, 159
Mathis, 194, 199
Matlick, 134, 142, 144
Matlock, 224
Matthew, 130
Matthews, 145
Mattingly, 140
Mattox, 32, 50
Mauler, 182
Maupin, 123, 151
Mauzy, 110
Maxey, 50
Maxwell, 21, 43, 50, 100, 102, 156, 174, 181, 190
May, 4, 6, 12, 53, 126, 129, 131, 138, 194, 218
Mayes, 56
Mayfield, 34, 55, 202
Mays, 41, 198

Mcanderson, 159
McAtee, 87
McAvoy, 90
McBee, 53-54, 84
McBride, 30
McCag, 72
McCalester, 152
McCalister, 152
McCall, 164
McCallaster, 151
McCallister, 7, 41
McCameron, 101
McCan, 213
McCandless, 191
McCardle, 27, 30
McCarley, 69
McCartney, 177
McCarty, 118-119
McCausland, 100-101
McCawly, 131
McCay, 72, 187
McClane, 55
McClarnan, 59
McClaughlin, 124
McClaughrity, 50
McClennan, 142
McClintic, 96, 221
McClintick, 31
McCloud, 122
McClune, 117
McClung, 91-92, 94-95, 97
McClure, 69, 104, 124-125, 154
McCoach, 192
McColgan, 93
McCollister, 40
McCollough, 187, 191, 205
McCollum, 133
McComas, 45, 197
McComb, 104
McCombs, 23-24
McConahey, 27
McConahue, 25
McConn, 100
McConnell, 99
McCord, 62, 104
McCorkle, 70

McCormac, 68
McCormack, 201
McCormic, 59
McCormick, 140, 185, 192, 194
McCowel, 205
McCown, 102, 152
McCoy, 32, 41, 94-95, 99-100, 102-103, 110, 117-118, 126, 129, 151, 189, 191
McCrackin, 24
McCrae, 13, 53
McCraw, 154
McCray, 10, 13
McCreary, 24
McCrerrey, 71
McCue, 92
McCuen, 19
McCulley, 98
McCulloch, 38, 42, 103-104
McCulluch, 29
McCune, 101
McCurdy, 62
McCuskey, 99
McCutchen, 91, 94
McCutcheon, 99-100
McCuthan, 124
McCuthceon, 124
McDaniel, 34-35, 38-39, 74, 80, 103, 169, 175, 177, 179, 181-182
McDannel, 184
McDanold, 227
McDavis, 35
McDermit, 32, 36
McDermitt, 34, 39
McDermot, 94
McDermott, 93
McDonald, 28, 87, 227, 230
McDougal, 12
McDouglas, 10
McDougle, 171
McDowel, 30
McDowell, 76, 150
McDufett, 11
McElfresh, 5, 173
McElrory, 21
McElroy, 59

McElwain, 90
McEnall, 98
McEvall, 98
McEwall, 98
Mcfarland, 18, 59, 212
McFee, 213
McFeters, 63
McFitzwater, 96
McGalughlin, 124
McGary, 19, 24
McGee, 34, 84, 128, 132, 134, 179
McGeorge, 189
McGhee, 73
McGinnis, 21, 128, 169, 194
McGinniss, 155
McGlaughlin, 122-123
McGloughlin, 119, 212
McGrath, 31
McGraw, 147-148
McGregor, 171
McGregory. 171, 217
McGrew, 135
McGrews, 144
McGuire, 32, 151
McHendry, 63
McHenry, 21, 29-30, 104
McIntire, 6, 85
McIntosh, 179
McKan, 193
McKay, 189
McKeane, 195
McKeer, 66
McKever, 120
McKinney, 2, 5, 139, 144, 167, 218, 229-230
McKinny, 228-229
McKiver, 118, 126
McKoonse, 26
McLain, 172
Mclain, 48
McLane, 19-20, 163
McLaughlin, 56, 96, 122, 149-150
McLedowne, 205
Mcledowney, 205
McLeod, 121, 124
McLure, 20, 103

Mcluskey, 22
Mcluskie, 28
McMahan, 80
McMasters, 203-204
McMechen, 24, 26
McMelor, 228
McMillen, 20, 26, 33, 131, 144
McMullen, 33, 89, 108
McMillian, 156
McMun, 205
McMurry, 29, 31, 101-102
McNeel, 118-121, 124
McNeer, 66
McNees, 68
McNell, 120
McNiel, 97
McNutt, 76
McPherson, 218, 221
McQuain, 96, 115, 117
McQuire, 32
McQuown, 187
McSorly, 195
McTagart, 219
McVay, 82
McVenue, 100
McVey, 155
McVickers, 55-56
McWhorter, 31
Mcwicker, 179
McWilliams, 177
Meader, 227, 230
Meador, 43, 45-47, 50-51
Meadors, 47
Meados, 43
Meadour, 70
Meadows, 41, 45, 47, 70, 72-73, 155-156, 229
Mealey, 169, 171
Meanifee, 132
Means, 174, 176, 178
Medley, 190
Medor, 46
Medsker, 57
Medson, 178
Meeks, 149, 153
Melborn, 204

Mellon, 14
Melrose, 222
Melton, 148-149
Melvin, 201
Menager, 40
Mendenhall, 87
Menear, 144
Mercer, 60, 141, 143, 187, 191
Merchant, 84-85, 98
Meredith, 4, 6, 10, 58, 71, 148
Merrick, 195
Merrifield, 2, 4, 9
Merrill, 16, 56, 135, 213
Merriman, 206
Meryman, 225
Messeker, 27
Messenger, 134-135
Messenulter, 26
Met__, 191
Metheny, 133, 135
Metz, 11
Michael, 7, 9, 12-1, 15-16, 64, 83-87, 89, 140, 144
Michaels, 132, 141
Michetree, 208
Midap, 204
Middleton, 150
Middlicoff, 34
Midlicoff, 33
Milbourn, 209
Milburn, 70, 209
Milchel, 70
Miles, 28, 130, 139, 160
Milhoans, 171
Millan, 150
Miller, 1-4, 6, 13, 20, 23, 28-30, 32-34, 40, 44, 53, 56, 68-69, 71, 77-79, 80-82, 84-85, 87-93, 98-99, 103, 106, 108-109, 112, 122, 125, 128, 133, 135, 137, 139, 144, 150, 155, 161, 165, 173, 175, 178, 182, 200, 204, 207, 211, 214, 220
Milligan, 100, 103
Mills, 49-50, 56, 69, 160, 198, 224, 229
Milrose, 222

Milum, 228
Mincar, 129-130
Mineager, 40
Minear, 128-130, 161-162, 170, 177, 179
Miner, 63
Mines, 152
Minnear, 15
Minner, 70
Minor, 49, 203, 206
Minter, 22
Minturn, 34
Mires, 131, 145, 152, 217
Mitchel, 68, 229
Mitchell, 36, 73, 103, 117, 152, 169-170, 224, 226
Moats, 167, 169
Modeset, 82
Moeleh, 137
Moffitt, 119
Moher, 160
Molwine, 71
Monteeth, 23, 29
Montgomery, 23, 29-30, 136, 221
Moody, 219
Moon, 98-99, 101, 131, 139, 217
Mooney, 22
Moony, 50, 205
Moore, 14, 22, 25, 27, 31, 39-40, 62-63, 96, 118-123, 125, 128, 132, 134, 138, 141, 143, 154, 159, 162, 173, 185, 191-192, 200, 222, 225
Moorer, 154
Moran, 3-4
Mordie, 218
More, 203-204
Morehead, 211, 213
Morgan, 2-5, 10-11, 13, 15-16, 21, 36, 54, 78, 80-81, 103, 130, 144, 150, 188, 190, 202-206, 209, 219, 225, 228
Moris, 31, 171, 207
Morrell, 112
Morris, 4, 6-7, 15, 22, 31, 62, 69-70, 91-92, 94, 96, 144, 151-152, 156,

181, 186, 190, 192, 195-197, 202, 227
Morrison, 92, 95, 100, 103, 119, 123, 125, 150, 163, 198, 216, 220
Morriss, 58
Mortin, 31
Morton, 94-95, 143, 167
Moses, 50
Mosland, 20
Moss, 76, 80, 160, 213
Mosslander, 31
Most, 143
Mostoller, 145
Motes, 117, 159, 161
Mott, 217
Mount, 31, 215
Mounts, 101, 221
Mouser, 176
Mouze, 112
Mowery, 108, 110
Moye, 230
Moyers, 115, 135, 142-143, 168
Mozer, 109
Muldoon, 99
Mulford, 35
Mulinex, 168
Mullinax, 112, 114
Mullins, 45, 229-230
Mumbert, 107
Mundell, 1, 3, 7
Mundle, 18-19
Munsey, 199
Murdock, 24, 127
Murmell, 104
Murphrey, 172
Murphy, 9, 59, 64, 96, 114, 168, 183
Murray, 9, 54, 218
Murrey, 138
Murry, 102
Musgrave, 2-3, 16, 36, 64, 182
Musgrove, 167
Musick, 200
Muzum, 2, 5
Myers, 26, 119, 121
Myres, 62
Nace, 31

Nall, 129
Napier, 193, 196
Nappier, 193
Nase, 177
Natheney, 7
Naul, 150
Nay, 15, 169
Naylerod, 107
NaySmith, 86
Naysmith, 86
Neal, 3, 58, 66, 82, 175, 214, 216, 223, 226
Neale, 40, 42, 218, 226
Nease, 38
Neel, 78-80, 82, 92
Neeley, 26
Neely, 44, 46, 48-49, 51, 61, 86
Neese, 54
Neff, 94-95
Neighbours, 57
Nelson, 27, 77, 111, 114, 193
Neptune, 9
Neson, 799
Nester, 138
Neville, 161
Newbraugh, 63
Newbrough, 86
Newbury, 181
Newcomb, 147
Newel, 32
Newell, 40
Newlan, 220
Newland, 29
Newlin, 178
Newlon, 179-182
Newman, 34, 42, 53, 56, 71, 179, 194-197
Newton, 174-175, 181-182
Nice, 20
Nichola, 138
Nicholas, 91, 114, 120
Nicholl, 31
Nichols, 15, 93-94, 103-104, 184
Nicholson, 55, 145
Nickell, 76, 79, 81
Nicklin, 186, 189

Niel, 59, 92-94
Nine, 134, 138-139
Nines, 141
Niswanger, 187
Niven, 206
Nixon, 6-7, 17, 28, 174, 198
Nizle, 128
Noble, 46, 72
Noland, 202
Nolen, 70
Norman, 100, 136
Normand, 101
Norrel, 147
Norris, 102, 174, 176, 182
North, 109
Nose, 177
Nottingham, 122-124, 151
Notts, 131-132, 138, 213
Nottz, 138
Nowel, 67
Nuckles, 49
Null, 19, 25, 149
Nuss, 28
Nussy, 17
Nutter, 91, 93-94, 166-167, 214
Nuzum, 1-2, 5
O'Ferral, 84
O'harrow, 25
O'Neal, 58
O'Neill, 218
Oats, 166
Ocheltree, 121
Ochson, 126
Oddie, 166
Odell, 91-92, 94-96, 188
Ogden, 6, 216, 218
Ogle, 27
Ohlinger, 38
Oldaker, 147
Oldham, 99-100, 123, 126, 152
Oliver, 38, 46, 98, 223
Oneal, 19, 155
Oney, 47
Opeih, 98
Orem, 19, 21
Orendorf, 124

Orr, 100, 128-129, 132, 186, 198
Orrens, 135
Orrick, 89
Orval, 129
Osbourn, 160
Osburn, 80, 160, 176, 193, 198
Ott, 210-211
Otton, 137
Oust, 15
Outward, 219-220
Overshiew, 34
Owen, 200
Owens, 186-187, 190, 212, 217
Pack, 44, 46-47, 50, 53, 72, 156, 193
Paden, 208
Padgett, 217
Page, 33, 222
Painter, 71, 148
Pairpoint, 56
Palmer, 86, 208
Pame, 126
Pane, 49
Pannel, 170
Parish, 149, 151
Park, 63, 193, 199
Parke, 1
Parker, 7-8, 21, 75, 79-80, 82, 190, 196, 210
Parkes, 166
Parkin, 81
Parkins, 93, 96, 148
Parkinson, 27
Parks, 184, 202
Parmenter, 221
Parne, 126
Parnell, 140
Parr, 178
Parriott, 30
Parrish, 11, 13-15
Parschall, 104
Parson, 30, 204
Parsons, 19, 33, 161-162, 174, 177, 211
Pasley, 199
Patten, 217

Patterson, 1-2, 99, 101, 145, 188-189, 191-192
Patton, 59, 75-76, 78, 81, 155, 167, 170, 183, 182
Paugh, 139, 208, 223
Paul, 152, 195
Pauley, 196
Paulston, 29
Pavers, 153
Pawley, 49
Paxton, 213
Payne, 77, 112, 150, 173, 180, 203
Paynter, 61
Payse, 144
Pearce, 7, 17, 28
Pearis, 50
Pearson, 17, 39, 92-93, 97, 100, 102
Pease, 225
Peatt, 94
Peck, 38, 47, 73-74, 212, 214
Pegg, 20
Pell, 128-129, 132, 134
Pelley, 21, 26
Pelly, 19
Pence, 68, 130
Pennington, 44, 47-48, 109, 113, 162
Pennybecker, 225
Pentoney, 86
Penybecker, 225
Peoples, 189
Percy, 164
Perdew, 229
Perdien, 49
Perdue, 47-49, 195
Perkins, 185
Perrey, 71
Perrill, 212
Perritt, 128
Perry, 80-81, 196, 199, 229
Persinger, 150
Pery, 197, 200, 220
Peta, 213
Peters, 48, 74, 156
Peterson, 109
Petoney, 88
Petrey, 44

Petta, 213-214
Pettey, 156-157
Pettry, 155
Petty, 156-157
Pew, 128, 131, 151
Peyatt, 118
Peyden, 208
Peydon, 208
Peyton, 154-155
Phares, 110, 112-114, 160, 164, 167
Phelps, 20
Phillips, 11, 27, 44-46, 59, 64, 67, 69, 73, 83, 123, 155, 160-161, 164, 229
Philphrey, 194
Phips, 44, 156
Pickens, 35, 37, 220
Pickering, 213-214
Pickett, 132
Pickings, 155, 157
Piels, 130
Pierce, 68, 129, 138
Pierpoint, 189
Pierpont, 58
Pifer, 136, 161
Piggott, 222
Pilcher, 218
Piles, 30, 123-124, 128, 130, 171, 194-195
Pindall, 59, 61
Pine, 44, 69
Pinwell, 129
Piper, 88, 184
Pitanbarger, 91
Pitcher, 9
Pittman, 156
Pitts, 184-185
Pitzanbarger, 97
Pitzenberger, 115-116
Pitzer, 10
Pixler, 55
Plant, 32
Plum, 138
Plumbly, 154, 156
Plymale, 194
Plympton, 217

Poage, 104, 118-121, 125
Poe, 3, 173-174, 176-177, 183
Poffenbarger, 42
Poler, 76
Poleston, 58
Pollock, 20, 99-100
Polsley, 37
Pool, 55, 171, 183, 222
Pope, 107
Porter, 22, 30, 39, 57, 100, 135-136, 171, 192, 194
Portzel, 37
Posey, 223
Posten, 130, 144
Postlethwait, 192
Postlewait, 203, 207
Poston, 127, 129
Potter, 88, 128, 135, 143
Potts, 124-125, 159, 175
Poulston, 29
Powel, 24
Powell, 2, 5, 52, 58, 99-100, 132, 137, 151, 174, 176, 180, 219
Powers, 24, 27, 58, 63, 196
Prather, 169
Pratt, 94, 128, 132, 186, 199
Prebble, 214
Preston, 199
Prewet, 229
Pribble, 167, 170, 214
Price, 3, 7, 10-11, 17-19, 22, 27, 31, 48, 53-54, 58, 61-63, 119, 131, 134, 144, 148, 159, 169, 188, 198, 203, 221
Prichard, 7, 9-10, 85
Prichet, 184
Pricket, 9
Prickett, 5, 9, 132, 134
Priddy, 147
Pride, 3, 218
Prim, 173
Prince, 47-48, 157, 218
Prinzy, 143
Prisn, 173
Pritchard, 170, 174
Pritt, 76, 81, 159

Probusco, 31
Proctor, 90
Prootyman, 56
Propst, 95, 106-107, 110, 115, 117
Proudfoot, 160
Province, 6
Prunty, 170, 178, 180
Puck, 72
Pufenbarger, 124
Puffenbarger, 124
Puffenberger, 108, 116
Pugh, 57, 119, 124, 216, 218-219
Pullins, 33
Pumphrey, 38, 99
Purce, 129
Purcell, 99, 102
Purdey, 31
Purey, 223
Puritan, 131
Pury, 196
Pusey, 223
Pusy, 197
Putman, 220
Pyles, 5
Queen, 193-194
Quigley, 28
Raber, 10
Racer, 175
Radcliff, 16, 93, 219
Radcliffe, 5
Rader, 90, 92, 95, 97
Ragse, 129
Raines, 68, 113
Rains, 67-68, 74, 77, 111-113, 188
Rales, 67, 72, 77, 97
Ralphsnider, 63
Ralson, 77
Ramsey, 19, 30, 60, 68, 77, 93
Ranah, 229
Ranar, 91
Randall, 15
Randolph, 169
Rankin, 26, 86
Rankins, 84
Ransom, 194, 219
Ranstaston, 169

Ratcliff, 200-201
Rathbone, 213
Ratliff, 122, 199
Ravenscroft, 61
Rawlins, 52
Rawson, 172
Ray, 53, 102, 148, 198, 218
Rayburn, 33-34
Raynor, 174
Rayse, 144
Reaburn, 79
Read, 80, 148
Reams, 152
Rebeson, 77
Reckert, 137
Recter, 177, 181-182, 213
Rector, 217
Redenour, 139
Reder, 226
Redins, 88
Redmond, 35
Reece, 3, 21, 173, 177
Reed, 2, 4, 21-23, 28, 30, 53, 55-56, 80-81, 100-101, 112, 130, 174, 179, 181, 188, 198, 204, 217, 219, 226
Reede, 58
Reeder, 222-223
Reedy, 3
Reese, 11, 31, 54
Reeves, 2
Reforth, 99
Reger, 127, 144
Reid, 44, 48, 205
Reidenour, 128
Reiley, 123
Renick, 91
Rennick, 161
Reppeton, 93
Reston, 156
Rexroad, 167-169, 172
Rexrode, 106, 113-117
Reyley, 175
Reynolds, 18-19, 29, 71, 90, 96, 174-175, 190, 213, 219
Rhea, 6, 126
Rhinehart, 6, 28

Rhodees, 142
Rhoderick, 54, 177
Rhodes, 32, 135, 174, 180
Riall, 224
Rice, 8-9, 16, 73, 101, 151, 167, 191-192, 202-203, 216, 218
Richards, 64, 66, 102, 170-171, 210
Richardson, 18, 53, 182
Richmond, 18, 20-21, 23, 26, 30, 154-156
Rickard, 37
Rickart, 37
Ricter, 175
Riddle, 152, 155, 169-170, 211
Rider, 118-119
Riders, 171
Ridgely, 103-104
Ridgeway, 55-56, 59, 129
Rife, 68, 228
Riffe, 156, 182
Riffer, 178
Riffle, 34-37
Rigby, 174
Riger, 127
Rigg, 40
Riggle, 26-27
Riggleman, 107-109, 158
Riggs, 17-19, 22, 25, 27, 30, 52, 58, 64, 170, 184, 187, 190, 195, 220
Right, 186, 206
Rightman, 180
Rigley, 174
Rigs, 197
Rigsby, 101
Riley, 18, 20, 26, 127-128, 132, 134-135, 220
Rinehard, 229
Rinehart, 130, 136, 144
Riner, 67, 70
Riney, 23
Ringer, 140, 142
Rinker, 174, 178
Rion, 94
Ripley, 187
Rippetoe, 149
Rishel, 133, 142-142

Ritchie, 9, 18, 20, 22, 24
Riter, 6
Rix, 11, 13
Rizer, 85
Roach, 38, 70, 83, 86, 155, 179, 211, 215, 227-228
Robbinett, 228
Robbins, 10, 223
Robe, 53-54
Rober, 59
Roberson, 199-200
Roberts, 17, 26, 31, 34, 66, 101, 140, 151-152, 167, 174, 196, 201, 205-207, 213-214, 228
Robes, 132
Robeson, 181, 203
Robey, 15
Robinson, 3, 9, 14, 25, 28, 30, 43, 57, 96, 100, 142-143, 166, 187, 205, 212-214, 219, 221, 223
Robison, 55-56, 58, 179
Roby, 58
Rockenbaugh, 214
Rockhall, 213
Rockhold, 214
Rockran, 119
Rockwell, 83, 86, 88
Rodabaugh, 131
Rodabaw, 130
Rodeheaver, 130, 136-137, 144
Rodgers, 24, 55, 93, 97, 101, 121, 134, 141, 154, 168
Rodocker, 26
Roe, 216
Roffe, 178
Rogers, 3, 38, 63, 67, 173, 177, 181, 183, 213
Rogerson, 20
Rohr, 143
Roland, 50
Roles, 156
Rolinson, 70, 72
Rolison, 45
Rollings, 32-33, 35, 37
Rollins, 92
Rolston, 217-218

Romans, 194, 199
Romine, 223, 226
Ronafield, 131
Roney, 23
Roods, 219
Roome, 22
Rooney, 88
Root, 136
Ropp, 222
Rose, 191, 230
Rose, 75, 96, 103
Rosecrance, 159
Rosenberger, 25
Rosenberry, 36
Rosier, 178
Ross, 2, 4, 27, 56-57, 64, 68, 70, 166, 185, 193, 198, 222
Rotten__, 32
Rousch, 38
Roush, 35, 37-38
Rowan, 75
Rowand, 15
Rowers, 24
Rowland, 47
Rowly, 219
Roy, 53, 148, 162
Royce, 168
Rozier, 138
Rubble, 222
Rubendolph, 87
Ruble, 57, 210, 213, 222
Ruck, 62
Ruckland, 68
Ruckman, 30, 119, 126
Ruddle, 110
Rude, 58
Rudolph, 136, 162
Rudy, 3
Ruffner, 42, 146
Ruleman, 107, 115
Ruley, 123
Rulieff, 154
Ruling, 22
Rumble, 57
Runner, 54-55, 88, 129
Rush, 18, 170, 186

Rusk, 207-208
Russell, 6, 36, 178, 188, 191, 196
Russle, 27
Rust, 148
Ruth, 17, 23
Rutherford, 7, 166-67, 194-195
Rutman, 218-219
Ruttincutter, 190
Ryan, 20, 22, 29-30, 175, 178, 181
Rymer, 220
Ryon, 204
Sabill, 132
Saddler, 5
Sales, 104
Salesbury, 229-230
Salisbury, 158
Sam, 224
Sample, 100
Samples, 93
Sampson, 21, 26, 28
Sams, 78, 223
Samuel, 78
Samuels, 109, 223
Sanat, 156
Sandcraft, 72
Sanders, 36, 39, 136, 144
Sandy, 14-15, 186
Santee, 64, 203
Sapp, 3
Sarbough, 150
Sargent, 57
Sarrah, 206
Sarten, 199
Sarver, 48, 50
Sasson, 217
Sassor, 217
Satterfield, 2-3, 9, 16
Saunders, 71-72, 117, 147, 214
Savine, 151
Sawer, 48, 50
Sawgon, 206
Sawtell, 104
Sawyer, 95
Sawyers, 90
Saxten, 199
Sayers, 179

Sayre, 33, 37
Scaggs, 77, 155
Scandlin, 19
Scarber, 157
Schey, 175
Schlecter, 135
Schnieder, 95
Schoonour, 93
Schoonover, 93, 160-161
Schrader, 115
Schuck, 127
Scot, 81
Scott, 19, 29, 46, 48, 59, 70, 78, 80, 98, 114, 130, 142, 155-157, 160, 163-155, 167, 186, 188, 191
Scrange, 175, 182
Seabert, 94
Seaman, 101, 211
Sean, 34
Seasholes, 149
Sebrell, 151
Seckman, 186, 188-189
Seebert, 119, 126
Seebull, 42
Sees, 185
Seffens, 218
Sehon, 38
Seibrell, 33, 42
Seigrist, 38
Selacy, 175
Selany, 207
Selby, 37, 53, 55, 225
Sell, 136, 161
Selvery, 182
Selvey, 180
Selvy, 200
Sepple, 150
Serus, 199
Seun, 34
Severe, 141
Sewall, 224
Sexton, 45
Shackelford, 13, 52, 134, 177
Shade, 85
Shafe, 24

Shafer, 12, 58, 61, 127-128, 136, 138, 217
Shaffer, 136, 141, 143-144
Shane, 56
Shanklin, 66-68, 73, 80, 82
Shanks, 62, 147
Shanlin, 93
Shannon, 93, 196, 228, 230
Sharls, 78
Sharp, 12, 14-15, 26, 31, 114, 119-121, 124-125, 217, 219, 223, 226
Sharpe, 75
Sharpnac, 167
Sharpneck, 203, 207, 212
Sharps, 80, 176
Sharrett, 119
Shaver, 6, 92, 95, 107, 117, 138-139
Shaw, 18, 22, 108, 129, 131-133, 139, 142, 144, 174, 177
Shawver, 120
Shay, 132, 138
Shealers, 33
Sheets, 58, 122, 222, 224-225
Shehen, 129, 132, 138, 175, 177
Shell, 186
Shelton, 92, 167
Shempleton, 182
Shepard, 154
Shephard, 18, 154, 205
Shepherd, 17-19, 23, 25, 30, 75, 217
Sheppard, 210-211
Sherey, 78-79
Sherman, 187
Sherrard, 86
Shield, 228
Shields, 174, 176, 180-181, 183
Shinabarger, 132
Shinketts, 177
Shinnberry, 121
Shirk, 110, 113
Shirley, 109
Shirly, 85
Shively, 61, 138
Shivers, 2
Shividaker, 148
Shockey, 85-86

Shook, 19, 23, 190
Shores, 169
Short, 196
Shoultz, 73
Shoups, 173
Showalter, 206
Showaltors, 204
Showen, 71
Shrader, 45, 47, 49, 167
Shreeves, 13
Shreve, 110, 164, 203-204
Shrewsbery, 47, 50
Shrieve, 109-110
Shriver, 1-2, 62, 87-88, 171
Shrivers, 62
Shrock, 206
Shroyer, 174, 177
Shultz, 126
Shumaker, 19
Shuman, 7, 16, 46, 73, 207, 209
Shumate, 154, 157, 227
Shurly, 37, 83
Shurman, 204
Shutt, 43
Shuttlesworth, 53, 175
Sias, 45
Sibole, 87
Sidwell, 129, 138
Siford, 117
Sigler, 2, 127
Sigley, 132
Sikes, 111
Sillman, 167
Silvy, 121
Simkins, 59
Simmons, 106, 110, 112, 114-117, 122, 158, 212
Simms, 189
Simons, 55, 164
Simpson, 23, 61, 95, 98, 108, 128, 130, 132, 215
Sims, 94, 150, 210-211
Sinclair, 56, 179, 182, 218
Sinclear, 129
Sine, 12, 62
Singleton, 220

Sinnell, 182
Sinnett, 116-117, 168
Sinsell, 180
Sinsett, 180
Siple, 116
Sisler, 140, 143
Sissle, 116
Sisson, 100
Sites, 112
Sith, 183
Sively, 67
Siverts, 23, 30
Six, 207
Sizemore, 93, 228-229
Skaggs, 69, 71, 73
Skags, 69
Skeen, 126
Skidmore, 93, 108, 112, 160, 162
Slack, 39
Slade, 123
Sladen, 125
Slader, 125
Slagel, 161
Slagle, 167
Slater, 101
Slaughter, 37, 149
Slaven, 123
Slider, 192
Sloak, 21
Slocum, 178
Slodghill, 73-74
Small, 224
Smart, 20
Smell, 6, 54-55
Smith, 5-6, 12-16, 20, 23-24, 29, 32-33, 41, 47-49, 53, 58-60, 63, 65-68, 70, 72, 76-77, 80, 82, 84-85, 87-88, 94, 100, 103, 108, 110, 112-113, 116-118, 120, 132-134, 137-138, `40-141, 143, 147-149, 150-152, 155-156, 158, 165-169, 171, 174-175, 178-181, 185-189, 191, 195-196, 199, 204, 217, 224, 226-227, 230
Smither, 147
Smitherman, 216, 223

Smitson, 71
Smoot, 180
Smouse, 139
Snedegar, 123
Snedeker, 101
Snell, 146
Snider, 3, 9, 59-61, 64, 128-132, 139, 162, 175, 222
Snoderly, 9-10
Snodgrass, 9, 12, 16, 30, 104, 169-170, 203, 205
Snop, 137
Snow, 18
Snuffed, 154
Snuffer, 156
Snull, 173
Snyder, 24, 88, 115-116, 159-160
Soahman, 30
Sole, 203-204, 206
Soles, 104
Solesbery, 44, 50
Somers, 170
Somerville, 35-36, 38-39
Sommers, 140
Sommerville, 169, 210
Soudermilk, 77
South, 61, 218-219
Sowder, 176
Spangler, 73-74, 154
Sparks, 95, 97, 137, 173, 175
Sparor, 83
Spealman, 83, 85
Spencer, 92, 94, 97, 84-185, 216, 225
Spicer, 2
Spiker, 137
Spinks, 97
Spoar, 18
Spoing, 88
Spolden, 199
Sponagle, 113
Sponaugh, 113-114
Spongle, 115
Sprague, 19
Spraig, 212
Spriggs, 84, 146

Springer, 1, 204
Springler, 143
Sprouse, 222
Spry, 193
Spurgen, 167
Spurgin, 142-143
Spurlock, 194-195, 197
Squire, 134
Squires, 127-128, 130, 134
Srout, 143
St. Clair, 44, 228
Staats, 211
Stacey, 228
Stackpole, 185
Stacy, 209
Stafford, 43, 46, 48, 56, 58, 129, 229
Stag, 219
Stagg, 221
Staley, 195
Stalnaker, 158-161, 163, 211
Stanard, 93
Standifield, 221
Standly, 155
Staniford, 20, 24-26
Stanley, 3, 168
Stansberry, 132
Stansbery, 203
Stansbury, 52, 179
Stanton, 68
Stapleton, 38
Stark, 175, 178, 182
Starkey, 187, 189, 203
Starks, 150
Starky, 203
Starling, 216
Starr, 4, 32, 167, 169
Starstery, 203
Staten, 150
Statler, 62
Stayley, 196
Stealey, 171, 189, 191-192
Steed, 214
Steel, 23, 36, 53, 58, 75, 81, 102, 190, 202, 205, 207, 214, 221
Steele, 1, 75, 82, 222
Steenrod, 104

Steinbergen, 35
Stemple, 139
Step, 199
Stephens, 181, 193, 198, 204, 207, 222
Stephenson, 32-33, 36, 42, 45, 68, 92, 95, 223
Sterrett, 33, 35, 147
Sterwood, 98
Stevens, 3-4, 33, 39, 52-53, 169, 218, 222
Stevers, 52
Steward, 88, 104, 187, 211-212, 220
Stewart, 21-22, 25, 27, 32, 35, 49, 56-57, 64, 99, 102-103, 191, 227-228, 230
Stickler, 69, 71
Stiger, 143
Still, 53
Stillman, 135
Stillwell, 55-56
Stine, 76
Stinebaugh, 87
Stinecroach, 84
Stinkart, 115
Stith, 195
Stolts, 224
Stone, 115-116, 127, 129-131, 144, 200, 223-224
Stoneking, 184, 206
Stoneman, 96
Stonestreet, 109
Stoops, 219
Stottlemire, 206
Stottler, 84-85, 89
Stotts, 224
Stout, 187, 190
Stovall, 47
Stover, 154-156
Straher, 131
Straight, 9-10, 16, 63, 202-203
Strailey, 47, 49
Straily, 47
Straton, 229
Strauser, 137
Streeth, 168

Strickland, 27, 96
Stricklin, 155
Strogden, 140
Strosnider, 207
Strosser, 137, 143
Strother, 113, 196
Strutton, 194
Stuart, 46, 166, 195
Stuck, 131, 144
Stuckpole, 14
Stud, 221
Stull, 176
Stulting, 120
Stump, 133, 135, 161
Sturgeon, 41
Sturm, 15
Sulivan, 34
Sullivan, 18, 200
Sumler, 200
Summer, 53, 80, 129
Summerfield, 162
Summers, 4-5, 48, 53, 91, 93-94, 130, 140, 149
Summes, 3, 93
Supe, 219
Supler, 22
Surface, 50
Sutfin, 44
Sutherland, 216, 219
Sutton, 61-62, 122-123
Svekman, 21
Swadley, 124
Swadly, 108, 115
Swain, 84, 86
Swan, 36, 40, 189
Swang, 141
Swanson, 201
Swartz, 110
Swearingen, 1-2, 5
Swecker, 158
Sweeney, 185-186
Swindler, 56, 131, 152, 225
Swinney, 44, 46, 72-74
Swisher, 4-5, 7, 55, 209
Switzer, 91, 116
Swoap, 78

Swope, 71, 73
Syme, 29
Syms, 74
Synth, 81
Sypolt, 133, 135
Syras, 196
Syrias, 194
Syrus, 195-196
Taggart, 186
Tailor, 190
Talbert, 69, 160
Talbott, 21, 161
Talkington, 10-11, 203
Tallman, 122-123
Tanig, 73
Tankery, 202
Tanner, 24, 131, 213
Tansey, 60
Tarleton, 52-53, 57
Tatterson, 2
Tavener, 213, 221
Tavenner, 223
Taylor, 17, 20, 22, 24-26, 31, 37, 41, 43, 61, 72, 77, 92, 94-95, 113, 124, 134, 138-139, 143, 151-152, 156, 159-160, 162, 167, 171, 176, 190, 199, 203, 217
Teagarden, 206
Tedd, 126
Teedrick, 87
Teets, 136-137, 140, 143
Teidrick, 88
Temple, 63
Templeton, 99, 151
Tenant, 62-63, 184
Tench, 154
Tennant, 167
Tenny, 77
Tensey, 154
Teple, 107
Terrill, 17, 19, 28
Terry, 166
Teter, 111-114
Teters, 21
Tetrick, 14-15
Thacker, 195-197

Tharp, 1, 90, 125, 169
Thayer, 157
Thistle, 205
Thomas, 1-2, 11, 40, 42, 48, 54, 60, 63, 67, 69, 129, 142-143, 146, 148-149, 170, 177-178, 186-187, 189, 191
Thompson, 23, 44-45, 60, 66-68, 70, 72-74, 86, 88, 102, 104, 111-113, 117, 144, 149, 156-156, 194, 197, 199, 200, 211
Thorn, 58, 61, 129, 176, 210-212
Thornburgh, 100-101
Thornton, 32, 36, 147-148, 212, 214-215, 221
Thralls, 63
Thrash, 221
Thrasher, 70
Tibbs, 55, 58
Tice, 215, 223
Tichner, 61
Tichnor, 53
Tidwell, 129
Tiffany, 74
Tilbes, 33
Tiler, 49
Tiller, 43
Timmons, 192
Tims, 214, 217
Tincher, 69, 71
Tindall, 59
Tingle, 60, 75
Tingler, 75, 113, 169
Tirrels, 102
Tivrels, 102
Todd, 26, 100, 126
Toggle, 74
Tolan, 24
Tolbert, 129
Tolbott, 18
Toler, 20, 227-228
Toles, 174
Tolten, 229
Toltz, 106
Tomas, 48
Tomlinson, 17, 79, 125, 218
Tomson, 80
Tonerey, 6
Toney, 156
Toney, 194
Toothman, 7-10, 61
Tossey, 58
Townsend, 122, 174
Tracewell, 22, 221
Tracy, 48, 124-125, 206
Trader, 174, 203
Travis, 29, 52
Travise, 205
Treadaway, 155
Tredding, 187
Tredway, 223, 225
Treeburn, 130
Trent, 94
Tresler, 57
Treuse, 224
Trickett, 53, 132
Trimbly, 135
Triplet, 218
Triplett, 162, 164, 219
Trippet, 212
Trippett, 188
Trisler, 129
Trittespo, 83
Trotter, 86
Trout, 143, 217
Trowbridge, 128, 130, 132, 138-139
Troy, 10
Trumbo, 106-108
Trump, 155
Trussell, 28
Tubb, 139
Tucker, 6-7, 13, 35, 147, 150, 174, 178, 184, 215, 221
Tuggle, 45
Tumbbson, 208
Turly, 150-151
Turner, 23, 82, 124, 128, 130, 134, 218-219
Tustin, 184
Tutt, 178-179
Tuttle, 63
Twyman, 185

Tygart, 76
Tyre, 164
Tyree, 95, 154-155
Tyson, 84
Uhl, 216
Uley, 25
Ullem, 187
Underwood, 12, 186
Unger, 80, 85-86
Upton, 8, 68
Urton, 190
Utter, 211
Utterback, 173, 180
Vaden, 110
Valentine, 6-7, 16, 169
Van Camp, 208
Van Canda, 208
Van Carest, 172
Vanale, 213
Vanbebber, 95
Vance, 79, 81-82, 112-114
Vanctavern, 80
Vandegrifas, 1
Vandervest, 13
Vandevender, 111, 114
Vandevort, 55
Vandle, 212
Vandyke, 189
Vangilder, 5
Vanhorn, 204
Vankirk, 139
Vanmeter, 36, 39, 109-110, 112
Vannarsdale, 83, 86
Vannarsdall, 87
Vansacle, 33
Vanscoy, 160-161
Vansickels, 34
Vansickle, 143
Varmatta, 100
Varner, 116, 121, 124, 187-188, 216-218
Vass, 43, 71-72, 80
Vaugan, 198
Vaugham, 194
Vaughan, 197
Vaughn, 220

Vaught, 214
Vaunder, 149
Veach, 10
Venons, 208
Venus, 19
Vermilion, 44
Verner, 63
Vess, 70
Vest, 45
Vezt, 45
Vieliers, 206
Villers, 206
Vincen, 200
Vincent, 1-3, 7
Vinegar, 40
Vint, 113, 117
Vintroux, 148, 150
Voss, 71
Wackline, 76, 80-81
Waddle, 48, 102-104, 155-156
Wade, 8, 11, 16, 59, 61, 119, 146, 191, 200, 203, 207, 214
Waggner, 38, 42
Waggoner, 107, 170, 211
Waggy, 116-117
Wagner, 38, 127, 136
Wagoner, 88, 135, 188
Waits, 102
Walchel, 70
Waldo, 178
Waldren, 45
Waling, 214
Walker, 12, 49-50, 59, 75, 78, 91, 93, 111, 146-147, 155, 198, 212, 225, 227, 229
Walkins, 177
Wall, 50
Wallace, 8, 23-24, 103, 147
Wallen, 224
Wallers, 210
Wallis, 35, 40-41
Walls, 128, 134-135, 141, 228
Walten, 132
Walters, 68, 177
Walton, 52, 118, 120, 122
Wamless, 122

Wampler, 193
Wamsley, 158-159
Wamsly, 158-159, 163, 165
Wanless, 124-125, 167
Wanstrug, 107
Ward, 20, 22, 26, 94-95, 108, 160, 162, 164-165, 169, 196
Warde, 41
Warden, 23, 61, 103, 110, 154-155
Warder, 173, 179, 181
Ware, 159
Waren, 74
Warman, 57
Warmsley, 11
Warner, 33, 111, 114, 165
Warren, 206
Warthen, 129, 177
Warwick, 122-123
Washington, 146
Wass, 169
Water, 66
Waters, 58, 184-185
Watkins, 5-6, 13, 35, 54, 105, 138, 149, 179, 183, 191
Watring, 135
Watrog, 139
Watson, 4-5, 11, 13, 30, 52-53, 130, 144, 168, 170, 187, 207, 222
Watter, 205
Watton, 52
Watts, 102, 129, 193, 199, 211
Waugh, 32, 41, 67, 83-84, 93, 120-121, 125
Way, 55, 202, 217
Wayman, 28, 204
Waymore, 28
Wayne, 17
Wayt, 102
Wayts, 17-18
Weater, 66
Weaver, 34, 37, 54, 56, 58, 84, 87, 134
Webb, 61, 72, 166-168, 200, 230
Webber, 86
Webt, 152
Weddle, 155

Weekes, 49
Weekley, 185-186
Weekly, 171, 185-186
Wees, 160, 163-164
Weese, 90, 111
Wegnor, 167
Weirs, 147
Weis, 164
Weiser, 224
Welburn, 178
Welch, 98, 157
Welker, 188
Well, 152
Weller, 186
Welling, 28, 185, 222
Wellman, 194, 196, 200
Wells, 8, 13, 21, 29, 105, 157, 166-167, 171, 185, 187-188, 190-191, 214, 218, 225
Welman, 19, 25
Welsh, 13
Wem, 204
Wesling, 135
Wesly, 213
Wesson, 40
West, 16, 18, 65, 149, 173, 178, 180, 202, 204, 213-214
Westey, 229
Westfall, 111, 168
Weston, 2
Wethers, 30
Wetring, 139
Wettner, 57
Wetzel, 23
Wetzell, 18
Weybright, 114
Wharton, 84, 99, 222
Wharty, 204
Wheat, 89
Wheeler, 26, 70, 135, 145, 152, 174, 179, 186
Wheitmeyer, 83-84
Whetsel, 139
Whisner, 84
Whit, 48, 159
Whitaker, 29

Whitchair, 141
Whitchell, 150
White, 12, 21, 23, 26-27, 30, 47, 50, 59, 64, 91, 99, 112, 131, 134, 142, 159, 161-162, 164, 185, 208, 217, 224-225, 228
Whitecotton, 110-111
Whitehair, 141, 179-180
Whitehead, 42
Whiteman, 6
Whiting, 122
Whitlock, 220
Whitman, 94, 97
Whitmeyer, 83, 85, 89
Whitney, 26-27
Whitsal, 8
Whitsel, 6, 135
Whitt, 200
Whitten, 41
Whittingham, 22
Whittington, 147
Whittom, 100, 102
Whitzel, 35
Whorry, 22
Whright, 144
Wiatt, 146
Wiers, 169
Wifsong, 139
Wiggle, 225
Wigle, 223-224
Wigner, 167
Wignor, 167, 171
Wikle, 69-70, 72, 77, 80
Wilcox, 195
Wilcoxon, 38
Wildman, 62
Wiler, 135
Wiley, 40, 44, 50, 135, 139, 193, 204
Wilfong, 112, 116, 122, 124-125, 164
Wilhelm, 140
Wilkerson, 20
Wilkins, 128-29
Wilkinson, 212
Wilkison, 178, 196
Willard, 219

Willcox, 186
Willett, 143, 222
Willey, 8, 11, 204, 206
William, 186
Williams, 2, 18, 20, 26, 28, 30, 39, 44, 46, 50, 53, 74, 93-94, 97, 100, 132, 138, 148-149, 154-156, 160, 176-177, 195, 204-205, 212-213
Williamson, 38, 103, 171, 173, 179, 182, 185, 188-191, 193, 217, 224, 230
Williard, 148
Willis, 170, 228
Wills, 45, 74, 130, 214
Willson, 156, 213-215
Willy, 206
Wilmoth, 160-162
Wilson, 1, 3-4, 6, 8, 11, 18, 20, 23, 25, 29, 32-33, 54, 62, 64, 71, 77, 86, 94, 96, 102, 104-105, 107, 115, 144-145, 151, 158-160, 168-171, 176, 189-190, 194, 199-200, 220
Wilt, 136
Wimer, 111, 113
Wince, 64
Windon, 35, 38
Wine, 96, 210
Wingrove, 98
Winkleman, 88
Winters, 22-23, 27
Winton, 135
Wise, 64, 109, 202, 208
Wisecavers, 171
Wiseman, 67-68, 78, 82, 91, 95, 179, 210-211, 215
Wisman, 61, 63
Wisner, 83
Witcher, 194
Witherspoon, 135
Withrow, 149
Witly, 55
Witners, 22
Witshrul, 67
Witt, 139, 150-151
Witten, 49, 205
Wlace, 204

Wofsong, 139
Wolf, 33, 55, 130-136, 138, 140
Wolford, 87, 162
Wollwine, 164
Wolwine, 71
Wonderly, 131
Wood, 13, 46, 159, 170-171, 176, 204, 207, 209, 217-219
Woodall, 44, 148
Woodburn, 185, 189
Wooddell, 122-124
Woodders, 125
Woodell, 123
Woodram, 67
Woods, 40, 90-92, 95, 104
Woodsam, 67, 72
Woodsides, 170
Woodson, 72
Woody, 146
Woodyard, 175, 178, 181-182, 210, 215, 217-218, 223
Woolf, 58
Woolfanbarger, 123
Woolivine, 80
Woolwine, 80
Woolyard, 181
Woomer, 225
Wooton, 193-194
Work, 1
Workman, 30, 154, 160, 191, 193-194, 196, 198-199, 229-230
Worley, 169
Worsing, 132
Wortring, 135
Woss, 169
Wotring, 136, 139, 162, 176
Wowel, 67
Wratchford, 107
Wrick, 171
Wright, 34, 50, 62, 130, 169, 184-185, 202, 211
Wrights, 169
Wry, 41
Wyant, 70

Wyatt, 162, 202
Wyatte, 202, 211
Wycuff, 180-181
Wykert, 21
Wylie, 76, 78, 99
Wymer, 3, 113-114, 159
Wysock, 35
Yaho, 200
Yancy, 24
Yanger, 32
Yates, 21, 101-102, 179, 182, 218
Yeager, 34-37, 63, 124-125
Yeates, 7
Yeho, 208
Yerme, 203
Yharling, 98
Yoakum, 164-165
Yohe, 145
Yoho, 20, 22, 29, 208
York, 200
Yost, 84-87, 89
Young, 21, 30, 72, 77, 79-81, 83, 87, 93, 95, 101, 120-121, 150, 152, 167, 229
Youngblood, 89
Younger, 32
Youst, 8, 10-11, 62-63
Zan, 186
Zane, 105
Zenter, 187
Zercle, 38
Zickafoose, 168
Zickefoose, 160
Zickepose, 160
Zigler, 195
Zilor, 85, 89
Zimmerman, 142
Zink, 17
Zinn, 5, 127, 134, 138, 169-170
Zippens, 192
Zorcle, 37-38
Zumbra, 181
Zweyres, 140

Other books by the author:

1890 Union Veterans Census: Special Enumeration Schedules Enumerating Union Veterans and Widows of the Civil War. Missouri Counties: Bollinger, Butler, Cape Girardeau, Carter, Dunklin, Iron, Madison, Mississippi, New Madrid, Oregon, Pemiscot, Petty, Reynolds, Ripley, St. Francois, St. Genevieve, Scott, Shannon, Stoddard, Washington, and Wayne

Alabama 1850 Agricultural and Manufacturing Census: Volume 1 for Dale, Dallas, Dekalb, Fayette, Franklin, Greene, Hancock, and Henry Counties

Alabama 1850 Agricultural and Manufacturing Census: Volume 2 for Jackson, Jefferson, Lawrence, Limestone, Lowndes, Macon, Madison, and Marengo Counties

Alabama 1860 Agricultural and Manufacturing Census: Volume 1 for Dekalb, Fayette, Franklin, Greene, Henry, Jackson, Jefferson, Lawrence, Lauderdale, and Limestone Counties

Alabama 1860 Agricultural and Manufacturing Census: Volume 2 for Lowndes, Madison, Marengo, Marion, Marshall, Macon, Mobile, Montgomery, Monroe, and Morgan Counties

Delaware 1850-1860 Agricultural Census, Volume 1

Delaware 1870-1880 Agricultural Census, Volume 2

Delaware Mortality Schedules, 1850-1880; Delaware Insanity Schedule, 1880 Only

Dunklin County, Missouri Marriage Records: Volume 1, 1903-1916

Dunklin County, Missouri Marriage Records: Volume 2, 1916-1927

Florida 1860 Agricultural Census

Georgia 1860 Agricultural Census: Volume 1 Comprises the Counties of Appling, Baker, Baldwin, Banks, Berrien, Bibb, Brooks, Bryan, Bullock, Burke, Butts, Calhoun, Camden, Campbell, Carroll, Cass, Catoosa, Chatham, Charlton, Chattahooche, Chattooga, and Cherokee

Georgia 1860 Agricultural Census: Volume 2 Comprises the Counties of Clark, Clay, Clayton, Clinch, Cobb, Colquitt, Coffee, Columbia, Coweta, Crawford, Dade, Dawson, Decatur, Dekalb, Dooly, Dougherty, Early, Echols, Effingham, Elbert, Emanuel, Fannin, and Fayette

Kentucky 1850 Agricultural Census for Letcher, Lewis, Lincoln, Livingston, Logan, McCracken, Madison, Marion, Marshall, Mason, Meade, Mercer, Monroe, Montgomery, Morgan, Muhlenburg, and Nelson Counties

Kentucky 1860 Agricultural Census: Volume 1 for Floyd, Franklin, Fulton, Gallatin, Garrard, Grant, Graves, Grayson, Green, Greenup, Hancock, Hardin, and Harlin Counties

Kentucky 1860 Agricultural Census: Volume 2 for Harrison, Hart, Henderson, Henry, Hickman, Hopkins, Jackson, Jefferson, Jessamine, Johnson, Morgan, Muhlenburg, Nelson, and Nicholas Counties

Kentucky 1860 Agricultural Census: Volume 3 for Kenton, Knox, Larue, Laurel, Lawrence, Letcher, Lewis, Lincoln, Livingston, Logan, Lyon, and Madison

Kentucky 1860 Agricultural Census: Volume 4 for Mason, Marion, Magoffin, McCracken, McLean, Marshall, Meade, Mercer, Metcalfe, Monroe and Montgomery Counties

Louisiana 1860 Agricultural Census: Volume 1 Covers Parishes: Ascension, Assumption, Avoyelles, East Baton Rouge, West Baton Rouge, Boosier, Caddo, Calcasieu, Caldwell, Carroll, Catahoula, Clairborne, Concordia, Desoto, East Feliciana, West Feliciana, Franklin, Iberville, Jackson, Jefferson, Lafayette, Lafourche, Livingston, and Madison

Louisiana 1860 Agricultural Census: Volume 2

Maryland 1860 Agricultural Census: Volume 1

Maryland 1860 Agricultural Census: Volume 2

Mississippi 1860 Agricultural Census: Volume 1 Comprises the Following Counties: Lowndes, Madison, Marion, Marshall, Monroe, Neshoba, Newton, Noxubee, Oktibbeha, Panola, Perry, Pike, and Pontotoc

Mississippi 1860 Agricultural Census: Volume 2 Comprises the Following Counties: Rankin, Scott, Simpson, Smith, Tallahatchie, Tippah, Tishomingo, Tunica, Warren, Wayne, Winston, Yalobusha, and Yazoo

Montgomery County, Tennessee 1850 Agricultural Census

New Madrid County, Missouri Marriage Records, 1899-1924

Pemiscot County, Missouri Marriage Records, January 26, 1898 to September 20, 1912: Volume 1

Pemiscot County, Missouri Marriage Records, November 1, 1911 to December 6, 1922: Volume 2

South Carolina 1860 Agricultural Census: Volume 1

South Carolina 1860 Agricultural Census: Volume 2

South Carolina 1860 Agricultural Census: Volume 3

Tennessee 1850 Agricultural Census for Robertson, Rutherford, Scott, Sevier, Shelby and Smith Counties: Volume 2

Tennessee 1860 Agricultural Census: Volume 1

Tennessee 1860 Agricultural Census: Volume 2

Texas 1850 Agricultural Census, Volume 1: Anderson through Hunt Counties

Texas 1850 Agricultural Census, Volume 2: Jackson through Williamson Counties

Virginia 1850 Agricultural Census, Volume 1

Virginia 1850 Agricultural Census, Volume 2

Virginia 1860 Agricultural Census, Volume 1

Virginia 1860 Agricultural Census, Volume 2

www.ingramcontent.com/pod-product-compliance
Lightning Source LLC
Chambersburg PA
CBHW060509300426
44112CB00017B/2603